# 超硬材料工具设计与制造

吕　智　郑　超　莫时雄　章兼植　著

北　京
冶金工业出版社
2023

## 内 容 简 介

本书主要介绍超硬材料工具的设计与制造，金刚石工具设计原理，刀头烧结高频焊接圆锯片，激光焊接金刚石圆锯片，整体冷压烧结金刚石圆锯片，焊接金刚石薄壁工程钻头，孕镶金刚石地质取芯钻头，金刚石串珠绳锯，超硬材料涂附磨具，超硬材料固结磨具，高温钎焊超硬材料工具，晶体加工用金刚石工具等。

本书可供超硬材料专业的科研和生产工作人员使用，也可供大专院校相关专业的师生参考。

**图书在版编目（CIP）数据**

超硬材料工具设计与制造／吕智等著．—北京：冶金工业出版社，2010.1（2023.9 重印）

ISBN 978-7-5024-5048-9

Ⅰ. 超…　Ⅱ. 吕…　Ⅲ. ①超硬材料—工具—设计　②超硬材料—工具—制造　Ⅳ. TG70

中国版本图书馆 CIP 数据核字（2009）第 186561 号

**超硬材料工具设计与制造**

出版发行　冶金工业出版社　　电　话　（010）64027926
地　　址　北京市东城区嵩祝院北巷 39 号　　邮　编　100009
网　　址　www.mip1953.com　　电子信箱　service@mip1953.com

责任编辑　郭冬艳　美术编辑　彭子赫　版式设计　张　青　孙跃红
责任校对　石　静　责任印制　禹　蕊
北京虎彩文化传播有限公司印刷
2010 年 1 月第 1 版，2023 年 9 月第 2 次印刷
787mm×1092mm　1/16；18.5 印张；447 千字；285 页
**定价 59.00 元**

**投稿电话　（010）64027932　投稿信箱　tougao@cnmip.com.cn**
**营销中心电话　（010）64044283**
**冶金工业出版社天猫旗舰店　yjgycbs.tmall.com**
（本书如有印装质量问题，本社营销中心负责退换）

# 序

超硬材料广泛用于地质钻探、建材加工、建筑工程、机械制造等领域。金刚石、立方氮化硼等超硬材料人工合成技术自20世纪60年代在我国问世以来，经过40多年的发展，已取得许多令人瞩目的成果。特别是20世纪90年代以来，随着石材加工业的发展，我国超硬材料迅速发展成为世界生产大国，其金刚石产量已占全球总产量的三分之二。然而，我国超硬材料“大而不强”的现象仍然比较突出。因此，积极开展高性能超硬材料及工具的研究与开发对促进我国走向超硬材料生产强国具有重要的战略意义。

吕智等四位专家在长期从事超硬材料及其制品研究与开发的基础上，撰成《超硬材料工具设计与制造》一书。该书系统地总结了超硬材料及其制品理论研究和生产实践的主要成果，阐述了各种超硬材料工具的设计制造原理和工艺、原材料和产品的品种规格、性能要求、技术标准和检测方法，并对超硬材料工具发展新趋势进行了展望，是一部关于超硬材料及其制品研究与开发的专著。

我相信，该书的出版将有利于推动我国加快形成特色品牌的高性能超硬材料工具产品体系，提高我国超硬材料制品在国际上的地位，并给我国从事超硬材料工具研究与开发的同行提供有重要价值的借鉴与参考。

中国工程院　院士 黄伯云

2009年4月28日

# 前　言

超硬材料工具顾名思义系指用超硬材料(包括金刚石和立方氮化硼CBN等)制造的工具。它在现代工业中的应用极为广泛,在石材矿山开采、石材加工、地质钻探、玻璃加工、陶瓷加工、木材加工、宝玉石加工、机械制造、汽车工业、电子信息产业和道路桥梁等混凝土工程等,甚至在日常用品,金刚石砂纸、砂布、指甲刀和小锉刀等各个方面都在使用着这具有独特功能坚硬耐磨的工具。桂林地质矿产研究院自1969年开始立项开展人造金刚石钻探技术研究,春去秋来,坎坷曲折,历经几代科研人员孜孜以求地艰苦努力,接力赛式地不断探索创新,在我国经济建设发展的各个时期和超硬材料工具行业高速发展的各个阶段,创造出了丰硕成果,培养出大批专业人才。

目前,国内外超硬材料及其工具发展迅猛,我国的超硬材料及其工具已经形成为一个独立的新型工业,正处于飞速发展阶段,可以说已经成为国民经济的基础工业之一。我国正在成为世界超硬材料工具的制造中心和出口基地。这更加给这个朝阳工业带来前所未有的发展机遇和巨大的市场潜力。但是与工业发达国家相比,在技术水平上还有相当大的差距。许多高端的工具、磨具还要大量进口,行业中的高级技术人才十分匮乏,许多企业只知道一味地仿造,缺乏对工具的设计和创新,产品竞争能力低,利润低,严重影响企业的进一步发展。本书就是为了普及和推广超硬材料工具的设计和制造技术而编写的。

本书共分12章,内容详尽,去粗存精,屏弃过时的技术,贴近现代的新技术发展,其中大部分是作者亲身参与实践的经验总结和对今后发展的思考。因此,本书以下述特点展现给读者:

(1) 对每种超硬材料的工具用途和具体结构设计进行了详述,并对典型结构举例说明;

（2）具体介绍各种工具不同结构形式冷压模具的设计和优缺点对比分析，读者从中可以直接获得该工具冷压模具的设计方法和参考资料；

（3）重点介绍了各种超硬材料工具的配方设计、冷压模具设计和石墨模具设计，以期对技术力量相对薄弱的企业提供更加具体和实惠的帮助；

（4）对每种超硬材料工具的生产工艺流程进行全面的介绍和分析，特别介绍了一些我国自主创新的工艺方法，如串珠冷压工艺方法、金刚石串珠绳锯注塑和注橡胶工艺方法以及粉末制粒工艺、烧结工艺等；

（5）结合工艺方法介绍国内外最新的超硬材料工具制造设备性能和特点评述；

（6）对各种超硬材料工具存在的问题和今后的发展提出自己的独立见解，供同行参考交流。

特别是本书第2章金刚石工具设计原理是桂林地质矿产研究院的国家级专家章兼植教授级高级工程师的遗作，因此本书的出版，也是对生者的鼓励和对逝者的告慰。

本书在编写过程中参阅了大量的文献和资料，部分图表、照片等来自国内外的一些网站，对其相关作者表示感谢！还要感谢中国工程院黄伯云院士在百忙之中为本书作序。

书中不当之处，敬请批评指正。

作　者

2009年3月

# 目　录

# 1 绪 论

超硬材料至今没有严格的界定，通常指的是人造金刚石和立方氮化硼(CBN)。超硬材料工具即是将超硬材料通过各种方法制成的工具。金刚石是目前世界上最硬的物质，立方氮化硼次之。金刚石工具用于加工非铁硬质材料，立方氮化硼工具用于加工钢材。由于天然金刚石矿藏稀少，我国的天然金刚石矿更是稀缺，价格昂贵，不能满足日益增长的工业需要，只能转向采用人造金刚石或者立方氮化硼取代，由此超硬材料和超硬材料工具，相辅相成，在我国获得飞跃发展，在短短的几十年期间，成为世界上人造金刚石的第一生产大国、最大的超硬材料工具消耗国和出口国，为我国的经济建设和发展做出了卓越的贡献。

## 1.1 我国超硬材料工具的研究与发展

### 1.1.1 我国人造金刚石的研究发展为世界做出卓越贡献

超硬材料工具的发展依赖超硬材料的发展，首先应该了解几十年来我国人造金刚石发展的光辉历程。1963 年我国使用二面顶压机合成出第一颗人造金刚石，随后由郑州磨料磨具磨削研究所和济南铸造锻压机械研究所于 1964 年开始设计六面顶压机，1965 年制造完成我国第一台 6×6MN DS—023A 型六面顶压机，1966 年 7 月金刚石投入批量生产，到当年年底生产出 10000 克拉金刚石，从此掀开了六面顶压机生产金刚石的发展局面。1974 年，桂林矿产地质研究院人造金刚石钻探技术研究试验获得成功，并在全国地质勘探系统迅速推广，从而大大促进了人造金刚石的发展，许多地质部门纷纷建立金刚石生产厂，大量购进国产六面顶压机并开展金刚石生产工艺的研究和改进完善工作，使金刚石品质和粒度达到地质钻头的要求。因该类压机适合中国国情，研制者众多，到 20 世纪 70 年代，六面顶压机得到大量推广，人造金刚石行业完全形成。装机约 400 多台。期间主要针对合成工艺、提高产量进行了大量研究，单产逐步提高。80 年代后期，中国石材行业蓬勃兴起，金刚石锯片的大量使用促进了金刚石工业的大发展。从 1985 年到 1998 年的 10 多年间，6×8MN 压机成为行业生产的主流机型，装机总量约 2500 台。1998 年以后，专业压机生产厂、大型金刚石生产厂掀起了不断扩大压机吨位的竞争，6×14MN、6×15MN 直到 6×40MN 压机陆续在不同生产厂问世并在行业装机，六面顶压机的统一化、规范化格局不断被打破，六面顶压机的油缸缸径从 $\phi$230 mm 扩大至 $\phi$280 mm、$\phi$320 mm、$\phi$360 mm 直到 $\phi$650 mm，目前最大的为 $\phi$1000 mm。六面顶压机的设计制造水平得到了迅速提高，行业装机容量和金刚石产量得到了飞速发展。据不完全统计，2003 年金刚石压机拥有量达到了 5200 余台。

2006 年人造金刚石年总产量接近 40 亿克拉。2003 年以后，许多小厂停产或转产。许多小压机停用，大量、更大压机安装投产。从 1995 至 2005 年，人造金刚石年产量平均增长率约为125%,速度惊人。我国成为世界人造金刚石产量第一大国,并有大量产品出口到世界各地,使以人造金刚石为主要原料的超硬材料工具为世界石材、建材、玻璃、机械、电子等多个工业领域的发展做出了巨大贡献。特别是1998年以后,压机生产成本大幅下降,质量水平大幅提高,可与工业发达国家的高品级产品水平相媲美。物美价廉的六面顶压机是中国生产金刚石的独特设备,用此设备生产的金刚石已被世界各地广大用户所认可,为世界人造金刚石的普及应用和行业的发展壮大做出卓越贡献!

立方氮化硼(CBN)于1966年研制成功,它是在高压高温条件下,由六方氮化硼转变而成的,所以也是用六面顶压机人工合成的CBN晶体。由于它硬度仅次于金刚石,而热稳定性和化学惰性却远远优于金刚石,而且对铁族元素呈惰性,所以适合加工磨削各种钢材,包括:碳素工具钢、合金工具钢、轴承钢、模具钢、淬火钢和各种铸铁。因此,人们将CBN压制成复合片(PCBN),再制成各种切削刀具。CBN单晶或微粉也用于制造固结磨具和涂附磨具。CBN年产量逐年增长,至2007年已经突破2亿克拉。

### 1.1.2 人造金刚石岩芯钻头的应用推广

桂林矿产地质研究院于1969年开始人造金刚石岩芯钻探的研究工作,与当时北京粉末研究所、科学院物理所协作,用粉末冶金方法烧结金刚石钻头,并进行台架试验和野外生产试验。经过五年的艰苦努力,于1974年在湖南锡矿山试验成功,如图1-1所示。当时,由冶金部主持,四部一局参加的鉴定会,正式宣布该项目的试验取得初步成果。此后迅速推广到各个地质钻探系统,在我国地质钻探行业完成了一次新的技术革命,彻底改变过去大口径钢粒钻进的落后面貌,而使用小口径金刚石钻进,大大提高钻进效率,加快地质勘探进度,节省大量钢材,减少国家地质事业费投资。至20世纪80年代末,金刚石钻头成为超硬材料工具的主导产品,钻头年产量超过10万个,钻探进尺数百万米。从钻头设计到粉末冶金制造工艺,逐步形成一门独立的学科,并为以后石材加工用超硬材料工具的研究开发奠定了基础。

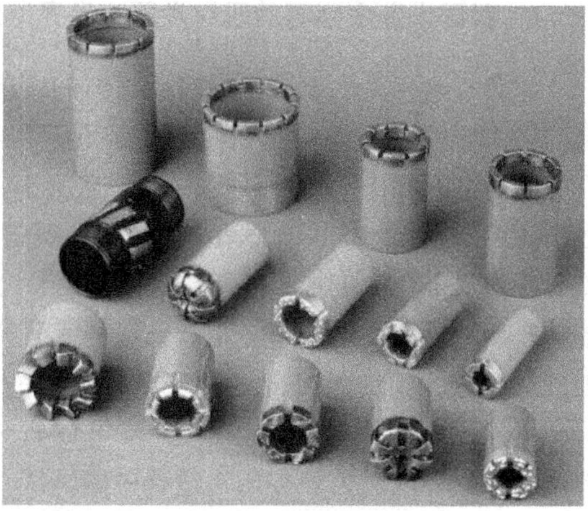

图1-1 20世纪80年代桂林矿产地质研究院试验厂生产的金刚石地质岩芯钻头

### 1.1.3 金刚石圆锯片发展成为超硬材料工具主导产品

20世纪90年代,我国石材加工业迅速崛起,需要消耗大量的各种规格金刚石圆锯片,同时高速公路、机场跑道和混凝土建筑工程等也均消耗金刚石锯片,而且从90年代初开始向欧美、印度和东南亚大量出口DIY锯片,逐渐发展至占领整个国际DIY锯片市场。因此,金刚石锯片逐渐发展成为超硬材料工具的主导产品,年产量份额超过50%,2005年达到69.47%,年产大小锯片接近4000万片,金刚石耗用量约7亿克拉。21世纪初,我国引进多套先进的激光焊接设备,而且济南铸锻所等单位自行研制锯片激光焊接设备,很快建成我国的金刚石激光锯片和薄壁钻头生产基地,制造的产品几乎全部出口,充分利用我国的金刚石原料和劳动力优势,以其较高的性价比,冲击国际市场,从 2003 年开始,向美国的出口额为 1000 万美元,此后每年向美国出口激光焊接金刚石圆锯片的金额达 2600 万美元,到 2005 年达到 6000 万美元。由此引起美国向中国商务部提出"反倾销"的起诉。其结果是我国胜诉,可以继续向美国大量出口激光焊接金刚石圆锯片和焊接金刚石薄壁钻头。2006 ~ 2007 年经过短暂的调整升级,我国的超硬材料工具行业又开始进入高速发展期,许多产品已经达到或接近工业发达国家的先进水平,大量的中高档产品冲击国际市场,高性能激光圆锯片、金刚石串珠绳锯和陶瓷切割片等中高档产品大量向欧美市场出口,尤其是结束了陶瓷切割片进口的日子,并且还向意大利、西班牙等锯片生产强国出口。据不完全统计,到 2007 年上半年金刚石圆锯片产量达到 1800 万片,比同期增长 23.4%。

### 1.1.4 20 世纪 90 年代至 21 世纪初,超硬材料固结磨具发展迅速

以金刚石、立方氮化硼为磨料制造的树脂磨具、青铜磨具、陶瓷磨具、电镀磨具以及新兴的柔性磨具、单层钎焊磨具等超硬材料磨具,具有磨削力小、磨削温度低、磨削比高和加工精度高、效率高等特点;钢基体、铝合金、树脂结合剂磨具是金刚石磨具中目前用量最大的一类,约占世界上金刚石磨具总量的 60% 左右。这类磨具广泛应用于加工硬质合金工件和刀具。青铜结合剂磨具在金刚石磨具中曾经占据统治地位,后来逐渐让位于金刚石树脂磨具,退居第二位,目前主要用于玻璃、陶瓷、半导体等非金属硬脆材料的加工,也用于硬质合金的粗磨、半精磨、成型磨。尽管超硬固结磨具所占比重下降至第二位,但其耗用量仍占约 30%,并有不断增加的趋势。2005 年超硬固结磨具的产值比例,从 2001 年的 7.2% 提高到 17%。随着我国机械制造业和汽车工业的高速发展,高档超硬固结磨具将获得更大的发展。汽车发动机气缸的磨削,汽车曲轴、凸轮轴的磨削抛光,使用超硬材料磨具可提高效率几十倍,而且加工精度高。不过,目前国内许多合资汽车生产企业使用的高档超硬材料磨具全部都是进口的,说明国产高档固结磨具与世界先进水平还有相当差距,需要业界人士加倍努力追赶。同时表明,这里潜存着巨大的市场商机。值得欣慰的是根据国家振兴装备制造业的发展战略,在实行"国家高技术发展计划"(863 计划)中的重点课题是汽车零部件加工成套自动化生产线的研制,要求全面提升国内汽车行业的高效精密加工技术和装备水平,逐步替代进口产品。这给超硬材料磨具的发展提供了良好的契机。

### 1.1.5 21 世纪以来,超硬材料工具高端产品出现勃勃生机

除了激光锯片之外,诸如金刚石绳锯、超硬材料刀具、金刚石木工刀具、金刚石真空钎焊工具、超硬材料有序排列工具、加工单晶硅和 YAG 晶棒的超薄金刚石内圆切片、加工显像管和磁性材料的精密金刚石砂轮和金刚石薄膜(CVD)精密刀具等这些技术含量高,附加值也高的高端产品,将是我们研究开发的重点,也是我业界今后努力追求的目标。金刚石绳锯技术就是近期发展成为业内备受重视,前景最为看好的一项新技术。金刚石绳锯的初期产品,只能用于异形石材的加工,质量差,寿命短,仍然有一系列的技术难题未解决,经过技术人员的艰苦努力,很快就以崭新的面貌进入 21 世纪,以其较高的性价比逐渐取代了进口产品,用

于异形板材的加工，并开始应用于大理石的矿山开采。2005 年顺应国家对矿山开采提出节约资源，节省能源和保护环境的要求，国产金刚石绳锯和绳锯机成功地开始应用于花岗岩矿山开采，给我国落后的石材矿山开采带来飞跃式的技术革命。它标志了我国将摆脱石材矿山开采长期落后的面貌，而进入全新的现代化开采阶段。随着金刚石绳锯使用量的增加和应用面的不断扩大，金刚石串珠和绳锯的生产技术也在不断进步，有的厂家引进制粒机、串珠冷压机和烧结机，有的自主创新研制从串珠冷压、烧结、开刃、清洗、注塑(注胶)等整套生产线，不但生产规模扩大，日产串珠万粒以上，而且产品质量，包括绳锯的生产效率和工作寿命都有长足的提高，越来越接近国外产品的先进水平。不少厂家除了批量供应国内需要之外，还批量出口，甚至向绳锯王国意大利出口。

## 1.2 超硬材料工具的分类

按照用途，超硬材料工具分为锯切工具、钻探工具、磨具及其他工具四大类。

### 1.2.1 锯切工具

(1) 金刚石圆锯片。金刚石刀头(也称节块)分布于锯片基体的内或外圆周上，形成锯片，带动其旋转，用于切割各类材料。外圆锯片用于切割石材、混凝土材料等；内圆切片用于切割单晶硅和 YAG 晶棒(用于制造固体激光发生器)等贵重材料。按照不同制造方法和不同用途，金刚石圆锯片的种类最为繁多，用量也最大。按制造方法分类有：电镀锯片、整体冷压烧结锯片、高频焊接锯片、激光焊接锯片、挤压锯片等等。本书仅介绍整体冷压烧结锯片、高频焊接锯片和激光焊接锯片三种锯片的设计和制造工艺。

(2) 排锯。排锯又称框架锯或条锯，它是在一条钢板(长约 3m)的一侧，按一定间距焊接长方形刀头，两头用铆钉铆紧连接板，一组排锯(数十条)，按一定间隔安装在锯机上，排锯往复运动，并向下施压对荒料进行成组的板材加工。

(3) 金刚石绳锯。金刚石绳锯是一种特殊的柔性切割工具，由若干金刚石串珠、弹簧、垫圈和钢丝绳组成。它的载体是一根钢丝绳，串珠按一定间距用注塑或注胶的方法固定在钢丝绳上。可用于异形板的切割、荒料整形、石材矿山开采以及桥梁、混凝土建筑构件的切割施工。

(4) 金刚石链锯。金刚石链锯即在链条的链板上用激光焊接金刚石孕镶块(刀头)对岩石或混凝土构件进行切割加工的工具。大型的轨道式链锯机可用于大理石或中硬花岗岩的矿山开采。另一种手提式液压链锯，用于混凝土构件的部分切割、拐角和插入切割，操作灵活，经常用于抢险，快速切割各种构件以达到救人的目的。

### 1.2.2 钻探工具

(1) 金刚石地质岩芯钻头。用于地质钻探的岩芯取样，有孕镶单管钻头、双管钻头、绳索取芯钻头和全面钻头。其制造方法有热压法、冷压浸渍法、无压浸渍法和低温电镀法。

(2) 水文工程和地基勘察钻头。主要用热压烧结和电镀法制造，钻头直径较大，用于水坝、水电站、路基和楼房建筑的地基勘察。

(3) 油(气)井钻头。大直径石油钻头大部分由金刚石聚晶和金刚石复合片(PCD)镶嵌而成，也有取芯钻头，用金刚石单晶孕镶烧结而成。金刚石用量大，一个 ϕ200 mm 的钻头耗用金刚石 300 克拉。

（4）金刚石扩孔器。连接在地质取芯钻头和岩芯管之间的扩孔器，是为了钻进过程保持孔径的一致性。因为钻头的磨损，其外径逐渐缩小，若无扩孔器的扩孔作用，下一个新的钻头将无法送到孔底。因此扩孔器与钻头配套使用，耗用量十分大，主要采用电镀法制造，如图 1－2 所示。

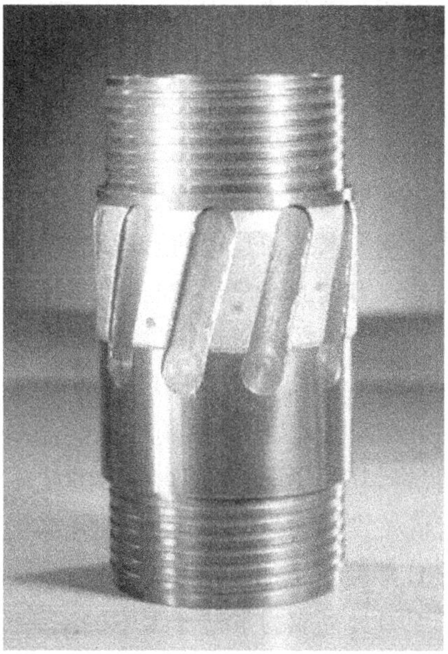

图 1－2　电镀金刚石扩孔器

（5）金刚石工程薄壁钻头。主要用于建筑工程施工，减少预埋管孔、导线孔、空调孔等，采用薄壁钻头钻进钢筋混凝土构件，钻进效率高，定位准确，已成为建筑施工不可缺少的工具。钻齿用热压烧结法生产，采用高频焊接或激光焊接方法，将钻齿与钢体焊在一起。

### 1.2.3　超硬材料磨具

超硬材料磨具分为超硬材料固结磨具和超硬材料涂附磨具两大类。

（1）超硬材料固结磨具。将金刚石或立方氮化硼（CBN）磨料用金属结合剂、陶瓷或树脂黏附于金属基体上（或者用电镀法），制成各种形状的砂轮即为超硬材料固结磨具。因其优良的磨削性能，已广泛用于磨削领域的各个方面。金刚石砂轮是磨削硬质合金、玻璃、陶瓷、宝石等高硬脆材料的特效工具。CBN 砂轮用于各种数控磨床，可高效率、高精度地磨削各种钢件。

超硬材料固结磨具又分为：通用磨具、专用磨具和其他磨具。

通用磨具包括：普通砂轮、磨石（金刚石珩磨条）、磨头。

专用磨具包括：石材磨边轮、磨盘、磨辊、磨块。

其他磨具包括：无心磨轮、双端面磨盘、精密超硬材料刀具磨床用砂轮等。

其产品规格比普通磨料磨具小，砂轮直径在 ϕ50 ~ 300 mm 之间。

（2）超硬材料涂附磨具。是金刚石或立方氮化硼（CBN）磨料用电镀或树脂粘胶法涂附在纸、布、聚酯薄膜柔性材料上的一种磨削抛光工具。可制成卷的砂带、柔性研磨盘、抛光盘和砂带装在塑料轮外圈的柔性磨轮。其应用日益广泛，从日常的民用砂纸、砂布、柔性锉刀到尖端科技的超精密磨削加工，汽车工业和各种数控砂带磨床的应用，其潜在市场之大，难以估量。可惜，该产品在我国仍是个空白，未得到业内高层人士重视。

### 1.2.4　其他工具

上述未涉及的超硬材料工具均列入其他工具。

（1）切削刀具。包括 PCD 刀具、PCBN 刀具和 CVD 刀具。超硬材料刀具的高耐磨性能最适合于 CNC 数控机床和加工中心用于批量生产零件。PCD 刀具用于加工非铁金属，PCBN 刀具用于加工钢件、铸铁件。

随着现代机械加工朝着高精度、高速切削、硬冷态加工、以车代研磨、干式加工保护环境和降低成本等方向发展，对刀具性能提出了更高的要求。开发各种耐磨性优良，能长时间进行稳定加工的超硬材料刀具是必然的发展趋势。我国的超硬材料刀具主要用于汽车工业和重型机械，约占60%，其次是木材加工，占30%，刀具年消耗量的增长速度达到10%～15%。

(2) PCD木工刀具。PCD木工刀具是用金刚石复合片(PCD)经过激光切割或电火花线切割成不同形状，焊接到刀杆或刀盘上，再用专用刀具磨床和电火花加工机床加工成各种异形刀口的木工刀具。用于加工木地板、强化木地板和家具。尤其适于加工强化木地板，因为它表面有一层三氧化二铝涂层，十分坚硬，必须用PCD刀具加工。人造板加工业，尤其是强化木地板加工业的发展和木工机械的数控化趋势，传统的木工刀具已越来越不适应，这促使金刚石木工刀具得到迅速发展。PCD木工刀具具有高硬度、高耐磨性和高导热性等独特优点。刀具的寿命长，加工效率高，大大降低了综合成本。近年来，在国际市场上，金刚石木工刀具销售额的增长超过了汽车工业金刚石刀具的增长，每年以20%的速度递增。

2005年我国家具出口贸易总额达到140亿美元，已经成为世界最大的家具出口贸易国。专家预测，国内家具消费能力每年可望达到5000亿人民币。这么巨大的市场需求空间，将刺激家具制造企业更多的使用PCD木工刀具。金刚石木工刀具的发展势必依赖于木工机械设备的发展。随着我国木工机械设计水平和制造工艺技术水平的不断提高以及CNC数控木工加工中心的广泛推广应用，在业内同行的努力下，预计在3～5年内，金刚石木工刀具将成为木材加工中的主导刀具。

(3) 超硬材料电镀工具。凡是用电镀法将超硬材料固定在金属基体上的工具，统称电镀工具，它可以制成各种砂轮、磨盘、磨头、什锦锉刀、掏料刀、牙科工具、修整滚轮、铰刀、绳锯串珠、钻头和扩孔器等等，名目繁多。应用于珠宝加工、玻璃加工、机械加工、地质钻探和电子器材加工等各个领域。年消耗量十分大，由于投资少，适于小型手工作坊，国内厂家，星罗棋布，无法统计其产值产量。图1－3所示为桂林特邦公司生产的金刚石电镀制品。

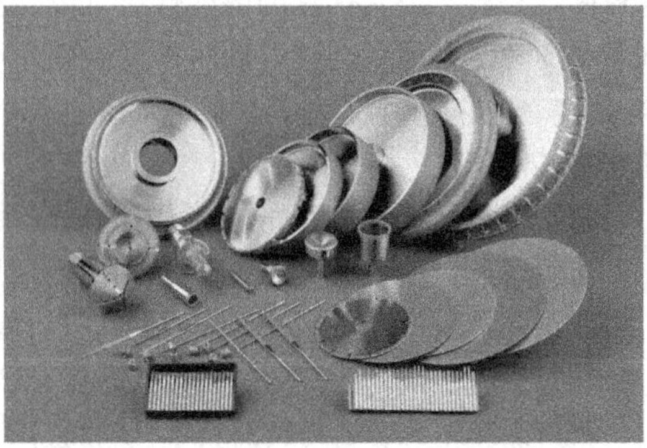

图1－3　桂林特邦公司的金刚石电镀制品

## 1.3　本书的宗旨与内容取舍

(1) 桂林矿产地质研究院自1969年开始从事超硬材料工具的研究开发，历经近40年的艰苦努力，从未间断对该事业的孜孜追求，科研人员在各个不同的研究项目中，不断探索，攻破难关，力求创新，创造出一项又一项的业绩，积累了十分丰富的宝贵经验，本书将是这些经验的总结和提升。

(2) 超硬材料工具的设计与制造方法，有的在同行业之间原是一个保密的事，牵涉到知识产权的保护问题，因此，本书在阐述中涉及到有关胎体配方、专利和窍门时，作适当的保留。但是，它仍尽其所能，最为详尽和具体地阐述了各种超硬材料工具设计与制造的全过程。

(3) 超硬材料工具种类繁多,撰写时为力求精炼,应有所取舍,对新近发展较快的新技术、新工具,在书刊杂志发表较少的,尽可能介绍得详细和具体。如金刚石绳锯一章,从绳锯结构、模具设计到制造工艺和石材矿山开采均作详细介绍,反映了我国该项技术的最新水平。电镀工具在有关专业书刊中,有大量介绍,不再赘述。

(4) 在书中介绍的各类超硬材料工具的研制和生产过程中,笔者亲身经历和参与部分设计研制工作,所以对许多技术问题有自己的独立见解,对项目的发展前景有新的看法。将这些新观点、新看法公示于众,有利于同行共同探讨,共同提高。

(5) 由于在长期的超硬材料工具研制过程中,对作用机理等有关理论研究不够,因此,书中有关理论分析和数学计算不尽完善,可能有误,仅供参考。但是,对许多模具设计,均经生产实践考验,为精简起见,未作过多繁琐的计算。

# 2 金刚石工具设计原理

超硬材料工具基本上是以“孕镶”的构造为特征，对其工作过程的认识比常规工具要困难得多，其受设计参数和使用条件的双重控制。正是这种复杂性，使人造金刚石工具设计中的不少关键技术问题至今未能得到比较满意的解决。工业发达国家一直在努力改变这一局面，建立了现代化的试验手段，做了大量的试验工作，探索工具内在的各种因素，如金刚石的浓度、粒度等和外在（使用条件）各因素，如锯切深度、圆周速度等对工具性能（寿命、锋利度）的影响。但从公布的试验结果来看，这些工作只是丰富了他们的经验，也还未能跳出凭经验的束缚。国外有文章把金刚石工具称为工艺品，这形象地表达了该种产品当前的技术特征。但任何事物总是可被认识的，金刚石工具也不例外。

金刚石工具的切割对象主要是石材、陶瓷、玻璃、非金属晶体等脆性材料。试验表明，存在着切削刃的最佳吃入深度现象，在这种吃入深度下工作时，工件材料的单位体积破碎功（比功）最小，即工具的功耗最小，寿命最长。

可见，可用吃入深度为切入点，以最小单位体积破碎功为目标值来实施对孕镶金刚石工具的优化设计。

本章以工具中的切削元件（金刚石）在工件材料中的吃入深度作为关联点，提出了吃入深度求取的数学模型，论述和探讨了吃入深度与各种内外参数间的关系及对工具功耗和寿命的影响。

## 2.1 吃入深度

### 2.1.1 吃入深度的重要性

对于孕镶工具，有诸多因素对其性能的发挥起着作用。但必须看到，诸多因素的作用不是孤立的，而是相互联系的，应存在着一个作用的关联点。

近年来，作者通过对国内外一些试验研究资料的剖析，提出了工具中的切削元件在工件材料中的吃入深度是关联点的观点，该关联点应是研究实现超硬材料孕镶工具优化设计的切入点。国外的一些学者尽管未明确地认定吃入深度是关联点，但也认为其是影响工具性能的最重要参数。

无论是切割延性材料还是脆性材料，我们均可以以吃入深度为切入点，以最（尽可能）小的比功为目标值来实施对孕镶超硬材料工具的优化设计。对于金刚石工具，在破碎脆性材料时，在切削刃的最佳吃入深度下，单位体积破碎功最小。工具处于该工况下作业不仅会有低的功耗，也意味着金刚石颗粒承受的载荷小，从而延长了工具的寿命。对于工具的设计和使用者，如何求取切削刃的吃入深度是首先要解决的问题。

### 2.1.2 吃入深度的计算式

有关吃入深度的理论算式，已有不少文献进行了推导和介绍，现列举一些如下：

为便于对照，统一了参数的代号，并对单位唇面中的切削元件颗粒数明确为工作颗粒数。

1970 年，D. K. Lindenbeck 提出的切屑非变形断面面积 $F_q$ 的计算公式为：

$$F_q = \frac{U}{N_c v_s}\sqrt{\frac{a}{D}}$$

$$F_q = T \times T \times \tan\gamma$$

式中 $T$——吃入深度（非变形切屑厚度），mm，其计算式为：

$$T = \sqrt{\frac{U}{N_c v_s \tan\gamma}\sqrt{\frac{a}{D}}}$$

$U$——推进速度，mm/s；

$N_c$——单位唇面上工作金刚石的颗粒数；

$v_s$——圆周线速度，mm/s；

$\gamma$——切屑底部夹角的一半，(°)；

$a$——锯切深度，mm；

$D$——工具直径，mm。

1982 年，Tonshoff 提出的平均切屑厚度计算公式为[82]：

$$T = \sqrt{\frac{U}{N_c v_s r\lambda}\sqrt{\frac{a}{D}}}$$

式中 $r$——切屑宽度与厚度之比；

$\lambda$——锯齿总长与锯片圆周长之比。

1989 年，S. Malkin 提出的最大切屑厚度计算公式为：

$$T_{max} = \sqrt{\frac{3U}{N_c v_s \tan\gamma}\sqrt{\frac{a}{D}}}$$

2000 年，Konstanty 提出的名义吃入深度计算式为：

$$T = \sqrt{\frac{aU}{N_c v_s F_c}}$$

式中 $F_c$——接触面积。

文献[93]介绍了砂轮磨削金属时磨粒的最大吃入深度计算式：

$$T_{max} = \frac{2U}{v_s m}\sqrt{\frac{a}{D}}$$

式中 $m$——砂轮每毫米圆周上的（工作）磨粒数。

这些算式均未能解决工作颗粒数的计算，$\gamma$、$r$、$F_c$、$m$ 如何确定也未见说明。

本章作者探求了 $N_c$ 的计算式：

$$N_c = 0.477 \times \frac{C}{D^2} \times \left[1 - \frac{K}{2} \times \left(\frac{H_0}{KD} + 1\right)\right] \times \frac{1}{2} \times \left[1 - \frac{H_0}{(1-K)D}\right], \left(\frac{H_0}{KD} \leqslant 1\right) \tag{2-1}$$

式中　$C$——金刚石浓度，人为地规定为，当金刚石的体积分数占胎体的四分之一时，作为100%；

$D$——切削元件粒径；

$K$——包镶能力系数；

$H_0$——工作出刃值。

即使可以用式(2-1)算得 $N_c$ 值，由于工具工作唇面上的各工作颗粒与工件的接触线并不等长。在胎体中是随机分布和排列的切削元件，在工作唇面的宽度方向，有的切削元件颗粒是刚参与工作（如图2-1中的颗粒 $i$），有的则已工作了足够的时间而被磨损到即将掉落（如图2-1中的颗粒 $n$）。可以理想化地设定为各切削元件与工件的接触线长从零到最大值周期地排布，图2-1为一个周期长中的排列示意图。图中把切削元件简化为球状，可见每颗工作切削元件破碎工件材料的体积是不同的，因而可以直接用 $N_c$ 来作为吃入深度计算的依据，即把每颗工作切削元件视为未被磨损过的、切削等同体积的假设，不能反映这一特征。

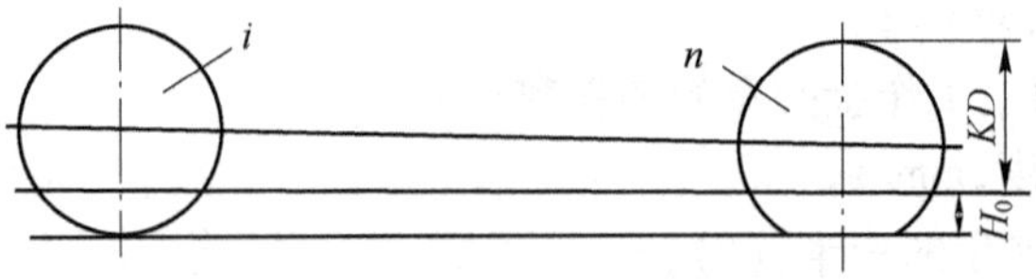


图2-1　工作颗粒刃长示意图

还有一些公式是用来计算锯（钻）齿块的切屑厚度的，求得的切屑厚度不能表达切削元件的吃入深度，无法用来作为单位体积破碎功的判据。

锯（钻）齿块的切屑厚度计算公式：

对于锯齿[12]：

$$h_{eq} = a \times \frac{U}{v_s \lambda}$$

对于钻齿[13]：

$$h = l \times \frac{1000 \times U_h}{60 \times n \times \pi \times D}$$

式中　$U_h$——钻进速度，m/h；

$l$——齿块长（弧长），mm。

### 2.1.3　等效切削刃数

一种典型的孕镶超硬材料工具——锯片，其工作时将在工件上形成一定宽度的切缝，这个宽度是靠具有一定刃长的切削元件颗粒来实现的，所谓切削元件的工作刃长就是指在这个宽度方向上切削元件颗粒与工件的接触投影线长。

由图2-1也可以看出，与工件接触的球形切削元件中，其各自的切削刃长范围从0～$l$，平均刃长可由图2-2中所示的原理算出。

在切削元件的植入胎体量达 $KD$ 时，在掉落的前提下其平均刃长为：

$$l_0 = F/h \qquad (2-2)$$

式中　$F$——切削元件的工作面积。

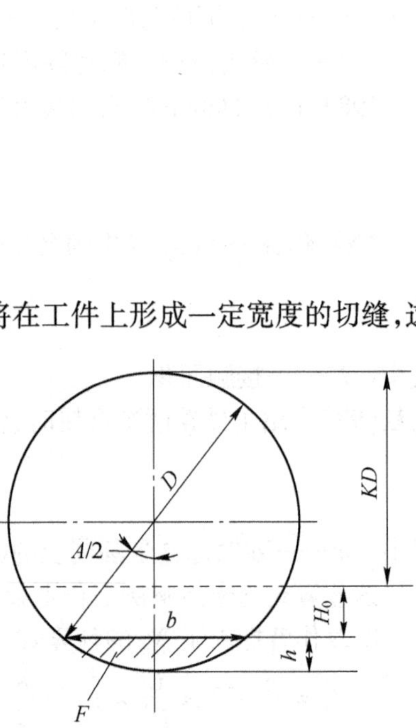


图2-2　刃长计算图

### 2.1.4　工作切削元件的总刃长 $L_c$

$$h = D - KD - H_0 = D(1 - K) - H_0$$

$$b = 2\sqrt{h(D - h)}$$

$$l = \frac{r \times A}{57.296}$$

$$A = 2 \times \arcsin\frac{b}{D}$$

$$r = D/2$$

切削元件可用部分的纵向投影面积(剖线部分):$F = \frac{1}{2}[rl - b(r - h)]$

切削元件的平均刃长:　$l_0 = F/h$

在单位工作唇面上的工作总刃长:　$L_c = N_c \times l_0 = N_c \times F/h$　(2-3)

### 2.1.5　工具的工作刃数

求得了单位唇面面积中切削元件工作刃长之后就不难求得该工具的工作刃数了。为了使计算简单,假定锯缝宽度就等于锯片(孕镶块)的厚度,孕镶块在锯片周长上是连续的(无水口),则切削刃总数 $M$ 为:

$$M = \frac{L_c \times 2\pi R \times B}{10 \times B} = \frac{L_c \times 2\pi R}{10} \qquad (2-4)$$

式中　$R$——锯片圆半径,cm;

　　$B$——锯片厚度,cm。

### 2.1.6　吃入深度的计算

#### 2.1.6.1　轴压力与吃入深度的关系

在推导切削元件工作刃长的计算式时,只是涉及到切削元件颗粒在锯槽宽度方向上的单维尺寸,而垂直于切削刃方向的第二维尺寸未加考虑。在试验研究轴压力与吃入深度关系时,情况也是如此。

依据磨粒磨损理论,磨粒在工件上的压痕宽度 $a$ 存在着下列的关系[84]:

$$a^2 \propto p_i/H \qquad (2-5)$$

式中,$p_i$ 为磨粒上的压入力;$H$ 为工件材料硬度。而磨粒的压入深度 $h$ 与压痕宽度又成正比,因而:

$$h^2 \propto p_i/H \qquad (2-6)$$

式(2-5)、式(2-6),说明了压入力是与磨粒的二维尺寸有关。

式(2-6)是建立于圆断面压模压入弹塑性材料的“压入压碎”模式上的,切削元件只是垂直地压入工件而未同时做切向的移动。当存在有切向运动时,切削元件的后面已成为未受约束的自由面,金刚石是挤压剪切具有两个自由面的物体。图2-3示意了它们间的不同。在“压”、“切”联合作用下,压入力(深度)与切削元件颗粒二维尺寸有关的结论将不适用。

前苏联学者在试验台上进行的单颗切削元件切削花岗岩试验[105],观察到了切削元件如图 2－4 所示的断裂结果，并指出在垂直向压入力和水平向切削力的联合作用下，切削元件的断裂面与水平呈 15°～20°。

在切削元件工具正常工作时，切削元件在不断发生类似于图 2－4 所示的微断裂或称为微剪切而使其可工作高度逐步减小。而这种 15°～20°的斜角将使切削元件只是与岩石处于"线"接触，因而可以认为第二维尺寸只是影响了切削元件抗断裂的能力而不影响压入力与吃入深度的关系。

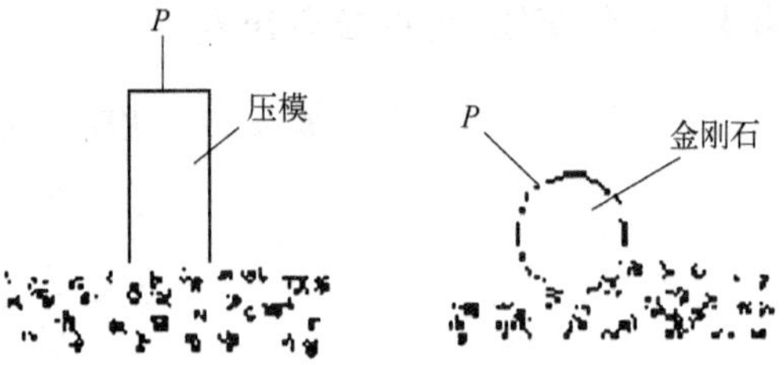


图 2－3　金刚石受力状况

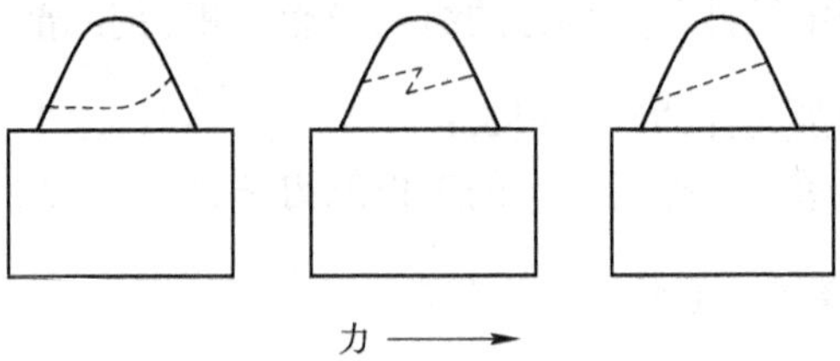


图 2－4　金刚石破裂面

2.1.6.2　吃入深度计算公式

前面已导出了计算工具的等效切削刃数 $M$ 的公式。切削刃的最大吃入深度可由图 2－5所示的原理图推导。

$$\sin\alpha = \frac{R-a}{R}$$

$$\cos\alpha = \sqrt{1-\left(\frac{R-a}{R}\right)^2}$$

$$(R-T)^2 = R^2 + U_0{}^2 - 2RU_0\sqrt{1-\left(\frac{R-a}{R}\right)^2}$$

$$R^2 - 2RT + T^2 = R^2 + U_0{}^2 - 2RU_0\sqrt{1-\left(\frac{R-a}{R}\right)^2}$$

$$2R\left[T - U_0\sqrt{1-\left(\frac{R-a}{R}\right)^2}\right] = T^2 - U_0{}^2$$

$$T - U_0\sqrt{1-\left(\frac{R-a}{R}\right)^2} = \frac{T^2 - U_0{}^2}{2R}$$

因为：$[T^2 - U_0{}^2] \ll 2R$

所以：$T = U_0\sqrt{1-\left(\frac{R-a}{R}\right)^2}$　　(2－7)

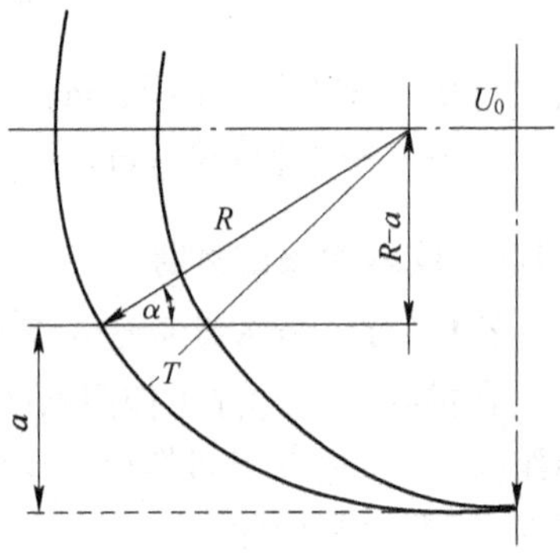


图 2－5　吃入深度原理图

因为：$U_0 = \dfrac{U}{n \times M}$，得

$$T = \frac{U}{n \times M}\sqrt{1-\left(\frac{R-a}{R}\right)^2} \qquad (2-8)$$

式中　$U$——推进速度；

$a$——锯切深度；

$n$——锯片转速；

$M$——等效切削刃数。

若令 $a = R$，则式(2－8)就可用于钻头吃入深度的计算。

## 2.2 工作出刃值

### 2.2.1 工作出刃值概念

在已开刃或工作了的孕镶工具唇面上,在同一切削线上,出露的切削元件与胎体前后表面间呈图2-6的轮廓形貌。按惯例,图上所示的$H$定义为该切削元件的出刃值。

一个工具在使用时,尽管其内在的参数(金刚石品级、粒度、浓度、胎体包镶能力、胎体耐磨性等)已被设计所定,而工作间隙$H_0$(用平均出刃值来度量)是随切削参数(工具转速$n$、锯切深度$a$、推进速度$U$)和工件材料的特性而变化的。即使工件不变,切削参数的变更也会导致$H_0$的改变而使单位唇面切削刃长度变化,即工具切削刃数的变化。因而在研究切削参数与吃入深度的关系时,先从$H_0$不变的条件下来进行。

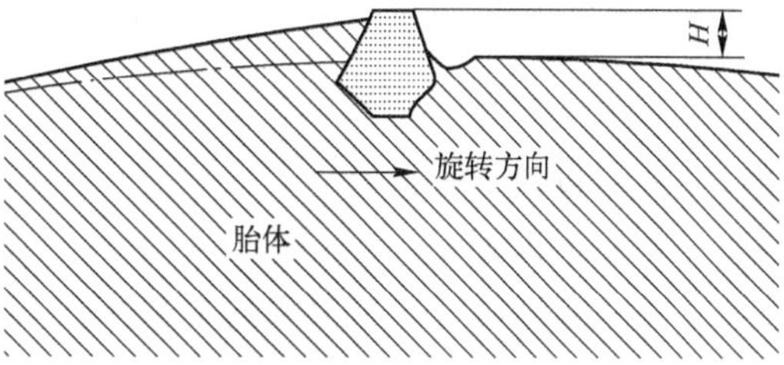


图2-6 出刃形貌图

工作出刃值$H_0$是在工具工作过程中自然形成和达到的一个稳定的值。工作出刃值的测定:在工作唇面上测定100颗左右金刚石,取它们的出刃平均值。数值的大小与工具设计、使用参数(包括切割参数与工件特性参数)有关,而与工具唇面的起始出刃值无关。

出刃值是孕镶工具独有的参数,是建立一切相关数学模型不可缺少的数据。增加包镶能力对工具性能的提高是极为有效的。而最大出刃值是反映胎体包镶能力的标志参数,获得并测定最大出刃值将成为鉴定包镶能力的有效手段。工作出刃值是一个会变化的非独立参数,其是工具设计、使用参数的综合反映,是探索工具性能的窗口。

在与吃入深度相关联的因素中,只有工具工作唇面上的金刚石工作出刃值是未能预先设定的、可变的,其他参数都是预设定的(或可知的)、不变的。因而吃入深度参数的获取可以归结为工作出刃值的确定。工作出刃值是可以被测知的值。这就为量化该值的数学模型的建立、修正和校验创造了可能性。可见,测定、研究工作出刃值是设计、使用者的最基本的任务。

### 2.2.2 工作出刃与其他参数的相关性

探明工作出刃值的变化规律可从研究两个相关性着手:一是每转的单位切削刃、切削功及切削刃的抗磨能力;二是每转的切割量及胎体抗切屑磨损的能力。

2.2.2.1 切削功($W_L$)对$H_0$的影响

每转单位刃长的切削功($W_L$):

$$W_L = \frac{U \times a \times B}{n \times L_c} \times W_V \tag{2-9}$$

式中 $U$——推进速度;

$a$——锯切深度;

$B$——锯片厚度;

$n$——锯片转速；

$L_c$——总工作刃长；

$W_V$——单位体积破碎功。

$$W_L \propto \frac{aU}{nM} \times \frac{1}{T^{\alpha}}$$

$$W_L \propto T\sqrt{aR} \times \frac{1}{T^{\alpha}}$$

$$W_L \propto T^{(1-x)}\sqrt{aR}$$

式中　$R$——锯片半径；

$T$——吃入深度；

$x$——破碎功与吃入深度的关系系数。

$$W_L \propto \left[\frac{U}{nL_c}\sqrt{\frac{2a}{R}}\right]^{(1-x)}\sqrt{aR} \tag{2-10}$$

每转的切割量

$$S_n = \frac{aU}{n} \tag{2-11}$$

$W_L$ 越小，切削元件的强度越大，$H_0$ 越大。$S_n$ 越大，胎体对切屑的耐磨能力越差，$H_0$ 越大。

2.2.2.2　$L_c$ 对 $H_0$ 的影响

由于 $L_c$ 本身是变量 $H_0$ 的函数，从定性上分析，例如一个稳定工作于 $H_{01}$ 下的工具，当其中的金刚石的浓度增加时，必会因切削刃增多即 $L_c$ 增大，导致 $H_0$ 增大。$H_0$ 的增大又伴随着 $L_c$ 的减小，最终在一个比 $H_{01}$ 要大一些的 $H_{02}$ 下达到新的平衡。

由式(2-2)、式(2-3)知，$L_c$ 与 $W_L$ 相关而不影响 $S_n$。

$$W_L \propto \left(\frac{1}{L_c}\right)^{(1-x)} \tag{2-12}$$

2.2.2.3　设计参数对 $H_0$ 的影响

一切影响 $L_c$ 的设计参数均会通过 $L_c$ 来使 $H_0$ 发生改变，如包镶能力 $K$、浓度 $C$、粒度 $D$ 等。

下面，借用试验磨轮（基准参数：$D=0.148$，$C=50$，$K=0.7$，$H_G=0.018$）的实例来阐明它们的相关性。

A　包镶能力（$K$）对 $H_0$ 的影响

已知：$D=0.148$，$C=50$，$H_0=0.018$。

本章作者求得 $L_c$ 与 $K$ 的关系及其近似曲线，示于图 2-7，近似曲线的相关度 $R^2=0.97$。近似曲线：

$$L_c = 0.136K^4 - 0.24K^3 + 0.12K^2 - 0.02K + 0.0073$$

因 $L_c \propto C$，得：

$$L \propto (0.136K^4 - 0.24K^3 + 0.12K^2 - 0.02K + 0.0073) \times C$$

当 $K=0.7$，$C=50$ 时近似曲线：

$$L_G = (0.136 \times 0.7^4 - 0.24 \times 0.7^3 + 0.12 \times 0.7^2 - 0.02 \times 0.7 + 0.0073) \times 50$$

$$= 0.1217$$

$$H_0 = 0.018 \times \left[\frac{(0.136K^4 - 0.24K^3 + 0.12K^2 - 0.02K + 0.0073) \times 50}{0.1217}\right]^{0.15}$$

$$= 0.0444 \times (0.136K^4 - 0.24K^3 + 0.12K^2 - 0.02K + 0.0073)^{0.15}$$

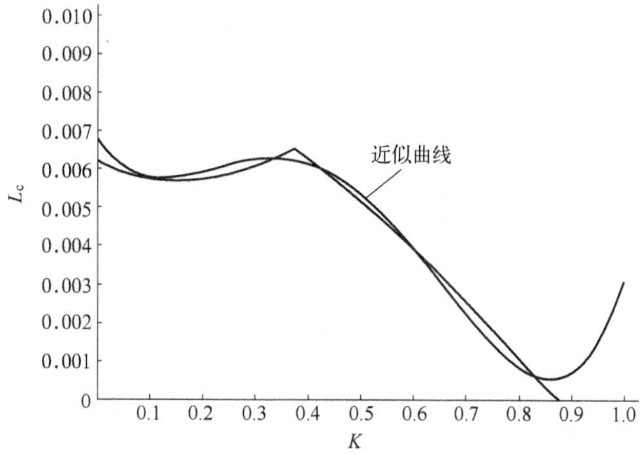


图 2-7 $L_c$ 与 $K$ 的关系曲线

由上式作图和对比数据示于图 2-8 和表 2-1 中。

**表 2-1 $K$ 对 $H_0$ 的影响**

| $K$ | $H_0$ |
|---|---|
| 0.7 | 0.0180 |
| 0.6 | 0.0196 |
| 0.5 | 0.0205 |
| 0.4 | 0.0207 |
| 0.3 | 0.0208 |

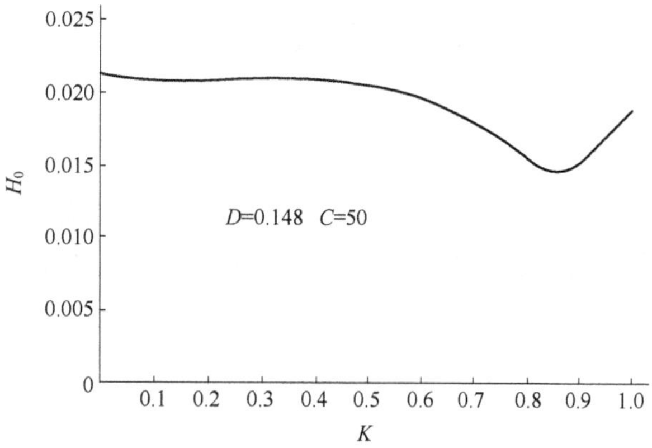


图 2-8 $K$ 对 $H_0$ 的影响

B 浓度 $C$ 对 $H_0$ 的影响

$K$=0.7 时,近似曲线:

$$L_G = 0.1217$$

$$L = L_G = (0.136 \times 0.7^4 - 0.24 \times 0.7^3 + 0.12 \times 0.7^2 - 0.02 \times 0.7 + 0.0073) \times C$$

$$= 0.002484 \times C$$

$$H_0 = 0.018 \times \left[\frac{0.002484 \times C}{0.1217}\right]^{0.15} = 0.01 \times C^{0.15}$$

由上式作图及对比数值示于图 2-9 和表 2-2 中。

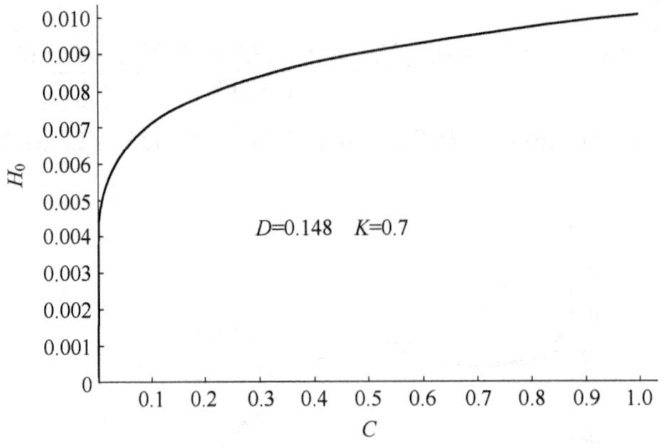


图 2-9 $C$ 对 $H_0$ 的影响

**表 2-2 $C$ 对 $H_0$ 的影响**

| $C$ | $H_0$ | $D$ | $K$ | $C$ | $H_0$ | $D$ | $K$ |
|---|---|---|---|---|---|---|---|
| 10 | 0.0141 | | | 60 | 0.0185 | | |
| 20 | 0.0157 | | | 70 | 0.0189 | | |
| 30 | 0.0167 | 0.148 | 0.7 | 80 | 0.0193 | 0.148 | 0.7 |
| 40 | 0.0174 | | | 90 | 0.0197 | | |
| 50 | 0.0180 | | | 100 | 0.0200 | | |

C 粒度 $D$ 对 $H_0$ 的影响

$$H_0 = H_G \times \left(\frac{L}{L_G}\right)^{0.15}$$

$L-H(H_0)$不变时，$L_c$ 的值随 $D$ 值的变化而变化，示于图 2-10。图中除了画有 $H=0.018$ 所对应的 $L_c-D$ 关系曲线外，还列有 $H$ 为其他值时的曲线。

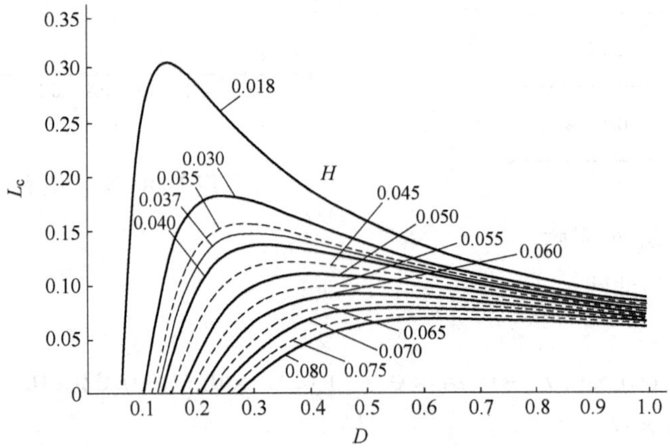


图 2-10 $H_0$ 不变时的 $L_c-D$ 曲线

*D*　使用参数 $U$、$a$、$n$ 对 $H_0$ 的影响

$$W_L \propto \left[\frac{U}{n}\sqrt{a}\right]^{(1-x)}\sqrt{a}$$

得：

$$W_L \propto \left[\frac{U}{n}\right]^{(1-x)}\left[\sqrt{a}\right]^{(2-x)}$$

$$S_n = \frac{U}{n}a$$

由上两式可见，$U$、$a$、$n$ 对使每转切屑量（$S_n$）增减量的作用要大于对每转单位刃长切削功 $W_L$ 的增减量，相对比值为：

$$\frac{S_n}{W_L} \propto \left(\frac{U}{n}\right)^x \times a^{\frac{x}{2}} \tag{2-13}$$

转速不变时，$H_0$ 随 $U \times a$ 的增大而增大。图 2－11 为 De Beers 的锯片切割花岗岩骨料混凝土的试验结果[5]。

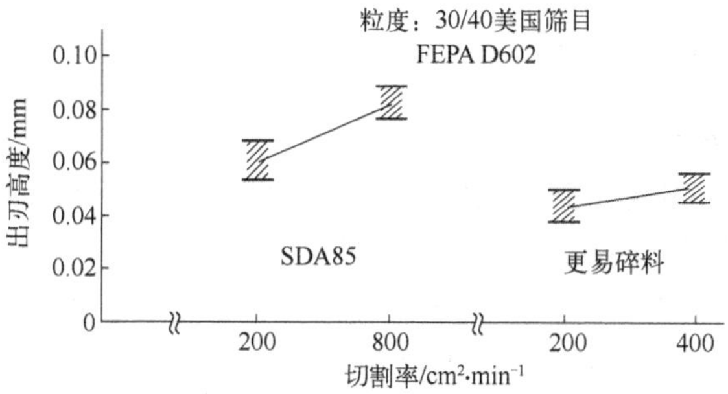


图 2－11　工作出刃与切割率的关系

E　金刚石品级及胎体耐磨能力对 $H_0$ 的影响

定性地看，金刚石品级越高、胎体耐磨性越差，则工作出刃值越大。但定量分析的难度很大，因为其不仅涉及到金刚石和胎体，而且还与被切割材料的特性有关。目前对与孕镶工具切割作业相关的金刚石、胎体和特别是工件的性能参数，虽有一些研究试验，但极为不足。

## 2.3　金刚石的失效机理

### 2.3.1　建立两个基础条件

2.3.1.1　关系图坐标系统的选定

图 2－12 是磨损（失效）与圆周线速度关系的示意图，这未能抓住事物的本质。正确的选择应是失效与金刚石吃入深度的关系，实际上 De Beers 公司的学者在分析掉落磨损时已提到了吃入深度的关系，而对另一条磨损曲线，用圆周速度引起的冲击或热载荷的变化均不能作出合理的解释，也需要用吃入深度这一参数来作为关系确立的基础。

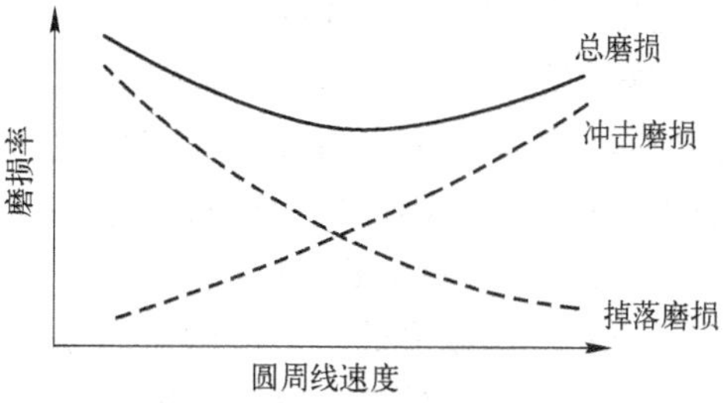


图 2－12　磨损与圆周线速度的关系

2.3.1.2　金刚石颗粒许用工作高度的确定

孕镶工具中金刚石的失效包括两大部分，一是自然失效；二是工作失效。本书要探讨的是工作失效，即金刚石颗粒许用工作高度这一部分失效的机理。图2－13示意了一颗金刚石许用工作高度的确定原理，可见，许用工作高度 $H_0 = D - KD - H$，其中 $K$ 为金刚石在胎体中的最小植入高度系数，$H$ 为正常工作间隙值。该颗金刚石开始参与切削工作即刚与岩石接触时，其在胎体中的植入高度为 $KD + H_0$，随着金刚石的不断磨损，胎体也同步磨损以保持 $H$ 不变，则金刚石在胎体中的植入高度从 $KD + H_0$ 逐步减少至 $KD$，这时金刚石自然失效。所以金刚石的可用工作高度 $H_0$ 仅为其直径的一小部分。

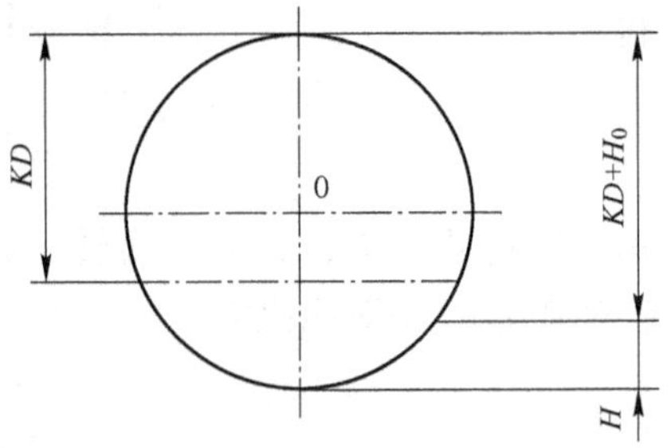

图2－13　金刚石颗粒许用工作高度确定原理

## 2.3.2　正常磨损和早期失效两种形式

2.3.2.1　正常磨损机理探讨

从宏观上看,金刚石的正常磨损是一个连续的逐步失去其许用工作高度的过程,该型失效的特征曲线示意于图2－14中。在 $T_{优}$ 之前,随着金刚石的不断磨损,该型失效的特征曲线示意于图2－14中。在 $T_{优}$ 之前,随着金刚石吃入深度的增大,金刚石的磨损率减少,从表观上看,图2－12中的这段曲线与图2－12中的冲击磨损曲线有相同的特征。这是因为圆周速度的降低也意味着吃入深度的增加。如何来解释这一种特征呢?金刚石与岩石这一对“摩擦付”中金刚石被比它硬度低得多的岩石磨损可由变形—裂纹机制来解释。尽管金刚石在常规的机械实验时是典型的脆性材料,但在磨损时都会发生磨损表层的塑性变形。这种材料表面的磨损过程是塑性变形的积累;裂纹的成核;裂纹的扩展。很显然,在切割岩石的同时,金刚石本身发生的塑性变形的积累程度是与岩石破碎功的累加相对应的。因而,金刚石在破碎单位体积岩石期间的磨损量应与被切割岩石的单位体积破碎功相适应。随着吃入深度的增加,破碎单位体积岩石时由金刚石付出(传递)的比功耗将降低,达一定程度后又将上升。这也是金刚石磨损率先降后升的机理所在。因而比功耗曲线与磨损率曲线具有同样的特征。

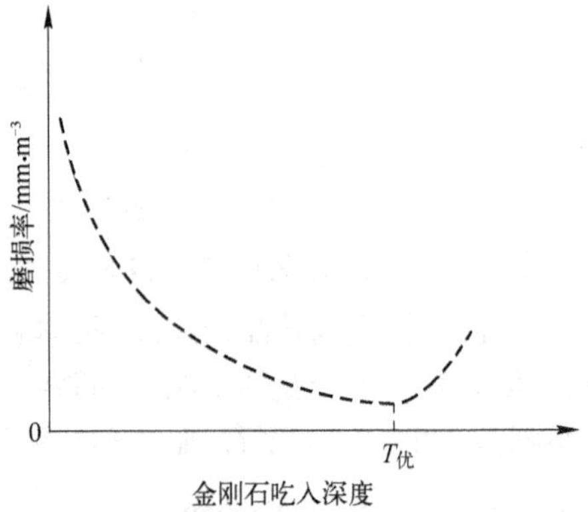

图2－14　金刚石磨损失效的特征曲线

2.3.2.2　早期失效机理探讨

金刚石的早期失效有两种形式,一是金刚石在自然失效之前就发生整体掉落;二是金刚石在自然失效之前就发生整体破裂。产生第一种早期失效是由于金刚石颗粒上受的力已超过了胎体的“包镶能力”,第二种早期失效是金刚石颗粒上受的力已超过了金刚石的破碎强度,发生整体破裂。整体掉落和整体破裂这两种不同机理所导致的失效曲线特征是不一样的。金刚石早期失效是整体掉落和整体破裂的集合，图 2－15 示意了某一工具的金刚石早期失效特征曲线，其由三段粗实线组成。

当该工具工作于金刚石的吃入深度为 $T_1$ 时，若想改进工具性能，则应提高包镶能力，使整体掉落的水平线降至低于点 1，采用提高金刚石强度使整体破裂曲线向下位移的措施是无效的。若在 $T_2$ 的工况下，则应提高金刚石的强度，使整体破裂曲线降至点 2 以下。由此可见，我们在研究金刚石的早期失效时，不仅要关心其失效的最终特征曲线，而且要注意整体破裂和整体掉落这两种不同失效曲线之间的对应关系。在实践中，往往会发生提高包镶能力后，例如采用了金刚石表面金属化技术，但没有显示出效果，究其原因，是在该工具的工况下，整体掉落线上相应的交点已低于整体破裂线上相应的交点，因而包镶能力的再提高对早期失效已无作用。这时应该采取的措施是提高金刚石的强度而不是改善包镶。

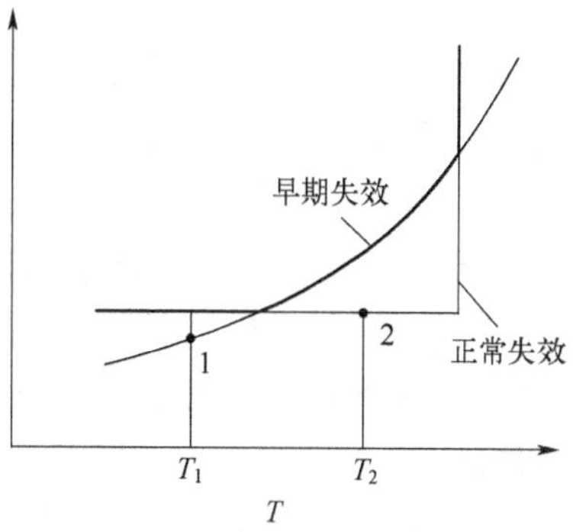

图 2－15　早期失效特征曲线

### 2.3.3　金刚石工作失效曲线的特征

金刚石的工作失效是正常磨损和早期失效之和，图 2－16 示意了这一原理。从图可知，存在着一个最佳吃入深度 $T_0$，一般工况下，工具的功耗（锋利度）曲线具有与单位体积岩石破碎功同样的特征，也即与正常磨损曲线有同样的特征。所以由图也可以看出，在 $T_0$ 的左边工况条件下，随着吃入深度的增大，工具寿命增长，功耗下降，而当超过 $T_0$ 时，也会出现寿命降低，功耗反而升高的结果。

研究金刚石的失效是把握工具寿命和降低工具成本的基础，本书主要是在定性上对失效机理做了探讨，也提出了一些实现定量的依据，望能起到抛砖引玉的作用，激起同行们对这一重要问题的思考和讨论。

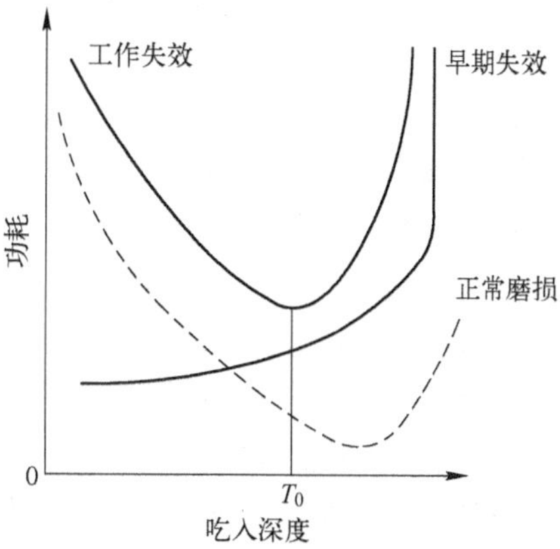

图 2－16　功耗与吃入深度的关系曲线

## 2.4　有关胎体的设计

### 2.4.1　胎体功能

在孕镶金刚石工具中，金刚石硬质点是切削元件，无疑是最基本的组分。但胎体也是不可或缺的组成部分，其对金刚石能否充分、有效地发挥作用起着决定性的作用。因而对胎体的配方和性能的研究、测试，已成为行业的重点技术之一，特别受到拥有该方面开发主动权的工具设计和制造者的青睐。

作为胎体，其功能主要有两个：一是“包镶”切削元件；二是与切削元件“匹配”磨损。实际上，判定包镶能力强弱的标准应是最大出刃值，不存在粒度粗包镶能力大的趋势。

### 2.4.2　胎体包镶能力

烧结金刚石工具，一般采用温度不超过900 ℃，时间为5 min之内，且在非真空的烧结工艺条件。因而要想实现以液相为前提的胎体对金刚石的良好润湿是不大可能的，加入强碳化物元素来实现胎体与金刚石的化学键接也是不现实的。采用金刚石的表面金属化技术可望是实现胎体对金刚石的化学"包镶"的有效途径，但目前国内技术还未能达到这一目标。

在"包镶"技术中，胎体中黏结剂对切削元件的"湿润"是最经常出现的一个术语。在研究开发新胎体材料及论述其优越性时，总要提及并示出其对金刚石具有小的湿润（接触）角。

"湿润"是出现于液体与固体接触表面的一种现象，因而孕镶金刚石工具只有在液相烧结时才有研究"湿润"的可能。也就是说，要想通过"湿润"来提高包镶能力，必须首先存在液相。如果某种在液态时能良好"湿润"金刚石的结合剂，在固相烧结条件下确实显示出了包镶能力的提高，也应用别的机理（固相反应）来进行解释，而不能说成是"湿润"的贡献。

存在液相这是"湿润"的必要（先决）条件，但还不是充分条件，还必须要求液相物质与金刚石间有低的界面能。

为了使"湿润"技术能实际用于孕镶金刚石工具的制作中，已有的含有活性（易形成碳化物）元素的铜锡合金可以应用。但铜基合金（即使不是主导组分）不可能满足各种"基"烧结胎体的性能要求，因而还应研究、开发添加有降温元素的低熔点钴基、铁基及其他金属基的合金。

在选择活性液相合金时，除了元素对碳的活性外，还有两个性能是必须关注的：一是液相出现的温度；二是合金中活性元素对氧的敏感性。它们将关系到金刚石原始性能的保持及制作装备及工艺技术的选用。

如何使活性元素能与金刚石之间实现化学冶金结合，这不仅是烧结技术中一直在探索的课题，也是钎焊技术中研究的项目。传统的金刚石工具的刀头（孕镶块）是采用粉末冶金技术来制作，在金刚石与胎体粉末的结合过程中以固相烧结为主。受金刚石热损伤理念的束缚，人们总是将胎体材料作为"固相"的前提下来思考技术的发展问题。

在制作烧结孕镶金刚石工具时，为了保护金刚石，力求降低烧结温度，目前国内所用的一般不超过900 ℃。且烧结时间短，通常在5 min之内。以及大都在非真空中进行。在这种烧结工艺条件下，要想靠胎体配方的改进来达到对金刚石的强力黏结似乎不大可能。从国内外的大量文献中可以看到，对于提高胎体包镶能力的措施着重在下列两个方面进行研究开发：

（1）提高金刚石的润湿性，以实现胎体对金刚石的钎焊。可惜的是润湿存在的前提是液相，而从所有的文献中，还未见到有熔点低于900 ℃的金属或合金能在非真空下对金刚石有良好润湿的资料，即使在加入一些强碳化物元素，如钛、铬后，也不能实现。

（2）实现对金刚石的化学包镶。很多研究者试图通过在胎体中的强碳化物元素在烧结过程中对金刚石产生化学键接，从而实现胎体与金刚石的强力联结。尽管有的文献肯定了一些金属，譬如钨（未被氧化的）在较低温度 -800 ℃左右，即在固相条件下，就能在金刚石表面形成WC层。但从目前为实现金刚石的表面金属化而采用的方法的工艺条件来看，大都需在真空中进行，并需1 h的加热（600 ℃以上）过程才能得到理想的结合力。即使如此操作,是否确能形成金刚石与金属间强力键接的碳化物层还是一个疑问,这在下面再作阐述。由此可见,在常用的金刚石工具的烧结条件下,要实现化学包镶是不现实的。

实现胎体对金刚石的化学包镶的另一途径是采用金刚石表面金属化技术,这在近年来受到了国内研究者的极大重视。该方面的论文发表频率颇高,并已有成果被应用。我们观察到无论用“镀”钛还是“镀”钨,在烧结成锯(或钻)齿后,其折断面上暴露出的金刚石均失去了镀层,而脱落了金刚石的残留坑表面十分光滑。观察齿工作后的唇面,可看到刚出露但还未与工件接触的金刚石表面镀层保留良好,而已参与切削工作后,出露部分镀层就不存在了。还试验观察了另一制造厂生产的工具,其采用的是“镀”钨金刚石。而用酸解体该工具齿所得的金刚石仍有镀层。上述现象似乎说明目前的国内金刚石表面金属化技术还未能达到实现化学包镶的水平。但需要说明的是,采用“镀”钛的金刚石工具确实又取得了良好的效果。试验结果是,对于铜基胎体的工具,寿命提高了35%,锋利度下降了6%;对于钴基胎体的工具,寿命提高了21%,锋利度下降了16%。这似乎说明了包镶能力确实提高了。

对上述现象和试验数据,可做这样的解析:国内的金刚石表面金属化技术还不能使胎体对金刚石实施化学键接,因而仍是机械包镶。但镀层金属在烧结过程中又使胎体接触处得到了局部的强化,从而提高了胎体对金刚石的机械包镶能力。

影响机械包镶能力的因素,有关文献中均提出了胎体的屈服强度是起关键作用。此外,由于是机械包镶,对于胎体而言,金刚石的存在处是一个缺口,因而材料的缺口敏感性也是必须考虑的。但至今还未见到对胎体进行这两个参数测控的方法。

测定金刚石的最大平均出刃高度也应是判别胎体包镶,特别是钎焊、化学包镶能力的有效并可行的手段。

## 2.5 金刚石工具钎焊技术

传统的金刚石工具的刀头是采用粉末冶金技术制作的,在金刚石与胎体粉末的结合过程中以固相烧结为主。受金刚石热损伤理念的束缚,人们总是将胎体材料作为固相的前提下来思考技术的发展问题。尽管也有液相烧结的报道和资料,但研究不深,应用甚少。近年来在单层金刚石工具制作中已开始运用钎焊法,颇受业内人士的关注。烧结和钎焊从表面来看属于两个技术领域,但从本质来看,均属于冶金的范畴,钎焊与液相烧结似乎不存在什么区别。硬质合金的制作(WC 加 Co)属于粉末冶金的液相强化烧结,也可认为是钎焊过程,WC 是母材(固相),Co 是钎料(液相)。在金刚石工具制作中,若不考虑金刚石刀头与工具钢体间的连接,钎焊的作用是把金刚石(母材)加胎体材料(母材)与钎料(也属胎体材料)焊接在一起,达到冶金化学结合的目的。从粉末冶金的角度看,在结合过程中,母材是固相,是骨架材料,钎料是液相,是黏结材料。实施钎焊的先决条件,也是技术的关键点,是钎焊时要求钎料形成液相状态才能焊接,并能很好地润湿固相的母材。金刚石与一般金属或合金间的界面能很高,润湿是很困难的。业已发现,凡具有强烈形成碳化物倾向性的金属在熔化时能使金刚石润湿。这种润湿实质上是通过在金刚石表面形成该金属碳化物过渡层而实现的。因而可采用含有活性元素(强碳化物形成元素)的合金钎料或加有单活性元素金属的钎焊料进行“钎焊”金刚石。如 B-Ni80CrP 钎料,Cr 为活性元素成分。

近年来在单层金刚石工具制作中已开始运用钎焊法。烧结和钎焊从表面来看属于两个技术领域,从粉末冶金的角度看,在结合过程中,母材是固相,是骨架材料,钎料是液相,是黏结材料。

金刚石(或石墨)的钎焊,可采用两种方法:一是金刚石先表面金属化,通过表面的金属来实现钎料对其润湿。文献[103～107]指出:进行表面金属化预处理是传统的方法,这种方法工艺复杂,费时耗资;二是直接采用活性钎料。

如果把活性剂如钛、锆等活性金属加入金属熔体中,由于这些活性剂有效地降低了界面能,而使高表面能的熔态金属能够很好地润湿在低表面能的固体表面,活性剂起到了熔态金属与固态之间的钎焊作用,促进了润湿。凡具有强烈形成碳化物倾向性的金属在熔化时能使金刚石润湿,因而可采用含有活性元素(强碳化物形成元素)的合金钎料或加有单活性元素金属的钎焊料进行钎焊金刚石。

实施对金刚石的钎焊,有两个措施是必不可少的。一是提高和保持金刚石表面的活性;二是防止金刚石的热损伤。提高金刚石表面的活性在上面已作了分析。关于金刚石的热损伤,研究表明在低真空度如1kPa环境中,残存的氧气会使金刚石表面生成一层致密黑色的石墨膜,该石墨膜的形成温度在600 ℃以上,但是并非是金刚石向石墨的固态相变,而是一氧化碳或二氧化碳的转变产物。在干净的惰性气体中加热至1500 ℃时,金刚石才开始发生石墨化转变,在2100 ℃时石墨化加速进行。目前的钎焊均要求在较高的真空(小于$10^{-1}$ Pa)环境下,或氩气保护。这一技术措施的作用一方面是防止金刚石的石墨化(只要低于1500 ℃),另一方面是防止钎料合金表面氧化而使界面能升高,减弱对金刚石的润湿。如已进行预表面金属化了的金刚石,则也能防止表面金属氧化,保持金刚石表面的活性。

防止金刚石的热损伤除了上述的石墨化外,还需考虑由于合成金刚石中金属触媒杂质的存在而导致的热应力破坏。因而要选取钎焊温度尽量低的钎料。

从加热的方式来看:有用箱式炉辐射加热,保温时间长达1 h;有用感应加热,时间仅30 s。对这两种加热方式为什么有这么大的时间差,到目前为止未见有所分析。从钎焊的工艺流程来看,无需保温达1 h之久的过程。如果像有的工艺那样,是在钎料中另外加入了单活性元素金属(粉),如Cr,其熔点为1855 ℃。而钎焊温度一般低于1100 ℃,为了使Cr与金刚石表面形成完整和一定厚度的碳化物,则在真空或惰性气氛条件下需经足够的作用时间。如果真是这个原因,那么采用表面预金属化了的金刚石则耗时可大大缩短。但实用的钎焊是采用含有活性元素的合金钎料,试验研究用Ni－Cr合金钎料制作单层钎焊金刚石工具,观察到合金中的Cr作为一种强碳化物元素,在钎焊过程中会向金刚石富集而在金刚石的表面形成稳定的碳化铬,有的Ni－Cr合金钎料的钎焊温度已可达1000 ℃以下。有文献指出:含有工艺复杂、费时耗资的“金刚石预金属化”工序的传统钎焊法已被淘汰。

采用真空还是惰性气氛保护的问题也无定论。要达到$10^{-2}$ Pa这样高的真空度是比较费时的,而采用氩这样的气体则比较费钱(瓶装,压力$130\times10^5$Pa(130tm),40L/瓶,130元/瓶)。由于氮与某些金属相互作用生成氮化物,不但影响母材(金属)的力学性能,而且妨碍钎料对母材表面的润湿,因而应避免使用氮作为保护气体。但如果我们所用的金刚石的外表面具有对氮不活泼的金属(如Ni、Cu)镀层,金属母材和钎料也是由对氮不活泼的元素组成,则选氮来作为隔氧的保护气氛应是可行的。

按以上的分析和构思,钎焊的目的仅是为了实现胎体材料与金刚石的冶金化学结合,如果选择含合适(对氧敏感度低)活性元素的合金钎料,则采用目前用于烧结孕镶块制作的工艺流程(仅需改变一些参数)和设备是可以做出钎焊刀头的。

以上在考虑钎料(作为胎体成分之一)的选择时,仅是从其冶金化学特性出发,不一定能满足作为胎体的性能要求。因而钎料的选择也需顾及其本身的力学性能。胎体性能的调节可从母材金属的选择来调节,也可以通过别的手段,如加入 WC 粉实现硬质颗粒的弥散强化。

在已见的金刚石钎焊工具文献中,绝大部分均采用了单层金刚石的网格状排布,并用此方法来制作层层叠加的多层金刚石工具,但至今未见多层钎焊工具成功的报道。用这种办法做的多层工具,金刚石可工作部分(切削元)在纵向是间隔分布的,因而不具备连续的工作能力。在工作唇面上金刚石呈网格排布是有利的,而纵向必须要能实现金刚石的不断更新交替。除了按常规的烧结法来制作钎焊刀头外(钎料为粉状)。也可试验在钎料薄片(宽度等于刀头长)上网格状的铺布上一层金刚石颗粒,然后取需要的一段,折叠起来(长度等于刀头高),钎焊在一起,成一个多层"三明治"结构的金刚石刀头。从高度向来看,叠层间金刚石颗粒是错落排布的,以实现连续工作。

根据以上的设想,主要原材料的选用和工艺参数设计如下:

(1) 金刚石:SMD25 ~ SMD30,表面金属化金属(第一层)为 W,第二层为 Ni 或 Co。

(2) 胎体粉:Ni、Co、Fe、Cu、W(与 Ni 基钎料有好或较好互溶性的金属),在用粉状钎料时用。也可加 WC。

(3) 钎料:1)B - Ni76CrP(密度 7.94,粉状),焊接温度 925 ℃,其用量为刀头总体积的 25%左右。2) B - Ni66MnSiCu(0.5mm 左右厚的带),焊接温度 1010 ~ 1095 ℃,使用温度 1035 ℃左右,使成液相的钎料量约为总钎料量的 25%,也可选 Ni - Cr - Si - B 等成分的钎料带。

(4) 惰性气体:$N_2$,连续充气。

从至今发表的有关钎焊单层金刚石工具的文章中看,均未采用金刚石表面预金属化,而是直接采用活性钎料或加活性金属。在孕镶金刚石工具的烧结技术的进一步发展中,钎焊金刚石技术的发展经历和成果值得吸取和借鉴。

## 2.6 胎体的耐磨性

胎体的磨损主要是磨粒磨损和冲蚀磨损两种方式的联合作用。金属胎体的耐磨性由其强度(硬度)和塑性联合决定。

金属胎体是当今金刚石工具中应用最多的。尽管实现胎体对金刚石的化学冶金包镶已成为当前的一个研究热点,但机械包镶方式在一个长时期内可能还是居重要地位。因而单纯从力学性能来看,胎体材料主要具备两个要求:一是高的屈服强度从而有高的机械包镶能力;二是合适的耐磨性。

想要获得高的加工效率,金刚石孕镶工具必须要以高的圆周速度来配合以实现最佳吃入深度。效率要求越高,最优工作点相对应的圆周速度将越快。当然,相应地对整个工作系统的稳定性、胎体的热导性(这包括胎体材料本身的热导性和胎体与金刚石接触的紧密度)、冷却措施的要求也越高,采用的金刚石品级也应越好。

## 2.7 功耗和寿命的数学计算式探讨

孕镶工具的功耗和寿命的数学计算式,是包含了工具的前端和后端参数的关系式。前端是原始参数(设计参数、锯切参数),后端是结果参数(功耗、寿命)。

在前端参数中,有一些是单因子参数,可方便地设定并给以(或得到)量化。属这类参数有:金刚石浓度,粒度,锯切深度,推进速度,工具直径,工具转速,包镶能力(以最大出刃值来量化)。另一些是多因子参数,有金刚石的锯切性能,胎体的耐磨性能,工件材料的可锯性能,尽管在选定后它们是不变的,但目前还未能满意地加以量化。

多因子前端参数的量化,对实现工具性能评定的数学模型的建立是不可少的,但至今还未能有满意的方法。因而目前建立完整的数学计算式的条件还不具备,本章仅对与数学式建立有关的问题进行一些分析和探讨。

### 2.7.1　某些可定量参数对功耗、寿命的影响

2.7.1.1　基本算式

单位唇面上工作金刚石的总刃长:$L_c = N_c \times l_0 = N_c \times F/h$

每克拉颗粒数(PPC 值):$N_P = 108.5/D^3$

单位唇面上工作金刚石的颗粒 $N_c$:

$$N_c = 0.477 \times \frac{C}{D^2} \times \frac{1}{2} \times \left[1 - \frac{K}{2}\left(\frac{H_0}{KD} + 1\right)\right] \times \left[1 - \frac{H_0}{(1-K) \times D}\right]$$

金刚石可利用面积 $F$:

$h \leqslant \frac{D}{2}$时:

$$F_1 = 0.5 \times \left\{\frac{D^2}{2} \times a\sin\left[\frac{1}{D} \times 2 \times \sqrt{h \times (D-h)}\right] - 2 \times \sqrt{h \times (D-h)} \times \left(\frac{D}{2} - h\right)\right\}$$

$h \geqslant \frac{D}{2}$时:

$$F_2 = 3.1416 \times \frac{D^2}{4} - 0.5 \times \left\{\frac{D^2}{2} \times a\sin\left[\frac{1}{D} \times 2 \times \sqrt{h \times (D-h)}\right] - 2 \times \sqrt{h \times (D-h)} \times \left(\frac{D}{2} - h\right)\right\}$$

式中　$h$——金刚石可用高度,$h = D \times (1-K) - H_0$。

单位唇面工作刃总长 $L_c$:

当 $h \leqslant \frac{D}{2}$时:

$$L_{c1} = 0.477 \times \frac{C}{D^2} \times \frac{1}{2} \times \left[1 - \frac{K}{2}\left(\frac{H_0}{K \times D} + 1\right)\right] \times \left[1 - \frac{H_0}{(1-K) \times D}\right] / [D \times (1-K) - H_0] \times 0.5 \times \left\{\frac{D^2}{2} \times a\sin\left[\frac{1}{D} \times 2 \times \sqrt{h \times (D-h)}\right] - 2 \times \sqrt{h \times (D-h)} \times \left(\frac{D}{2} - h\right)\right\}$$

当 $h \geqslant \frac{D}{2}$时:

$$L_{c2} = 0.477 \times \frac{C}{D^2} \times \frac{1}{2} \times \left[1 - \frac{K}{2}\left(\frac{H_0}{K \times D} + 1\right)\right] \times \left[1 - \frac{H_0}{(1-K) \times D}\right] / [D \times (1-K) - H_0] \times \left\{3.1416 \times \frac{D^2}{4} - 0.5 \times \left\{\frac{D^2}{2} \times a\sin\left[\frac{1}{D} \times 2 \times \sqrt{h \times (D-h)}\right] - 2 \times \sqrt{h \times (D-h)} \times \left(\frac{D}{2} - h\right)\right\}\right\}$$

在切削刃的吃入深度不超过最佳值范围内，可以列出工具的功耗系数、寿命系数的算式。

功耗系数 $W_c$：

$$W_c = L_c^{\ x}$$

寿命系数 $Q_c$：

$$Q_c = N_P \times C \times F / W_c = \frac{N_P}{N_c^{\ x}} \times C \times h^x \times F^{(1-x)}$$

以下内容仍以文献[110]的磨轮($D=0.148, C=50, K=0.7$)磨削玻璃为例来进行分析。

2.7.1.2 包镶能力($K$)对寿命($Q$)、功耗($W$)的相对影响

当 $C=50$ 时：

$$H = 0.0444 \times (0.136K^4 - 0.24K^3 + 0.12K^2 - 0.02K + 0.0073)^{0.15}$$

寿命、功耗随 $K$ 的变化如图 2-17 和表 2-3 所示。

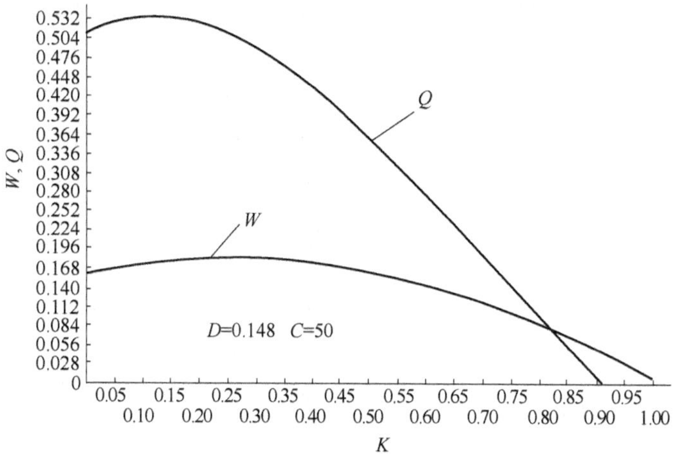


图 2-17 寿命 $Q$、功耗 $W$ 随 $K$ 的变化

**表 2-3 $K$ 对 $Q$、$W$ 的相对影响**

| $K$ | $Q$ | $W$ | $H$ |
|---|---|---|---|
| 0.7 | 100 | 100 | 0.0180 |
| 0.6 | 148 | 120 | 0.0196 |
| 0.5 | 196 | 137 | 0.0205 |
| 0.4 | 243 | 152 | 0.0209 |
| 0.3 | 268 | 154 | 0.0210 |

立方氮化硼磨轮加工 Inconel 718(HRC41)的试验，两种胎体配方对磨轮功耗和寿命的影响示于图 2-18 和图 2-19 中。B 配方提高了胎体对磨料的包镶(retention)能力，使 B 配方磨轮的 $G$ 值(工件材料去除量与工具磨损量之比)增大，比功(去除单位体积工件材料的功耗)也增大。按图所示可算得，包镶能力的提高使磨轮寿命增长 49%，功耗增大 25%。

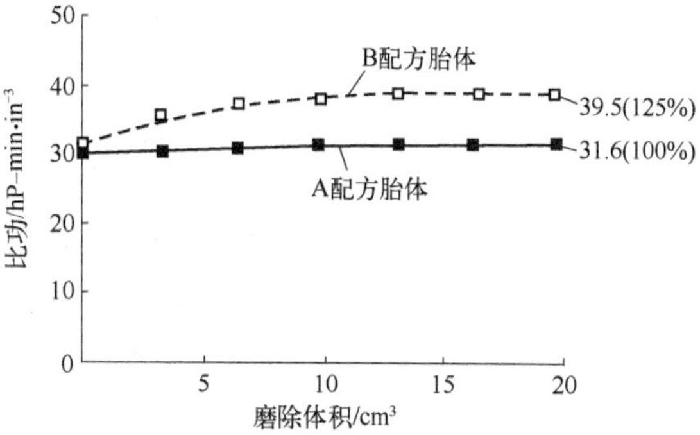


图 2-18 比功与磨除体积的关系

这与表 2-3 中 $K$ 值从 0.7 减至 0.6 的结果比较相近，表明包镶能力提高导致寿命增长的烈度比功耗增大要强。

2.7.1.3 浓度($C$)对 $Q$、$W$ 的相对影响

当 $K=0.7$ 时：

$$H = 0.01 \times C^{0.15}$$

式中　$H$——金刚石颗粒出刃值；

　　$C$——金刚石浓度，%。

寿命、功耗随 $C$ 的变化如图 2-20 和表 2-4 所示。

由上可见，浓度变化引起功耗和寿命相应变化几乎是等烈度的。

2.7.1.4　粒度($D$)对 $W$、$Q$ 的影响

$H=H_G\times\left(\dfrac{L_D}{L_G}\right)^{0.15}$，寿命、功耗随 $D$ 的变化如图 2-21 所示。

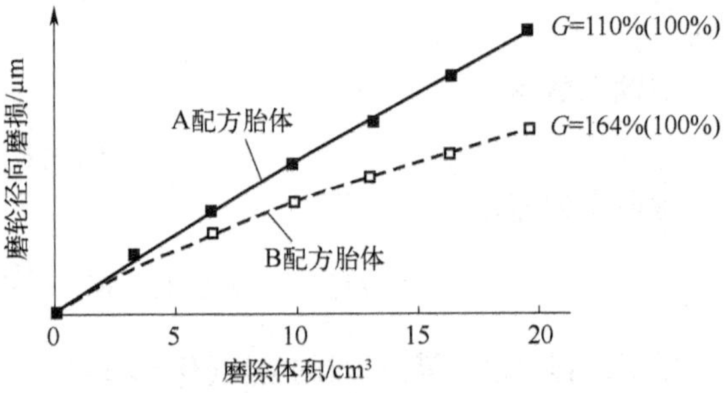


图 2-19　磨轮径向磨损与磨除体积的关系

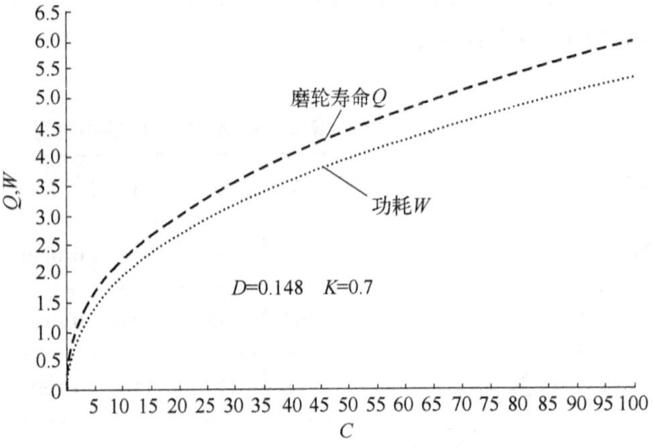


图 2-20　金刚石浓度对寿命、功耗的影响

**表 2-4　$C$ 对 $Q$、$W$ 的相对影响**

| $C$/% | $W$ | $Q$ | $H$/mm |
|---|---|---|---|
| 10 | 100 | 100 | 0.0141 |
| 20 | 136 | 136 | 0.0157 |
| 30 | 163 | 162 | 0.0167 |
| 40 | 185 | 185 | 0.0174 |
| 50 | 204 | 202 | 0.0180 |
| 60 | 220 | 218 | 0.0185 |
| 70 | 235 | 233 | 0.0189 |
| 80 | 249 | 246 | 0.0193 |
| 90 | 261 | 258 | 0.0196 |
| 100 | 273 | 270 | 0.0199 |

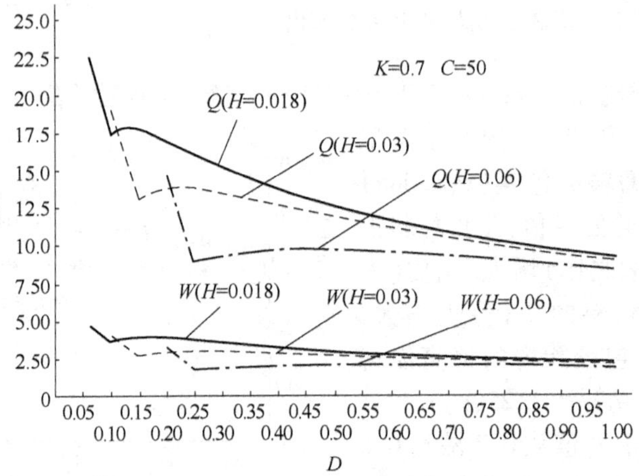


图 2-21　粒径对寿命($Q$)、功耗($W$)的影响

2.7.1.5　锯切深度($a$)、推进速度($U$)、圆周速度($V_m$)对 $W$、$Q$ 的影响

这些指标属于切割参数，定性看，它们与上列的那些工具设计参数相似，均是通过改变切削刃的吃入深度来影响工具的功耗和寿命的。这种改变是参数本身加上它们对工作出刃

的影响相互结合的结果。

在上述的切割参数中，采用的推进方式为定速，而在金刚石钻头使用时，常为定压。文献[92]进行了硬质合金切削刃钻切岩石试验，发现刀刃的吃入深度随线速度的增大而减小（见表2-5）。对这一现象的解释为：在定压推进的条件下，由于岩石的强度随加载速度的增快而提高使载荷合力指向岩石表面，破岩阻力减小，破碎岩石的体积也相应减少。

**表2-5 切削工具吃入深度与线速度的关系**

| 岩石名称 | 线速度/m·s$^{-1}$ | 硬质合金每转一周吃入深度/mm | | |
|---|---|---|---|---|
| | | 298N | 705N | 980N |
| 灰 岩 | 0.12 | 0.122 | 0.149 | 0.259 |
| | 0.40 | 0.013 | 0.053 | 0.095 |
| | 1.45 | 0.010 | 0.020 | 0.092 |
| 花岗岩 | 0.12 | 0.265 | 0.685 | 1.070 |
| | 0.40 | 0.096 | 0.635 | 0.820 |
| | 1.45 | 0.020 | 0.445 | 0.585 |

以上现象值得加以重视并进一步的试验研究，如确实存在这种关系，则对于定推进力的工况，切削刃吃入深度的计算式（式2-7）将加以修正。

2.7.1.6 *深切慢走刀和浅切快走刀工艺对功耗、寿命的影响*

美国G.E公司对两种工况下的工具寿命变化做了试验，图2-22为试验结果之一[86]。

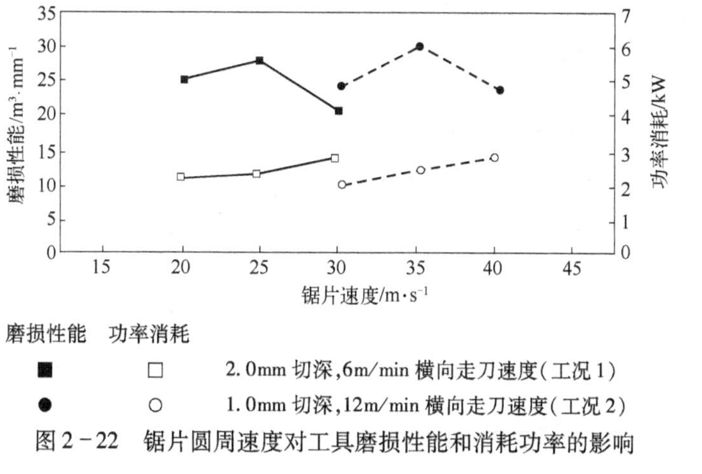


图2-22 锯片圆周速度对工具磨损性能和消耗功率的影响

以最佳吃入深度的观点来解释，在切割率不变、最佳吃入深度相同的前提下（因而 $H_0$ 也相同），浅切快走刀与深切慢走刀相比，前者的最佳吃入深度所对应的圆周速度值大。工况1的最佳吃入深度所对应的圆周速度为25 m/s，由此可算得工况2时应为：$25\times\sqrt{2}=35.35$，与试验结果相符。

浅切工艺相对的最优转速高。转速的提高总会导致无用摩擦功耗的增大。摩擦功耗的存在必然使工况2的功耗增量大于工况1的。摩擦功耗还干扰最优转速时功耗最低的本性，使功耗随转速变化的曲线可能不出现最低点而一直上升的现象。从图2-22的试验结果看，两者的最佳寿命基本相当，工况2似乎寿命还长些。这可能是在该试验条件下的转速范围内(圆周速度 25 m/s 和 35 m/s),试验所用的锯机及整个锯切系统的稳定性较好,高的转速反而提高了薄片状锯片的刚度所致。但一般而言,转速的提高可能会引起锯切系统的失稳,产生附加的振动冲击循环载荷,导致早期整体破碎失效金刚石的增多和切缝的加宽而降低寿命(切割的平方米量)。由上分析可见,从简单可靠的要求出发,在较低转速下达到最佳吃入深度的深切慢走刀工艺较好。

### 2.7.2 最优转速现象剖析

在金刚石锯片性能试验中,存在着最优转速现象。图 6-8 是 GE 公司的试验结果。由此可研究探讨切割率发生变化时,切削参数与功耗、寿命(磨损率)之间的相关性。

对于最优转速现象,文献[87]未分析其原因。文献[88]解释为锯片圆周线速度过低时,锯片与石材之间的摩擦力太大,锯片寿命过低,锯片圆周线速度过高时,锯片与石材之间的冲击力过大,金刚石未充分利用就已破碎或从胎体上脱落下来,也使其寿命降低。

上述分析,对于图中单条曲线为什么出现最大值做了解释。但对于当锯切深度增大时,即金刚石吃入深度(或非变形切屑厚度)增大时为什么寿命最高点所对应的圆周速度会向右(高速处)移动未作论述。从现象看,似乎是速度在控制着寿命,从本质看应是吃入深度在起作用。

由上述公式可看到,造成 $T$ 变化的因素并非圆周速度的一项,如锯切深度 $a$ 增加,$T$ ($\propto\sqrt{a}$)也增大,在 $a$ 增大时,若想保持 $T$ 不变,则圆周速度 $v_s$ 也需增大。这就可以对图 2-23中的几条曲线的最高点为什么位移作出了解释。可以设想为对于已定的锯片和被切岩石,存在着一个金刚石的最佳吃入深度,在此时,锯片寿命最长。也可做出这样一个推论:锯片工作时,由于非圆周速度而造成的金刚石吃入深度的增减,则最高寿命所对应的圆周速度位置也将移动,以对吃入深度做出补偿,使其保持不变。

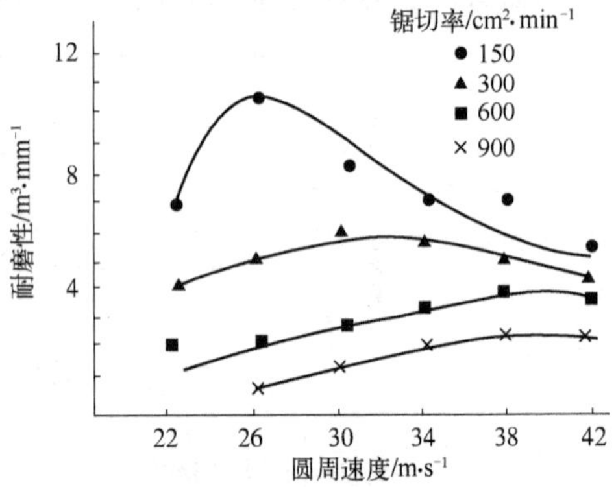

图 2-23 圆周速度与耐磨性的关系

由上述公式又可得:

$$T\propto\frac{\sqrt{a}}{n}$$

由图 2-23 与上式得出对比数据列于表 2-6 中。

**表 2-6 圆周速度与耐磨性的关系**

| 锯切率/cm² · min⁻¹ | 最佳吃入深度(理论最高寿命)对应的圆周速度/m · s⁻¹ | 实测最高寿命对应的圆周速度/m · s⁻¹ |
|---|---|---|
| 150 | 26(设定值) | 26 |
| 300 | 36.6 | 33 |
| 600 | 51 | 38.5 |
| 900 | 61.7 | 42 |

注:锯片直径 406mm。

图2-24示明了最高寿命对应的圆周速度随锯切率增大而增大的趋势，但速度的试验值与计算值不符。这是由于切割率增大时，$H_0$ 会增大（参见2.2小节），切削刃数减少，这使最高寿命值有所下降，与最佳吃入深度所对应的转速有所提高。在不变的（最佳的）吃入深度条件下，转速的增高意味着单位时间内切削热增大，导致切削刃温度的上升。热应力的加入将加速金刚石的磨损。高转速还会引起失稳，特别是对试验所用的非高品级金刚石（MBS70），将导致寿命的进一步大的损失。这些将使最高寿命点向低速边作较大的移动。

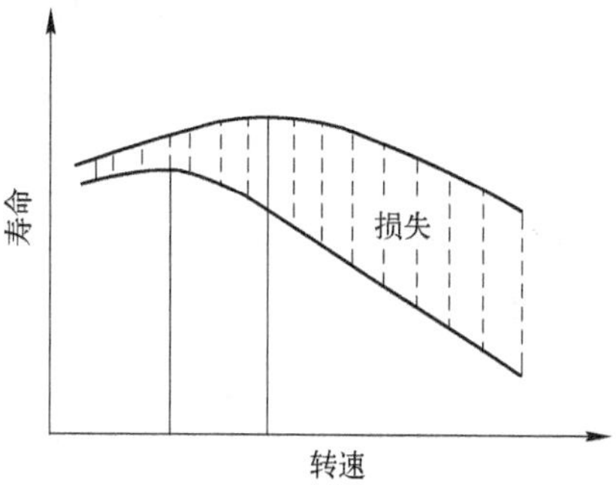

图2-24 寿命损失示意图

切割率越大，理论上最优转速越高，寿命的降幅就越大，最优转速点的位移量越大。

由此也可做出推论：对于金刚石孕镶工具，想要获得高的加工效率，必须以高的圆周速度来配合以实现最佳吃入深度。效率要求越高，最优工作点相对应的圆周速度将越大。当然，相应地对整个工作系统的稳定性、胎体的热导性（这包括胎体材料本身的热导性和胎体与金刚石接触的紧密度）、冷却措施的要求也越高，采用的金刚石品级也应越好。

### 2.7.3 切削方向对锯片性能的影响

锯片在工作时，在切割参数均不变的前提下，可以以两种不同的方向旋转，这就分成了两种锯切方式：上切和下切。

图2-25示意了各自的受力状态。

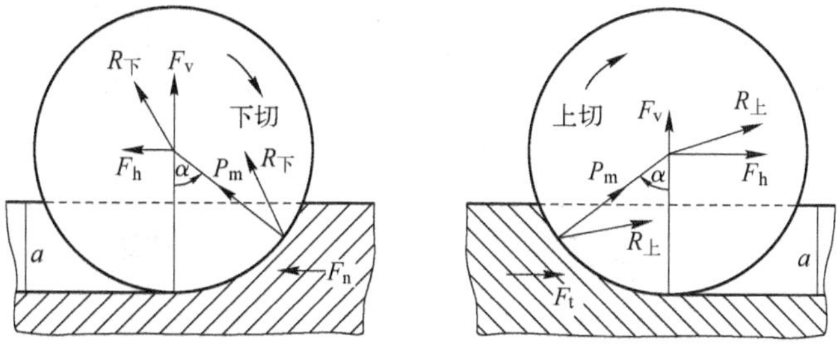

图2-25 上切、下切受力示意图

文献[89]列出了力的平衡式，上切：

$$F_h = F_t\cos\alpha - F_n\sin\alpha$$

$$F_v = F_t\sin\alpha + F_n\cos\alpha$$

下切：

$$F_h = -F_t\cos\alpha - F_n\sin\alpha$$

$$F_v = -F_t\sin\alpha + F_n\cos\alpha$$

$$\alpha = W\arccos\left(1 - \frac{2a}{D}\right)$$

$$F_t = r \times F_n$$

锯切混凝土 $r=0.25$ 和 $W=0.7$ 可获得满意的近似值。

从理论上看，$F_{t上} = F_{t下}$，两种锯切方式应有同样的功耗。

$$F_t \propto \frac{U \times a}{T^x} \quad F_t \propto \frac{a}{\sqrt{\frac{2a}{D}}^x}$$

当 $U$ 不变时，设：锯片直径 $D = 600$ mm，$x = 0.455$，得到锯切深度与水平推力间的关系图2－26。

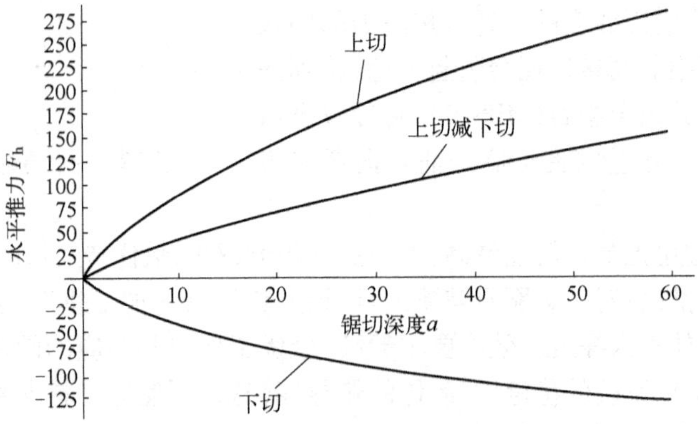


图2－26　锯切深度与水平推力的关系

文献[90]做了不同的锯切方式和支撑点位置对锯片磨损的影响试验。图2－27同样是上切，但作用合力 $R$ 与锯片支撑点位置不同。可以看出支撑点位置对锯片工作的稳定性有明显的影响。图2－28示明，均处稳定状态的锯片，上切、下切对锯片磨损的影响基本相同。

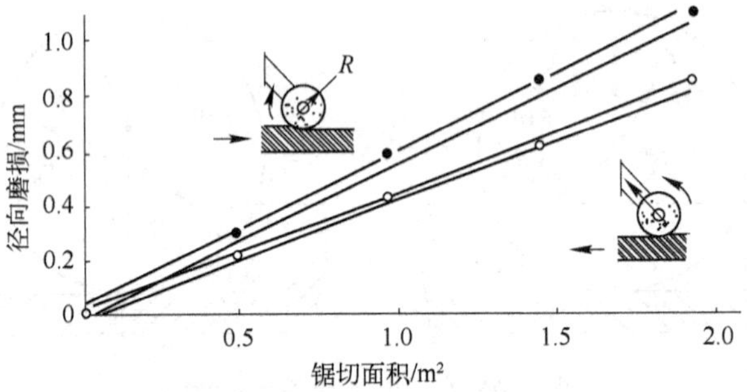


图2－27　稳定的上切和不稳定的上切对比

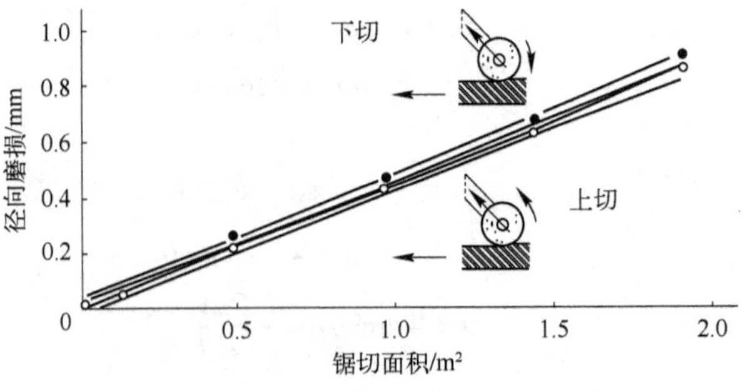


图2－28　稳定的上切和稳定的下切对比

文献[91]在桥式切机上进行了直径为600 mm锯片切花岗岩的对比试验，发现当锯切深度较小时，下切方式的锯片磨损大，而切深超过25～30 mm后，关系发生反转。文献未对这种现象的原因进行分析。

对于桥式切机，锯切时水平分力将对锯片支撑的稳定性有所影响。依据图2－26水平推力的绝对值对比，上切总是大于下切，两者间的差距随锯切深度的增加而加大。文献[56]所用的切机（配置功率为18.5kW），当锯切深度达某一值后，水平推力将对支撑的稳定性产生影响。上切和下切的绝对值差又将导致锯片磨损的不同。因上切的推力总是大于下切的推力，若试验中出现下切时锯片的磨损大于上切的现象将难以解释。

由图2－25的受力分析和图2－28的对比试验可见，只要支撑点位置能保证锯片稳定工作，锯切方式不同不会影响锯片的功耗和寿命。可见，在作锯片性能的理论分析中可不考虑其转向与推进方向。但在实际使用中支撑的稳定性是必须要注意的。

由图2－25还可以看出，不同的锯切方式施加于锯片的上抬力和水平阻力是不同的，这在实际应用时必须加以注意，特别是在应用移动式切机时。

## 2.8 容屑比的确定原则

### 2.8.1 容屑比概念

容屑比应包含两个内容：一是切削空间高度（$H_0$ 值），二是容屑空间体积。

切削空间高度（$H_0$）对功耗的影响可分为两种情况，一是大于门槛值时，$H_0$ 是通过对 $T$ 的改变而对单位体积破碎功产生影响；二是低于门槛值时，由于工作间隙太小，限制了工件破碎物（如岩屑）的顺利形成，从而增加了金刚石对岩石破碎难度。$V_0$ 低于门槛值时，破碎物排出困难和产生重复破碎。这将导致单位体积破碎功的急剧上升，是我们在设计和使用锯片时需力求避免的。

### 2.8.2 容屑比的门槛值的确定原则

容屑比的门槛值的确定原则是钻头每转进尺值应与钻头胎体面和孔底面间的间隙相配合。间隙体积至少为碎岩体积的两倍。两倍是考虑到岩石破碎后体积要增大。如果不计间隙体积中切削元件占据的部分，则：

$$H_0 \times 2\pi R \times B = 2 \times 2\pi R \times B \times h_n = 2V_n$$

$$H_0 = 2hn \tag{2-14}$$

式中 $h_n$——每转进尺寸；

$V_n$——每转碎岩体积。

由于未考虑 $V_0$，上述观点至少是片面的。对于钻头，在工具回转一周的过程中，工作切削元件一直在切削工件（岩石）上。因而从防止出现切屑重复破碎的要求出发，不仅要考虑工作间隙，冲洗排屑条件更重要。如果不能排屑，或排屑通道太小，例如无水口，即使有大的容屑比，钻头工作几周后间隙也将被切屑塞满而无法继续工作，因而单纯以满足式（2－14）的要求来衡量钻头能否正常工作是不行的。钻头必须设有水口并实施强制性排屑。水口起到了增大容屑空间的作用，也可作排屑通道。

文献[81]分析了钻头的排粉原理（见图2－29）。在开始瞬时 $t_0$，钻头处于相对于半轴

$OX$ 呈 $\varphi$ 角的位置,此时冲洗液沿每个水口以速度 $v_P$ 流动。假设钻头—岩石的接触条件保证切削元件与岩石带着第一次互相作用而破碎岩石,实现微切削过程。在钻头转 $\beta$ 角之后,扇形齿块 3 居于新的位置,此时每个扇形齿块进行着岩石的破碎并形成岩粉。紧挨着扇形齿块后端让开的井底表面 2 暴露出来处于冲洗液流通道(水口 1)中。因为全都处于运动之中,很显然,冲洗液流经水口通过的时间应不少于扇形块前端经过水口长度距离所需的时间。否则,不是全部岩粉能从外空间排出,部分岩粉将积压于扇形块的前端下,产生重复破碎。由此得到(可算出)必需的冲洗液量。钻头扇形块移动 $\beta$ 角所用的时间和冲洗液流沿水口运动的时间相应为:

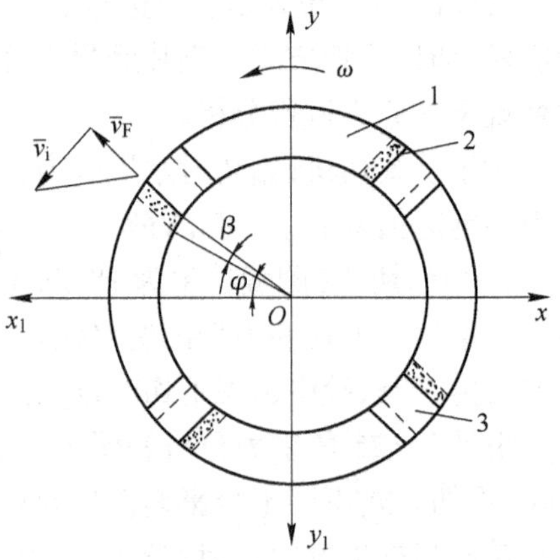

图 2-29　钻头排屑原理
1—水口；2—井底表面；
3—扇形齿块

$$t_1 = L_i/v_i$$

$$t_2 = L_n/v_F$$

式中　$L_n$——钻头胎体厚度；

$L_i$——钻头外径处水口长。

按采用的条件:$t_1 \geqslant t_2$ 或 $L_i/v_i \geqslant L_n/v_F$

由此,$v_F \geqslant \frac{L_n}{L_i} v_i$

由已知的公式:$v_F = Q/F$,得到必须的冲洗量计算式。

每个水口所需的冲洗液量:

$$Q = \frac{L_n}{L_i} v_i F \tag{2-15}$$

式中　$v_i$——钻头回转线速度；

$F$——钻头水口的横断面积。

满足上述条件时,钻头—岩石的接触条件只需保证切削元件与岩石带着第一次互相作用而破碎岩石。这意味着要求间隙不阻碍岩屑的形成,即:

$$H_0 \geqslant 2T \tag{2-16}$$

式中　$T$——吃入深度(非变形切屑厚度)。

锯片与钻头的工作特点不同,某个工作刃(工作切削元件)在工具回转一周的过程中并非一直在切削工件(岩石),其切削过程是断续的。仅有部分工作唇面处于切削元件—岩石付中,大部分位于自由空间。工作唇面离开切削元件—岩石付 1 进入自由空间 2,即具有自排屑功能(见图 2-30)。

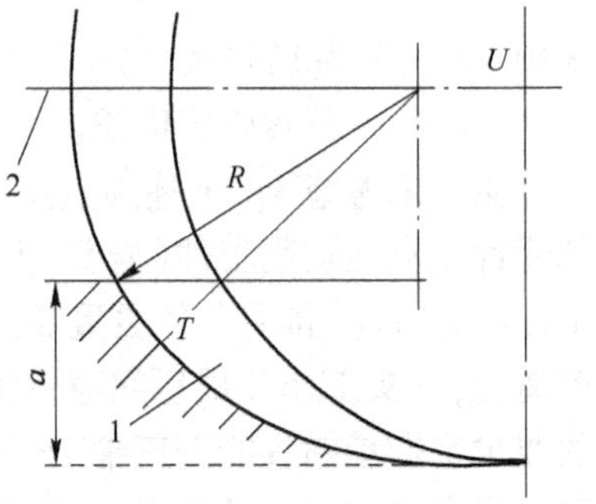

图 2-30　锯片工作原理
1—切削元件-岩石付；2—自由空间

对于胎体面无空洞和无水口的连续刃锯片,每转的切割量 $S_n = \frac{aU}{n}$,要求:

$$H_0 \geqslant \frac{U \times a}{n \times \pi R} \tag{2-17}$$

对于有水口或唇面空洞的锯片，水口和空洞起到了增大容屑空间的作用。$H_0$ 可只考虑切屑的顺利形成，因而可要求：

$$H_0 \geqslant 2T \tag{2-18}$$

以直径 350 mm 锯片为例，若使用参数为：$U = 3000$ mm/min，$a = 20$ mm，$n = 1500$ r/min，则可由式(2－17)求得：$H_0 = 0.07275$ mm。这个门槛值太大了，实测工作正常的锯片 $H_0$ 要小于此值。

对于锯片而言，仍以直径 350 mm 锯片为例，使用参数同上，设计参数为浓度 $C = 20$，粒度 $D = 0.24$ mm。若工作间隙 $H_0 = 0.04$ mm，可知每平方毫米的切削刃长 $I_c = 25.39/100 \times 20 = 5.08$ mm，则可求得当量切削刃数：

$$M = 5.08 \times 2 \times \pi \times 17.5/10 = 55.85$$

吃入深度：

$$T = \frac{3000}{1500 \times 55.85}\sqrt{1 - [(175 - 20)/175]^2} = 0.0166 \text{ mm}$$

该锯片 $H_0(0.04)$ 已大于 $2T(0.0332)$，从功耗角度来看，是可以正常工作的了。因而可以用：

$$\frac{H_0}{2T} = k(>1) \tag{2-19}$$

来作为门槛值，至于 $k$ 的取值问题，需作试验研究。

# 3　刀头烧结高频焊接圆锯片

高频焊接圆锯片在超硬材料工具领域中占有相当高的比例，主要用于石材板材的加工，也用于高速公路、地下铁道、机场和桥梁等混凝土工程的切割施工。它的规格直径范围很大，从 $\phi$105 mm 到 $\phi$3000 mm，有的甚至达到 $\phi$5000 mm。其中用于石材荒料锯切板材加工的 $\phi$1600 mm 锯片和裁边的 $\phi$350 ~ 400 mm 锯片使用最为普遍。国内各石材加工企业拥有数万台 $\phi$1600 ~ 2200 mm 圆盘切机，加上各种组合锯片和裁边机，这些设备的运转生产，每年要消耗大量的锯片和金刚石。由于该切机结构简单、耐用，转速高，锯切速度快，所以板材生产成本低，但它只限于加工锯片半径以内的板材，如 $\phi$1600 mm 切机只能生产600 mm × 600 mm 的板材。加大圆锯片直径，对基体加工提出了更高的要求，要保证基体的刚度、平面度以及切割工作中不偏摆，势必要加大基体厚度，从而降低切割效率和板材的成材率。因此，它只适合于小面积的板材加工。最近几年我国高频焊接陶瓷切割锯片发展迅猛，大量用于瓷质砖和陶瓷锦砖（马赛克）的切割加工。随着国内房地产建筑业的持续升温，市场需求量猛增，预计年消耗量超过 1000 万片，不可等闲视之。

## 3.1　锯片结构设计

根据用途的不同，圆锯片的结构略有差异。

### 3.1.1　大理石圆锯片

大理石比较软，易于切割，但它仍是脆性材料易于崩边。因此在锯片结构上采用窄水槽，同样直径锯片的齿数比较多，刀头的高度不超过 10 mm，出刃小（一般出刃 0.3 ~ 0.4 mm），对基体的要求更为严格，刚度、平面度要好，端面跳动、径向圆跳动小。$\phi$105 ~ 230 mm 的大理石锯片主要用在手持轻便切机上；$\phi$300 ~ 500 mm 锯片用在固定式裁边机上进行板材的切边加工；$\phi$600 ~ 1000 mm 锯片用于墓碑等柱状和块状的石材加工；$\phi$1000 mm 以上更大直径的锯片则用于荒料的修整和板材的加工。

**例 3－1**　$\phi$350 mm 大理石圆锯片的结构设计为：

名义外径：$\phi$350 mm，实际外径：$\phi$356 mm，25 齿，窄水槽

水槽形式：U 形，槽宽 2.7 mm，刀头出刃 0.3 mm

刀头规格：40 mm × 8 mm × 2.8 mm

基体规格：$\phi$340 mm × 25 mm × 2.2 mm，内孔 $\phi$50 mm，材料 50Mn2V，硬度（43 ± 2）HRC，端面跳动≤0.15 mm，张力分布均匀，符合国家标准。

### 3.1.2　花岗岩圆锯片

大规格花岗岩圆锯片（直径大于 $\phi$400 mm）的结构形式没什么变化，基本上按国家标准（GB/T 11270.1—2002）生产制造。而 $\phi$350 mm 规格左右的结构形式比较多。除普遍使用

的按国家标准中的窄水槽和宽水槽锯片之外，主要介绍波纹齿锯片的结构设计。波纹齿结构最先在整体冷压烧结锯片中采用，优点是刀头与切割岩石的接触面积小，凹槽的冷却排屑条件好，切割效率高，降低功率消耗，所以深受欧美国家石材加工客户的欢迎。而波纹齿锯片仅仅是刀头的结构形状不同而已，根据刀头齿的长度可以设计3～4个凹槽，为便于碳模加工一般呈直槽形。图3－1所示为波纹齿锯片的实物照片和平面图。

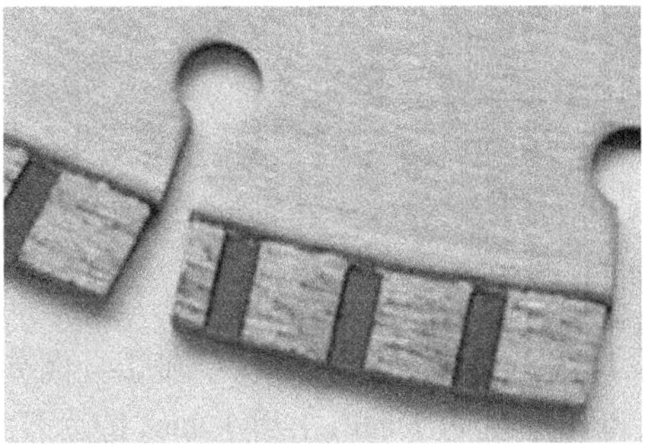

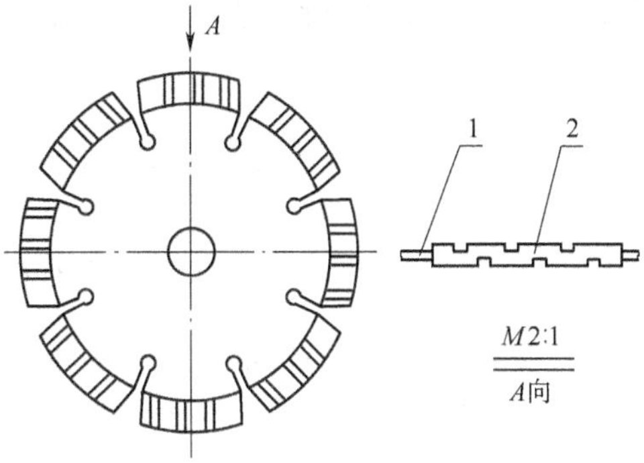


图3－1 波纹齿锯片
1—基体；2—波纹齿刀头

对波纹齿锯片的实际效果，我院有关部门曾经做过台架试验对比，见表3－1。

**表3－1 $\phi$350 mm 波纹齿锯片与普通锯片切割试验比较**

| 锯片类型 | 规格/mm | 切割速度 /$m \cdot min^{-1}$ | 切割效率 /$m^2 \cdot h^{-1}$ | 寿 命 /$m^2 \cdot mm^{-1}$ | 试验对象 |
|---|---|---|---|---|---|
| 普通锯片 | $\phi$350 | 4.5 | 4.1 | 4.0 | 花岗岩 |
| 波纹齿锯片 | $\phi$350 | 5.6 | 5.0 | 3.8 | 花岗岩 |

### 3.1.3 混凝土圆锯片

我国在高速公路和机场跑道的切缝以及一些民用建筑等许多混凝土工程施工中，目前仍大量使用着高频焊接锯片。根据切割对象不同，混凝土锯片又分为：生混凝土锯片、熟混凝土锯片和沥青锯片。由于混凝土工程多数是在野外施工，供水不足，锯片的工作条件比较恶劣，容易产生掉齿现象。为保护人身安全，欧美国家几乎全部用激光焊接锯片取代高频钎焊锯片。相信不久将来，我国也会这样做。所以这部分放到“激光焊接圆锯片”部分阐述。

### 3.1.4 消音锯片

锯片在切割石材时，与岩石摩擦发生的噪音达110分贝以上，对环境造成噪声污染，尤其对操作工人的健康造成损害。一种降低噪音的方法是在基体上用激光切割不同形状的细缝，缝宽0.25～1.5 mm，然后用阻尼材料充填，可以起到降低噪音的作用。切缝越宽，形状越复杂，降噪效果越好。但切缝太宽，影响基体强度，以1.5 mm为宜。一般可以降低5～15分贝左右的降噪声效果。而另一种则是采用“三明治”结构的消声基体，消音效果比较明显，可以降低20分贝的降噪声效果。基体由三层黏结在一起，中间一层采用0.2～0.4 mm厚的铜或铝材料，锯片规格一般为$\phi$230～400 mm。国内数家基体厂均能生产，价格也有所降低,大部分用于制造出口锯片。

### 3.1.5　锯片刀头结构设计

节块式圆锯片中的节块,俗称刀头,本文亦按"刀头"称谓。一般的刀头呈扇形,内圆半径与基体外径相等,外圆半径等于内圆半径加刀头高度。刀头两侧与圆心连线呈扇形;而更多设计成与中心线平行的两条直线,见图 3－2。

图 3－2　平行直线形刀头和扇形刀头

锯片直径超过 φ1000 mm 的刀头,一般简化设计呈长方形,内外均不带圆弧。例如:φ1600 mm 锯片刀头设计成 24 mm × 15 mm × 9 mm,基体厚度为 7 mm,出刃 1 mm,每片刀头数 108 个。

3.1.5.1　*多层刀头*

A　*夹心(三明治)刀头*

夹心刀头指的是中间有夹层的三层刀头。夹层可以用同样的粉末配方,但金刚石浓度低,颗粒大;也可以设计成较软的粉末配方。这样在刀头对岩石切割一段时间后,刀头断面呈凹槽状,使得锯片工作稳定,切割效率高。

**例 3－2**　φ350 mm 花岗岩锯片,刀头规格:40 mm × 10 mm × 3.2 mm,两侧厚度 0.8 mm,金刚石浓度 30%,中间层厚度 1.6 mm,金刚石浓度 12%。

**例 3－3**　φ1600 mm 花岗岩锯片,刀头规格:24 mm × 12 mm × 9 mm,两侧厚度 2.5 mm,金刚石浓度 50%,中间层厚度 4 mm,金刚石浓度 25%。

B　*多层刀头*

国内 φ1600 mm 锯片刀头消耗量最大,生产厂家竞争激烈,千方百计想办法在保证一定的切割性能和寿命条件下,尽可能的降低成本。因此设计出多夹层的刀头结构,每个刀头的夹层数有 3 或 4 个,厚度为 0.5 ~ 1 mm,用铜片或铁片(A3 钢板冲制),也可以用铁粉或铜粉压制成片。这样可节省大量的金刚石和粉料。这种刀头在南方各省得到大量使用。

3.1.5.2　*梯形刀头和阶梯形刀头*

从刀头横截面上看,设计成上大下小的梯形或设计成上大下小的台阶形状。见图 3－3。该结构多采用于大规格的锯片。由于在切割工作中,刀头侧面与岩石的接触面积小,功率消耗小,切割效率高,且基体不易变形,最适合于 φ2000 mm 以上大规格锯片切割硬花岗岩。梯形刀头也可以设计成多层结构,效果更好。

**例 3－4**　出口澳大利亚 φ2000 mm 锯片刀头,刀头规格:24 mm × 10 mm/9 mm × 20 mm,中间层厚 6 mm,两侧上边 2 mm,下边 1.5 mm,见图 3－3。

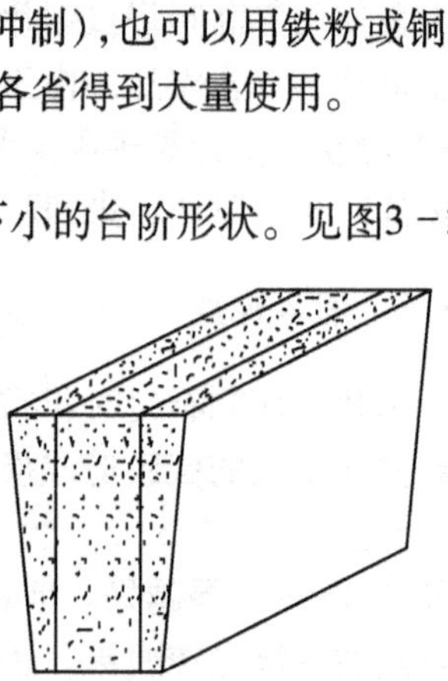

图 3－3　φ2000mm 梯形夹心刀头

3.1.5.3　*马鞍形刀头*

这种刀头在出口订单中经常出现,多半用在直径

$\phi$800 mm左右的锯片中,切割对象是大理石和花岗岩。虽然未经对比试验,从结构分析,还是有些优点:由于相对刀头比较长,与基体接触面积大,焊得牢,不易掉齿;在刀头中间有一凹槽,有利于开刃,金刚石出露好,加上便于及时排屑和冷却,因此有利于提高切割效率。缺点是石墨模具复杂,增加制造成本。见图3-4。

**例3-5**　$\phi$1000 mm 花岗岩锯片刀头,刀头规格:30.6 mm×15.5 mm×7 mm,中间槽宽9 mm。

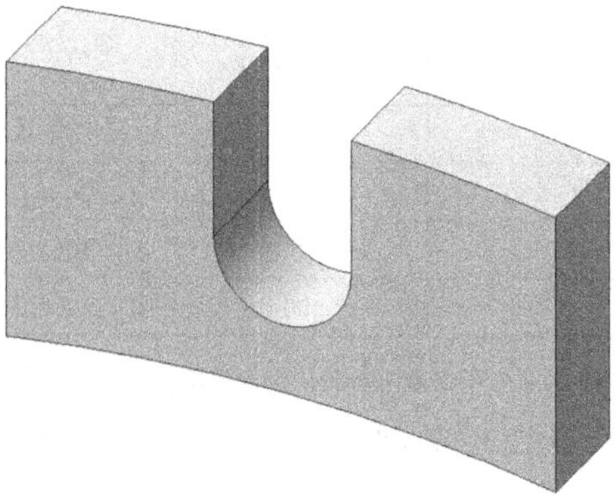

图3-4　马鞍形刀头

## 3.2　刀头配方设计

### 3.2.1　锯片切割岩石破碎机理

锯片切割石材过程是利用刀头中金刚石切削元件,在高线速度条件下(一般大于20 m/s),从切线和轴线两个方向对岩石施加压力。岩石是脆性材料,它的破碎去除过程分为三个阶段:

(1) 金刚石出刃部分与岩石的接触、摩擦,使岩石产生塑性变形。

(2) 进一步施加压力,使金刚石刃尖周围的岩石压裂并扩展。

(3) 当压力超过岩石的强度临界值,则发生破碎和断裂,碎粒和岩粉脱离岩体,即所谓的岩石体积破碎。

如此不断循环即完成去除石材的加工,而金刚石也在碎岩过程中受到磨损、撞击、破裂以致"失效"脱落。

### 3.2.2　金刚石锯片刀头的最佳工作状态

按照第2章"金刚石工具设计原理"所阐述的"等效工作刃数"、"切削刃的吃入深度"以及"金刚石失效机理"等理论推断,锯片切割工作中的金刚石工作刃数约占金刚石总数的1/3,其中1/3已失效或脱落,还有1/3未出露或出露的很少。如此循环反复,随着旧的工作金刚石的磨损、破裂、失效脱落,新的金刚石又出露,补充,始终保持着有1/3的工作刃数,这也是孕镶超硬材料工具的自锐性特点,这就是理想的最佳工作状态。这时可以保持稳定的切割效率和较低的功率消耗。

### 3.2.3　胎体配方设计

采用冶金粉末技术使金刚石包镶在金属胎体之中,胎体必须具备较高的机械包镶能力,才能提高胎体中金刚石的平均出刃值。随着金刚石平均出刃值的增加,能有效地增加胎体的容屑空间,减少重复破碎,降低金刚石的体积破碎功。并且还要根据岩石特性,在工作中与金刚石同步磨损,保证锯片的最佳工作状态。

3.2.3.1　钴基结合剂胎体配方

以金属钴CO粉末为主要成分,配以适量的铜粉,添加少量的镍粉、锡粉、锌粉等其他成分。钴无疑是最佳结合剂,它有较高的屈服强度和红硬性,致密化程度高,与金刚石结合强度高,包镶能力大,因为钴基结合剂刀头在热压烧结后的冷却过程中,钴发生相变,引起体积收缩,使得结合剂对金刚石的机械包镶能力增大。钴的浸润性能好,在高温烧结时对金刚石表面基本不产生侵蚀,且自锐性好,切割效率高,稳定。我们针对钴基结合剂的不同钴含量制成标准试样,进行了力学性能测试,结果见表3-2。

**表3-2　钴基结合剂力学性能测试结果**

| 序　号 | 钴含量（质量分数）/% | $\sigma_{空白}$/MPa | $\sigma_{金}$/MPa | $(\sigma_{空白}-\sigma_{金})/\sigma_{空白}$ /% | HRB |
|---|---|---|---|---|---|
| 1 | 30 | 775.4 | 499.2 | 35.6 | 88 |
| 2 | 50 | 921.7 | 651.2 | 29.3 | 92 |
| 3 | 75 | 1067.2 | 803.6 | 24.7 | 95 |
| 4 | 100 | 1260.3 | 1090.0 | 13.5 | 100 |

注:$\sigma_{空白}$—不含金刚石胎体抗弯强度;$\sigma_{金}$—含金刚石胎体抗弯强度。

从表3-2可以看出,试块的硬度随着钴含量的增加而提高,试块的抗弯强度也随着钴含量的增加而提高。而含钴量相等的含金刚石试块比不含金刚石试块的抗弯强度却明显下降很多。

同时制成含钴量不同的锯片,进行对比试验显示,钴含量越高寿命越长,见图3-5。

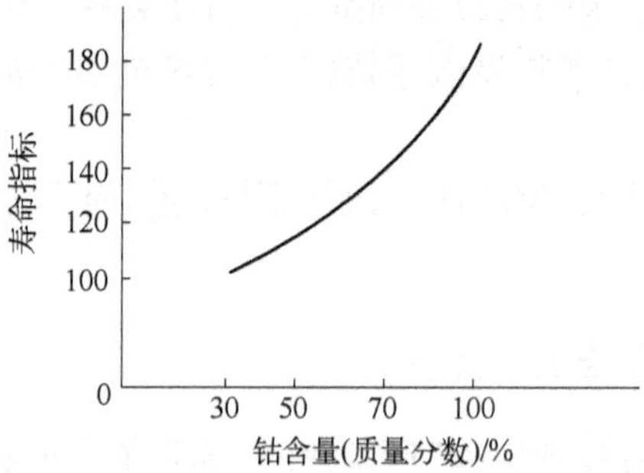


图3-5　锯片刀头钴含量与寿命关系

高钴结合剂多用于制造硬花岗岩、石英岩等难切岩石锯片,胎体与金刚石黏结强度高、刀头硬度适中、自锐性好、性能稳定,烧结温度容易控制,750～900 ℃之间。

3.2.3.2　*铜基结合剂胎体配方*

一般刀头胎体配方中都含有铜,只是含量不同而已,因此设定含铜或铜基合金40%以上的称为铜基结合剂胎体。该种胎体的强度和硬度低,机械包镶能力差,但烧结温度低,压延性和成形性好,切割性能好,刀头锋利。相对于钴基配方价格低,应用面广,量大。除了用于加工大理石、软花岗岩锯片之外,加少量的硬质点,还用于制造生水泥锯片。更大含量的铜基配方(不小于70%)用于制造陶瓷、玻璃切割锯片。

3.2.3.3　*铁基结合剂胎体配方*

铁和钴在元素周期表中位置相邻,性能相近,但价格相差甚远,因此以铁代钴的铁基配方获得广泛的应用。铁基结合剂的主要成分以铁为主(不小于40%),配以适量的铜、镍、锡、锌、钴等粉末,这种胎体强度与钴基胎体相近,韧性差,烧结温度高,对金刚石产生侵蚀,对烧结工艺的控制要求严格。针对某种岩石,将配方调整好,其切割效率和寿命都不差,而价格低很多,$\phi$1600 mm锯片刀头的价格从几千元一副,降到500～600元/副。

最近,国内外粉体有关企业采用水雾法和化学法制造超细预合金代钴铁基粉末,性能优异:烧结温度低,而且烧结温度范围宽;包镶能力大、自锐性好,切割效率高,寿命长,适于制造高档锯片,见表3-3。

**表3-3 国内外预合金代钴粉末性能**

| 公司 | 牌号 | 主要成分 | 平均粒径/μm | 理论密度/g·cm$^{-3}$ | 烧结温度/℃ | 硬度HRB | 用途 |
|---|---|---|---|---|---|---|---|
| 钢铁研究总院安泰股份有限公司 | 04 | 铁基 | 17.8 | 8.03 | 700~750 | 106~109 | 花岗岩,砂岩 |
| 钢铁研究总院安泰股份有限公司 | 05 | 铁基 | 18.3 | 8.15 | 750~810 | 101~102 | 硬花岗岩,钢筋混凝土 |
| 钢铁研究总院安泰股份有限公司 | 06 | 铜基 | 15.3 | 8.72 | 660~720 | 97~98 | 软花岗岩,大理石 |
| 有色金属研究总院 | YHJ-1 | Co,Cu,Fe | 6~10 | 8.3~8.4 | 750~900 | 95~108 | 花岗岩 |
| 有色金属研究总院 | YHJ-2 | Fe,Cu,W,Re | 5~7 | 8.1~8.3 | 750~880 | 94~108 | 硬花岗岩,混凝土 |
| 法国 | NEXT100 | Cu,Fe,Co | 1.0~2.0 | 8.62 | 800~825 | 180~110 | 花岗岩,混凝土 |
| 法国 | NEXT200 | Cu,Fe,Co | 1.0~2.0 | 8.75 | 725~775 | 103 | 花岗岩,混凝土 |
| 法国 | NEXT300 | Fe72%,Co25%,Cu3% | 6.0 | 8.12 | 700~750 |  | 干切,过渡层 |
| 德国 | DiabaseV15 | Fe,Co,Cu |  | 8.08 | 900 | 102 |  |
| 德国 | DiabaseV18 | Cu,Fe,Co |  | 8~8.12 | 780~860 | 100~104 | 花岗岩排锯 |
| 德国 | DiabaseV21 | Cu,Fe,Co |  | 7.82~9.0 | 700~860 | 94~101 | 激光锯片 |
| 比利时 | Cobalite 601 | Fe 70%,Cu 20%,Co 10% | 4.9~5 | 8.18~8.20 | 750~850 | 98 | 大理石,花岗岩沥青 |
| 比利时 | Cobalite HDR | Fe 66%,Co 27%,Cu 7% | 6~7 | 8.19 | 775~850 | 108 | 沥青,混凝土激光锯片 |
| 比利时 | Cobalite CNF | Fe 68.4%,Cu 26%,Sn 3%,W 2% | 1.4~2.7 | 8.18 | 675~875 |  | 无压烧结 |

## 3.3 刀头冷压模具设计

以往,锯片刀头的制造都是直接将粉料倒进石墨模腔,装好上压头,即送到烧结机,按烧结工艺进行烧结。由于粉料装得比较高,压缩过程比较长,形成压力梯度,刀头上下密度不均，而且石墨模消耗大，增加成本，因此增加一道冷压工艺是必要的，也是粉末冶金生产的基本成形方法。也就是将称好的混合料倒进钢模，放到普通压力机进行加压，一般压力取20 ~ 30 kN/cm²，使刀头压坯密度达到65% ~75%。也可以采用容积式自动冷压机，但粉末需要经过"制粒"工序，这部分放到激光焊接锯片一章阐述。

### 3.3.1　压制成形原理

根据冶金粉末压制成形理论，粉末从受力压缩到成形，形成一个具有一定密度和足够强度的压坯，这是一个非常复杂的过程。压坯强度的大小与施加压力大小有关；与粉末性质、形状、粒度有关；与添加剂有关。而粉末在模腔内所受力的大小和方向不同，轴向力使粉末产生位移、变形和压缩；侧压力是模壁的反作用，始终小于正向轴压力；粉末颗粒与模壁之间的摩擦力引起的压力损失而直接影响压坯密度的不均匀性，压坯高度与厚度比越大，压力下降越大，一般刀头的高厚比大于3，所以设计模具时要采用双向压缩，才能保证压坯上下密度的均匀。

### 3.3.2　冷压模具设计原则

(1) 尽可能采用双向压缩模具结构，刀头压坯直立，设计上压头和下压头。

(2) 压制压力取 20 ~ 30 kN/cm²，根据压力机能力和刀头截面积设计模框内的刀头数量。

(3) 模板高度根据粉末的松装密度决定，一般取压坯高度的 3 ~ 5 倍；压坯长度比刀头小 0.5 ~ 1 mm，压坯宽度比刀头小 0.1 ~ 0.3 mm。

(4) 模具材料选用优质模具钢，如 12CrMoV 等，淬火处理，硬度达到 HRC60 ~ 62，模具表面粗糙度达到 *Ra*0.8μm，有利于减少摩擦力，易于脱模。

(5) 模框可以用 45 号钢，要有一定的刚度，压制时不变形。

### 3.3.3　模具设计实例

**例 3－6**　$\phi$350 mm 圆锯片，刀头规格 40 mm × 3.2 mm × 9 mm，刀头压坯尺寸 39.5 mm × 3.1 mm × 14 mm，使用 400 ~ 600kN 普通压力机，每平方厘米施加 20 ~ 30kN 的压力，每模装 12 片。模具设计如图 3－6 所示。

结构特点：

(1) 两侧斜板与模框有 3°斜面配合，便于拆模，相对于用螺钉压紧生产效率高，而且施加的压力可以高。

(2) 压头厚度加中间隔板厚度为 10 mm，当刀头厚度变化，只要相应改变中间隔板厚度即可，其他零件尺寸不变。

(3) 装粉后撤去垫板，上下压头往中间压缩，保证密度均匀。

**例 3－7**　$\phi$350 mm 锯片夹心刀头冷压模具设计夹心刀头（三明治）锯片比较锋利，切割稳定，但刀头压坯必须横向装三层粉压制。所以，横向冷压模具中的压头、凹凸模板和中间

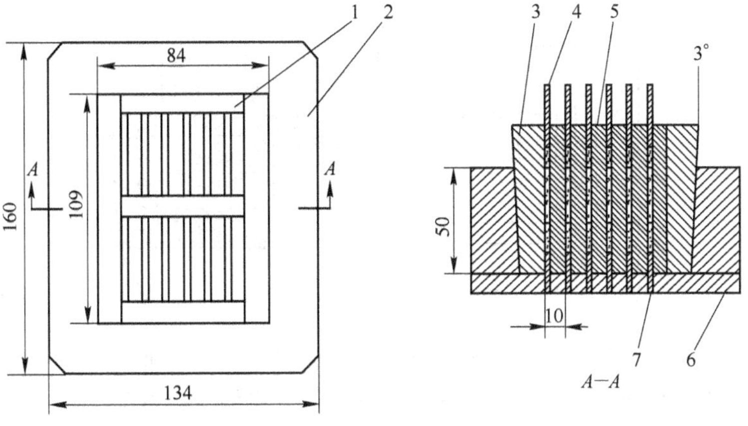


图 3-6 $\phi$350 mm 锯片刀头冷压模具装配图

1—横隔板；2—模框；3—侧斜板；4—上压头；5—中间隔板；6—垫板；7—下压头

隔板的侧面均是圆弧形状，需用电火花慢走丝线切割，才能保证圆弧板配合精度和必要的粗糙度（*Ra*0.8μm）。模具设计见图 3-7。

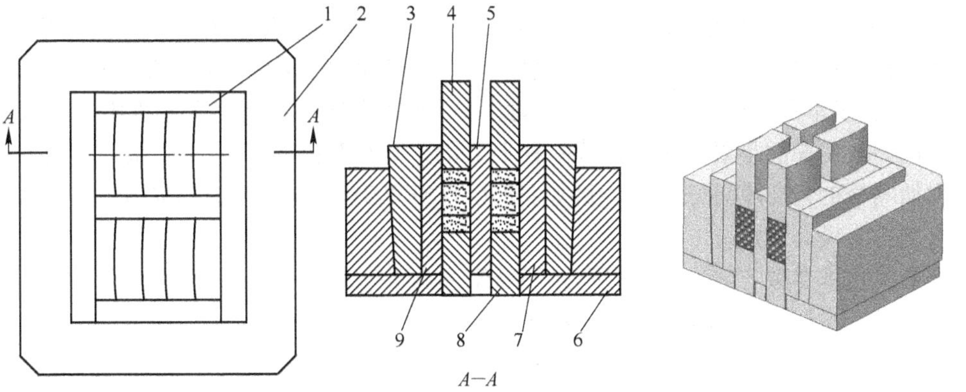


图 3-7 $\phi$350 mm 锯片夹心刀头冷压模具装配图

1—横隔板；2—模框；3—侧斜板；4—上压头；5—中间隔板；

6—垫板；7—凸模板；8—下压头；9—凹模板

利用上述同样的模框和侧斜板，每模装 4 个刀头压坯。刀头规格 40 mm × 3.2 mm × 10 mm，压坯尺寸 39.5 mm × 3.1 mm × 15 mm，压坯密度约为 66%，总压力取 400 ~ 450kN。

**例 3-8** $\phi$1600 mm 锯片多层式刀头冷压模具设计

$\phi$1600 mm 锯片刀头在市场上销量非常大，是国产金刚石的主要消耗制品，市场竞争激烈，价格低，利润空间十分有限。为了降低成本，除了胎体粉末采用铁基配方之外，在刀头上采用多层夹心结构，有五层、七层和九层刀头。夹层厚度 0.5 ~ 1mm，用铁粉或铜粉预先压制成片或者就用金属铁板或铜板大批量冲制成片。因此模具必须设计成横向压缩结构，装料时，交叉放入金刚石混合粉和铁片，压制到位，也就是压坯厚度比刀头小 0.1 ~ 0.2 mm。

设定刀头规格 24 mm × 9 mm × 14 mm，压坯尺寸 23.5 mm × 8.8 mm × 21 mm，铁片厚度 0.5 ~ 0.6 mm，每个刀头 3 片，粉料厚度约 1.8 ~ 1.9 mm。具体设计见图 3-8。

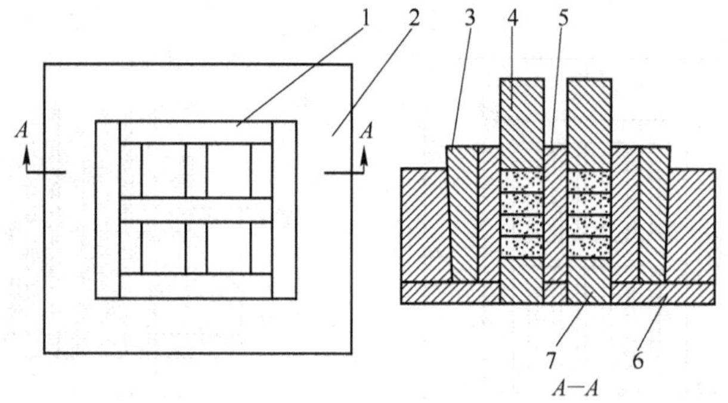


图 3 - 8　$\phi$1600 mm 锯片多层刀头冷压模具装配图

1—横模板；2—模框；3—侧斜板；4—上压头；5—中间隔板；6—垫板；7—下压头

## 3.4　石墨模具设计

石墨模具是用于装载锯片刀头压坯之后，放到热压烧结机上进行热压烧结。模具模腔的面积大小，也就是一次烧结多少个刀头要根据烧结机的加热功率和压力大小确定。目前常用的国产真空烧结机的加热功率为 60kVA，最大压力为 250kN，而石墨的加热面积应按 60 cm$^2$范围以内设计，即刀头横截面积决定每模装载刀头的数量。而模具结构则根据刀头的形状选择。石墨具有良好的导电、导热性能，烧结机通过石墨的发热对粉末压坯进行烧结加工，因此石墨本身也产生氧化、烧损。因此尽可能地降低模具高度和减少中间隔板数量，是模具设计要考虑的重要因素。推荐一种上下错开型的刀头，中间不加隔板的模具设计，要比中间加隔板的普通模具好得多。例如：使用 TLZK2001 型全自动真空热压烧结机烧结锯片刀头的石墨模具设计。

烧结机技术参数：　最大工作压力：255kN

加热功率：60kVA

加热面积≤60cm$^2$

### 3.4.1　$\phi$350 mm 锯片刀头的石墨模具设计

刀头规格：　40 mm × 3.2 mm × 10 mm（见图 3 - 9）

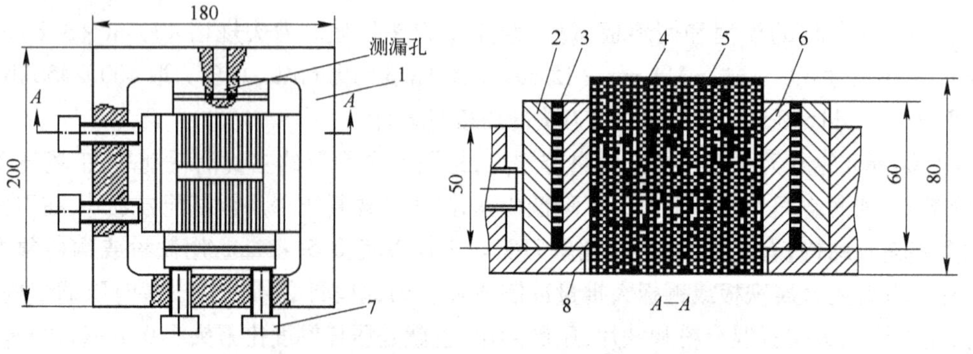


图 3 - 9　错开式石墨模具组装图

1—模框；2—挡板；3—石棉隔板；4—长压头；5—短压头；6—石墨挡板；7—垫板；8—螺钉

每模刀头数量：　42 个，总面积：53.76 $cm^2$

模具设计特点：

(1) 充分利用模腔内的空间，中间没有隔板，一次烧结刀头数量多。

(2) 取消中间石墨隔板，节省材料。

(3) 压头之间相互依靠，避免受力不均而折断。对薄刀头尤其重要。

### 3.4.2　扇形刀头的石墨模具设计

烧结扇形刀头用的石墨模具结构稍为复杂，如图3－10所示。上压头的长度等于刀头内圆弧的弦长；下压头的长度等于刀头外圆弧的弦长。两侧挡板的内斜面等于刀头的扇形边。刀头之间要加隔板。刀头也可先冷压成内圆弧长的长方形压坯，这样可以降低模具的高度，节省石墨材料消耗。

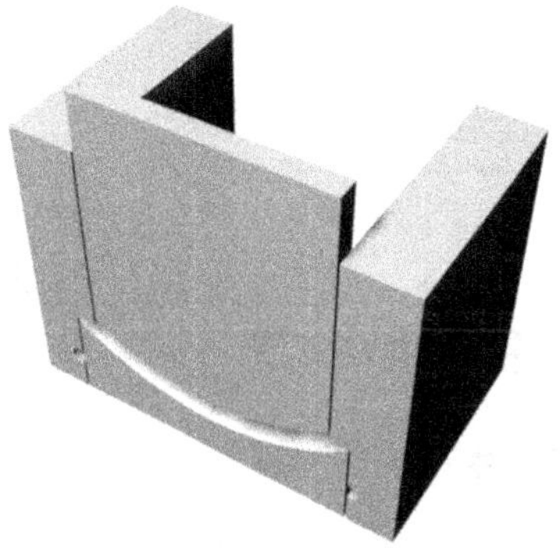

图 3－10　扇形刀头石墨模具示意图

### 3.4.3　波纹齿刀头石墨模具设计

由于波纹齿圆锯片切割效率高，颇受欧美客户的欢迎，锯片规格从 $\phi$200～600 mm，可以制造激光焊接锯片，也可以制造高频焊接锯片。它们的波纹齿结构是同样的，但是，激光锯片刀头要加不含金刚石的非工作层粉，而高频焊接锯片不需要，可以使用同样结构的石墨模具烧结刀头。

模具结构特点：

(1) 刀头横向压缩，上下压头接触粉末一面加工呈对应的波纹齿，见图 3－11。

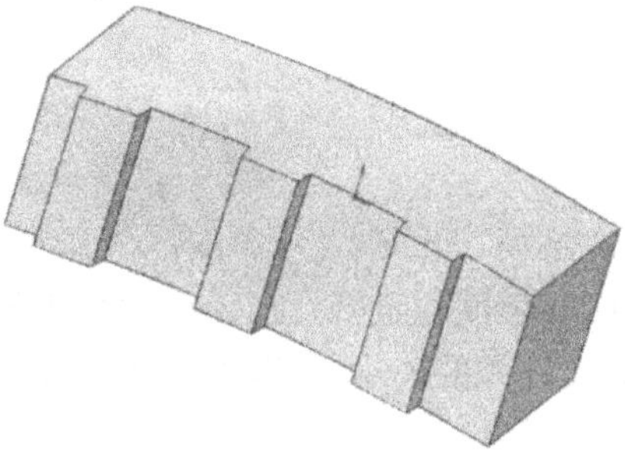

图 3－11　波纹齿上压头

(2) 模板纵向可以装 3～4 个刀头压坯，用中间压头隔开，所以，中间压头上下两面也要加工呈对应的波纹齿状，见图 3－12。

(3) 波纹齿之间不用隔板隔开，靠中间压头互相错开，一排装 5～6 个，共两排，每模约装 40 个刀头。

(4) 刀头先冷压呈不带波纹齿的压坯，既好装模又节省材料。

(5) 波纹齿底部 2 mm 没有波纹，以保证与基体的接触面积，不影响焊接强度。

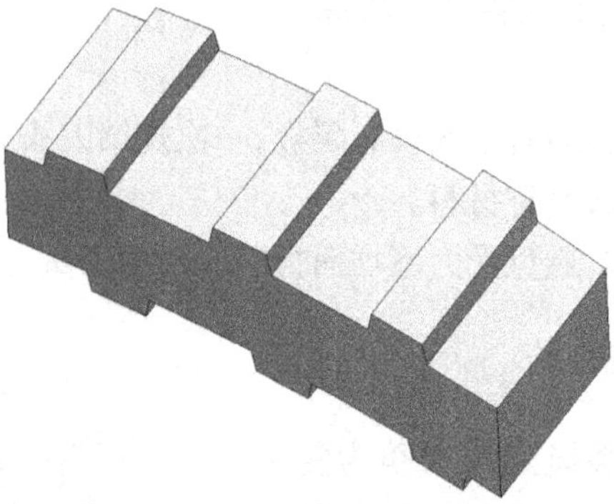

图 3－12　波纹齿中间压头

## 3.5　锯片生产工艺

### 3.5.1　生产工艺流程

（金刚石称量＋湿润剂）金属粉末（还原）称量→混合→装冷压模→冷压→卸模→刀头压坯装入石墨模具→热压烧结→冷却→卸模→磨弧→高频焊接→开刃→抛光→喷漆→检测→打标→包装入库

### 3.5.2　混料工艺

混料工艺是锯片生产工艺流程中的重要环节，首先必须按技术部门下达的工艺单要求，对金刚石和金属粉末进行检验，若发现粉末受潮或氧化则要先进行还原处理。

3.5.2.1　用料计算

混料前需对该批次的金刚石用量和不同粉末用量进行计算，其计算的基本单位是刀头，按每个刀头的数量乘以每片刀头数再乘以要生产的锯片总数，就算出该次的生产用料。

A　金刚石用量计算

$$D = V \times q \times \gamma_1 / 4$$

式中　$D$——金刚石用量，g；

$V$——刀头体积，长×宽×高，$mm^3$；

$q$——金刚石浓度，金刚石浓度为金刚石在刀头中所占体积的量。并且行业规定：金刚石体积占刀头总体积的1/4（相当于1 $cm^3$ 的胎体含0.88g金刚石）时的浓度为100%。

$\gamma_1$——金刚石密度，取3.52$g/cm^3$，$\gamma_1/4 = 0.88 g/cm^3$。

公式简化为：　$D = V \times q \times 0.88/1000$

B　刀头粉料用量计算

$$K = \frac{1}{\dfrac{p_1}{k_1} + \dfrac{p_2}{k_2} + \dfrac{p_3}{k_3} + \dfrac{p_4}{k_4}}$$

$$G = V \times K(1 - q/4)/1000$$

式中　$G$——粉料用量，g；

$K$——胎体粉料的理论密度；

$k_1, k_2, k_3, k_4$——不同粉料的密度；

$p_1, p_2, p_3, p_4$——不同粉料所占的比例。

**例3－9** 计算生产100片 $\phi$350 mm锯片的粉料和金刚石用量。

刀头规格40 mm × 3.2 mm × 10 mm，每片24齿，金刚石浓度32%，设粉料密度为8.89g/cm$^3$。

每个刀头的金刚石用量 $D = 40 \times 3.2 \times 10 \times 0.32 \times 0.88/1000 = 0.36$g

每个刀头的粉末用量 $G = 40 \times 3.2 \times 10 \times 8.89 \times (1 - 0.32/4)/1000 = 10.5$g

则金刚石总用量为 $0.36 \times 5 \times 24 \times 100 = 4320$ct(克拉)

粉料总用量为 $10.5 \times 24 \times 100 \times 1.01/1000 = 25.45$kg(1%为损耗量)

由于锯片规格品种繁多，胎体配方复杂，所以计算十分麻烦。

3.5.2.2 国产混料机性能

混料设备品种繁多，结构简单的有单筒、双筒型，复杂的有三维摇摆型混料机，即料筒在运转时处于既有回转、平移，又有翻转的三维空间运动。使得粉料在短时间内获得均匀的混合，效率高，减少粉料的氧化程度。国产混料机规格，性能列于表3－4，可以根据不同的生产规模，选择混料机。

**表3－4 混料设备**

| 生产厂 | 结构型式 | 参 数 | | | | |
|---|---|---|---|---|---|---|
| 郑州金海威公司 | 三维涡流 | 型 号 | MX2 | MX6 | MX12 | MX18 |
| | | 容量/L | 2 | 6 | 12 | 18 |
| | | 功率/kW | 0.18 | 0.75 | 0.75 | 1.1 |
| | | 转速/r·min$^{-1}$ | 18/28/40 | 18/28/40 | 18/28/40 | 16/28 |
| 苏州腾龙公司 | 三维涡流 | 型 号 | TLHL－2 | TLHL－6 | TLHL－12 | TLHL－18 |
| | | 容量/L | 2 | 6 | 12 | 18 |
| | | 功率/kW | 0.5 | 0.75 | 1.1 | 1.1 |
| | | 转速/r·min$^{-1}$ | 11/16 | 18/38 | 18/38 | 20/29 |
| 郑州机械所 | 三维涡流 | 型 号 | TM2 | TM6 | TM12 | TM18 |
| | | 容量/L | 2 | 6 | 12 | 18 |
| | | 功率/kW | 0.18 | 0.75 | 0.75 | 1.1 |
| | | 转速/r·min$^{-1}$ | 18/28/40 | 18/28/40 | 18/28/40 | 16/28 |
| 郑州磨料磨具所 | 双筒，直流电机 | 型 号 | 容 量 | 功 率 | 转 速 | 不均匀度 |
| | | JMH－1 | 3kg×2 | 315W | 0～100 r/min | ≤2% |

3.5.2.3 混料工艺程序

（1）将称好的各种粉末先倒入容器，用手工拌匀。

（2）按混料总量选择相应的混料机，混料量应该是料筒容积的50%～70%。

（3）按1～1.5球料比称取不锈钢球，和粉料一起放入料筒，也可使用相等质量的不锈钢链带（便于混料后提取）。

(4) 按工艺单要求选择转速和混料时间。转速选20~50r/min,混料时间根据粉末粒度的大小和粉量的多少决定,一般选1~4 h,不易太长,只要目测混合均匀即可。

(5) 倒出混合料,挑出钢球,装入磨口瓶或分小袋真空包装待用。

(6) 加金刚石混料,按工艺单称好生产所需的混合料倒入混料机料筒并将经过湿润剂(酒精加适量甘油,取混合料总量的1% ~2.5%)湿润搅拌过的金刚石掺入其中。

(7) 盖好料筒盖,开机混合,一般混料时间为30~40 min。

### 3.5.3 装模工艺

#### 3.5.3.1 工艺程序

(1) 选择一套石墨模具,垫上垫板,套上铸铁模框平放在旋转工作台上。

(2) 往模壁上喷涂脱模剂(或刷墨水)。

(3) 石墨模具四周垫上石棉隔板。

(4) 刀头压坯放在上下压头之间,用一平钢板敲平,用气动扳手拧紧螺钉。

#### 3.5.3.2 值得改进的几个问题

(1) 建议使用铝合金模框。目前国内各生产厂家使用的模框材料都是铸铁或球墨铸铁,造价低,但能源损耗大,烧结电流大。欧美、日本、韩国等生产厂家使用的是铝合金模框,烧结之后,可以只戴棉手套,从烧结机中取出铝合金模框。虽然一次性投资大,但节省能源,对刀头烧结质量有利。

(2) 石墨材料质量有待提高。国内用于制造模具的石墨材料,其体积密度和抗压强度都不够,容易氧化烧损。一般体积密度不大于1.7 g/cm$^3$,尤其对较薄(2~3 mm)的压头容易断裂,只能用几次就报废。意大利有专业石墨模具生产厂,选用高纯石墨材料,密度为1.8~1.9 g/cm$^3$,用数控机床加工,配合精度高,粗糙度达到$Ra$0.8μm,所以使用寿命长。

(3) 绝缘石棉垫板的专业化生产。各厂家使用石棉垫板,均就地采购,厚度不均,还有用石棉橡胶板,也有用云母片,由此而影响刀头烧结质量。建议有关石棉生产厂家专门生产各种规格的绝缘性能好,耐热,强度高的模具垫片。

### 3.5.4 真空热压烧结工艺

热压烧结指的是一组装好刀头压坯的石墨模具放到热压烧结机中,以设定的烧结工艺程序,加压、加温,直至刀头烧结成形的全过程。而在烧结机的封闭腔体内抽成一定真空度的真空,为刀头烧结创造一个安全的保护气氛。可以减少金刚石因高温氧化造成的强度损失,能够提高胎体性能及对金刚石的包镶能力。根据粉末冶金烧结热力学的分类,这应属于多元施压液相烧结。当烧结温度上升到压坯中的低熔点金属(如Sn、Zn)熔化,产生液相,则浸润固相,使之扩散、流动,并在压力作用下,进一步致密化和消除孔隙,加快烧结速度,直至冷却收缩形成对金刚石包镶能力很强,密度很高的烧结体。

#### 3.5.4.1 烧结工艺三要素

(1) 烧结温度。烧结温度是烧结工艺中最主要因素,随着温度的升高,气体排出、添加剂挥发、杂质溶解、氧化物还原。压坯粉末的塑性增大,原子相互扩散,烧结过程加速。提高烧结温度,有利于提高胎体的致密度,但是,由于金刚石在900 ℃时发生碳化,强度急剧下降,因此,刀头烧结的最高温度均在900 ℃以下。最近,国内外正在推广使用超细预合金粉,其中最大优点就是低温烧结，降低金刚石的热损失。其烧结温度保持在750～810 ℃之间。

（2）烧结时间。烧结时间与烧结温度相辅相成，温度高则时间短，温度低则时间长。在保温时间内，已经达到烧结密度，就不要加长时间，一则浪费能源；二则加剧晶粒长大和再结晶，反而影响刀头强度。

（3）成形压力。升温前，烧结机对模具施以初始压力，一般为最高压力的1/3左右。待温度升到500 ℃以后，才逐渐增加压力，这时颗粒间接触面积增大，压缩，烧结过程加速，烧结密度也明显提高。而当压力达到最高值（20～30MPa），都有一段恒温保压时间，以使其充分地合金化。而当温度降到600 ℃即可卸压。

3.5.4.2 国产真空烧结设备

在金刚石工具生产设备中，国产烧结机算是发展最快，品种齐全，性能先进，性价比高的一种设备。烧结工艺过程由微机程序自动控制，所以生产工艺稳定，产品质量好，而且价格低，深受厂家欢迎，还有部分出口。现将国产真空烧结机的性能特点列于表3－5，供比较选择。

**表3－5 国产真空烧结机性能**

<table>
<tr><th>生产厂</th><th>型 号</th><th>SMVC 80/3</th><th>SMV 100/3</th><th>SMVC 120/3</th><th>特 点</th></tr>
<tr><td rowspan="19">郑州金海威公司</td><td>电 源</td><td colspan="3">220/380V，50/60Hz，三相</td><td rowspan="19">(1)智能化PLD温控调节仪，控温精度高；<br>(2)红外测温，激光定位；<br>(3)自动控制烧结温度、压力和时间，允许手动微调；<br>(4)计算机存储32/120组工艺，每组可设15段温度，压力曲线；<br>(5)全自动真空烧结，减少产品氧化；<br>(6)可通入氮气，保护烧结</td></tr>
<tr><td>加热功率/kVA</td><td>80</td><td>100</td><td>120</td></tr>
<tr><td>额定电流/A</td><td>122</td><td>152</td><td>182</td></tr>
<tr><td>压力/kN</td><td colspan="3">15～260</td></tr>
<tr><td>测温范围/℃</td><td colspan="3">400～1200</td></tr>
<tr><td>烧结面积/cm²</td><td>120</td><td>160</td><td>200</td></tr>
<tr><td>储存工艺</td><td colspan="3">32/120组</td></tr>
<tr><td>工艺曲线</td><td colspan="3">15段</td></tr>
<tr><td>真空度/Pa(mmHg)</td><td colspan="3">9333(70)</td></tr>
<tr><td>型 号</td><td>SMVB50</td><td colspan="2">SMVB60</td></tr>
<tr><td>电 源</td><td colspan="3">220/380V，50/60Hz，单相</td></tr>
<tr><td>加热功率/kW</td><td>50</td><td colspan="2">60</td></tr>
<tr><td>额定电流/A</td><td>131</td><td colspan="2">158</td></tr>
<tr><td>压力/kN</td><td colspan="3">15～260</td></tr>
<tr><td>测温范围/℃</td><td colspan="3">400～1200</td></tr>
<tr><td>烧结面积/cm²</td><td>80</td><td colspan="2">95</td></tr>
<tr><td>储存工艺</td><td colspan="3">32/120组</td></tr>
<tr><td>工艺曲线</td><td colspan="3">15段</td></tr>
<tr><td>真空度/Pa(mmHg)</td><td colspan="3">9333(70)</td></tr>
</table>

续表 3－5

| 生产厂 | 型　号 | SJJ－HXA | | | 特　点 |
|---|---|---|---|---|---|
| 郑州机械研究所 | 电　源 | 380V,50/60Hz,三相 | | | (1)智能化 PID 软件控制,烧结精度高;<br>(2)红外测温,激光定位,测温稳定响应快;<br>(3)工控计算机控制烧结温度、压力和时间,允许手动微调;<br>(4)大屏幕液晶显示屏;<br>(5)前开门式真空箱 |
| | 加热功率/kVA | 60 | 80 | 100 | |
| | 额定电流/A | 90 | 122 | 152 | |
| | 压力/kN | 13～250 | | | |
| | 温度/℃ | 400～1200 | | | |
| | 烧结面积/$cm^2$ | 100 | 125 | 160 | |
| | 储存工艺 | 60 组 | | | |
| | 工艺曲线 | 18 段 | | | |
| | 真空度/Pa(mmHg) | 9333(70) | | | |
| 苏州腾龙机械公司 | 型　号 | TLZK2001 | | | (1)采用箱式真空结构,使用方便、可靠;<br>(2)有过滤保护和自动排烟机构;<br>(3)可储存 99 组 18 段工艺;<br>(4)有压头行程光栅定位系统,可显示和控制制品高度;<br>(5)红外测温,可通氮气 |
| | 加热功率/kW | 单相 60 | | | |
| | 压力/kN | 255 | | | |
| | 温度/℃ | 400～1200 | | | |
| | 储存工艺 | 99 组 | | | |
| | 真空度/Pa(mmHg) | 8666(65) | | | |
| 郑州磨料磨具磨削研究所 | 型　号 | RYJ－2000K | | | 液压系统由专门设计的组合油泵、集成阀、油缸组成,与电气控制配合可完成压机的快速前进、升压、保压、回程等动作。具有高效、低耗、可靠性好等特点 |
| | 加热功率/kVA | 60 | | | |
| | 压力/kN | 250 | | | |
| | 真空度/Pa(Torr) | 13.33($10^{-1}$) | | | |
| | 压头面积/$mm^2$ | 250×250 | | | |
| | 测温元件 | 红外测温 | | | |
| 苏州博格机械有限公司 | 型　号 | BGSJ100 | | | (1)三相电源,保证电网平衡,大功率加热,适于大规格制品烧结;<br>(2)自动储存 2500 组实时工作曲线和工作参数,可及时翻查;<br>(3)可通入氮气,实现充氮、真空自动切换;<br>(4)采用热电偶测温,提高精度 |
| | 加热功率/kW | 三相 100 | | | |
| | 工作压力/kN | 300 | | | |
| | 温度范围/℃ | 400～1200 | | | |
| | 储存工艺 | 100 组 | | | |
| | 最大真空度/Pa(mmHg) | 8666(65) | | | |
| | 外形尺寸/mm×mm×mm | 1900×1300×2200 | | | |
| | 质量/kg | 3000 | | | |

注:1. 1mmHg＝133.322Pa;
　　2. 1Torr＝133.322Pa。

#### 3.5.4.3 刀头热压烧结工艺实例

热压烧结是锯片生产过程中的关键工序，刀头压坯通过烧结而获得所需要的物理、机械性能，具有一定的强度、硬度、耐磨性及对金刚石的包镶能力。根据锯片的不同用途，刀头胎体的不同配方，而设计不同的烧结工艺。

工艺程序设计要点：

(1) 根据烧结机的烧结功率和压力范围确定每模的刀头数量，按刀头数量计算受压面积，则按 2 ~ 3 $kN/cm^2$ 算出最大压力。而烧结机设定的初始压力为 15 ~ 20 kN，根据需要也可以调整高低。

(2) 各种热压烧结机均有不同的初始温度，一般是 400 ℃或 500 ℃，根据配方不同确定最高烧结温度，钴基、铁基加 W 或 WC 的烧结温度较高，一般 860 ~ 890 ℃，铜基大理石配方或超细预合金粉末配方烧结温度较低，一般 650 ~ 800 ℃。

(3) 整个烧结过程，一般设定在 15 min 以内，30 s ~ 1 min，达到初始温度；随之，升温和加大压力直到设定的最高温度和最大压力，这一段需 5 ~ 6 min；接着保温、保压约 5 ~ 7 min；开始降温，但仍保压；降到初始温度，卸压。

(4) 通过生产实践应不断修改烧结工艺，使之达到最佳状态，真空热压烧结。

**例 3 - 10** $\phi$400 mm 锯片热压烧结工艺

$\phi$400 mm 熟混凝土锯片，刀头规格：40 mm × 3.2 mm × 12 mm，刀头质量：12.40g，每模装 46 个刀头，烧结工艺程序见表 3 - 6。热压烧结工艺曲线见图 3 - 13。

**表 3 - 6 铁基配方烧结工艺程序**

| 序 号 | 1 | 2 | 3 | 4 | 5 | 6 |
|---|---|---|---|---|---|---|
| 时间/min | 0 | 0.5 | 3.5 | 6.5 | 12 | 15 |
| 温度/℃ | 410 | 410 | 660 | 870 | 870 | 450 |
| 压力/kN | 40 | 40 | 80 | 150 | 150 | 150 |
| 真 空 | 开 | | | | | |

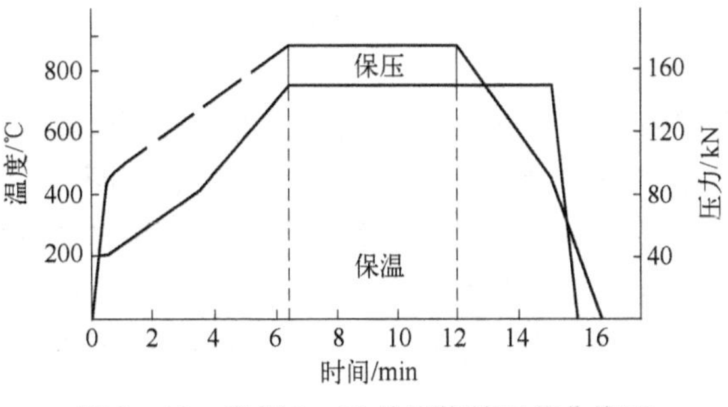


图 3 - 13 实例 3 - 10 热压烧结工艺曲线图

实线—压力曲线；虚线—温度曲线

**例 3 - 11** 真空热压烧结工艺

$\phi$350 mm 大理石锯片，刀头规格：40 mm × 3.2 mm × 10 mm，铜基预合金配方，刀头质量：10.78g，每模装 28 个刀头。烧结工艺程序见表 3 - 7。

表 3-7　烧结工艺程序

| 序　号 | 1 | 2 | 3 | 4 | 5 | 6 |
|---|---|---|---|---|---|---|
| 时间/min | 0 | 0.5 | 3 | 5 | 10.5 | 13.5 |
| 温度/℃ | 400 | 400 | 620 | 740 | 740 | 400 |
| 压力/kN | 20 | 20 | 50 | 90 | 90 | 90 |
| 真　空 | 开 | | | | | |

**例 3-12**　真空热压烧结工艺

$\phi$350 mm 花岗岩锯片，刀头规格：40 mm × 3.2 mm × 12 mm，钴基配方，每模装 38 个刀头。烧结工艺程序见表 3-8。

表 3-8　烧结工艺程序

| 序　号 | 1 | 2 | 3 | 4 | 5 | 6 | 7 |
|---|---|---|---|---|---|---|---|
| 时间/min | 0 | 0.5 | 3 | 4.5 | 6.5 | 12 | 15 |
| 温度/℃ | 450 | 450 | 660 | 700 | 875 | 875 | 450 |
| 压力/kN | 20 | 20 | 70 | 70 | 120 | 120 | 120 |
| 真　空 | 开 | | | | | | |

### 3.5.5　高频焊接工艺

刀头与基体的焊接是锯片生产中的一道极其重要的工序，它要求有足够的焊接强度和焊接位置精度，刀头出刃要一致，不能歪斜；瞬时加热时间快；温度不宜太高，一般 700 ℃左右（银焊片熔化温度），不能引起基体变形。

20 世纪 90 年代末，国内相继出现大量的轻便式晶体管高频感应焊接机，取代传统笨重的电子管高频感应焊接设备。由于其轻便、节能、价格低，迅速在众多锯片生产厂和石材加工厂家获得推广至今。但是，实际上，生产焊机厂家提供的仅仅是一台高频感应发热设备，其他的焊接夹具、基体安装机架和刀头对准机构等等，均由购买厂家自行解决。因此，刀头焊接质量的好坏，取决于操作工人的经验和熟练技巧。

3.5.5.1　高频感应焊接原理

由金属粉末烧结而成的刀头是个导体，把它放在由空心铜管制成的感应圈中间，空心管通水冷却，感应圈两端与高频电源连接。当高频电流通过感应圈时，根据直线电流的磁块形成原理，在感应圈铜管和刀头两侧面的直线窄缝区间集中了最密集的磁力线，磁力线穿过刀头导体，产生电流，由于导体的电阻使之发热。也由于高频电流有趋肤效应，感应圈在高频交变磁场中，工作频率越高，电流越密集在刀头表面，所以高频感应加热，温度迅速上升，焊接速度很快，一般焊成一个刀头需 3～5 s。

3.5.5.2　高频感应焊接机

A　国外高频自动焊机

20 世纪 80 年代，欧美工业发达国家已经普遍使用高频感应自动焊机，德国 DR. FRITSCH 公司、意大利 ARGA 公司等有多年的生产历史，性能先进，工作可靠，但价格高，国内引进的数量有限。近年来，也采用先进、高效、轻便的半导体晶体管高频感应发生器取代笨重的电子管发生器，以下简单介绍德国 DR. FRITSCH 公司最近生产的 SLM715 型高频感应锯片自动焊接机，见图 3－14。

a　技术参数

总功率：15kVA

电源：3 ×400V，50/60Hz

电流：3 ×23A

冷却水：压力(3 ~5) ×$10^5$Pa，流量约 10L/min，

温度：最低 15 ℃，最高 25 ℃

焊接锯片直径：$\phi$250 ~1800 mm

风压：(4 ~6) ×$10^5$Pa

风量：约 250L/min

刀头规格：长 20 ~50. 8 mm，厚 1. 8 ~12 mm，

高 5 ~25 mm

设备尺寸：长 1850 mm，宽 1405 mm，高 2100 mm

设备质量：800kg

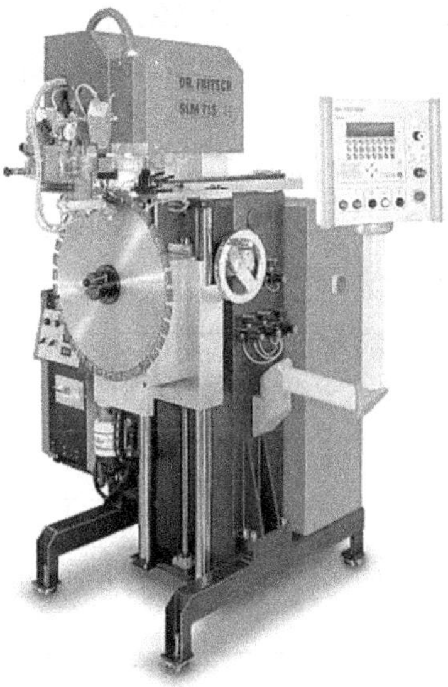


图 3－14　SLM715 型自动焊接机

b　性能特点

(1) 全自动，也就是手工将基体装上，对好第一个齿的位置，然后开机，即自动按输入的焊接参数焊完全部刀头才停机。

(2) 两个调整系统，分别调整刀头夹持装置，对准刀头在基体上的出刃和前后位置。

(3) 在中央操纵台上最简单的操作就能控制焊接温度、焊接时间和冷却水温度。

(4) 在机器上部配置有刀头库、银焊片送进装置和感应圈。

(5) 配置最新型的半导体高频电源发生器，高效、轻便，输出功率可以调节。

(6) 采用光学高温仪器精确地测量和控制焊接温度。

(7) 最高的操作安全性能，设备符合欧洲 EU 安全标准。

B　国内高频感应焊接机

目前国内各锯片生产厂或石材加工厂焊接锯片使用的焊机，大多数是购买一台带不同感应圈的晶体管高频电源发生器，自己配以机架和刀头靠模等工器具，依靠工人的熟练技巧，用手工焊接锯片，刀头焊接质量也能保证，而生产效率却高于自动焊机。国内有关单位也曾经研制过自动焊机，而一直未能推向市场，究其原因：

(1) 国内对刀头焊接精度要求相对较低，如工人操作焊接 $\phi$1600 mm 锯片刀头时，只要第一刀头调整好出刃位置，以后一个接一个刀头焊接靠目测控制出刃，因此，焊接速度快，3 ~5s。即焊一个刀头，比自动焊机快。

(2) 自动焊接机的机械和控制部分在设计和制造上均有一定难度，如自动转角度机构，国外采用气缸推动，光电控制，因为气缸动作有很大的惯性，因此要加液压阻尼，调整不好，每次误差 0. 1 mm，积累误差就很大。而国内有用自整角电机控制旋转角度，动作慢，误差大。

(3) 刀头出刃误差，一般要求 0. 1 ~0. 2 mm，这用靠模可以达到要求，而对于比较复杂的刀头夹具的左右和上下移动机构，如何保证必要的重复精度，也是一个难题。况且，该夹具必须夹紧刀头，压在基体上加温焊接，夹头虽然采用耐热材料，但仍然会烧损，也会影响刀

头的位置精度。

(4) 既然自动焊机焊接速度不快，精度不高，且工人的工资也不高，因此现有的自动焊机在国内市场难成气候。

a　目前国内常见的几种高频感应焊机的性能参数(表 3-9)

**表 3-9　国产高频感应焊机性能参数**

| 生产厂 | 型　号 | 功率/kW | 电　压 | 振荡频率/kHz | 负载持续率/% | 质量/kg | 体积/$cm^3$ |
|---|---|---|---|---|---|---|---|
| 桂林中慧科技实业公司 | ZH-4K | 5 | 220V 50/60Hz | 100 | 85 | 22 | 41×19×31 |
| | ZH-10K | 10 | | | | 28 | 49×19×35 |
| | ZH-15 | 15 | | | | 32 | 49×20×35 |
| 深圳双平电源公司 | SP-04c | 4 | 220V 50/60Hz | 100~200 | 80 | 18 | 46×20×44 |
| | SPG-10 | 10 | 380V 三相 | 100~300 | 100 | 29 | 53×26×45 |
| | SP-15 | 15 | 220V 50/60Hz | 30~100 | 80 | 18 | 44×27×39 |
| 苏州博格机械有限公司 | BGWH200 卧式焊机 | 15 | 220V 三相 | | | 90 | 1250×850×1300 焊接范围：250~2000 mm 可焊排锯 |

b　几种锯片手动高频焊接机

(1) 郑州金海威科技公司半自动锯片高频焊机。

主要性能特征：

1) 锯片直径范围：$\phi$300~1600 mm。

2) 气动夹紧基体，刀头和基体可分别调整对中。

3) 夹具通水冷却。

4) 升降系统采用滚珠丝杆和直线轴承。

(2) 上海众成金刚石工具公司 GHA 型高频焊机，见图 3-15。

主要性能特征：

基体精确定位，刀头夹具可上下调整，刀头准确定位。

主要参数：

型号：GHA280/1300，2000，2500

电源：220V，60Hz

刀头尺寸：长 24~40 mm，高 10~25 mm，厚 5~18 mm

锯片直径：$\phi$280~1300 mm，2000 mm，2500 mm

焊接速度：6~7 片/h($\phi$350 mm 锯片)

定位精度：端面跳动不大于 ±0.05，垂直度不大于 ±0.05

3.5.5.3 高频焊接工艺

A 焊接工艺流程

刀头圆弧面去氧化皮清理⟶涂焊剂⟶放到基体上,用靠模调整位置并施力压住基体⟶清洗除锈⟶装在焊架上⟶涂焊剂⟶放银焊片⟶调整好感应圈⟶通水冷却⟶开机升温焊接⟶自动停机⟶交叉焊接刀头⟶全部焊好卸下锯片

B 操作注意事项

(1) 检查基体的平直度和端面跳动是否符合要求,用软磨轮或钢丝刷沿圆周弧面清理锈斑,并用汽油清洗油污。

(2) 用刀头架装一排刀头,弧面朝上,用电动刷清除氧化皮,或者上磨弧机磨弧,再用汽油或丙酮清洗干净。

(3) 感应圈的形状尽可能接近刀头外形,铜管边离刀头侧面 2 ~ 3 mm。根据基体厚度调整焊接温度和焊接时间。

(4) 用靠模控制刀头的出刃,但焊接时靠模离开,由于银焊片熔化,刀头受力不均产生移动,靠模不起作用。所以,刀头夹具在焊接时,最好能固定住刀头,待焊好之后再松开。

图 3-15 GHA 型锯片高频焊机

## 3.6 高频焊接陶瓷切割锯片

### 3.6.1 陶瓷砖分类

陶瓷砖是火与土的艺术结晶。它是由黏土或其他无机非金属原料经成型、烧结等工艺加工而成,用于装饰与保护建筑物、构筑物、墙面及地面的板状或块状的陶瓷制品。我国于2006 年 9 月 1 日起实施 GB/T 3810.16—2006《陶瓷砖》国家标准。陶瓷砖细分 22 类,与锯片性能有关的摘取下列几种:

(1) 瓷质砖:吸水率($E$)不超过 0.5% 的陶瓷砖。质地比较均匀好切,可用钴基胎体刀头锯片切割。

(2) 炻质砖:吸水率($E$)大于 6,不超过 10% 的陶瓷砖。

(3) 釉面砖:正面施釉的陶瓷砖。釉面硬而脆,容易崩边。适于用铜基连续齿锯片加工。

(4) 陶瓷锦砖(马赛克):用于装饰与保护建筑物地面与墙面由一定数量小砖拼贴成联的陶瓷砖。因此需要用大量的锯片将大块砖锯切成不同规格的小片砖。

(5) 抛光砖:经过机械研磨、抛光,表面类似镜面的陶瓷砖。

### 3.6.2 陶瓷切割锯片分类

(1) 按制造方法分:

1）采用钟罩炉烧结方法：锯片胎体经过整体冷压之后，装入钟罩炉，边加压边加热烧结而成。该方法适于制造釉面砖切割锯片，粉末胎体以铜基为主，添加适量稀土元素和含磷合金粉，保证切割后的锯片锋利。采用高强度、细粒度金刚石，粒度号120/140～200/230。

2）采用真空电阻烧结方法：像一般锯片刀头一样，刀头压坯经过冷压后，装入石墨模具，送到烧结机烧结。然后经高频焊接到基体上，再经开刃、应力检测、碾压即完成陶瓷锯片的加工。

（2）按锯片结构分为连续齿锯片和窄缝节块式锯片。

（3）按陶瓷砖的性质分为瓷质砖切割锯片和釉面砖切割锯片。

### 3.6.3　高频焊接陶瓷锯片结构和性能特点

（1）陶瓷锯片规格从$\phi$105～400 mm，以$\phi$250 mm、$\phi$300 mm用量居多。刀头厚度较薄，1.8～2.4 mm；刀头之间的水口夹缝较窄，0.5～1 mm。因此，有的制造商采用刀头与基体焊接之后，用激光径向切缝，从刀头顶部切向基体内约20 mm。

（2）基体厚度0.8～1.2 mm，对制造质量要求较严格，需刚性好、应力分布均匀，每片都须经过碾压处理。可用65Mn钢板材料，需经锻打后加工。水口可采用耳型结构，缝窄还有降噪声效果，如图3－16所示。

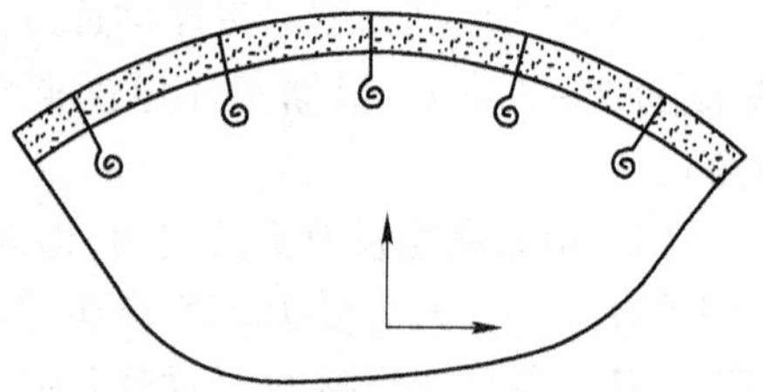

图3－16　耳型切缝陶瓷锯片

（3）刀头两侧开刃应同时进行，以避免基体变形。锯片的端面跳动要求小于0.15 mm。

（4）切割瓷质砖的锯片胎体配方以钴基为主；切割釉面砖的锯片胎体配方以铜基为主。加适量的稀土元素和含磷合金可促进烧结，提高胎体的综述性能。表3－10列出某公司两种锯片胎体性能。

**表3－10　陶瓷锯片胎体性能比较**

| 锯片种类 | 瓷质砖锯片 | 釉面砖锯片 |
| --- | --- | --- |
| 胎体配方 | 钴　基 | 铜　基 |
| 胎体性能 | | |
| 密度/g·cm$^{-3}$ | 8.33～8.4 | 8.11～8.22 |
| 抗弯强度/MPa | 725～605 | 506～595 |
| 硬度 HRB | 92～100 | 80～91 |
| 耐磨性/m·mm$^{-1}$ | 60～80 | 210～260 |
| 冲击韧性/J·cm$^{-2}$ | 4.35～4.6 | 2.16～2.85 |

陶瓷锯片一定要严格焊接强度和张力检测。要求刚性好、应力分布均匀。张力检测要刚性好、应力分布均匀。

# 4 激光焊接金刚石圆锯片

## 4.1 概述

激光焊接锯片应用于石材加工、建筑工程施工、高速公路及机场跑道、桥梁和地下铁道等混凝土工程的施工中，是超硬材料工具最有发展前景的产品之一。它的特点是焊接强度高，可以在无水条件下干切，激光焊接热影响区小，基体不变形，可实现自动化控制生产，工人劳动强度低，生产效率高，产品质量稳定，适于大规模批量生产。相比高频焊接锯片有无可比拟的优点。因此，有取代之趋势。

欧美工业先进国家于20世纪80年代开始应用激光焊接锯片，其消耗量每年以20%的速度递增。而进入21世纪，需求量有了进一步的增加，并逐渐取代高频焊接锯片。不少国家为了人身安全，已明令禁止使用高频焊接锯片。据不完全统计，世界每年金刚石工具的消耗量约合30亿美元，而激光焊接锯片所占比例逐年递增，这些锯片的高端产品市场仍然由欧美本土或跨国大公司所占领，韩国占去锯片中档产品的大部分市场。欧美各国除了本土生产之外，还大量进口国外比较廉价的中低档激光锯片。例如，美国近年来，每年金刚石锯片消耗量约合2.3亿美元，其中进口为9000万美元，主要从韩国和中国进口，从中国进口约为3000万美元。由于2006年我国对美国锯片的反倾销胜诉，更加促进了国内激光焊接锯片生产的发展。图4－2所示为Diamot Boart公司激光锯片产品。

21世纪初，我国的激光焊接锯片产业有了飞速的发展，大量引进国外最先进的高功率激光焊接设备，建立了将近40家生产厂，有的还计划扩大规模，增加数条生产线，建立世界最大的激光焊接锯片生产基地。配置的设备有德国DR. FRITSCH公司生产的LSM240型和LSM260型锯片激光自动焊接机、韩国DIEX公司生产的LWA15/2型和LWB15/2D型锯片激光焊接机，国产锯片激光焊接机有配置德国ROFIN－SINAR公司生产的先进的板条式DC025型激光发生器。也有配置国产的轴流式和横流式激光发生器。国内生产的激光焊接锯片几乎全部出口，以中低档锯片为主，规格为$\phi$105～600 mm，以混凝土和沥青锯片为主，也有少量花岗岩和大理石激光焊接锯片。为了适应国际市场发展的需求和进一步提升国产激光焊接锯片的竞争能力，有些企业开始研制开发并出口大直径和高性能激光焊接锯片，最大直径达到$\phi$1200 mm。桂林矿产地质研究院特邦新材料公司先后引进韩国DIEX公司LWB15/2D型激光焊机和德国DR. FRITSCH公司LSM260型激光焊机各一台套用于生产高性能大直径激光锯片，产品主要出口美国市场。

由于两种锯片价格的悬殊以及对安全性的重视不够，致使激光焊接锯片在国内市场未能得到推广。其实，随着我国公路、高速公路、机场和建筑工程量的不断扩大，对安全、高效、长寿命的激光焊接锯片的需要量非常之大，现在仍然是高频焊接锯片占领的天下，这个巨大的潜在市场终究会被激光焊接锯片所取代。激光焊接锯片在其他领域的应用仍在开发和拓展，例如用于切割玻璃和宝石的超薄锯片，其应用前景十分看好。

目前国内激光焊接设备配置的是高功率 $CO_2$ 气体激光发生器，有三种结构形式，其激发激光的原理是一样的，但激发的方式不同：

（1）横流式激光发生器，输出功率大，结构简单，造价低，缺点是光束质量较差，得到的是多模或低阶模输出。使用氦气等混合气体，比较贵，也不便于运输。

（2）轴流式激光发生器，激光模式好，是基模或 $TEM_{01}$ 模，所以光束质量好，能获得较大的深宽比，但用气比较费，会产生闪弧现象。

（3）射频板式激光发生器，这是目前最先进的激光发生器。工作气体不流动，采用射频高压放电技术激发光电子，可避免闪弧现象发生，结构更为简单可靠，几乎免维护，耗气少，运行成本低，而输出功率高，有最佳的模式结构 $TEM_{00}$ 模。

三种激光发生器的结构和性能特点有专门书籍介绍，这里不再赘述，仅将其典型机型的技术参数列示于表 4－1～表 4－3。

**表 4－1　HGL－5000 型高功率横流 $CO_2$ 激光器技术参数**

| 技 术 参 数 | 多　模 | 低价模 | 准基模 |
|---|---|---|---|
| 电　源 | 380V，50Hz，容量 80kVA | | |
| 工作气体混合比 | $CO_2$:$N_2$:He＝1:8:19 | | |
| 输出功率/kW | 5 | 3 | 1.2 |
| 功率可调范围/kW | 0.5～5 | 0.3～3 | 0.2～1.2 |
| 光斑尺寸/ mm | $\phi$40 | $\phi$25 | $\phi$18 |
| 光束发射角/mrad | ≤5 | ≤3 | ≤2 |
| 输出功率不稳定性 | ≤±3% | | |

**表 4－2　Lance 型轴流 $CO_2$ 激光器技术参数**

| 技 术 参 数 | Lance 2000 型 | Lance 3500 型 | Lance 4000 型 |
|---|---|---|---|
| 激光波长 | 10.6 | | |
| 输出功率/kW | 2.2 | 3.7 | 4.1 |
| 功率可调范围/W | 100～2000 | 200～3500 | 300～4000 |
| 光斑尺寸/mm | $\phi$15 | $\phi$16 | $\phi$16 |
| 光束发射角/mrad | ≤2.0 | | |
| 光束模式 | $TEM_{00/01}$ | | |
| 光束质量指标 $M^2$ | ＜2.2 | | |
| 工作方式 | 连续、脉冲、超脉冲 | | |
| 脉冲频率/Hz | 20～2500 | | |
| 最小脉宽/μs | 150 | | |
| 峰值功率/kW | 4 | 7 | 8 |
| 预热时间/min | 6 | | |
| 电　源 | 3×380V＋E±10%，50～60Hz | | |
| 功率消耗/kVA | 25 | 42 | 50 |
| 工作气体消耗/$L \cdot h^{-1}$ | 20～50 | 20～75 | 20～75 |

注：电源中的 E 代表插头连接。

**表 4-3 德国 ROFIN-SINAR DC025 板式 $CO_2$ 激光器技术参数**

| | |
|---|---|
| 波长/μm | 10.6 |
| 放电方式 | 射频激励 RF |
| 功率范围/W | 250~2500 |
| 功率稳定性 | ±2% |
| 光束直径/mm | φ20~25 |
| 发射角/mrad | ≤0.15 |
| 偏振状态 | 45°线偏振 |
| 光束模式 | $TEM_{00}$ |
| 操　作 | 连续波、门脉冲 |
| 脉冲重复频率/Hz | 0 或 8~5000 |
| 脉宽/μs | 26(连续) |
| 电能消耗/kVA | 380V±10%,50Hz,≤50kW |
| 最小气体消耗/$L \cdot h^{-1}$ | ≤0.2 |
| 冷却水温/℃ | 19~24 |
| 冷却水流量/$L \cdot h^{-1}$ | 5000(激光头) |
| 环境温度范围/℃ | 0~40,湿度小于 70% |

## 4.2 激光焊接锯片结构设计

激光焊接锯片除刀头有不含金刚石的过渡层之外,外形结构与高频焊锯片无异。这里重点介绍混凝土锯片的不同结构。混凝土(包括水泥混凝土和沥青混凝土)是由研磨性极强的石英砂和粗料石子混合胶结而成,在锯片切割过程中,对焊缝附近的非工作层和基体造成很大的磨损,由此而导致锯片的过早失效。高频焊锯片采用在刀头端部焊硬质合金块的方法,保护焊缝的过早磨损,如图 4-1 所示。而激光焊接锯片则采用在锯片中焊几片斜齿或高低齿刀头的方法,保护焊缝不至过早磨损,保证锯片的正常工作寿命。

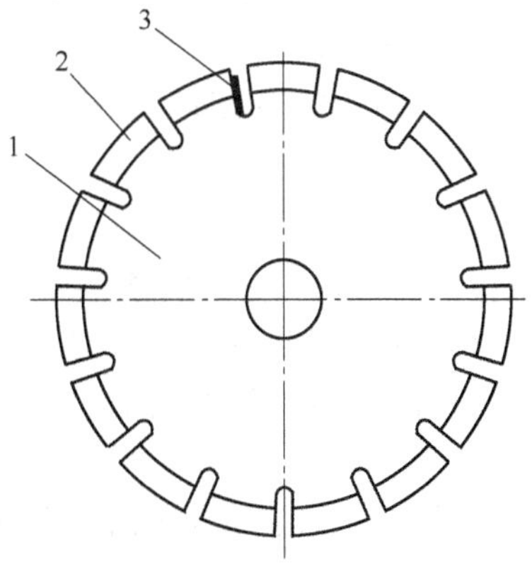


图 4-1 硬质合金护齿锯片

1—基体; 2—刀头; 3—硬质合金片

### 4.2.1 斜齿刀头锯片设计

激光焊接沥青混凝土锯片经常采用斜齿刀头保护焊缝的过早磨损,锯片规格一般从 φ350~750 mm,每个锯片中的斜齿刀头数量,根据刀头数量决定,一般每 3~5 个之间加一个斜齿刀头。例如,21 齿锯片放 3 个斜齿刀头,24 齿锯片放 4 个。以 φ350 mm 锯片为例介绍斜齿刀头锯片结构的具体设计:

**例 4-1** 基体尺寸:外径 φ336 mm,21 齿,水槽宽 10 mm,基体材料:30CrMo,硬度:HRC38,刀头规格:40 mm×3.2 mm×12 mm,如图 4-2 所示,斜齿的斜度为 7°~10°,每片焊 3~5 个斜齿刀头,待普通刀头焊完之后,用专门夹具,进行激光直线焊接。

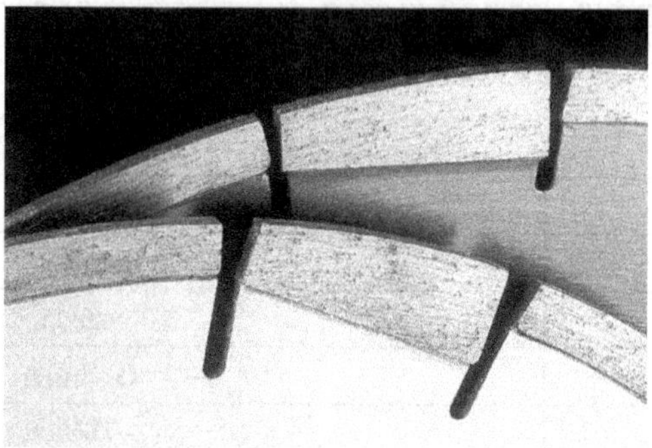

图 4－2　特邦公司提供的斜齿激光锯片

### 4.2.2　高低齿刀头锯片设计

高低齿刀头锯片是将上述锯片中的斜齿刀头改为高齿刀头，该刀头的高度比普通刀头高 3 ~ 5 mm，深入到圆周焊缝线以内，同样保护焊缝不被过早磨损，保证激光焊接锯片的正常工作寿命。

**例 4－2**　$\phi$350 mm 混凝土高低齿激光焊接锯片

基体尺寸：外径 $\phi$336 mm，24 齿，4 个高齿，高齿基体外径 $\phi$328 mm。

基体材料：30CrMo，硬度：38HRC 刀头规格：40 mm × 3.2 mm × 12 mm。

如图 4－3 所示，高低齿激光焊接锯片的焊接工艺性要优于斜齿锯片，只要调整好激光头对准 $\phi$228 mm 的位置，即可顺序焊好 4 个高齿刀头，生产效率高。另外高齿刀头也比斜齿刀头容易制造，易于保证刀头密度的均匀性。

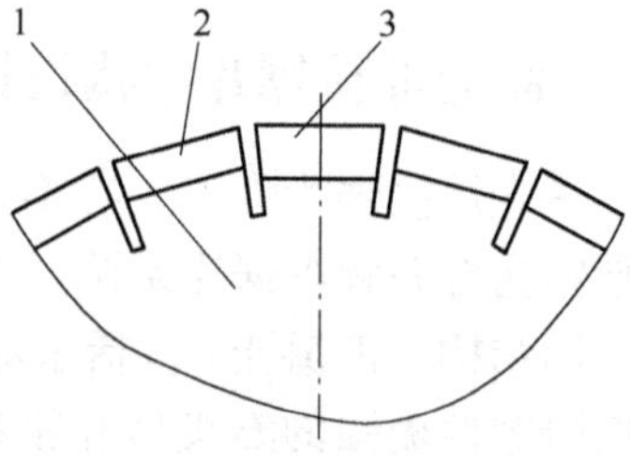


图 4－3　高低齿刀头锯片
1—基体；2—普通刀头；3—高齿刀头

图 4－4 为三种沥青保护齿锯片结构。

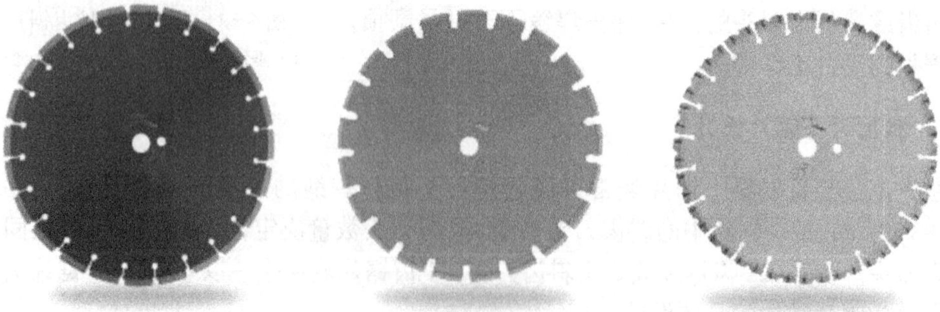

硬质合金保护沥青片　　斜保护齿沥青片　　沥青开槽片

图 4－4　三种沥青保护齿锯片结构

### 4.2.3 激光焊接连续齿薄锯片设计

用于切割陶瓷、玻璃、宝石、晶体材料的连续齿薄锯片，一般均采用电镀或整体冷压烧结的方法制造。问题是锯片基体比较薄，未经淬火处理，刚度不够，容易变形。而刀头部分的密度不均，厚度不均，与基体结合不牢，经常掉边、崩齿，切割性能差，寿命短。而采用激光焊接方法则可大大提高薄锯片的切割性能和使用寿命，其市场前景十分可观。该种锯片目前没有国家标准，设计者根据市场应用情况确定为：

锯片外径 $\phi$90 ~ 300 mm，齿厚 0.7 ~ 1.5 mm；基体材料：30CrMo、65Mn、45 号钢板。根据锯片环齿的内外径设计冷压模具，在装粉时还要考虑内圈装过渡层粉和外圈装工作层粉。冷压后要注意合理的脱模工艺方法，烧结时用的石墨模具要考虑工件冷却后的收缩率。保证环形齿烧结后不变形。设计专门的工装夹具，装卡一组环形齿，上车床精车内孔，保证与基体外径的配合精度，配合间隙为 0.06 ~ 0.12 mm。激光焊接时，要按锯片的规格不同，制定不同的激光焊接工艺参数，功率要小，焊接速度稍慢。焊后进行退火处理，消除应力、减少变形。

## 4.3 冷压模具设计

在激光焊接锯片生产过程中的刀头冷压工艺已被国内所有生产厂家所采用，有的用普通压力机压制刀头压坯，生产效率比较低，有的用进口或国产容积式自动冷压机生产，生产效率高，一个班可生产刀头压坯 3000 片以上，相当于三台普通压力机的工作量，大大减少操作人员。普通压力机用冷压模具结构与上述高频焊锯片刀头垂直压缩的模具相同。不同的是激光锯片刀头要有过渡层，需要两次装粉，压头圆弧朝下，先装工作层粉，后装过渡层粉。

容积式自动冷压机配置的冷压模具，根据各自机型的不同，结构也不同。现介绍一种国外自动冷压机配置的双压头冷压模具结构，供设计参考，如图 4－5 所示。该模具拆装比较方便，机加工也不复杂，材料选用 Cr12MoV 模具钢，淬火硬度 62 ~ 65HRC，左右模块与压头配合的凹槽，采用慢走丝电火花线切割，槽宽尺寸精度 +0.01 ~ 0.03 mm，粗糙度 $Ra0.8\mu m$，转角圆弧不大于 $R0.1$ mm。上下压头又薄又长，小直径锯片的压头厚度不超过 2 mm，长度达 85 mm，因此要求加工时保证平直度不变形，厚度尺寸精度 −0.01 ~ −0.03 mm。

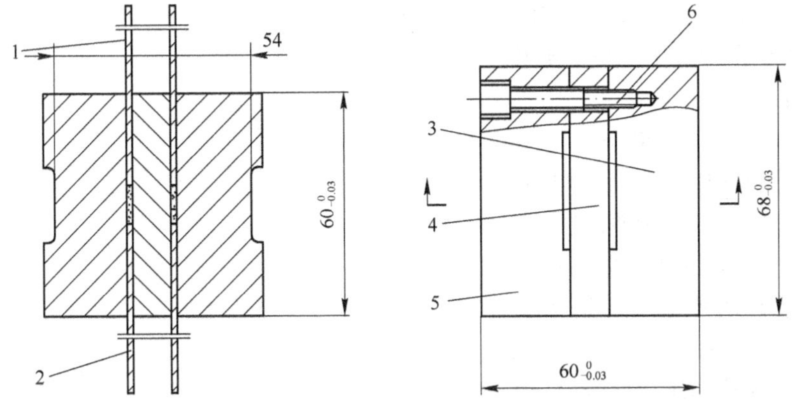


图 4－5 模具组装图

1—上压头；2—下压头；3—右模套；4—中夹板；5—左模套；6—螺钉

## 4.4　容积式自动冷压机

### 4.4.1　国外自动冷压机发展简况

20 世纪 80 年代欧洲各国已经使用称量式刀头自动冷压机，由于使用的金属粉末未经制粒，靠电子秤称量，速度慢，倒粉要靠电磁振动，压出来的刀头密度不均匀，一个台班只能压 800 ~ 1000 次，生产效率低。随着粉末制粒工艺的采用，才有容积式自动冷压机的出现。目前欧美工业发达国家的小尺寸锯片刀头，有 85% 是用容积式冷压机生产的。该机型生产效率大大提高，一般冷压机一台班可生产 3000 ~ 5000 个刀头，最新型的冷压机每分钟可压 15 个刀头。而且压制的刀头粉末密度和金刚石分布均匀，质量稳定，还可压带有过渡层的三明治激光焊接锯片刀头。其中较为先进的是德国 DR. FRITSCH 公司生产的 KPV218 新型高性能全自动冷压机，如图 4 - 6 所示。

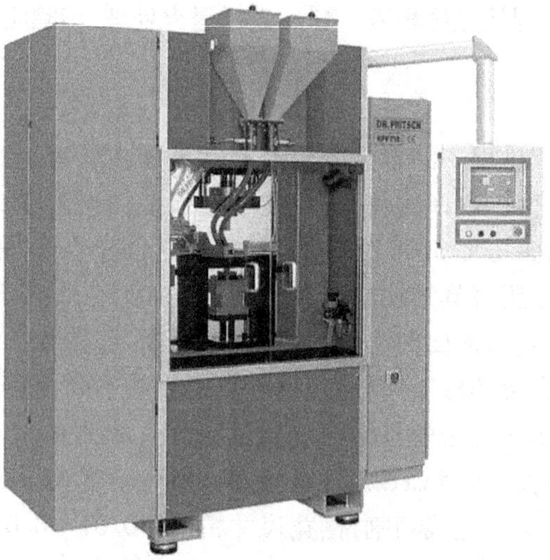


图 4 - 6　KPV218 型全自动冷压机

4.4.1.1　KPV218 全自动冷压机技术参数

KPV218 全自动冷压机技术参数

总功率：13kVA

电压：3 × 400V，50/60Hz

通常电流：3 × 19A，保险丝电流：3 × 32A

工作压力：最小约 18kN，最大约 180kN

装粉装置：容器 4 个，容量：15L

压制高度控制精度：±0.01 mm

最大高度：55 mm

一个刀头倒粉和压制次数：1 ~ 9 次

刀头形式：单层普通刀头、带非工作层激光刀头和带非工作层夹心刀头

操纵台：触摸显示屏，工业 PC 控制

外廓尺寸：长 × 宽 × 高 = 2550 mm × 1200 mm × 2300 mm

质量:2200kg

4.4.1.2 性能特点

(1) 该机最突出的优点是生产效率高,普通单层刀头每分钟压 15 个,则每台班可压 7000 个左右,这是普通冷压机生产能力的 2 倍。而带非工作层的夹心刀头,每分钟可压 7 个。

(2) 给料斗在移运粉料过程,保证不会将残留金刚石刮进非工作层粉料中。这一点对激光焊接锯片生产很重要,因为非工作层有了金刚石,不利于磨弧,对激光焊接也不好,影响焊接强度。这是许多自动冷压机都无法解决的问题。

(3) 具有一个专门的 CNC 高速控制系统,配以相应液压系统,使得控制十分精确和快速。例如,同体积刀头质量精度为:10g 刀头的压坯质量误差是 0.05 ~ 0.1g;40g 刀头的压坯质量误差是 0.1g。

(4) 具有一个新型的刀头自动推出机构,其模具的配合间隙,可以由操作者根据操作经验调整和设定。因此压坯质量误差小,刀头压制后,不必对其进行经常性的称重检验。

(5) 更换一套装置和冷压模具,可以用于绳锯串珠的环形胎体压坯的压制生产。

(6) 具有现代计算机控制系统,可与公司网络连接,实现远程监控和数据统计分析。

4.4.1.3 可实现多层并带过渡层的刀头自动冷压

这是该机有别于其他自动冷压机的独特优点,最适合于带过渡层的激光锯片刀头的大批量生产。该机有 4 个料斗,每组两个斗吊挂于两侧上方,分别装有工作层粉和过渡层粉,通过软管落到按圆弧轨迹移动的两个给料器中,给料器中有隔板隔开,当给料器移到中间位置时,同时向模腔送入工作粉和过渡层粉。两个给料器分别向中心移动,每转移一次倒一层工作层粉和过渡层粉,可以最多往复 9 次,也就是可实现冷压 9 层的刀头压坯。这种横向压缩的多层刀头,密度分布均匀,质量误差小,有利于提高锯片产品质量。图 4-7 所示为特邦新材料公司冷压车间 218 型冷压机中两个给料器的实际工作状况。

图 4-7 218 型冷压机给料器位置

### 4.4.2 国内自动冷压机研制概况

国内自动冷压机的研制起步较晚,设备粗糙,精度不高,在目前市场上还难成气候。究其原因,除设备本身性能之外,主要还是我国的制粒技术还不成熟。不同的粉末配方,制粒效果不同。预合金粉成形性差难制粒，制粒后的同体积质量误差较大，每 10 g 质量差超过 0.2 g。造粒剂的性能不稳定，脱蜡处理之后仍有残留等，因此影响刀头压坯的质量。国内两种自动冷压机技术性能列于表 4－4。

**表 4－4　国产自动冷压机技术参数**

| 生产单位 | | 苏州腾龙机械公司 | 郑州金海威科技公司 |
|---|---|---|---|
| 型　号 | | TLLY－30 型 | VCP16 型 |
| 技术参数 | 电　源 | 220/380V，50/60Hz | |
| | 最大压力 /kN | 300 | 160 |
| | 生产效率/个 · $min^{-1}$ | 3～10 | |
| | 刀头质量差/g | ±0.15 | ±0.05 |
| | 总功率/kW | | 8 |
| | 质量/kg | 1250 | 1500 |
| 性能特点 | | 一次可压多层刀头，操作简单，使用方便效率高，节省劳动力适合大批量生产 | 程序控制，定容投料可压多层刀头气动送料，液压压制液晶显示，操作方便 |

## 4.5　激光锯片基体

我国的锯片基体生产技术发展迅猛，已经由进口国转向批量的出口国，从生产规模和基体的产值、产量均居世界第一，成为锯片基体的世界加工基地。主要生产厂家有：

湖北宜昌黑旋风锯片公司、青岛海恩锯业公司（世界最大的德国 Mummenhoff GmbH 公司在我国的投资企业）、唐山市玉田星烁锯业公司、常熟市琴工刃具公司和天津市鑫磊锯片厂等等。这些公司除了生产高频焊接锯片用 65Mn 和 50Mn2V 高碳钢基体之外，还大批量生产 30CrMo 合金钢基体。由于还未发布激光焊接金刚石圆锯片国家标准，只能套用GB/T 11270—2002 标准。由于基体的材质不同，应用的档次不同，有些技术要求不能适用。例如，原硬度要求为 37～45HRC，这对低碳钢材料基体是达不到的，一般只能做到 HRC36±2。而对于基体的制造精度要求也太低，例如对基体端径跳极限偏差要求太低，不能适应激光焊接的要求，所以有必要重新修订国家标准。

### 4.5.1　基体的材料选择

基体是金刚石锯片的支撑体，在锯切工作中，要承受强烈的冲击和震动，所以基体材料必须强度高、刚性好、不变形和耐冲蚀。过去传统的高频焊锯片基体采用高碳钢 65Mn，现在采用 50Mn2V 或 75Cr 钢材。而这些高碳钢材料不适合激光深熔焊接，因为在激光焊接的快速加热冷却过程中，高碳钢基体容易产生裂纹而断裂。因此激光焊接用锯片基体材料应选用高强度低合金钢，目前主要选用：28CrMo、30CrMo 和 35CrMo。这些材料具有高的强度和韧性，渗透性高，有良好的可焊性和加工性能，热处理后的硬度可达到 36HRC 以上，最适合用在激光焊接基体。而对 65Mn 和 50Mn2V 的高碳钢基体需采取一些特殊的工艺措施，也可以获得很高的焊接强度。例如，研制一种特殊的过渡层；激光焊接前，基体先预热保温；锯片焊后立即退火处理等等，由于高碳钢基体强度高，刚性好，硬度（HRC）不小于 42，这样的基体适合于混凝土大锯片的强规程切割工程使用。

### 4.5.2 基体结构形式

激光锯片基体的槽型结构与高频焊基体一样，有窄槽、宽槽、半圆弧槽和匙形孔槽。除了普通基体之外，还有夹心消音片基体和用激光切缝的低噪声基体。

4.5.2.1 消音片基体

夹心（三明治）基体是由三片不同材料，两片钢板中间夹一层薄铜或铝板焊接而成。其消音效果十分显著，用金属棒轻轻敲击，都听不出金属的响声。锯切时比普通锯片降低噪声 12 分贝左右。其消音原理是基于中间的铜板相当于声音阻尼材料，当锯片切割时的振动变形，而中间铜板受约束，产生剪切形变，把振动能量转化为热能，起到了降低噪声的效果。国内有数家企业都能生产激光消音片基体，价格适中，除供国内锯片生产厂需要外，还可批量出口。

4.5.2.2 低噪声片基体

利用激光切割机在锯片基体上切割出各种形状的细缝隙，缝隙宽度一般在 0.15 ~ 0.25 mm之间。这些切缝就有一定的降低噪声效果，如若在切缝中填入阻尼材料，效果将更好。切缝结构形式的设计还没有专门的计算和设计方法介绍，多是通过大量的试验选择。由于锯片噪声产生的机理比较复杂，在不同条件下，同样的切缝结构产生的效果不一定相同。一般认为，锯片在高速切割情况下，锯片的振动以及与岩石的摩擦是产生噪声的主要原因，而振动和摩擦又发生在锯片外缘的 1/3 处，因此降噪切缝就集中在这一部分设计。几种典型的低噪声基体结构见图 4－8。

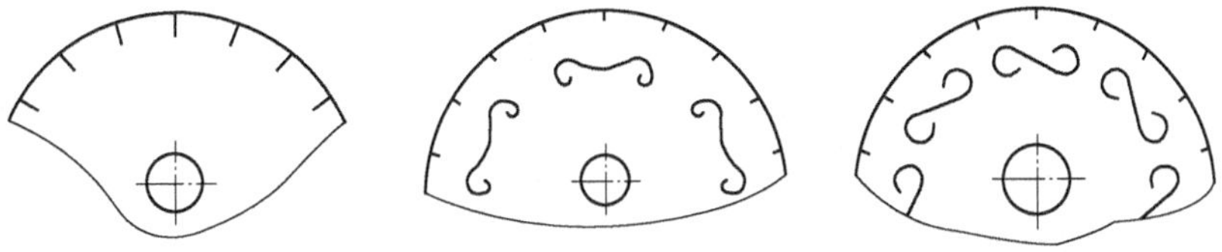

N型　　耳型　　S型

图 4－8　低噪声切缝图

## 4.6 激光刀头过渡层配方设计

锯片刀头与基体之间的激光焊接属于异类材料焊接，相互之间有个匹配的问题，而刀头的焊接部分不能有金刚石和低熔点金属。因为在高功率高密度激光光斑作用下，金属被熔化与汽化，若刀头中有金刚石，则会被烧损与石墨化，而胎体中的低熔点金属，如锡元素，同样被熔化与汽化，必然影响焊缝的焊接强度。因此，在与基体接触的刀头底部，通常都要有 1 ~ 2 mm 的“过渡层”。

### 4.6.1 过渡层配方设计原则

（1）焊缝要有足够的焊接强度，经检测要达到所规定的要求，一般参照欧洲 EN13236 安全标准 $\sigma \geqslant 600$ MPa。

（2）在刀头强度足够的情况下，多用铁族元素，铁与基体的可焊性最好，价格低。

（3）烧结温度要与刀头的烧结温度相近，例如，大理石刀头的烧结温度不能与高钴过渡层匹配。

（4）要有足够高的致密度。过渡层粉末密度不够，孔隙多将直接影响材料的可焊性。因此，要求烧结工艺适当加大压力，提高烧结温度并延长保温时间。

### 4.6.2　配方设计与试验

过渡层配方一般采用Co、Ni、Fe三元素的不同比例组合。高性能锯片要求焊接强度高，增加Co的含量，Co≥50%；由于激光焊接冷却速度快，添加一定量的Ni可以改善其淬透性；在保证足够焊接强度的条件下，增加Fe的比例可以降低成本。

某公司对各种过渡层配方标准块进行烧结和试验。检测结果列于表4－5，仅供参考。

过渡层配方成分：(1)Co 70%，Fe 20%，Ni 10%；(2)Co 55%，Fe 30%，Ni 15%；(3)Co 40%，Fe 40%，Ni 20%；(4)法国Next300；(5)上海爱华$AW_4$；(6)国产羰基铁粉；(7)普通铁粉；(8)巴斯夫铁粉；试块尺寸：30 mm×12 mm×6 mm。

表4－5　各种过渡层配方技术性能

| 配方号 | 烧结温度/℃ | 致密度 | | 硬度值 HRB | 抗弯强度/MPa |
|---|---|---|---|---|---|
| | | 尺寸法 | 水重法 | | |
| 1 | 810 | 93.98 | 96.02 | 73.88 | ≥2400 |
| | 860 | 96.12 | 97.54 | 77.63 | ≥2400 |
| 2 | 810 | 92.55 | 93.9 | 85.24 | 1403 |
| | 860 | 94.29 | 95.52 | 89.12 | 1658 |
| 3 | 810 | 95.53 | 96.49 | 97.5 | 1380 |
| | 860 | 88.73 | 91.28 | 88.96 | 1330 |
| 4 | 810 | 95.62 | 96.98 | 43.94 | ≥2000 |
| | 860 | 86.4 | 88.49 | 28.68 | |
| 5 | 810 | 82.96 | 84.65 | 90.76 | 1215 |
| 6 | 810 | 81.05 | 82 | 43.75 | 563 |
| | 860 | 85.14 | 80 | 43.5 | 433 |
| 7 | 810 | 89.22 | 89.88 | 90.76 | 1215 |
| 8 | 810 | 91.65 | 92.79 | 87.41 | 1033 |
| | 860 | 88.81 | 83.39 | 72.37 | 917 |

### 4.6.3　检测结果分析

（1）除6号配方外，试块的抗弯强度均达到并超过600 MPa的安全扭矩值标准。

（2）含Co量越大，抗弯强度值越大。

（3）5号配方是含有稀土元素的预合金粉，专用于大理石锯片刀头的过渡层，烧结温度可以较低，与大理石刀头配方匹配。

（4）法国 Next300 预合金粉过渡层的材料成分是：Co25%、Fe72%、Cu3%，理论密度 8.12g/cm³。它的烧结温度范围比较大，适应性强，价格高。

（5）铁粉过渡层也具有足够的抗弯强度，成本低，尽可能采用，但对烧结温度比较敏感，要注意与刀头配方的匹配。

## 4.7 激光锯片生产工艺过程

### 4.7.1 生产工艺流程

从流程图 4-9 中可以看出，激光焊接锯片除焊接工艺不同之外，还多出一项制粒工序，这是用容积式自动冷压机生产刀头压坯的前道工序。而制粒前的混料，有的是金刚石直接加到金属粉末中一起混合；有的是金属粉末混合后单独制粒，而金刚石经钴粉包衣之后和制粒好的粉料一起混合，如图 4-9 所示。其中的磨弧工序也是刀头与基体进行激光焊接之前所必须的。只有保证刀头圆弧与基体的外径一致，才能保证锯片的激光焊接质量。

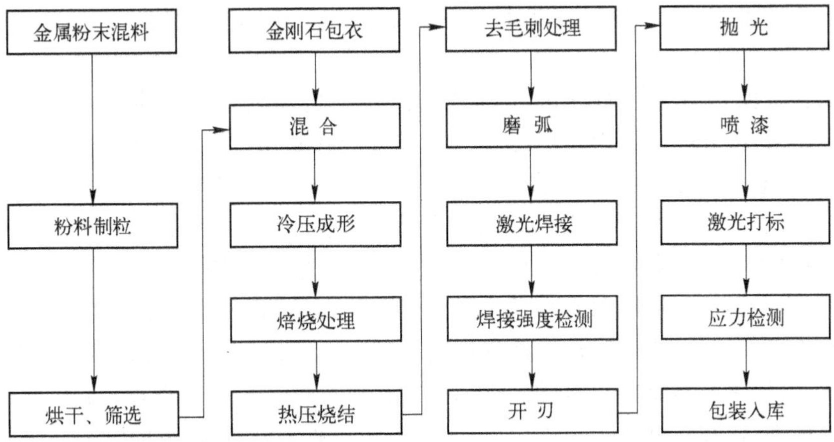


图 4-9 激光焊接锯片生产工艺流程图

### 4.7.2 制粒工艺

制粒工艺方法在医药、饲料、电气元件和硬质合金等许多行业应用，并且有完善的技术。而最近几年，由于容积式自动冷压机的大量使用，促进了金属粉末制粒技术的发展。

4.7.2.1 制粒工艺的优点

（1）胎体粉末制粒后呈 20~80 目不等的颗粒状，有圆球状或土豆状，颗粒之间不黏附，流动性大大提高，有利于往模具倒粉。

（2）金刚石经过粉末包衣或不包衣，与胎体粉末混合制粒之后，在刀头中分布均匀，大大提升了锯片的切割性能。

（3）对不同配方的粉末，只要制粒工艺得当，其粉末同体积质量误差小，就像大米、黄豆一样可以用“斗”量。容积式自动冷压机比称量式自动冷压机提高生产效率三倍以上。目前，制粒后粉末颗粒同体积质量误差可以达到 ±0.05g。

（4）制粒后的金刚石被粉末包裹，在压制过程中避免与模具表面的直接接触，降低模具损耗，提高模具寿命 50% 以上。我国的锯片刀头造价偏低，如若模具损耗分摊的成本太高，将无法实现刀头的自动冷压生产。

（5）适合于大批量，高效生产，节省劳动力。

（6）粉料制粒后，可用真空包装，便于储存、运输；不会造成粉尘对环境的污染。

4.7.2.2　制粒用黏结剂

胎体粉末在制粒过程中需要添加一种黏结剂，才能使粉末和金刚石黏结和聚集成大小不一的颗粒。而这些颗粒还必须具有一定的强度，而且要求保持在低温环境中，易于挥发和析出，也就是刀头压坯在焙烧工序和刀头烧结之后，不得或有极少的黏结剂残留。这些黏结剂能被丙酮和异丙醇所溶解，价格低廉。目前，我国唯有南京思尚科贸中心研制和生产的 WS－120 黏结剂在使用性能上可以取代进口产品，相对于德国 DR. FRITSCH 公司的 GB300、400、500 型黏结剂和韩国的 Olycox 黏结剂技术性能相近，密度为 1.068，热分解温度为 320～350 ℃，烧结后残留灰分不高于 0.01%，而且价格低廉。基本上能满足制粒工艺的要求。

4.7.2.3　制粒设备和制粒方法

国内其他行业使用的制粒设备和制粒方法很多，通过试验和改进，应该能适合于金刚石刀头的制粒工艺生产。目前国内的制粒方法和制粒设备有两种类型。

A　压力搓筛和滚动型

苏州腾龙机械公司的 TLZL－10 型制粒机、郑州金海威科技公司的 GM10 型制粒机和德国 DR. FRITSCH 公司的 GA180、240 型制粒机均属这一类型。它是由混料器、螺旋输送器、筛网搓粒器、偏心摆动滚动盘和电热烘干传输装置组成。做到制粒工艺一体化。粉料（含金刚石）在料斗顶部由螺旋推进器不断送入筛网搓粒器，而搓筛刮板由变频电机调整速度，通过筛网的目数大小控制颗粒的大小。筛网目数一般为 20～30 目。通过网目的颗粒掉至偏滚动盘中，经过滚动、磨圆，又在输送过程烘烤即完成全部的制粒工艺过程。该设备最大特点是制粒工艺一体化，操作方便生产效率高，适于大批量生产。但是制成的颗粒不呈球状而呈土豆状，流动性不是很好。有的国内激光焊接锯片生产厂家虽然将粉料经过制粒，但仍要用手工称量方法，在普通压力机上压制刀头；或者用称量式自动冷压机生产刀头。仅仅利用了流动性好的特点。这些制粒机的技术参数列于表 4－6。

**表 4－6　几种压力搓筛和滚动型制粒机技术参数**

| 技术参数 | GM10 型 | TLZL－10 型 | GA180 | GA240 |
|---|---|---|---|---|
| 电源/V | 380 | | | |
| 加热功率/kW | 9 | | 10 | 6 |
| 生产能力/kg · h$^{-1}$ | 10 | 2～10 | 2～10 | 2～6 |
| 外形尺寸/mm × mm × mm | 2500 × 1700 × 800 | | 2675 × 845 × 2000 | 1780 × 700 × 1600 |
| 质量/kg | 约 400 | | 800 | 600 |

B　低速搅拌高速斩切型

该机典型的是韩国 DIEX 公司的 GA10 型制粒机，见图 4－10 所示。机内有两个转向相反，转速差较大的搅拌机构（25～28 r/min）和斩切机构（2300～2800 r/min，），机内每次投料 10 kg（不含金刚石），在旋转搅拌中，喷入异丙醇，透过玻璃盖可观察到颗粒的成粒情况，约 15 min 完成球状制粒，见图 4－11。再经烘干、筛选后，制成 0.542～0.175 mm（30～80 目）

的球状颗粒。成形率在85%以上。钴基配方制粒后的同体积质量误差可达到±0.05g(10g以内)。铜基配方粉末,尤其是Cu-Sn预合金粉难以制粒,配方中W或WC含量高的容易偏析,质量误差大。另外一个缺点是清理内筒比较麻烦。该方法适合于高钴配方。

图4-10 GA10型制粒机

图4-11 粉末制粒后呈球状颗粒

GA10型制粒机的主要技术参数:
电源:380V,50 Hz
最大功率消耗:3.5 kW
生产能力:5L/20 min
外廓尺寸:1300 mm×1000 mm×1580 mm
质量:约1300 kg

### 4.7.3 冷压工艺及自动冷压机

激光焊接锯片生产过程中的冷压工艺已经为国内厂家普遍采用,只是多数仍然采用比较落后的手工称量、手工装粉和普通压力机压制压坯的方法,生产效率低,与其他先进的加工工艺不能匹配,影响激光锯片的大批量生产。国内目前使用的有国产自动冷压机和国外引进的德国DR. FRITSCH公司的318、218型全自动冷压机、意大利ARGA公司的全自动冷压机和韩国DIEX公司的自动冷压机等等。

国产冷压机有苏州南航腾龙科技公司生产的TLLY-30型全自动冷压机和郑州金海威科技公司生产的VCP16型自动冷压机(见图4-12)。国产冷压机经不断改进,性能趋于稳定,质量误差作为刀头用也能达到0.05g的要求。送料机构经改进,可同时送工作层粉和过渡层粉,适合于激光锯片冷压刀头的需要,还可压制多层刀头。由于造价低,得到国内激光锯片生产厂家的青睐。

国外引进的容积式全自动冷压机,性能稳定,生产效率高,一台设备一个台班可生产3000~4000个刀头,而且质量误差小,在0.03~0.05g之间。但必须有相应的制粒设备配合使用。有的设备性能也有问题,如韩国某公司的冷压机,压头位置精度不高,故障多,工作

图 4 - 12　VCP16 型自动冷压机

不稳定，工作中经常发生金刚石掉进过渡层现象，刀头难以磨弧，影响激光焊接质量。虽然说是自动冷压，但操作工人仍要称量，检查每片压坯质量，及时发现超标废品，及时调整下压头位置。生产需要就是冷压机设备的发展动力，更加适应激光刀头冷压工艺生产的国产全自动冷压机必将得到广泛的应用。为了消除黏结剂残留，刀头压坯在冷压之后，烧结之前的焙烧工艺仍然是必须的一道工序。

### 4.7.4　热压烧结工艺

激光焊接锯片刀头的特点，除了必须有过渡层之外，还要求较高的密度。一般要求达到 97% 以上。刀头密度不高，孔隙度大，影响激光焊接强度。而通过热压烧结，压坯在高温条件下，进一步压缩，粉末颗粒之间发生黏结，粉末晶粒长大，互相移动，渗透，孔隙体积和数量减少，密度提高，强度增加，更重要的是通过烧结，金属粉末与金刚石产生冶金化学结合，提高胎体对金刚石的包镶能力。所以，烧结工艺也是激光焊接锯片刀头生产中最基本、最重要的一道工序。整个工艺过程与高频焊锯片生产雷同，不再赘述。

### 4.7.5　磨弧工艺

刀头烧结之后的圆弧尺寸不精确，必须经过磨弧加工，才能达到与焊接基体一致的圆弧尺寸精度，刀头圆弧面必须去氧化皮，保持干净。因此，我国自从激光焊接锯片生产之后，才开始有了磨弧工艺和磨弧机的制造生产。磨弧的去除工具有用砂轮和砂带两种，因此就有两种类型的磨弧设备。

#### 4.7.5.1　*砂轮磨弧机*

砂轮被装在根据锯片基体的直径大小可以调整摆动半径的摆臂上，砂轮旋转，摆臂左右摆动即可对一组刀头的圆弧面进行磨弧。苏州腾龙机械公司生产的 SYMG - 1000 型磨弧机就是这种结构类型。另一种结构，即砂轮原地旋转，而刀头架左右摆动，并自动进给磨弧，该机型如郑州金海威科技公司生产的 RG1000 型磨弧机。这两种机型的缺点是生产效率比较低，一次装卡不足 10 个刀头，更主要是由于摆臂调整精度低，加上砂轮磨损的影响，导致磨弧加工精度不高。但是，德国 DR. FRITSCH 公司生产的 RSM360 型全自动砂轮磨弧机克服了上述缺点，性能先进，具有新型的刀头尺寸测量系统，并由 CNC 控制磨弧加工，保证圆弧尺寸的高精度。而且随着砂轮的磨损，有自动调整补偿机构。达到每小时加工 300 ~ 650 个刀头。只是价格昂贵，见图 4 - 13。

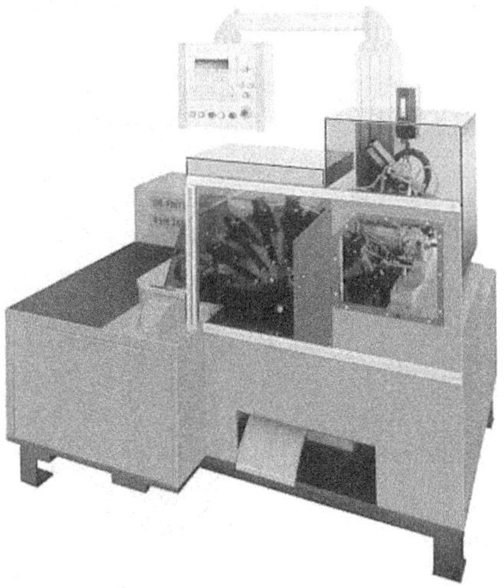

图 4 - 13　RSM360 型全自动砂轮磨弧机

RSM360 全自动磨弧机技术参数

电源：总功率 7.5 kVA

电压：3 ×400V，50/60 Hz

正常电流：3 ×11A，保险丝电流：3 ×20 A

压缩空气：耗气量约 110 L/min，风压：$(4\sim6)\times10^5$Pa

磨轮：直径 175 mm，厚度 50 mm

刀头规格：长 20 ~ 51 mm，宽 1.8 ~ 12 mm，高 7 ~ 20 mm

圆弧半径：$R>42$

外廓尺寸：长 1800 mm，宽 1300 mm，高 2000 mm

质量：1400 kg

4.7.5.2　*砂带磨弧机*

一条闭合的砂带套在一对轴线平行的主动轮和被动轮上，主动轮带动砂带旋转，被动轮的外径等于锯片基体外径加砂带的厚度。这样靠人工夹住一个或一组刀头，将圆弧面靠向运动中砂带，即完成磨弧工作。由于砂带比较锋利，磨削效率高（每小时加工约 1500 个刀头），加工圆弧半径比较准确，直径误差 ±0.03 mm，所以比较适合激光焊接锯片刀头磨弧工艺的要求。缺点是砂带消耗比较快，加工成本高；机体比较笨重，磨多大直径的圆弧就要配多大直径的被动轮，要配大量的不同规格的被动轮，显然不是设计者的明智之举。郑州磨料磨具磨削研究所生产的 SJ 型砂带磨弧机和苏州腾龙机械公司生产的 TLSD - 350 型砂带磨弧机均属此型设备。

4.7.5.3　仿形砂带磨弧机

国外还有一种仿形砂带磨弧机,结构并不复杂。一个按刀头所需内圆弧半径制作的仿形块,安装在由气缸或油缸推动的支架上。一个闭合的砂带通过主动轮、导向轮套在仿形块上。电机驱动主动轮带动砂带旋转,砂带在仿形块上滑动。刀头装在一个特殊的圆筒内,依靠振动将一个个刀头顺序地进入刀头夹持装置,进入一个,仿形块推动砂带靠紧刀头圆弧面,弧面磨光后,仿形块退回,刀头自动掉下,又一个刀头送进夹持装置,循环工作,即完成刀头的磨弧加工。韩国 DIEX 公司的 RGA20 型自动刀头磨弧机就是这种结构的典型产品,见图 4-14、图 4-15。

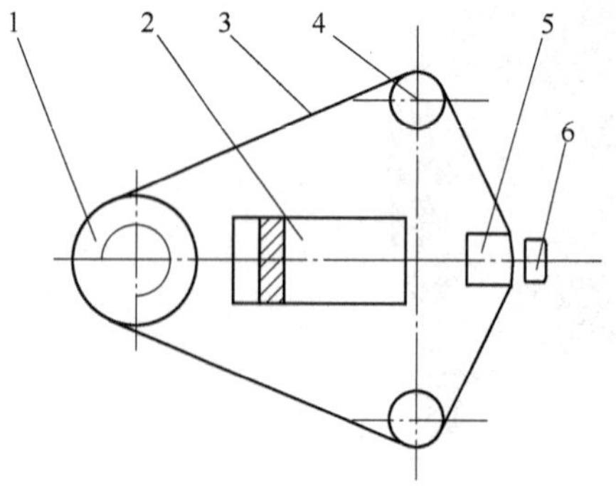


图 4-14　仿形自动砂带磨弧机示意图
1—主动轮;2—气缸;3—砂带;4—导向轮;
5—仿形块;6—锯片刀头

图 4-15　RGA20 型自动磨弧机

特点:

(1) 刀头自动送进,自动磨弧加工。

(2) 仿形块推动砂带在垂直方向对刀头加工圆弧。

(3) 配有计量装置,自动显示加工件数量。

(4) 加工精度高,加工不同规格的刀头,只要更换仿形块即可,设备紧凑,自动化程度高。

技术性能:

型号:RGA20

电源:380/220 V,三相,50/60 Hz

功率:2 kW

空气压力:(4~6)×$10^5$Pa

磨削锯片直径范围:105~400 mm(4~16 in)

刀头规格:长 50 mm(最大)×宽 4 mm(最大)×高 10 mm

磨轮(主动轮)转速:700~1750 r/min

仿形块行程:150 mm

生产效率:20~25 个/min(9600 个/8h)

外廓尺寸(长×宽×高):1000×1000×1720 mm

质量:约 450 kg

#### 4.7.5.4 简易仿形砂带磨弧机

综合分析上述磨弧机的不同结构特点，结合国情，取长补短，作者设计出如下一款简易而又实用的GTM－90型仿形砂带磨弧机，仅供参考。

A GTM－90型仿形砂带磨弧机技术性能

锯片刀头磨弧范围：$\phi$105～900 mm

刀头长度：32/35/40/45/50 mm

刀头高度：8～20 mm

一次性磨削刀头数量：20～40片（也可以用手工，一次一片）

生产效率：约600片/h

砂带规格：990×100P80

电机功率：750 W

电机转速：1450 r/min

外廓尺寸：500 mm×400 mm×670 mm

B 特点

（1）用仿形块模拟刀头的圆弧尺寸，圆弧加工范围大，从$\phi$105～900 mm锯片的刀头均可加工。加工精度高，可以保证尺寸误差在±0.05 mm间。

（2）利用市场上的小型台式砂带机改制，造价便宜。每台成本2500元左右。

（3）结构紧凑，体积小，搬运灵活。

（4）使用刀头夹具，一次可加工20～40片，夹具垂直于砂带表面，保证弧面不产生歪斜。

（5）设有弹簧张紧机构，只要操作松紧手把，即可方便地更换砂带。

C 结构

该磨弧机由小型台式砂带机、仿形块和刀头夹具组成。砂带机可在市场上购买，电机功率750W，砂带规格为915×100P80，两砂带轮中心距为315 mm。改装时，将砂带改为990×100P80，也就是加长砂带周长，在平板中心位置钻孔，安装仿形块和刀头夹具支架。操作砂带张紧手把，压缩弹簧，即可将砂带套上，手把放松，砂带被绷紧，并贴在仿形块圆弧面上。启动电机，砂带转动，将装好刀头的夹具放在砂带上面，即可进行磨弧加工。加工过程中，夹具还可沿方形轴前后移动，维持砂带表面的均匀磨损，如图4－16所示。

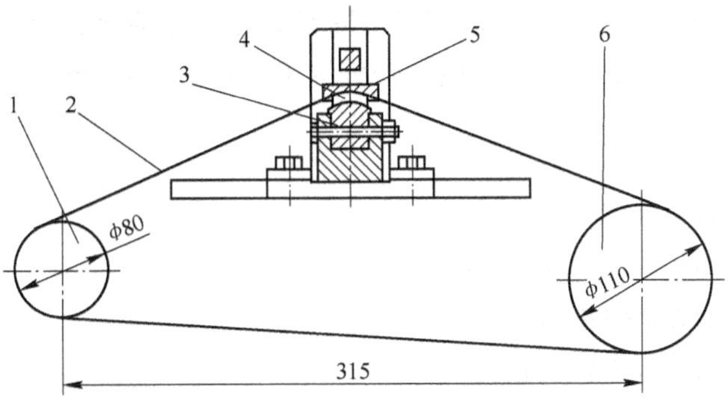


图4－16 GTM－90型仿形砂带磨弧机示意图

1—主动轮；2—砂带（990×100P80）；3—仿形块；4—刀头；5—夹具；6—被动轮（可由弹簧张紧伸缩）

### 4.7.6　开刃工艺

刀头与基体经激光焊接后，要对锯片的外圆和刀头两侧端面进行开刃加工。也就是利用砂轮对刀头外表面的胎体进行磨削，使表面的金刚石出露一定高度，以形成锋利的切割刃，保证锯片开始使用就能保持稳定的切割性能。另外通过开刃修整，使锯片的圆跳动和端面跳动以及刀头的对称度达到国家标准的允差要求。国内的开刃机型号五花八门，生产厂家很多，用于整体冷压锯片的开刃机大多由二手市场的工具磨床改装。磨外圆和磨侧面分开在两台磨床上改装，在磨床滑轨上设置锯片旋转和夹持机构。手工操作，干式磨削，生产效率比较高。锯片规格以 $\phi$105 ~ 230 mm 为宜，更大的锯片也可以开刃，只是开刃质量不佳。图 4 – 17 所示为工具磨床改装的开刃机。

图 4 – 17　工具磨床改装的开刃机

激光焊接锯片规格 $\phi$200 ~ 600 mm 居多，这种类型开刃机国内有数家生产，如：郑州磨料磨具磨削研究所的 JJ60 型开刃机；郑州金海威科技公司的 SG600 型开刃机；郑州机械所的 KZJ – 600 型开刃机和苏州腾龙机械公司的 TLKR – 800 型开刃机均属此类。该机设有三个磨轮，机械摆动机构，一次装卡可完成两侧面和外圆周面的开刃，水冷却，除尘效果好，只是密封不好，磨粒，粉尘磨损丝杆、主轴等零件。锯片转速不能无级调速，锯片外圆线速度变化大，磨削开刃的工艺参数不好选择。

国外，如德国、意大利和韩国等均生产有性能先进、工作可靠的全自动开刃机，例如，德国 DR. FRITSCH 公司生产的 TAM116 型和 206 型开刃机和韩国 DIEX 公司生产的 SAG1200A 型和 SAG8/24 型开刃机。这些都很适合激光锯片开刃使用。但是，价格昂贵，是国产同类机型价格的十几倍。一般锯片厂家都不愿意为开刃付出这么大的代价。我国出口激光焊接锯片在向中高档方向发展，开刃工艺是不可忽视的重要环节。据悉，目前不少客商对锯片的开刃质量不满意；北京有个锯片出口厂家不得不花大价钱进口两台全自动开刃机。下面介绍一台韩国 DIEX 公司生产的 SAG2000AC 型全自动开刃机。

#### 4.7.6.1　性能特点

（1）设有可调整主轴转速装置。

（2）自动垂直调整行程 10 ~ 50 mm。

（3）有防止砂轮破损保护装置。

（4）专门冷却系统收集粉尘和磨粒。

（5）设有自动固定锯片系统。

（6）用程序控制的伺服系统和研磨砂轮系统。

（7）设有定期自润滑系统。

4.7.6.2 技术参数

电源:380 V,60 Hz; 总功率:15 kVA

锯片直径:250 ~ 2000 mm; 锯片转速:25 ~ 100 r/min

外圆磨轮转速:1460 r/min; 侧面磨轮转速:1460 r/min

侧面磨轮直径:外径 $\phi$305 mm,内径 $\phi$76.2 mm,厚度 20 mm

外圆磨轮直径:外径 $\phi$305 mm,内径 $\phi$76.2 mm,厚度 30 mm

耗气量:20 L,$6\times10^5$ Pa; 冷却水量:50 L

外廓尺寸:1500 mm × 4100 mm × 2700 mm

质量:3500 kg

### 4.7.7 抛光工艺

为了提高激光焊接锯片的外观质量，在锯片喷漆之前，要对锯片的基体进行抛光处理。以往对小直径锯片的抛光，只要在电机输出轴上装一个磁盘，锯片放在磁盘上，工人用一根木棍，将砂带抵触到旋转的基体面上进行往复的抛光操作，劳动强度大，且不安全。锯片行业中，用于木工锯片制造的全自动砂轮抛光机性能先进，有自动修正砂轮装置，抛光精度高，加工锯片直径为 $\phi$100 ~ 800 mm，进给速度 15 m/min。可以应用于激光锯片的抛光。表 4-7 为惠州布朗特种工程机械材料公司生产的 PK 系列抛光机产品性能参数，供参考。

**表 4-7 PK 系列抛光机技术参数**

| 型 号 | PK800C 数控全自动 | PK800 型自动 | PK1200M 型半自动 |
|---|---|---|---|
| 锯片直径/mm | 100 ~ 800 | 100 ~ 600 | 150 ~ 1200 |
| 抛光砂轮/mm | 250 × 25 × 25 | | |
| 砂轮线速度/$m\cdot s^{-1}$ | 22 | | |
| 进给速度/$m\cdot min^{-1}$ | 15 | | |
| 砂轮功率/kW | 2.8 | 5 | 7.5 |
| 电 源 | 3 × 400/230V - 50Hz | | |
| 外形尺寸/mm × mm × mm | 1500 × 1260 × 1590 | 3300 × 1700 × 2070 | 3300 × 1700 × 2070 |
| 毛重/kg | 440 | 1600 | 1600 |

目前国内超硬材料有两种不同结构的砂带抛光机,各有所长。苏州腾龙机械公司生产的拖杆式抛光机,有三种型号:400 型、600 型、1000 型。一个闭合的砂带套的塑料轮上,靠旋转产生的离心力,使砂带紧贴基体表面,进行同心圆抛光。抬起砂带轮即停止转动。郑州磨料磨具磨削研究所生产的 PGJ400/600 型抛光机是靠一个可以上下左右摇摆的砂带架机构。架子上安装三个转轮,一个驱动轮,一个调整张紧轮和一个接触轮。一根闭合砂带套在其中,操作砂带架,使砂带贴紧高速旋转的锯片基体表面,移动接触轮,即可进行抛光或清理焊缝,如图 4-18 所示。

PGJ400/600 型砂带抛光机技术参数

锯片直径：$\phi$105 ~ 600 mm
抛光速度：200 ~ 1000 r/min
夹紧方式：磁力夹紧
抛光砂带：45 × 925　A80 号
外形尺寸：800 mm × 970 mm × 1200 mm
质量：300 kg

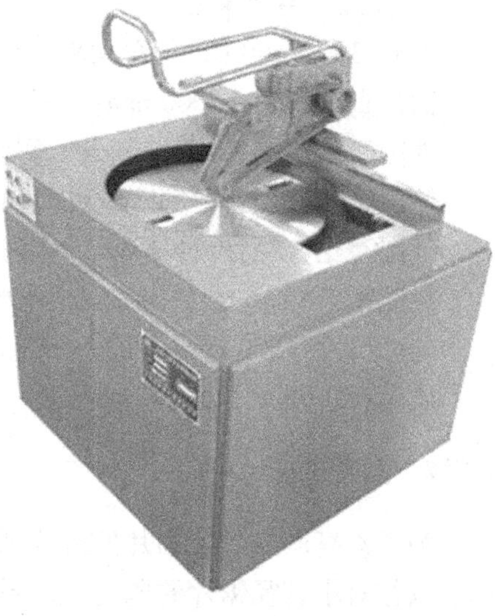

图 4 - 18　PGJ400/600 型砂带抛光机

## 4.8　激光焊接设备的选择

金刚石锯片激光焊接设备主要由激光发生器、导光系统、激光头、锯片刀头夹持、移动机械部分和 CNC 控制系统组成。国内外专业生产用金刚石圆锯片激光焊接设备的厂家很多，如德国、意大利、美国、日本和韩国等国家，其中德国 DR. FRITCH 公司从 1994 年开始向我国出口不同型号的激光焊机，至今约有 20 台套以上在国内生产使用。还有韩国 DIEX 公司生产的 LWB15/2D 型激光焊机也有 4 ~ 6 台在国内生产使用，桂林矿产地质研究院使用的机器如图 4 - 19 所示。

图 4 - 19　桂林矿产地质研究院的 LWB15/2D 型激光焊机正在焊接锯片

### 4.8.1　国产激光焊接机和激光发生器

国内激光焊机生产厂家有：武汉华中激光科技公司生产的 HGL - 5000 型三工位激光焊机；武汉金石凯激光技术公司生产的 GS - HT 系列激光焊机；上海团结普瑞玛激光设备公司生产的 SLWR 型回转体激光焊接机；济南捷迈技术公司生产的 LW 型双工位和多工位激光焊机；上海雷鸥激光设备公司生产的 SJH 型双工位和三工位数控激光焊接机和深圳大族激光设备公司生产的 HJ2000 型三工位激光焊接机。这些国产激光焊机可以配置进口的激光器，如 ROFIN -SINAR 公司的 DC025 型射频板式激光发生器，也可以配置国产的横流式和轴流式 $CO_2$ 激光发生器。国内大部分激光焊机生产厂家配置自己生产的横流式 $CO_2$ 激光器。长沙凤凰激光设备公司生产提供 PHC - 1200A 和 PHC - 1500 型准封离式激光器；南京通快激光设备公司专业生产供应 TK - SM 系列轴流式 $CO_2$ 激光发生器，技术参数如表 4 - 8 所示。

**表 4-8 TK-SM 型轴流式 $CO_2$ 激光发生器技术参数**

| 型 号 | TK-1200SM | TK-1800SM | TK-2000SM | TK-2500SM | TK-3000SM |
|---|---|---|---|---|---|
| 激光波长/μm | 10.6 | | | | |
| 输出功率/W | 1200 | 1800 | 2000 | 2500 | 3000 |
| 最大输出功率/W | ≥1400 | ≥2000 | ≥2200 | ≥2700 | ≥3200 |
| 超强脉冲功率 | 2.5 功倍额定输出功率 | | | 2 功倍额定输出功率 | |
| 功率可调范围(最大)/W | 30 | | | 100 | |
| 长时间功率稳定性 | 连续波 ±1%(冷却水温波动≤1℃) | | | | |
| | 超强脉冲 ±1%(冷却水温度波动≤1℃)独有技术 | | | | |
| 光束模式 | $TEM_{00/01}$ | | | | |
| 光束发射角/mrad | ≤1.3 | | | | |
| 光束直径/mm | 16 | | | | |
| 指向稳定性/mrad | ≤0.15 | | | | |
| 线偏振 | 与水平面成 45° | | | | |
| 光束质量指标 $M^2$ | ≤2.2 | | | | |
| 工作方式 | 连续波、脉冲、超强脉冲并可任意手动及编程转换,独有技术 | | | | |
| 脉冲频率 | CW-2000Hz | | | | |
| 激光工作气体 | He、$N_2$、$CO_2$, 纯度 99.996% | | | | |
| 气体消耗量/$L \cdot h^{-1}$ | 30 | 35 | | 50 | |
| 电 源 | 380V ±5%,50Hz,3 相 | | | | |
| 功率消耗/kVA | 20 | 25 | 28 | 32 | 36 |

国产激光焊机经过多年的改进,性能趋于完善,结构上结合国情,具有独特的优点,结构简单,一机多用,造价低,只相当同类进口产品价格的 1/3。它为今后进一步拓展激光焊接锯片市场创造了有利的条件,相信不久必将逐渐占领国内市场。其实,目前国内激光锯片出口量最大的生产厂家所使用的激光焊接设备和激光发生器大部分是国产产品。国内几个激光焊接设备生产厂的激光焊机主要技术参数和特点如表 4-9 所示。

**表 4-9 国产激光焊接机的主要技术参数表**

| 技术参数 | 华工激光科技 | 武汉金石凯激光 | 上海团结普瑞玛 | 上海雷鸥激光 | 深圳大族激光 | 济南捷迈激光 |
|---|---|---|---|---|---|---|
| 型 号 | HGL-GGH5000 | GS-HT 系列 | SLWR | SJH | HJ2000 | LW |
| 功率/kW | 50 | 50 | | 50 | | |
| 锯片规格/mm | 105~900 | 105~900 | 105~900 | 105~600 | 105~600 | 105~600 |
| 齿厚度 | 1-2.5 | | 1-2.5 | 1-2.5 | | |
| 焊接速度/$m \cdot min^{-1}$ | 0-6 | | | 0-6 | 1-12 | |
| 定位精度/mm | ±0.02 | | ±0.02 | ±0.05 | ±0.4 | ±0.02 |
| 激光器 | HGL-5000 横流 | HS-W3000 横流 | 横流 | HJ 系列横流 | TK-2000SM 轴流 | 轴流 |
| 光束模式 | 低阶模 | 低阶模 | 低阶模 | 低阶模 | 基模 $TEM_{00/0}$ | 基模 $TEM_0$ |

续表 4－9

| 技术参数 | 华工激光科技 | 武汉金石凯激光 | 上海团结普瑞玛 | 上海雷鸥激光 | 深圳大族激光 | 济南捷迈激光 |
|---|---|---|---|---|---|---|
| 激光波长/μm | 10.64 | | | | | |
| 光束直径/mm | 25 | 25 | 25 | 25 | 16 | 16 |
| 光束发射角/mrad | ≤3 | ≤3 | ≤3 | ≤5 | ≤1.3 | ≤2 |
| 激光功率/W | 3000 | 3000 | 3000 | 2000 | 2000 | 2000 |
| 工作气体 | He、$N_2$、$CO_2$ | | | | | |
| 刀头夹紧方式 | 手动或气动 | | | | | |
| 特　点 | 品字三工位 | 品字三工位 | 品字三工位 | 双工位,三工位 | 三工位 | 多工位 |

## 4.8.2　进口激光焊接机

4.8.2.1　德国

德国 DR. FRITSCH 公司生产的金刚石锯片激光焊机有 LSM800/900、LSM212、LSM240/260 等各种型号,配置的激光发生器多是 ROFIN－SINAR 公司 DC025 型 2.5kW 射频板式 $CO_2$ 激光器。这里介绍国内进口较多的 LSM240 全自动金刚石锯片激光焊接机,见图 4－20。

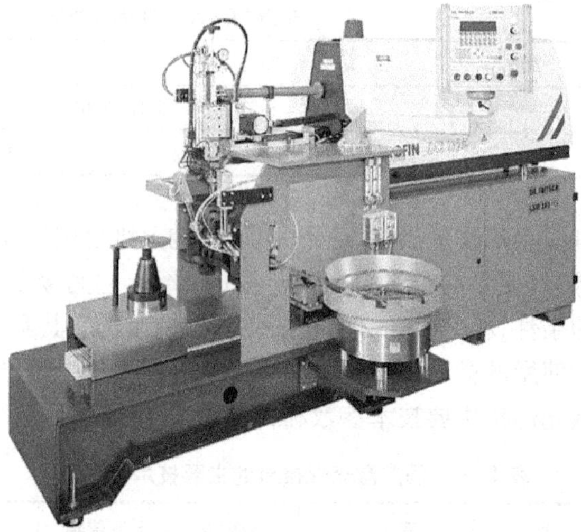

图 4－20　LSM240 锯片激光焊接机

A　结构性能特点

(1) 锯片基体送进、刀头装夹、焊接过程由 CNC 控制,实现全部自动化。

(2) 单齿单面焊接,设有测量定位系统,焊接质量高,但速度不快,焊一个刀头约 4s,比转盘式慢许多。

(3) 激光器配用专门的混合气体,一瓶混合气体能用一年不用换。耗气量不大于 0.3L/h(标态)。

(4) 激光器采用水扩散冷却,无机械磨损件,维修工作量极少。

(5) 刀头由贮存筒沿螺旋轨道振动上行,直线输送到位并气动夹紧和松开,不需要手工操作。

B 主要技术参数

总功率:58 kW； 锯片直径范围:$\phi$86 ~600 mm

激光输出功率:2500 W； 刀头规格:长 30 ~50.8 mm,厚 2 ~6 mm,高 8 ~15 mm

波长:10.6 μm； 刀头夹紧力:3500 N(风压 $6\times10^5$Pa)

频率:8 ~5000Hz

4.8.2.2 韩国

韩国 DIEX 公司生产有全自动和半自动激光焊机,国内引进多台 LWB15/2D 型转盘式半自动激光焊机,该机有自己的特点,锯片基体手工装卸,磁力固定基体和刀头,焊接速度快,$\phi$350 mm 锯片焊完一圈只需 35 ~40 s。并且可以两面焊接,3.2 ~4.5 mm 厚的大锯片可以采用两面焊接以保证焊接强度要求。国内某公司用该机批量生产 $\phi$900 ~1200 mm 锯片。该机也可以设置三工位的结构形式,其中一工位用于焊接薄壁工程钻头。

LWB15/2D 激光焊机主要技术参数,如图 4 -21 所示:

总功率:50 kW； 锯片直径范围:$\phi$105 ~600 mm

激光输出功率:2500 W； 焊接速度:0.5 ~3 m/min

激光波长:10.6 μm； 光斑直径:20 mm

转盘磁性夹紧基体和刀头,人工安装和拆卸。

图 4 -21 安装在桂林矿产地质研究院激光焊接车间配有德国 ROFIN - SINAR 公司 2.5 kW 板式激光器的韩国 DIEX 公司 LWB15/2D 型激光焊机

### 4.8.3 激光焊机选择应考虑的问题

(1) LMS240/260 型这一类全自动激光焊机,自动化程度高,性能先进,锯片焊接质量稳定,但是价格昂贵,只能单面焊,锯片直径范围受到限制,只适合于生产高性能、高价位,批量大的激光锯片,否则难以收回成本。

(2) 国产激光焊机的结构全是转盘式的回转工作台,结构简单可靠,回转精度和移动精度均能达到要求。刀头夹持装置有手动和气动的,夹持的准确性不够,有待改进。遇到同样直径而刀头齿数不同的锯片,需要更换夹持装置,如 $\phi$350 mm 锯片有 21 齿、24 齿、25 齿。

(3) 应该根据生产规模和锯片的不同规格设计更为专业化的激光焊机。例如对焊接 $\phi$105 ~230 mm 的小规格锯片,可以配用小功率激光器和多工位(3 ~4 工位)的回转工作台。这样可以提高生产效率,减少设备的资金投入。生产 $\phi$300 ~600 mm 锯片设计两工位回转工作台比较合适。一个工作台在激光焊接的同时,另一个工作台在卸焊好的锯片和装新基体和刀头。焊一片 $\phi$350 mm 锯片约 35 ~ 40 s，与手工装卸锯片可以同步。而专门焊接 $\phi$600 mm 以上的大锯片则只要设计一个回转工作台即可。

(4) 品字形三工位激光焊机比较适合中小型厂家使用，两个工位用于焊接锯片，其中一个工位的回转台具有 $X$，$Y$ 轴向移动功能，用于焊接异形齿刀头。另一个工位用于焊接工程薄壁钻头。这样的激光焊机适应性广，开机率高，可以较快地收回成本。

(5) 激光焊接锯片有向大直径发展的趋势，过去只能生产小于 $\phi$400 mm 的锯片，现在不少厂家开始批量出口 $\phi$900 mm，$\phi$1200 mm 的激光锯片。因此，若要生产大直径激光锯片则激光器输出功率要大，至少要 3000W，并且能够两面焊接，要能焊透基体厚度 5 mm 的锯片。

## 4.9 激光焊接工艺

### 4.9.1 激光焊接原理

锯片激光焊接是将高功率高强度的激光束照射到锯片基体和刀头两种不同金属材料的表面，通过激光与金属的相互作用，使金属迅速熔化乃至气化，熔化的金属在蒸汽压力作用下形成小孔，小孔不断延伸，并且小孔随着激光束沿焊接方向移动时，小孔前方熔化的金属绕过小孔流向后方，凝固后形成焊缝。这是以小孔效应为理论基础的激光深熔焊接，其能量转换机制是通过“小孔”结构来完成的。由于经聚焦后的激光光束小(0.1 ~ 0.3 mm)，功率密度大，加热范围小，热影响区小，焊缝窄，焊接强度高，残余应力和变形小，焊接速度快，生产效率高，又易于实现自动化生产。

### 4.9.2 光束模式

不同的激光器有不同的光束模式，也就有不同的光束质量。光束质量的好坏影响焊缝熔深和形状。基模也就是 $TEM_{00}$ 模是最好的光束模式，它在激光束的中心处光电子密度最高，能量也最强。而低价模次之，高阶模更差，焊缝宽且不均匀，这是其光束能量分布不均造成的。

### 4.9.3 焦距与离焦量

激光焊接时要通过透镜对激光进行聚焦，透镜的焦距长一般选择 63 ~ 254 mm，而短焦距可以获得小的光斑和较高的能量密度，从而获得大的深宽比。例如，LWB15/2D 激光焊机的焦距为 175 mm，光斑直径为 0.2 mm。离焦量的概念则是当测量好激光头距工件表面距离之后，有意深入表面 1 ~ 2 mm，称为负离焦，根据研究和试验表明负离焦，可以获得大的熔深和较窄的焊缝。不同的激光焊机和不同厚度的锯片基体，通过实践，摸索出最佳的离焦量。

### 4.9.4 激光功率的确定

激光功率是激光焊机的主要技术参数，它决定了所能焊接的基体厚度，也就决定了所能焊接的锯片最大直径。因此，应根据锯片规格选择不同的激光输出功率，一般在 800 ~ 2200W 之间选择。当光斑直径一定时，熔深随着功率的提高而增加，但是当激光功率过高时，熔池沸腾过于激烈，导致空洞的产生，焊缝有气孔，焊接强度降低，且焊缝过宽，不平滑，影响外观。激光功率太低则焊不透，形成虚焊。而激光功率还与焊接速度有关，功率越大，允许的焊接速度越快，生产效率越高。

### 4.9.5 焊接速度的选择

激光深熔焊时，焊接速度与焊接深度成反比，当激光功率一定时，焊接速度越快，熔深越浅，而速度太快则焊不透，焊缝易产生气孔，焊接强度降低。焊接速度太慢则生产效率低，热影响区因过热晶粒粗大易脆，焊缝宽，不平整。因此，也要根据锯片规格和选定功率的大小选择最佳的焊接速度。一般在 0.8 ~ 3 m/min 之间选择。表 4 - 10 显示某公司对激光焊接不同工艺参数对比试验的结果，供参考。

**表 4 - 10 激光焊接不同工艺参数试验比较**

| 锯片规格 | 激光功率/W | 焊接速度/$m \cdot min^{-1}$ | 标准扭矩/N · m | 破坏扭矩/N · m | 焊缝外观 |
| --- | --- | --- | --- | --- | --- |
| $\phi$230 mm × 1.8 mm | 950 | 1.1 | 11.3 | 12.5 | 焊不透 |
| | 1075 | 1.2 | | 26.5 | 少量气泡 |
| | 1250 | 1.4 | | 29.3 | 平整 |
| | 1500 | 2 | | 18.6 | 气泡多 |
| $\phi$350 mm × 2.2 mm | 1250 | 1.6 | 19.3 | 26 | 焊不透 |
| | 1500 | 2.2 | | 48 | 平整 |
| | 1750 | 2.5 | | 38 | 气泡多 |

## 4.10 激光锯片的产品检测

激光锯片除常规的尺寸和外观检测之外，着重于刀头焊接强度和锯片应力情况的检测。一般情况下，激光锯片基体在出厂前，均经过应力试验，应力分布均匀，符合要求的才允许出厂。而激光焊接时，热影响区很窄，不会造成基体变形。但有的外商要求严格，在批次产品中必须附带激光锯片的应力检测结果。

### 4.10.1 焊接强度检测

为保证激光焊接锯片的质量，锯片焊接之后，均要对锯片中每一刀头的焊接强度用相应的扭力扳手进行检测，检测标准如表 4 - 11 所示。对达不到要求或扳断的刀头要进行处理并补焊。由于我国尚未制定相应的激光焊接强度检验国家标准和行业标准，各生产企业只好参照 EN13236 安全标准，计算和制定符合出口要求的焊接强度检测标准。根据锯片基体厚度 $E$ 和刀头长度 $L$，按下列公式计算出不同规格锯片刀头焊缝的最低弯矩值，即作为检测标准。

$$M = \frac{E^2 \times L \times \sigma}{6}$$

式中 $M$——扭矩值 N · mm；

$E$——基体厚度，mm；

$L$——刀头长度，mm；

$\sigma$——基体与刀头结合面的最低抗弯强度（单位面积上的扭矩）600 $N \cdot m/mm^2$。

**表 4-11　激光焊接锯片焊接强度检测标准**

| 基体厚度/mm | 刀头长度/mm | 扭矩值/N · m | 基体厚度/mm | 刀头长度/mm | 扭矩值/N · m |
|---|---|---|---|---|---|
| 1.3 | 32 | 5.4 | 2.2 | 35 | 14 |
| 1.3 | 34 | 5.75 | 2.2 | 40 | 19.4 |
| 1.3 | 35 | 5.9 | 2.5 | 31 | 19.4 |
| 1.5 | 20 | 4.5 | 2.5 | 35 | 21.9 |
| 1.5 | 33 | 7.4 | 2.5 | 40 | 25 |
| 1.5 | 40 | 9 | 3.2 | 40 | 40.1 |
| 1.7 | 20 | 5.8 | 3.5 | 40 | 49 |
| 1.7 | 38 | 11 | 3.6 | 40 | 51.8 |
| 1.7 | 40 | 11.6 | 4 | 40 | 64 |
| 1.8 | 20 | 6.5 | 4 | 24 | 38.4 |
| 1.8 | 38 | 12.3 | 4.5 | 40 | 80.9 |
| 1.8 | 40 | 13 | 4.5 | 24 | 48.5 |
| 2.0 | 20 | 8 | 5 | 40 | 99.9 |
| 2.0 | 24 | 9.6 | 5 | 24 | 59.9 |
| 2.0 | 35 | 14 | 5.5 | 40 | 120.9 |
| 2.0 | 38 | 15.2 | 5.5 | 24 | 72.5 |
| 2.0 | 40 | 16 | 6 | 24 | 86.3 |

生产厂家可以按列表中的扭矩值，在市场上购买不同扭矩范围的扭力扳手，扭力扳手有国产的和进口的，有指针式，也有数显式。大小扭力扳手的扭矩范围分为：4 ~ 20 N · m、5 ~ 25 N · m、6 ~ 30 N · m、10 ~ 50 N · m、30 ~ 100 N · m。由于激光锯片产品规格大小不一，厂家必须具备多种扭矩范围的扭力扳手。

### 4.10.2　激光锯片的张力检测

激光焊接锯片用的基体一般在生产厂家出厂前均经过严格的张力检测，而经过搬运和刀头的激光焊接、开刃等一系列工序之后，有可能产生内应力和应力分布不均的情况。有些客商专门要求提供锯片产品张力检测数据资料。为此，需对激光锯片进行必要的张力检测。

张力分布是反映基体刚性好坏的具体指标，基体的刚性除与它本身的厚度和硬度有关外，还与它自身的张力分布有关。由于基体的直径与厚度比很大。所以，基体的内应力就可以简化为二维平面问题进行处理。静止状态下圆锯片的内应力的径向应力就是张力。张力是拉应力和压应力的总称，拉应力可使片体的刚性增大，而压应力可使片体的刚性减弱，张力的分布均匀情况则反映基体质量的优劣。测定张力分布的基本方法是将基体的中心孔安装在能自由转动的轴上，用合适的法兰盘紧固住。施加恒定的作用力压基体下半圆使其向外变形，同时在相差 90°的某一点位置上测试基体偏离静止状态的位移值。去掉所施加的力，平衡缓慢转动基体。静止、施力、再测试。依次重复操作可测得许多位移值。

以任意长的半径在纸上划个整圆，把圆的圆周曲线作为零点，以任意点为起点标定角度。第一次测试为零角度，把对应测试的位移值记录下来。把它们依次填写在所绘制圆的内外两侧。绘制点的集合体就是张力分布。在施加力不去掉情况下,使基体平衡缓慢转一周,用微机连续记录位移值,经微机处理打印,便获得张力分布图。

国内生产锯片应力校正机的厂家较多,苏州五洲机械公司生产的 TLGY-1000 型锯片应力碾压机,该机将张力检测、电脑显示和应力调整分别操作。气动装卡锯片,工作效率高。

基本参数:

压力范围:6 ~ 50 kN

锯片直径:$\phi$300 ~ 1100 mm

碾压速度:0 ~ 10 m/min

功率:2.6 kW

外形尺寸:2540 mm × 800 mm × 1570 mm

质量:1200 kg

韩国 DIEX 公司的 CTMC1/12 型锯片电脑张力检测机,如图 4-22 所示。

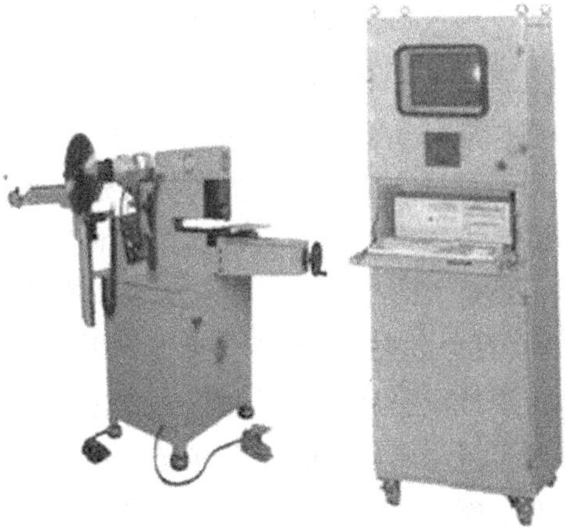

图 4-22 CTMC1/12 型锯片电脑张力检测机

主要特征:

(1) 压轮的压力可以变更。

(2) 用脚踏开关,可以自动旋转。

(3) 可以变更压轮的转速。

(4) 可以安各种尺寸法兰盘,装有精密轴的测定部位,装在张力机上。

(5) 用水平电子传感器和垂平方向可以调整压力的气缸,可以同时调整位置。

(6) 用气缸自动固定基体。

(7) 由测定部件、编码器、数据传送装置、电脑和碾压机组成。

(8) 用非接触式传感器,测定平面度和张力数据。

(9) 用电脑进行张力和平面度的测定、显示器上显示张力分布情况和数据的输出。

(10) 在电脑存储管理所测定的数据,可以打印出报告,用于质量保证。

基本参数:

型号:CTMC1/12;可以测定尺寸 $\phi$200 ~ 1200 mm

最大耗电:4kVA;压缩空气耗量约 5 L/min

辊子旋转速度(可变)1 ~ 10 m/min,辊径 95 mm

压力(可变)1 ~ 14kN,标准轮弧半径 40 mm

质量:约 900 kg,可以矫正张力尺寸 $\phi$100 ~ 1200 mm

外形尺寸:2200 mm × 1100 mm × 1350 mm

# 5 整体冷压烧结金刚石圆锯片

## 5.1 概述

整体冷压烧结金刚石圆锯片是将带齿的钢基体安放在冷压模中间，在其上下倒入金刚石和金属粉末的混合料，装上压头，在压力机上冷压成形，并放到烧结炉内烧结而成。这种圆锯片都是$\phi$400 mm以内的小规格锯片，以$\phi$105～230 mm锯片居多。应用范围十分广泛，用于石材加工、陶瓷切割、家庭装修、混凝土工程的切割和公路的切缝等。我国大量出口欧美等国家的DIY锯片就是这种锯片，约占金刚石圆锯片总出口量的65%以上。近几年，单是上海口岸，每年出口量就有几千万片。国内最大的几家锯片生产厂，年产量达到1000万片以上。其中激光焊接锯片和高频焊锯片只占20%～30%，大部分生产的却是整体冷压烧结锯片。由于生产这种锯片，技术要求相对简单，批量大，生产效率高，成本低，属于劳动密集型的生产过程，所以，对于劳动力相对廉价的中国企业具有很强的国际市场竞争能力。目前欧美等国的DIY锯片市场，基本上是中国产品的市场。20世纪90年代初，我国才开始该项产品的生产。最初使用箱式炉烧结或者用电阻炉在一串锯片外套上隔热材料进行烧结，生产效率低，质量不稳定。随后改进，采用井式炉通入氢气和氨气作保护气氛，一次装1000多片，生产效率大大提高。品种规格扩大，从小规格锯片发展到$\phi$350～400 mm，压力机吨位从100 t发展到400 t。而且整体生产过程形成很好的专业分工，有专门生产基体、冷压模和碳模的专业厂家供应锯片厂的锯片生产需要。因此，产量急剧上升，21世纪初，在DIY锯片国际市场上占据了统治的地位。由于国内锯片厂家的无序竞争，锯片价格以$\phi$105 mm锯片为例，也从一片几美元降到了1美元以下。市场的需要即是产品发展的动力，为了提高锯片刀头的密度以提高锯片的工作寿命，各厂家改用钟罩炉或中频炉烧结锯片，使锯片处在一定压力下烧结，从而提高了产品质量，进一步增强该项产品的市场竞争能力。

在锯片的品种结构方面也有更多的发展，原来只有四个品种即连续齿锯片(continuous rim blade)、节块式(刀头)锯片(segmented saw blade)、涡轮式锯片(turbo saw blade)和增强型涡轮锯片(wave turbo saw blade)。现在的锯片品种琳琅满目，有波纹片、结构复杂的护齿片、薄型玻璃切割片、陶瓷切割片、防滑槽切割片和开槽片等等。

随着品种扩大和产品质量的提升，我国的冷压锯片开始从DIY低档锯片向高性能的专业锯片方向发展。因此，对锯片性能有着更高的要求。例如，钟罩炉中对每一串锯片施加的压力不均匀，烧结出来的锯片刀头密度也不均匀，难以保证产品质量的稳定。另外，这种锯片，由于基体参与烧结，基体不可能淬火，基体的硬度和刚度不够，不能用于强规程切割等。这些问题有待业内人士努力加以解决。

## 5.2　锯片结构类型

### 5.2.1　连续齿锯片

顾名思义,即锯片圆周外缘刀头没有水槽,呈连续状,适用于切割磁砖、大理石等比较薄又容易崩边的板材。切割时需要用水冷却和排屑,俗称“湿切片”。锯片规格从 $\phi$105 ~ 350 mm(4″ ~ 14″),见表5-1,如图5-1所示。

**表5-1　连续齿烧结锯片规格**

| 名义外径 | | 基体厚度/mm | 刀头尺寸/mm | |
|---|---|---|---|---|
| mm | in | | 厚　度 | 齿　高 |
| 105 | 4 | 1.2 | 1.8 | 7 |
| 110 | 4.3 | 1.4 | 1.9 | 7 |
| 115 | 4.5 | 1.4 | 1.9 | 7 |
| 125 | 5 | 1.4 | 1.9 | 7 |
| 150 | 6 | 1.4 | 1.9 | 5 |
| 180 | 7 | 1.6 | 2.2 | 5 |
| 200 | 8 | 1.6 | 2.4 | 5 |
| 230 | 9 | 1.6 | 2.4 | 6 |
| 250 | 10 | 1.6 | 2.6 | 6 |
| 300 | 12 | 1.8 | 3 | 7 |
| 350 | 14 | 1.8 | 3 | 8 |

图5-1　连续齿锯片

中心孔可根据客户要求订制,小规格锯片可以加套圈,以适应电动工具轴径不同的需要。也有要求中心孔做成棱形孔。这是结构最简单,价格最低廉的一种锯片。

### 5.2.2　节块(刀头)式锯片

锯片刀头之间有槽,可以干切或湿切。冷压模具相对复杂,槽形可以是V形或匙形。用途十分广泛,可以切割较硬的花岗岩和钢筋混凝土材料,还可大量用于石材雕刻,家庭装修。该产品除大量出口外,国内的消耗量也十分可观,据估计,年消耗量约为5000万~6000万片。锯片规格见表5-2,如图5-2所示。

表 5－2　节块(刀头)式锯片规格

| 名义外径 | | 刀头尺寸/mm | | 齿　数 | 基体厚度/mm |
|---|---|---|---|---|---|
| mm | in | 厚　度 | 高　度 | | |
| 105 | 4 | 1.8 | 7 | 8 | 1.2 |
| 110 | 4.3 | 1.9 | 7 | 8 | 1.2 |
| 125 | 5 | 2 | 7 | 8 | 1.4 |
| 150 | 6 | 2.1 | 7 | 11 | 1.4 |
| 180 | 7 | 2.2 | 7.5 | 14 | 1.4 |
| 200 | 8 | 2.4 | 7.5 | 16 | 1.4 |
| 250 | 10 | 2.6 | 7.5 | 18 | 1.4 |
| 300 | 12 | 2.8 | 7.5 | 22 | 1.4 |
| 350 | 14 | 2.8 | 7.5 | 24 | 1.4 |

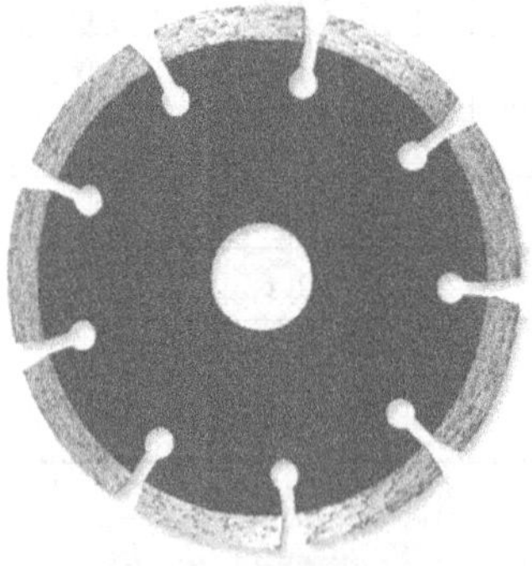

图 5－2　节块式锯片

### 5.2.3　涡轮锯片

这种锯片也是连续齿锯片，只是两侧齿面有许多凹槽，呈所谓涡轮形，所以称之涡轮锯片。只需在冷压模的上下压头表面加工呈涡轮形状，即可成型为涡轮锯片。由于这些凹槽，使锯片切割时，与被切材料的接触面积减少，功率消耗降低，便于通水排屑，冷却快，提高切割效率。可作为通用片用于瓷砖、大理石、花岗岩和建筑材料的切割，见图 5－3。

### 5.2.4　增强型涡轮锯片

增强型涡轮锯片与涡轮锯片的区别，在于它的基体被冲压呈波浪形状，以增强基体的刚度，可以用于强规程的切割，提高切割效率，而锯片不变形。除齿厚增加，其他结构与涡轮锯片无异，见图 5－4。

### 5.2.5　开槽片

开槽片可用于大理石、花岗岩、建筑材料和家庭装修工程的开槽和磨削。一般规格从 $\phi$105～250 mm，基体厚度 3 mm，刀头厚 6～7 mm。

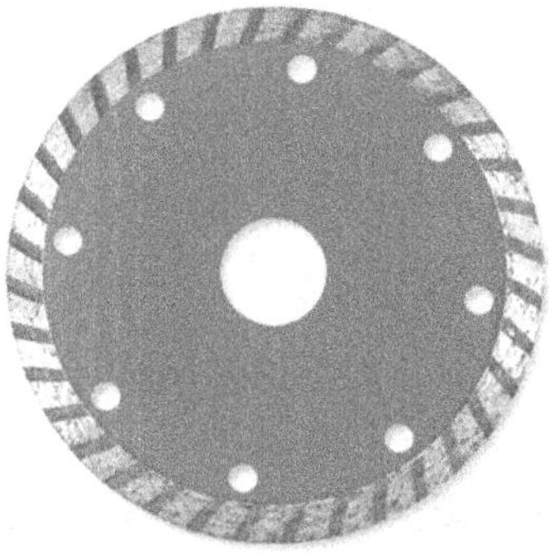

图 5-3 涡轮锯片

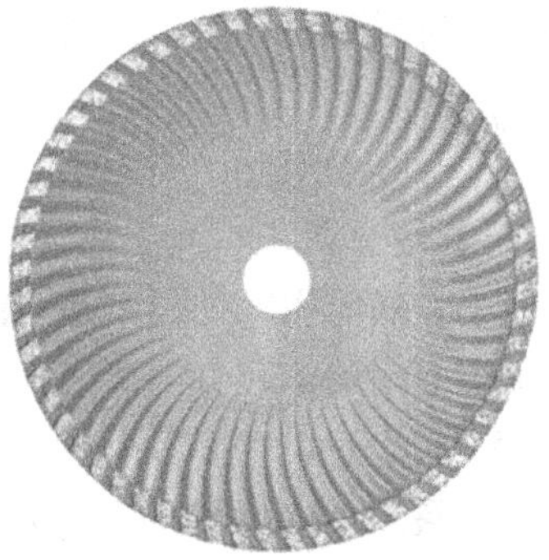

图 5-4 增强型涡轮锯片

5.2.5.1 护齿式锯片

护齿式锯片在涡轮锯片或增强涡轮锯片的基础上，沿圆周均匀分布几个向内伸长的护齿。护齿的作用，一则可适当切深；二则可以有小角度的拐弯，进行弧线切割；三则保护基体，延长锯片工作寿命。国内有关科研单位对该锯片做过有限元计算和对比试验。它不但适用于石材和建筑材料，更适用于生、熟混凝土以及沥青材料的切割。由于切割对象不同，应该有不同的刀头配方。锯片规格从 $\phi$105 ~ 350 mm。由于结构比较复杂，冷压模具和碳模都很复杂，成本高，主要用于出口，国内市场正处在推广使用阶段，见图 5-5。

图 5-5 护齿式金刚石锯片

5.2.5.2 其他

整体冷压烧结锯片还适于制成各种陶瓷切割片、玻璃切割片、单晶硅和 YAG 固体激光棒切割片以及特殊结构的切磨片等等，在此不一一枚举。

## 5.3 冷压模具设计

在整体冷压烧结锯片生产过程中，冷压工艺过程比较复杂。称料、倒粉、刮平、装压头、上压机加压、退模、拆模…。不容易实现自动化，至今未见有这种专门的冷压机上市，都是根据不同的锯片结构和规格，设计不同的冷压模具，在普通压力机上完成锯片的冷压工序。所以冷压模具设计的好坏,至关重要。业内同行发挥创新精神,几经改进,基本上统一在一种结构比较合理,操作简单,具有中国特点的锯片冷压模具上。

### 5.3.1　基体的设计

5.3.1.1　基体特点

(1) 一般小片基体用冷冲压制造,相对尺寸精度差。

(2) 为了给刀头胎体起骨架支撑作用,在基体的圆周要加工许多小齿。小齿两侧比基体厚度小 0.15 ~0.2 mm。

(3) 基体材料用 65Mn,也有用 45 号钢,所以基体硬度、刚度都不够。市场上提供的 65Mn 基体的硬度只有 15 ~20HRC。

(4) 批量大,价格便宜。现市场价 $\phi$105 mm 锯片基体,每片 0.6 元。

5.3.1.2　基体设计实例

(1) $\phi$105 mm 干切锯片基体

锯片规格:$\phi$105 mm ×1.9 mm ×7 mm,8 齿,孔 $\phi$22.23 mm

基体材料:65Mn,硬度:15 ~20HRC,基体厚度:1.2 mm,

基体尺寸见图 5 -6。

(2) 护齿锯片基体 $\phi$105 mm 花岗岩护齿锯片

规格:$\phi$105 mm ×1.9 mm ×8 mm,9 齿,孔 $\phi$22.2 mm,基体材料 65Mn,

硬度 15 ~20HRC,基体厚度 1.2 mm,基体尺寸见图 5 -7。

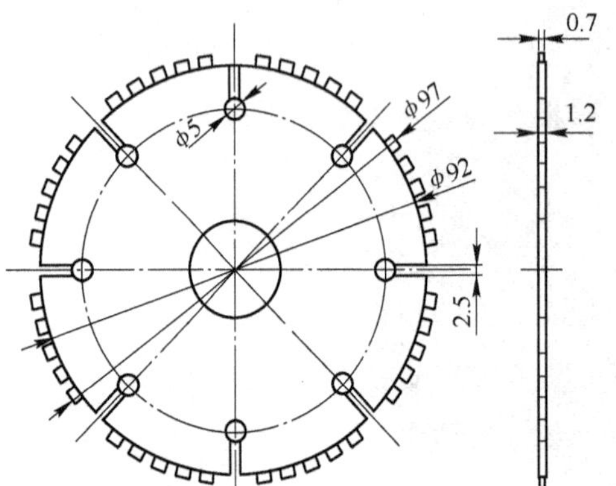


图 5 -6　$\phi$105 mm 干切锯片基体图

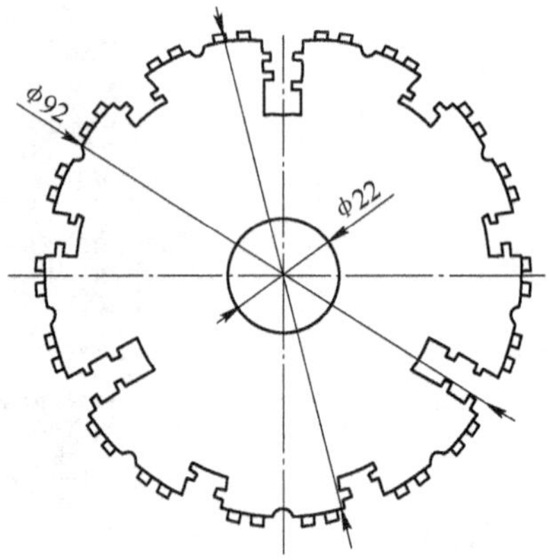


图 5 -7　$\phi$105 mm 护齿锯片基体图

### 5.3.2　冷压模具结构设计

(1) 连续齿锯片和涡轮锯片冷压模具见图 5 -8。

该模具结构简单实用,操作方便。一个工人操作一套模具,将模具安放在转盘上,便于旋转,均匀刮粉。根据齿厚调整垫圈 5 和开口垫环 2 的高度。根据经验,基体上下位置不是放在粉料松装容积的中间,而是距下压头 1 的顶面 2.5 ~3 mm,装粉后(一片混合料约为 26 ~28g)刮平,粉顶面接近阴模 3 表面 0.5 ~1 mm。这时装上压头 4,敲平,即可送到压力机进行加压。加压时,上下压头使粉末受双向压力,同时向中间压缩。由于摩擦力的不同,上

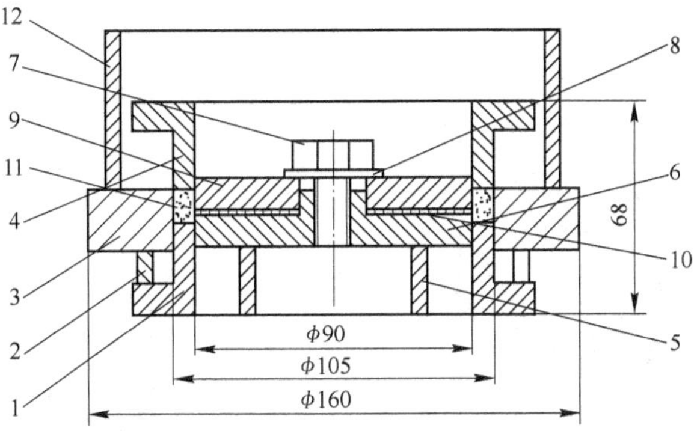


图 5－8　ϕ105 mm 连续齿锯片和涡轮锯片冷压模具

1—下压头；2—开口垫环；3—阴模；4—上压头；5—垫圈；6—下芯板；7—螺钉 M12；8—垫圈；9—上芯板；10—基体；11—梯形条；12—脱模套

压头的行程长，使得基体处于压坯的中间位置。脱模时，放上脱模套 12，将阴模 3 压下，即可取出锯片压坯。上下压头表面是平的，即为连续齿锯片；将其加工呈波纹齿状，上下凹凸对应，即为涡轮锯片。上压头、下压头与阴模和芯板的配合间隙保持 0.05～0.07 mm 为宜。间隙太小，不便操作，影响效率。间隙太大，跑粉料。模具材料一般采用 GCr15，淬火硬度为 58～62HRC。

（2）节块（刀头）式锯片冷压模具，该模具与上述不同的是沿圆周要加梯形条，上下压头也要相应用电火花线切割，加工若干梯形槽。装模时，梯形条插入下压头的梯形槽中，倒粉时，要注意均匀分配到各个齿槽中，否则造成刀头之间的密度不均，影响锯片质量。模具装配如图 5－9 所示，压头零件图见图 5－10。

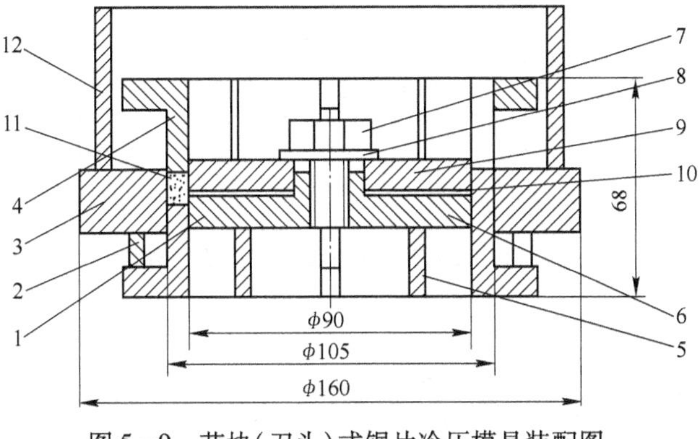


图 5－9　节块（刀头）式锯片冷压模具装配图

1—下压头；2—开口垫环；3—阴模；4—上压头；5—垫圈；6—下芯板；7—螺钉 M12；8—垫圈；9—上芯板；10—基体；11—梯形条；12—脱模套

### 5.3.3　护齿锯片冷压模具

护齿锯片冷压模具的结构比较复杂，上下压头内圆用线切割加工大小的护齿凸块。但是要注意配对的一副压头，它的护齿凸块和波纹方向相反，见图 5－11。芯板要切割相应的护齿槽，见图 5－12。与压头上的护齿凸块配合，这样才能压出带护齿的涡轮锯片压坯。其他各种复杂结构的锯片，如：切磨片、板形片和碗形磨盘等等均可设计成其他各种冷压模具。

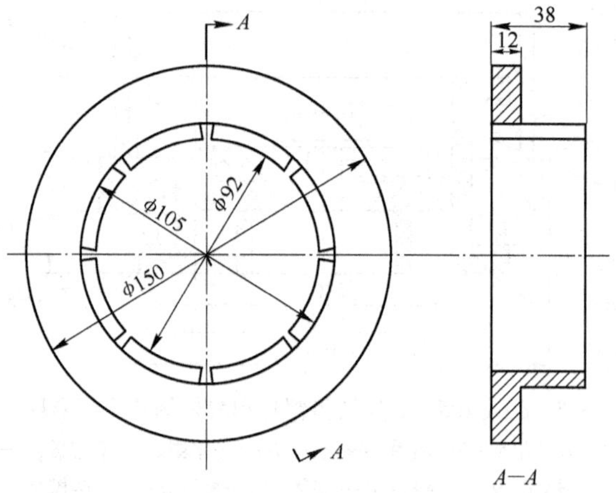


图 5 - 10　上压头零件图

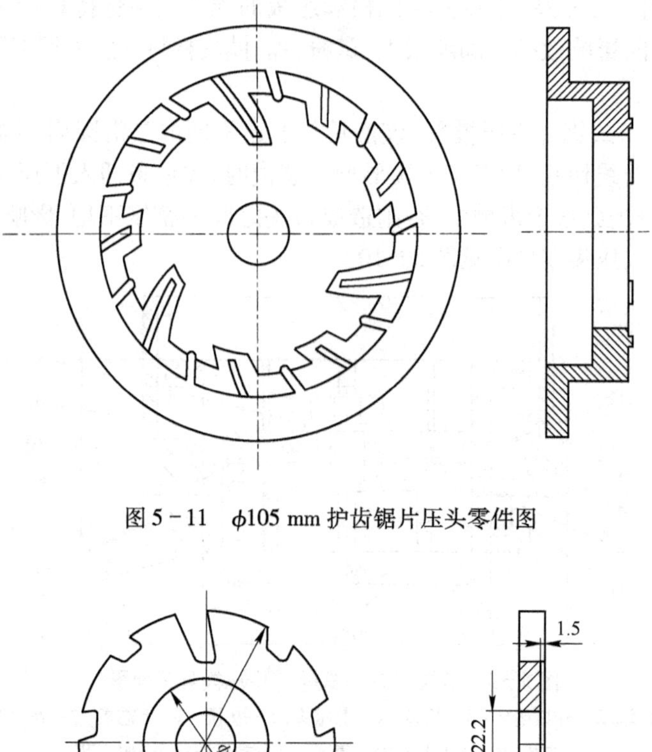

图 5 - 11　$\phi$105 mm 护齿锯片压头零件图

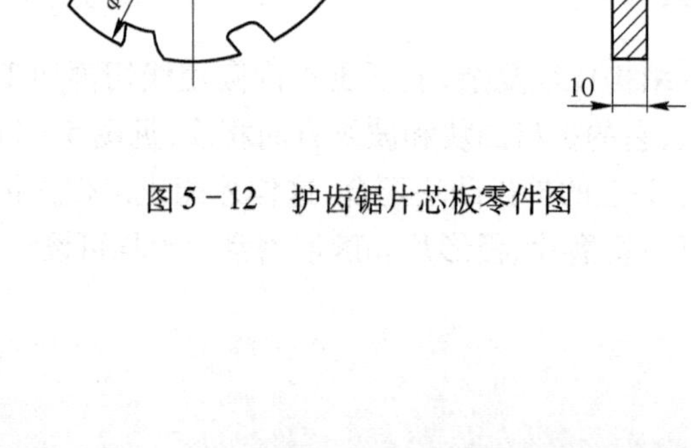


图 5 - 12　护齿锯片芯板零件图

## 5.4 石墨模具设计

井式炉烧结用石墨模具比较简单，呈圆盘形，内径比压坯外径大 0.05 ~0.1 mm，深度比压缩后的齿厚小 0.2 ~0.3 mm，底厚 2 ~3 mm，一片压坯装一个石墨模，连成一串，顶上加重物。由于压力不大，又有气氛保护，模具不易烧损。对于加工低档，结构简单的锯片，只用 2 ~3 mm 碳片隔开压坯，尺寸上不作限制。

钟罩炉和中频炉烧结可用石墨模具或不锈钢金属模具。石墨模具抗压强度比较低，一般是 35 ~65N/ $mm^2$。而采用金属模具，则可以加较大的压力，保证锯片达到 95% 以上的相对密度。但是，金属模具成本高，用于质量要求高，批量大的锯片生产。

## 5.5 生产工艺流程

混料→称料→倒料↘

基体清洗→装入模具→压制→脱模→整体烧结→检验→抛光—喷漆→开刃→包装入库

图 5 - 13 为郑州金海威科技公司为整体冷压烧结锯片生产工艺流程配置的生产线设备。

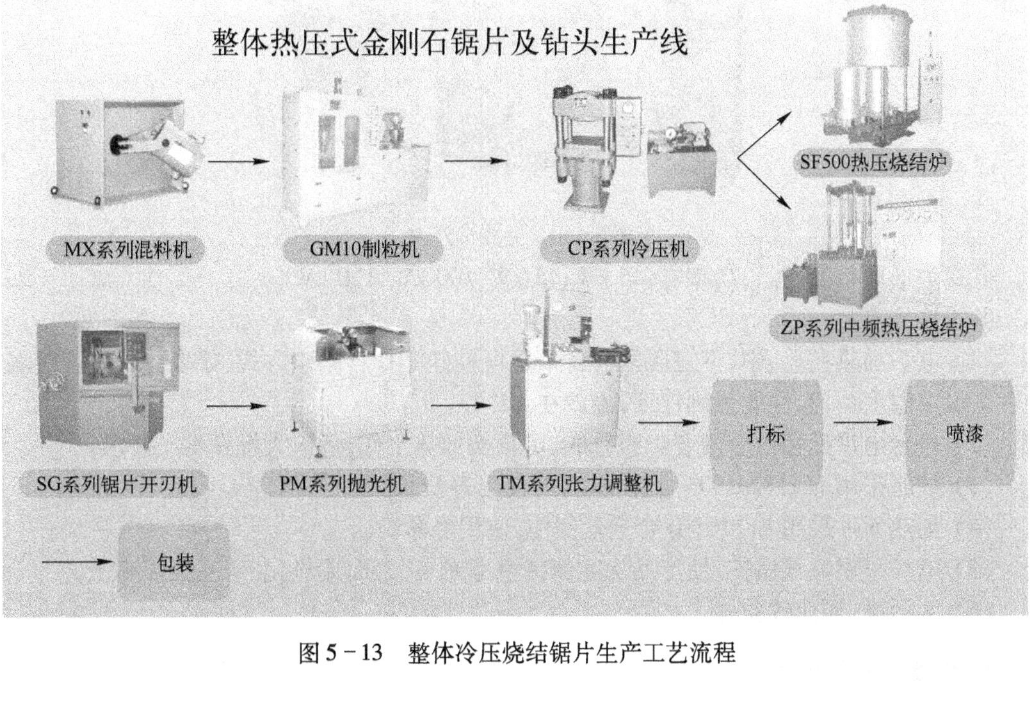


图 5 - 13 整体冷压烧结锯片生产工艺流程

工艺流程特点：

(1) 该工艺流程适合于锯片的大批量和劳动密集型生产。工艺过程比较复杂，人工操作工序多，不容易实现自动化生产。

(2) 冷压工艺过程，采用流水作业，有专人称料，专人装料、压制、脱模，专人清粉，检查压坯质量。

(3) 井式炉烧结锯片，一次可装 1000 多片，分三段加热，通入氨气保护气氛。由于不能加压，烧结时间比较长，每批约 6 ~8 h，对产品质量有一定影响。

(4) 由于三段加热，温度不均匀，可能产生锯片欠烧或过烧的现象，只适合生产低档的DIY产品，有待改进。提高炉内温度的均匀性，生产更高品质的锯片产品。

## 5.6 烧结炉设备及特点

### 5.6.1 井式烧结电阻炉

20世纪90年代后期，国内开始研制井式炉以取代箱式炉，生产效率大为提高，推广之后，使我国的金刚石锯片的产量获得大幅度的提高。井式炉结构见图5－14。井式炉的炉体安装在地面以下的坑内，锯片烧结是装在炉胆内进行的，炉胆内可通入保护气体，炉胆直径大，可多装小锯片，一般烧结锯片尺寸为 $\phi$105～350 mm，装锯片压坯时，中间隔一层石墨模具。装成一串，中间穿拉杆，并拧紧到底座上。全部装好后，炉胆盖上盖，密封好，用吊装机将炉胆吊起，放入炉膛内。

图5－14 井式炉外观

井式炉形成系列产品，功率有：45 kW，75 kW，100 kW，120 kW。

井式炉特点：

(1) 电炉加热在上、中、下三区段各自采用可控硅PID自整定方式，仪表为双显智能表，使各区设定温度均匀，性能得到保证，温差在 ±1 ℃。

(2) 每台电炉配套供应两套炉胆总成，可轮换加热工作，适应大批量生产要求。

(3) 炉胆采用1Cr18Ni19Ti合金钢制作，使用寿命长。

(4) 加热元件采用Cr20Ni80合金丝制作，使用寿命长。

(5) 电炉采用氢气保护，使产品均能保持色泽光亮，表面无氧化，产品报废率低。

(6) 无污染，环保效益好。

### 5.6.2 钟罩式烧结电阻炉

井式炉的烧结过程，不能对压坯进行加压，所以，胎体密度不高，靠粉末冷却后的收缩增加胎体密度是有限的，一般相对密度为80%～90%。钟罩炉可解决锯片压坯烧结过程中的加压问题。该设备主要由机架、炉体、液压站、控制柜和移动小车五部分组成。锯片压坯在底座上装好之后，用小车推进炉膛中央，由炉膛下面的油缸向上推进顶着上盖，周围密封好后即可按烧结工艺开始进入烧结工作，见图5－15。

#### 5.6.2.1 特点

(1) 具有加压性能，压坯在烧结过程中，得到稳定的加压，以达到必要的致密度，使锯片

图 5 - 15 SF500 型烧结机

质量得到显著提高。

(2) 采用三区段测温、控温以及计算机程序控制,彩屏显示工艺曲线,控温均匀稳定,精度高。

(3) 为了保证锯片成形尺寸、精度和波纹齿形的完整,一般采用高性能耐热不锈钢模具。这使整体冷压烧结锯片的质量跃上一个新的台阶,而且外观整洁、线条清晰,可达到欧美市场高性能专业锯片的水平。

(4) 可以通入保护气体,使烧结过程在保护气氛中进行。气体可以是氢气、氮气、氨气,甚至真空保护等。

5.6.2.2 进一步提高产品质量的几项措施

(1) 采用制粒工艺的优点:

1) 提高粉末流动性,便于倒粉,提高工作效率;

2) 金刚石分布均匀,有利于提高切割效率,性能稳定;

3) 粉末松装高度调整好之后,不用称料,直接往模具倒粉,刮平为止,省去一道工序和人工操作。

实际上目前在冷压工序的操作中,采用的是称量和容积法相结合的方法,称好一片粉料的质量,倒入模具,调整阴模上平面的高度,使之与装粉高度一致,然后开始锯片的冷压工序操作。而由于未经制粒的粉料,其同体积的质量误差很大,可达 5% ~8%,所以,按称量的粉料有时过甚,有时则不足,因而造成锯片的厚度不均和密度不一致。尤其是刀头式的锯片,各齿之间的质量误差更大,可达 0.5 ~0.9g,这样的锯片质量显然不佳。只有采用制粒工艺获得的粉料才可减少同体积之间的质量误差。

(2) 改进钟罩炉的加压机构。锯片压坯处在炉膛内的压头之间,上下压头的不平行度造成压坯的受力不均,以致密度不均,而影响锯片的质量。锯片压坯直径小,围炉膛圆周的串数越多,压力越不均。应该设计压力补偿装置,使每一串的压坯受力均等。

(3) 进一步提高计算机程序控制能力,保证烧结工艺的稳定性,加强保护和减少人为失误。

(4) 改进密封装置,提高真空度,充分利用保护气氛的最佳效果。

5.6.2.3 钟罩炉性能参数

钟罩炉性能的参数如表5－3所示。

**表5－3 国内外钟罩炉主要技术参数**

| 型号 | JRL－02 | RYL63－50 | SF－500 | ZBRY－2 | DL系列 | CSF－500 |
|---|---|---|---|---|---|---|
| 功率/kW | 50 | 50 | 5+4 | 25 | 35,45,75 | 24/33 |
| 炉膛尺寸/mm×mm | $\phi$450×650 | $\phi$500×600 | $\phi$500×600 | $\phi$255×720 | $\phi$400×450 | $\phi$500×660 |
| 锯片尺寸/mm | $\phi$105～350 | $\phi$105～400 | $\phi$105～400 | $\phi$105～180 | $\phi$105～350 | $\phi$105～350 |
| 最高温度/℃ | 1000 | 1000 | 1200 | 1200 | 950 | 1200 |
| 温度控制精度/℃ | ±3 | ±3 | ±2 | | ±2 | ±2 |
| 最大压力/kN | 800,1000 | 630 | 700/1000 | 120 | 1000 | 700/1000 |
| 保护气氛 | $H_2/N_2$ | $N_2$ | $H_2/N_2$ | $H_2$ | $H_2$ | $H_2/N_2$ |
| 外廓尺寸 | 2700 mm×1350 mm×3700 mm | | 3300 mm×1700 mm×4250 mm | $\phi$900 mm×2500 mm | $\phi$1500 mm×200 mm | 3300 mm×1700 mm×4250 mm |
| 质量/t | 6.2 | | 6 | | | 3 |
| 生产厂 | 郑州机械所 | 郑州磨料磨具磨削研究所 | 郑州金海威科技公司 | 燕山大学 | 丹阳市宏皓等电炉公司 | 韩国DIEX公司 |

## 5.6.3 中频感应炉

中频感应炉是利用可控硅中频电源的感应加热，采用100～2500kN的液压油缸加压。加热原理是将装好锯片压坯的石墨模或不锈钢模放入感应线圈内，感应线圈通电产生集肤效应而使线圈发热。所谓集肤效应，就是当交流电流流过线圈导体时，会在导体中产生感应电流，从而导致电流向导体表面扩散，即线圈导体表面的电流密度大于中心的电流密度，无形中减少导体的导电截面，增加了导体的交流电阻，损耗增大，线圈加热升温。利用中频炉烧结锯片，升温速度快，烧结时间短，温度均衡，胎体合金反应完全，致密度高，偏析少，工作可靠。尤其采用不锈钢模，可以烧结高性能的涡轮片和护齿涡轮锯片。但是，每次烧结的锯片数量有限，只能装一串，且需锯片直径小于$\phi$230 mm。目前有不少锯片厂使用。如郑州金海威科技公司为市场提供ZP型中频感应烧结机，介绍如下：

5.6.3.1 性能特点

(1) 烧结速度快，效率高，模具投入小。

(2) 采用智能化PID温控调节仪，对电源进行闭环控制，控温精度高。

(3) 自动控制烧结温度、压力和烧结时间。

(4) 计算机存储32/120组工艺，每组工艺可设置15段温度，压力曲线。

(5) 具有故障自诊断功能。

(6) 彩色液晶显示屏，实时显示曲线。

(7) 可通保护气体。

5.6.3.2 主要技术参数

ZP型中频感应烧结机技术参数如表5－4所示。

表 5-4 ZP 型中频感应烧结机技术参数

| 型 号 | ZP100 | ZP160 |
|---|---|---|
| 电 源 | 380V,50Hz,三相 | 380V,50Hz,三相 |
| 功率/kW | 100 | 160 |
| 振荡频率/Hz | 800~3000 | 800~3000 |
| 最大压力/kN | 200 | 300 |
| 最高温度/℃ | 1200 | 1200 |
| 工件直径/mm | $\phi$150 以下 | $\phi$230 以下 |
| 外形尺寸/mm×mm×mm | 900×900×2491 | 900×900×2491 |
| 质量/kg | 约 1000 | 约 1000 |

## 5.7 整体冷压烧结锯片的胎体配方与烧结工艺

### 5.7.1 胎体配方特点

(1) 整体冷压烧结锯片大多价位较低,批量大的小直径 DIY 锯片,要求切割效率高,锋利,但对工作寿命要求较低。所以采用铜基、铁基,少钴甚至无钴的低价粉末配方。最好由专业粉体生产厂家批量提供,既免去配料、混料的繁琐工序,又可保证产品质量的稳定。

(2) 要求配方有较好的压制性能,成形性要好,压坯具有一定的强度,装模,移送过程不致破损,也就是要求粉末的流动性好。这与采用的金属粉末的性能、粒度、形状有关,如细颗粒,形状复杂的,树枝状的粉末成形性好,电解铜粉比雾化铜粉的成形性好,因为前者是树枝状,后者是球状的不易成形。所以必要时,加适量的成形剂。

(3) 胎体在烧结冷却后,有较高的收缩率。尤其在井式炉无压烧结的情况下,锯片胎体主要靠收缩达到一定的致密度。

(4) 为了降低烧结温度,增加粉末烧结过程的流动性,在配方中 Sn 和 Zn 的比例适当增加。

(5) 要求粉末烧结后,对基体有较好的黏结性。冷压片基体外缘伸入到胎体中,通过烧结与胎体形成牢固的黏结,具有一定强度,在切割工作中不致掉齿。

### 5.7.2 进一步提高锯片性能的有效措施

随着我国金刚石质量的不断提高、钟罩炉等烧结设备性能的改进以及冶金粉末质量和性能的提高,整体冷压烧结锯片根据自身的特点,开始向中高档锯片方向发展。他们克服了原来只求锯片的锋利度,而忽视工作寿命的做法,加强锯片胎体配方和烧结工艺的研究,使锯片质量得到提升,进一步加强国际市场的竞争能力。

#### 5.7.2.1 高品质和粗颗粒国产人造金刚石的采用

过去曾经由于无序的恶性竞争互相压价,只能选用最低价的 RVD 系列金刚石,由此制造出来的锯片产品只能是低档的 DIY 产品。现在由于金刚石的降价,可以选用 MBD 甚至 SMD 系列的金刚石。厂家有条件根据锯片的生产成本和售价选择相应品质的金刚石,加上设备性能的改进和生产工艺水平的提高,完全可以生产既有锋利度,工作寿命又长的适于专业用的中档锯片产品。

在一定条件下，金刚石浓度对锯片性能的影响是按照浓度由低到高的顺序，锯片的锋利度和切割效率逐渐下降，而工作寿命逐渐增长。国外锯片普遍采用低浓度，粗颗粒金刚石，所以切割效率高。以前国内由于30/40以粗金刚石质量不过关，不得已，采用高浓度，细颗粒的配方制造锯片。据了解，现在粗粒度，高强度金刚石已经过关，SMD25系列的30/40以粗金刚石均有供应，价格比进口的便宜，各厂家根据需要可以大胆使用。

5.7.2.2　金刚石表面金属化处理

目前，采用对金刚石进行表面金属化处理的方法来提高超硬材料工具的整体性能，是工具制造上的一次技术飞跃。在一些高档产品中，如绳锯、激光锯片等，已经得到广泛应用，并取得明显效果。以往人们认为，只有高品质的金刚石进行表面处理才有意义，因为只有包镶性能好，高品质的金刚石才能充分发挥作用。其实不然，金刚石的金属化处理是一个化学-物理过程。在该过程中，镀层的活性金属细粒，在毛细管力的作用下，有可能填补金刚石表面存在的微裂纹缺陷，将应力集中产生的微裂纹充满了金属细粒，使镀层金刚石的强度得到提高。目前，真空蒸发镀覆技术发展和应用趋于成熟，采用镀Ti的强碳化金属元素，使金刚石表面形成TiC，在烧结时对金刚石形成保护，免受铁、镍等石墨化元素的侵蚀。保证与胎体有较高的结合强度，出刃值高，锋利度好。而且制作成本低，效果好，许多厂家乐于采用。

5.7.2.3　批量使用预合金代钴粉末，并添加适量稀土元素

研究应用预合金代钴粉末是超硬材料工具制造的发展趋势，国内外都有相关的粉末产品面市。如法国的NEXT100、200、300系列粉末、比利时UMICORE公司的COBALITE系列粉末和德国DR. FRITCSH公司提供的多种粉末，以及国内有关粉体公司生产的预合金代钴粉末。这些粉末有着优良的物理力学性能，对金刚石把持力高，烧结温度低，成分均匀，工艺性好，烧结密度和硬度均高于同类普通混合的胎体粉末。见图5－16。国产粉末价位低，质量稳定，国内大多数厂家采用的是铁铜基胎体配方，由于铜粉价位的不断攀升，使用铜粉的比例越来越少。为了保证锯片的产品质量，又不增加制造成本，采用预合金粉末是解决问题的重要途径。要知道，冷压片胎体靠的是对金刚石的机械包镶能力，而机械包镶能力则来源于冷却收缩胎体的压应力，而压应力大小与胎体的弹性模量有关。铁基预合金粉可以有较大的弹性模量，有利于增强对金刚石的机械包镶，如图5－17所示。铁基粉末胎体的缺陷是粉末中的单一铁元素对温度比较敏感，过高的烧结温度（超过850 ℃侵蚀更严重）会对金刚石造成侵蚀 。而铁基预合金粉末烧结温度相对较低，为720～830 ℃ 。其中的铁元素是以合

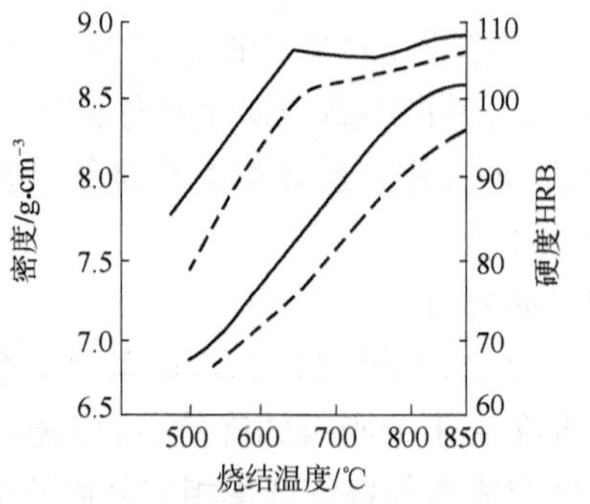


图5－16　烧结曲线比较图
—— 一预合金粉末；－－－－普通粉末

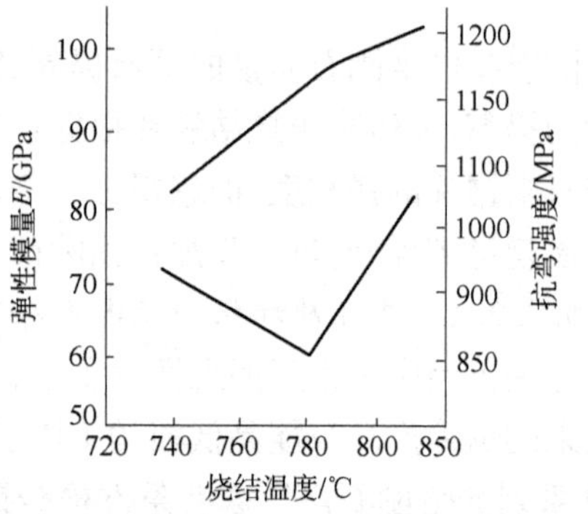


图5－17　某一预合金粉末烧结温度与弹性模量的关系

金相状态存在,不会对金刚石造成侵蚀。

5.7.2.4 采用制粒工艺

目前,冷压片生产过程中冷压工序的装粉,已经是容积式的装粉过程。冷压模的阴模上平面必须调整到与松装粉末的上平面持平。尤其对于非连续齿锯片,更是要求严格持平,否则,倒粉后,无法刮平。既然如此,完全可以不用称量,只要把粉料将模腔倒满,刮平即可。可是,这种模式的操作过程,使用未经制粒的粉料,其同体积的质量误差较大。也就是说,同一锯片中,各个齿之间的质量误差可达到 15%,从而造成锯片烧结后,各齿之间的密度不同,影响锯片性能的不稳定。应用和推广制粒工艺则是解决这个问题的有效途径。而且制粒工艺会带来粉末流动性好,具有易于倒粉和金刚石分布均匀的优点,这将使冷压锯片的整体性能得到进一步的提升。

## 5.7.3 烧结工艺特点

(1) 井式炉或钟罩炉的烧结加温均采用三区段不同温度的加温方式。温度设定为下区 750 ~780 ℃,中区 800 ~820 ℃,上区 850 ~880 ℃。中区的设定温度为锯片需要的烧结温度,上区接近炉口,容易散热,设定温度略为高些。由于温度设定的不妥当,会造成锯片的欠烧或过烧。

(2) 由于炉体容积大,加热元件电阻丝与锯片之间还隔着耐热钢炉胆,为保证炉胆内上下温度均匀,加热升温缓慢,一般需要 5 ~7 h。加热时间长既影响产品质量,也不利于提高生产效率。故而制造厂家采取措施,取消炉胆或更换炉胆材料,选用导热性能好,耐热的非金属材料制做炉胆,使烧结时间减少到 1 ~2 h。

(3) 上述三种烧结炉,在烧结过程中均可通入保护气体,如氢气或氨气。这对金刚石和胎体、钢模或石墨模、基体都有良好的保护作用。未加热前,先通入氢气数分钟,把炉胆内的空气赶出,然后才开始加热。加温到 300 ℃以上适当加大氢气的通气量。烧结完成,待炉内温度冷却至 200 ℃以下,关闭保护气体。

## 5.7.4 烧结工艺曲线

烧结工艺曲线是反映锯片在烧结过程中温度随时间变化的相应关系曲线。一般由升温、保温和冷却三部分组成,在烧结炉和气氛不变的情况下,烧结曲线则是锯片最终性能的决定因素,改变烧结曲线锯片性能也会随之变化。因此,对于各种不同规格、不同性能的锯片,其烧结工艺曲线必须通过试验后确定下来,并储存于电脑。设计烧结曲线则根据锯片的胎体性能、规格和数量设计不同的温度-时间和压力-时间曲线,在烧结过程中该工艺曲线可以在显示屏上在线显示,而且有储存功能,便于翻查。典型的烧结工艺曲线如图 5 - 18 所示。由图可知该烧结过程分为三个阶段:

(1) 在升温阶段,开始加压,粉末密度变大。当低熔点金属熔化时,出现液相,使粉末流动、扩散,孔隙度减少,胎体致密度加大。

(2) 在保温保压烧结阶段,由于温度升高,原子扩散速度加快,胎体的密度、强度和硬度均可达到性能要求。

(3) 冷却降温阶段,待冷却至 500 ℃以下,打开炉膛,吊出炉胆。

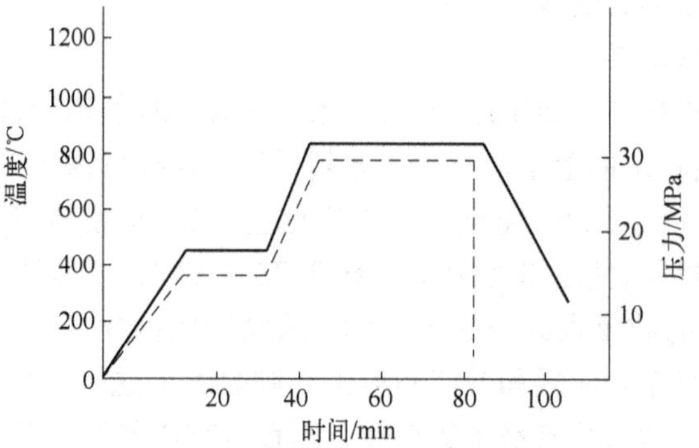


图 5-18　烧结工艺曲线

## 5.8　锯片开刃抛光工艺及设备

整体冷压烧结锯片大多数为手持型，规格尺寸小于 $\phi$300 mm，一定要开刃，让金刚石出露，可非常锋利地切割各种材料，使操作者省力。一般的开刃机均要用水冷却和冲走粉末灰尘，因此要配置密封箱，每次开刃之后要开关封闭门，更换锯片，操作繁琐，生产效率低。目前国内生产厂家多采用二手万能工具磨床改装。一台专门磨“侧刃”，另一台专门磨“外刃”，一次装卡几十片，生产效率高，一个工人，台班生产约 600 ~ 700 片，如图 4 - 17 所示。如上所述，国产开刃机种类颇多，适用于小规格冷压片的有郑州磨料磨具磨削研究所生产的 JJ230C 型修整开刃机，开刃范围：$\phi$105 ~ 230 mm，可开两侧面，磨头自动摆动；另一台是 JJ230D 型修整开刃机，开刃范围：$\phi$105 ~ 230 mm，可开外圆周面，主轴自动摆动，开刃效率高。还有郑州金海威科技实业公司生产的 SG600 型开刃机，装有三个磨头，一次装卡可完成整个锯片的开刃。可开刃锯片直径从 $\phi$150 ~ 600 mm。

## 5.9　冷压片的质量检测

冷压锯片生产批量大，效率高，但是总会产生一些次品和废品。所以必须严格按质量标准要求进行检测和把关。各生产厂家都十分重视质量检测工作，因为这些锯片大多数是出口产品。由于锯片质量问题，造成人身伤害，不但声誉受到影响，在经济赔偿上，也损失惨重。这种教训，已经有过几次。因此，所有产品必须根据国家标准 GB/T 11270—2002《超硬磨料制品金刚石圆锯片》和欧洲安全标准 EN13236. 2001 的要求进行检测。一般按下列程序进行：

（1）质检人员对锯片出炉后，根据锯片的声音进行初步的检查。声音清脆、无沉闷的声音则基本上判断锯片已经烧透，没有大的裂纹。反之，则挑出来，另行处理；

（2）抽样检测锯片的尺寸精度和刀头对称度；

（3）使用扭力扳手或专用锯齿结合强度测定仪对抽样样品进行检测；

（4）在锯片切割试验台上进行锯片样品的切割试验。取得切割效率、工作寿命等有关数据，有助于判断该批产品是否符合性能要求。

郑州磨料磨具磨削研究所最近研制一台 ZMC - B 型金刚石锯片结合强度测定仪，性能先进，操作方便，其采用计算机控制，控制过程采用图形和数字显示，具有自动加压、采集压力值、自动卸压等功能,加压过程的压力值和最大压力值以图形方式显示在计算机屏幕上,实现操作过程的自动化。该系统还设置了强大的数据查询功能,可根据报告编号、样品名称、生产单位、检验类型、送样人、送样日期等进行查询。设备性能稳定,测试数据准确可靠,如图 5-19 所示。

图 5-19　ZMC-B 型锯齿结合强度测定仪

主要技术参数:
锯片直径:$\phi$100~350 mm
最大压力:500 N(50kgf)
功率:1 kW
电源:220 V,50 Hz
加压速度:3 mm/s
力臂长度:100 mm
外廓尺寸:500 mm×350 mm×300 mm
整机质量:150 kg

# 6 焊接金刚石薄壁工程钻头

## 6.1 概况

超硬材料工具中的金刚石钻头，种类繁多。按用途分，有地质勘探用厚壁取芯钻头；钻进油（气）井用大直径全面钻头和取芯钻头；建筑及施工用薄壁工程钻头；其他钻玻璃等非金属材料专用钻头等等。按制造方法分，又可分为中频热压烧结钻头、电镀钻头和钻齿焊接钻头。本章介绍的是焊接金刚石薄壁工程钻头。该钻头广泛用于建筑工程行业，用于楼房的管道铺设、设备安装、通风排气以及高速公路的质检取芯等行业。近年来，随着民用高层建筑的持续兴起和豪华建筑工程装修标准的不断提高以及旧房改造等对薄壁工程钻头的需求量和品种规格及质量的要求不断提高。据有关资料报道，工业发达国家在建筑工程行业中，以薄壁钻头为主的金刚石工具的施工费用约占总投资的2%，在旧房改造中占4%，其中工具费用占25%。我国计划在今后十年中，每年新增住房建筑面积约1亿$m^2$，投资近千亿元。如按2%计算，每年钻头等工具的施工费用达20亿元，则每年以薄壁钻头为主的金刚石工具消耗费用为5亿元，若再加上旧房改造、装修工程，打空调孔以及公路桥梁等各种混凝土工程的薄壁钻头使用，其数量更为可观。还有奥运场馆建设和2010年的上海世博会场馆建设，可以预见，薄壁钻头在我国建筑工程行业中的应用将更加广泛，市场前景更加看好。

目前，我国薄壁钻头生产技术方法仍以钻齿烧结和高频钎焊为主。尤其是钻齿焊接，绝大多数是手工操作，至今没有一台成熟可靠的钻头专用焊接设备。因此，钻头产品质量不稳定，生产效率低，工作寿命短，经常发生掉齿现象，严重影响工程进度。而且在打孔施工中必须用水冲洗，冷却钻头，不能干钻，使得施工条件受到很大限制。国内生产薄壁钻头的厂家很多，多数尚不成规模，更没形成专业的生产线，也就是说薄壁钻头生产技术和产品性能均不能满足国民经济发展的需要。

采用激光焊接技术制造各种薄壁钻头是解决上述问题行之有效的先进技术。激光焊接薄壁钻头的显著优点是钻齿焊接强度高，不掉齿，可以用于干钻。并且可以在现代化的激光焊接设备上进行快速自动化焊接，生产效率高，便于实现规模化生产。所以激光焊接钻头比现有的高频钎焊钻头有着不可比拟的优点，它在金刚石工具领域中的成功应用和全面推广，必将取得革命性的技术突破，最终取代现有的高频钎焊钻头，实现金刚石工具的又一次飞跃。因此，本书仅介绍高频焊接和激光焊接制造薄壁工程钻头的方法。

取代高频焊接钻头，不是简单地把高频焊接改为激光焊接就行了，而是应该充分发挥激光焊接的特点，在钻齿结构等方面大胆创新，制造出各种高性能、高寿命的长效钻头，推向全国，推向国际市场，打造金刚石工具出口的又一新天地。事实上，就最近两年，由于激光焊接薄壁工程钻头国外订单不断,数量剧增,促进行业向更高层次发展。桂林矿产地质研究院一台钻头激光焊机生产繁忙,月产激光钻头2000~3000个。华昌、博深等大公司,各引进两台DR. FRITSCH公司的钻头激光焊机仍无法满足钻头出口的需求,月产钻头超过5000个,据超硬材料分会统计2007年1~6月全国金刚石钻头的产量达到47.4万只,增长率达到41.6%。中国成了又一个国际激光焊接钻头生产基地。

### 6.1.1 国外技术状况

20世纪90年代初,欧美工业发达国家的薄壁工程钻头产品仍是以高频焊接钻头为主,至今还有生产这种钻头的设备出售,例如,德国飞羽公司就有BLM型全自动钻头高频焊机产品向国际市场推销。90年代后期,激光焊接技术在金刚石薄壁工程钻头的制造中得到应用。德国飞羽公司,最先推出钻头激光焊接设备。经改进于2001年开始生产BSM220型钻头自动激光焊接机,该机自动化程度高,只需手工将钢管放进卡盘内,其他操作由CNC控制完成,但价格昂贵。意大利雅嘉公司(ARGA)和韩国DIEX公司也有相应的设备产品。韩国DIEX公司生产CLWB10型钻头激光焊机也有几年,除中国使用外还远销到美国等地。该机可实现半自动控制,造价稍低,一些功能还有待改进。

近年来激光焊接薄壁钻头的发展非常快,欧美一些原来生产高频焊接钻头的厂家,均改为生产激光焊接钻头。如德国法兰克福的PROFI TECH DIAMANT公司,是专门生产混凝土工程用的金刚石锯片和各种薄壁钻头的公司,现也生产激光焊接钻头,美国“MK DIAMOND PRODUCTS. IN”公司,除了激光锯片之外,近年来对激光焊接钻头进行大量的研制工作,开发出许多具有激光特色的产品,并在钻头上标明“Laser Welded”标记,这些钻头产品包括Wet Core Bits(湿钻岩芯钻头),Turbo Core Bits(波纹齿岩心钻头),Crown Bits(环齿钻头),Masonry Core Bits(干钻岩心钻头),还有装在手持钻机上用于干钻砖墙或水泥块的短钻头。上述情况表明,欧美国家激光焊接薄壁钻头已经大部分取代过去的高频钎焊钻头,并在建筑工程等各领域获得广泛应用。

### 6.1.2 国内技术现状

20世纪90年代中期,随着我国国民经济的飞速发展,尤其是房地产热的持续兴起以及高速公路等工程施工的需求,金刚石薄壁工程钻头也有了比较大的发展。单是上海地区就有几十家钻头厂,还有专门生产供应加工好的钻头钢体厂家。石家庄博深工具公司开始建立较大规模的钻头生产线,开始生产高频焊接钻头并逐渐发展到生产激光焊接钻头。据不完全统计,2005年国内薄壁工程钻头产量接近100万个,以“博深”为主的河北省,年产钻头25万个。从2003年开始个别厂家开始考虑钻头激光焊接机的结构方案。用一台激光器控制品字形的三台焊接机中有一台用于焊接钻头,目前已经有产品出售,但问题较多,机型不成熟。而激光焊接薄壁钻头的研制工作,在这几年国内的《激光技术》、《新技术新工艺》和《金刚石与磨料磨具工程》等杂志上均有报道。桂林矿产地质研究院等一些单位都进行过该项目的研究和实验工作。石家庄博深工具公司于2001年引进德国DR. FRISTCH公司的BSM220型钻头激光焊接机2台;丹阳华昌钻石工具公司相继也引进两台DR. FRISTCH公司的钻头激光焊机,均已批量生产,批量出口。桂林特邦新材料有限公司于2003年从韩国

DIEX 公司引进 CLWB10 型钻头激光焊接机 1 台并投入批量生产，钻头产品出口美国、日本、西班牙等国，如图 6－1 所示。但是从总体上看目前国内的工程薄壁钻头市场仍是以高频钎焊钻头为主导产品。钻头结构有长筒式和三节头式两种，钻头寿命一般在 20 m 左右。相应的激光钻头则以出口为主，在国内的销售价格只能比高频焊接钻头高出 10～20 元/个，否则难以推销，市场不接受。这就是为什么激光焊接钻头不能得到迅速推广的原因之一。因激光焊接设备较贵，一次性投资大，相对制造成本高，如果没有什么特点，仅仅是把高频钎焊改为激光焊的单一做法显然缺乏竞争力。目前国内市场已经有一些激光焊接钻头销售，但并没有受到用户的青睐，就是这个原因。

图 6－1　桂林特邦新材料公司生产的激光焊钻头产品

### 6.1.3　高频焊接与激光焊接钻头特点浅析

6.1.3.1　高频焊接钻头特点

（1）设备投资小，制造成本低，制造工艺简单。

（2）钻齿结合强度低，容易掉齿。

（3）不能“干钻”，温度超过 600 ℃，焊缝熔化即掉齿，钻孔时需用水冷却。

6.1.3.2　激光焊接钻头特点

（1）焊接强度高，不掉齿，可用于干钻（无水钻进）。这是激光焊接的最大优势，激光焊的焊缝抗拉强度超过 600 $N/mm^2$，最大可达 1800 $N/mm^2$，而且耐高温，可以干钻施工。

（2）配备专用的薄壁钻头激光焊机，实现自动化或半自动化生产，生产效率高，比手工高频焊接钻头提高生产效率 10～15 倍，适于大批量规模化生产。

（3）激光焊接时，激光产生瞬时高温，快速冷却，热影响区小，钢体不变形，但对钢体尺寸公差和形位公差要求较高。如钢管焊接端的径向跳动应小于 0.1 mm，否则影响焊接质量。对钻齿烧结后的厚度误差要求 ±0.15 mm，以保证钻齿夹具的装夹精度。由此整个薄壁钻头的制造质量大大提高。

（4）由于焊接强度高，有条件进一步减小钢管厚度，减小钻齿厚度，增加钻齿高度，从而提高钻进效率，成倍的增加工作寿命，大幅度的提升薄壁钻头的综合性能。

### 6.1.4　应尽快制订金刚石薄壁工程钻头国家标准

目前，国内薄壁钻头规格很不统一，行业主管部门应尽快制订激光薄壁钻头国家标准，统一钻头规格，统一钻头结构尺寸，尽量与国际通用的规格接轨，以利于参与国际市场竞争。

有了统一的钻头规格，就可以联系几家钢管厂进行钢管的大批量冷拔加工，提高钢管的尺寸精度。尽量做到出厂后，内外径不再加工。保证形位公差（包括钢管的直线度、圆度和内外圆的同轴度）在允许范围内，这样就能解决目前钢管（钻头基体）机械加工过程中的许多麻烦。管材质量有保证，大大节省加工成本，有利于规模化生产。现将桂林特邦新材料公司企业标准中的金刚石薄壁工程钻头规格列于表6-1和表6-2中，供参考。

**表6-1 整体式薄壁工程钻头规格尺寸** (mm)

| 规格 | 钻头外径 $D$ | | 齿数 | 钻齿厚度 | 钻齿长度 | 钻齿高度 | 水口宽度 | 钻头有效长度 | 螺纹规格 |
|---|---|---|---|---|---|---|---|---|---|
| | 基本尺寸 | 极限偏差 | | | | | | | |
| 22 | 22.5 | $\pm^{0.30}_{0.20}$ | 3 | $3.5\pm^{0.2}_{0.1}$ | 13 | 8 | $B\pm0.5$ | $L\pm2$ | $\frac{1}{2}$ in -20unf M22 锥 M33 T32 $1\frac{1}{4}$ in -11 |
| 25 | 25.5 | | 3 | | 16 | 10 | | | |
| 28 | 28.5 | | 3 | | 16 | 10 | | | |
| 32 | 32 | | 4 | | 16 | 12 | | | |
| 38 | 38 | | 4 | | 20 | | | | |
| 42 | 42 | | 4 | | 24 | | | | |
| 47 | 47 | | 4 | | 24 | | | | |
| 52 | 52 | | 5 | | 24 | | | | |
| 57 | 57 | | 5 | | 24 | 8.5 | | | |
| 63 | 63 | | 8 | $3.7\pm^{0.20}_{0.10}$ | 18 | | | | |
| 76 | 76 | $\pm^{0.35}_{0.25}$ | 9 | | 18 | 10 | $B\pm1.2$ | | |
| 82 | 82 | | 9 | | 18 | | | | |
| 90 | 90 | | 9 | $3.9\pm^{0.20}_{0.10}$ | 20 | 12 | | | |
| 101 | 101.5 | | 9 | | 20 | | | | |
| 108 | 108 | | 10 | | 20 | | | | |
| 120 | 120 | $\pm^{0.40}_{0.30}$ | 11 | $4.4\pm^{0.20}_{0.10}$ | 20 | | | | |
| 132 | 132 | | 12 | | 20 | | | | |
| 160 | 160 | | 12 | | 20 | | | | |
| 180 | 180 | | 13 | $4.6\pm^{0.20}_{0.10}$ | 24 | 10 | | $L\pm2$ | |
| 200 | 200 | | 14 | | 24 | 12 | | | |
| 229 | 229 | | 15 | 5 | 24 | | | | |
| 254 | 254 | | 16 | 5 | 24 | | | | |
| 305 | 305 | | 17 | 5.5 | 24 | | | | |
| 356 | 356 | | 18 | 5.5 | 24 | | | | |

表 6－2　分体式薄壁钻头规格尺寸　(mm)

| 规格 | 钻头外径 D 基本尺寸 | 钻头外径 D 极限偏差 | 齿数 | 钻齿厚度 | 钻齿长度 | 钻齿高度 | 水口宽度 | 钻头有效长度 | 螺纹规格 |
|---|---|---|---|---|---|---|---|---|---|
| 22 | 22 | +0.30<br>−0.20 | 3 | $3.8\pm^{0.20}_{0.10}$ | 13 | 7.5<br>10<br>12 | $B\pm0.5$ | $L\pm2$ | M22 锥<br>M33<br>T32<br>M27<br>M41 × 3.5<br>T27<br>$1\frac{1}{4}$ in Tunc |
| 28 | 28 | | 3 | | 16 | | | | |
| 32 | 32 | | 4 | | 16 | | | | |
| 38 | 38 | | 4 | | 20 | | | | |
| 42 | 42 | | 4 | | 24 | | | | |
| 47 | 47 | | 4 | | 24 | | | | |
| 52 | 52 | | 5 | | 24 | | | | |
| 57 | 56.5 | | 5 | | 24 | 8.5<br>10<br>12 | | | |
| 63 | 63.5 | | 8 | $4.0\pm^{0.20}_{0.10}$ | 18 | | | | |
| 76 | 76.5 | +0.35<br>−0.25 | 9 | | 18 | | $B\pm1.2$ | | |
| 82 | 82.5 | | 10 | | 18 | | | | |
| 90 | 90.5 | | 10 | | 20 | | | | |
| 101 | 101.5 | | 11 | | 20 | | | | |
| 108 | 108.2 | | 12 | | 20 | | | | |
| 120 | 120 | +0.40<br>−0.30 | 13 | $4.5\pm^{0.20}_{0.10}$ | 20 | | | | |
| 132 | 132 | | 14 | | 20 | | | | |
| 160 | 160 | | 16 | | 20 | | | | |
| 180 | 180 | | 16 | $4.8\pm^{0.20}_{0.10}$ | 24 | | | | |
| 200 | 200 | | 18 | | 24 | | | | |

## 6.2　高频焊接薄壁工程钻头

### 6.2.1　高频焊接钻头结构设计

6.2.1.1　钻头的组成

钻头分整体式和分体式两种：整体式钻头由钻齿、钢体和接头三部分焊接而成。而分体式钻头则中间多一个短节，短节一头与钢体螺纹连接，另一头与钻齿焊接。如图 6－2 和图 6－3 所示。

6.2.1.2　薄壁钻头总体设计

根据厂家的企业标准向钢管厂订购符合 GB/T 8162－1999 标准的结构钢通常规格的冷拔无缝钢管，材料是 45、35、30、20 号钢，钢体壁厚 2～3.5 mm。钢体长度 300～450 mm，两端面加工，一端内孔加工一段 30～40 mm，与接头外径配合，一般采用氩弧焊焊接，保证钢体不变

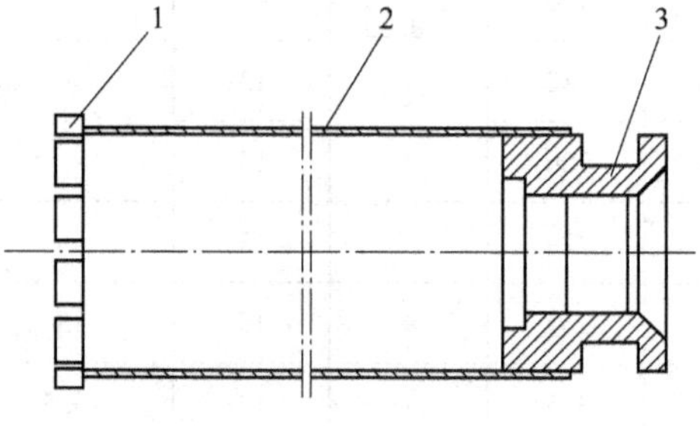


图 6－2　整体式薄壁钻头
1—钻齿；2—钢体；3—接头

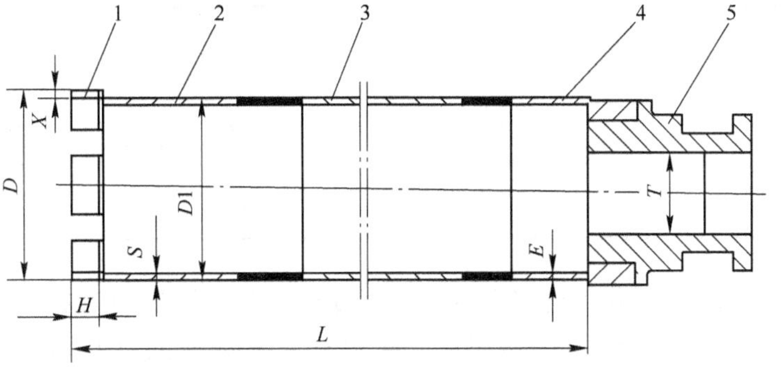


图 6-3 分体式钻头

1—钻齿；2—短节；3—钢体；4—接头；5—异径接头

形。接头的螺纹尺寸按照用户需要，可以有公制或英制的螺纹。根据钻头的直径和用途不同，钻齿的尺寸随之变化。$\phi$50 mm 以下的钻头，可以做成环形齿。钻齿一般齿长 16 ~ 24 mm，齿宽 3 ~ 5.5 mm，齿高 7 ~ 12 mm。$\phi$101 mm(4in)整体式薄壁工程钻头的设计实例如图 6-4 所示。

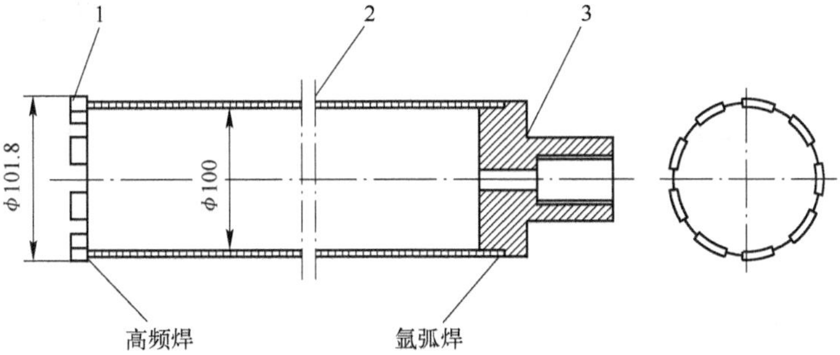


图 6-4 $\phi$101 mm 整体薄壁工程钻头

1—钻齿；2—钢体；3—接头

### 6.2.1.3 提高钻齿结合强度的结构设计改进

如上所述，高频焊钻头的最大缺陷是钻齿焊接强度低，容易掉齿。钻齿焊接强度近似公式：

$$M = LE^2[\sigma]/6000$$

式中 $M$——弯矩，N · m（焊接强度）；

$L$——钻齿长度，mm；

$E$——钻齿结合面宽度（等于钢管壁厚），mm；

$\sigma$——钎焊料许用拉应力，MPa。

由上面分析可知，钻齿的焊接强度 $M$ 与焊接面的长度 $L$ 和焊接面宽度 $E$ 平方的乘积成正比。也就是增加焊接面宽度对提高高频焊钻头钻齿的弯矩更有效。有人做过试验，在其他条件不变的情况下，将焊接面宽度（钢管厚度）由 2.5 mm 增加到 3.5 mm 弯矩可提高 172%，如表 6-3 所示。

**表 6－3　不同焊接结构面弯矩检测对比**

| 钢管厚度 $E$/mm | 焊接面金刚石浓度/% | 抗弯强度/MPa | 备　注 |
|---|---|---|---|
| 2.5 | 35 | 318 | 钎焊料、焊接面长度等条件相同 |
| 3.5 | 35 | 548 | |
| 2.5 | 0 | 398 | |
| 3.5 | 0 | 768 | |

此外，由表 6－3 可知，钻齿焊接面存在金刚石对焊接强度的影响也很大，也就是说钻齿的非工作层也是提高焊接强度的重要措施。实验表明，焊接面宽为 2.5 mm 时，采用非工作层（表面无金刚石）钻齿的焊接强度提高 125%，焊接面宽为 3.5 mm，采用非工作层钻齿的焊接强度提高 242%，方法为：

（1）加大钢管与钻齿接触部分的厚度。薄壁钻头的内外出刃，一般为 0.5～1.2 mm，为了增加焊接面宽度，则将钢管一端 2～3 mm 加工呈凸台，内外径与钻齿内外径相同。如图 6－5所示。另外在钢体端部铣槽，槽长等于钻齿长度，留一点间隙，这样焊接后也能提高焊接强度，避免钻进过程掉齿现象产生。

（2）钢体端部铣槽。在钢体与钻齿焊接的一端铣槽，槽长比钻齿长 0.1～0.2 mm，焊接时焊料填满缝隙，这样可进一步增强钻齿与钢体的结合强度，如图 6－6 所示。

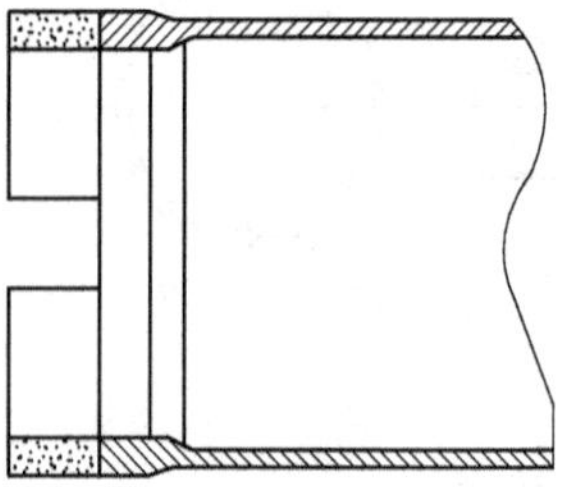

图 6－5　钢管端部加厚钻头图

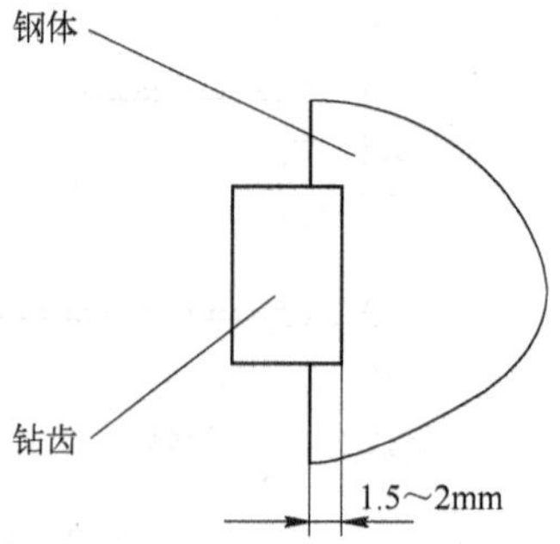


图 6－6　钢体铣槽与钻齿配合图

6.2.1.4　钻齿结构设计

薄壁钻头的钻齿结构形式有：扇形钻齿、直形钻齿和环形钻齿三种。小直径钻头或用于玻璃、陶瓷、宝石等脆性材料的钻头采用环形钻齿，而环形钻齿下部还需设计若干水口；直形钻齿是通用的结构钻齿两侧呈平行直线，根据钻头外径和钻齿宽度设定圆弧半径，钻齿长有 16 mm、20 mm、24 mm，齿宽 2.5～5.5 mm，齿高 7～12 mm 不等；扇形钻齿两侧是斜直线呈扇形状，石墨模具结构比较复杂，制造成本略高，见图 6－7。

（1）带非工作层钻齿。为了提高钻齿与钢体的焊接强度，在钻齿与钢体接触部分的粉末中不带金刚石，这一部分称之非工作层。非工作层的粉末成分，可以与工作层的成分一样，也可以不一样，在非工作层粉末成分中可以增加 Fe 粉比例，不用 Co 粉。非工作层的厚度约 1.5～2 mm。

（2）夹心钻齿。为了提高钻进效率，更充分发挥金刚石的效能，将钻齿结构设计呈“三明治”刀头一样，钻齿径向分三层，里外层金刚石浓度高、粒度细；中间层金刚石浓度低，粒

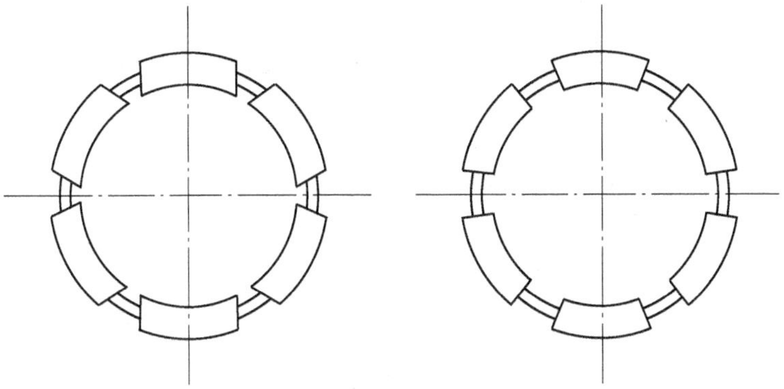

图6-7 直形钻齿与扇形钻齿比较图

度粗。各层的金刚石分布还可设计成有序排列,减少浓度,提高钻进效率。

### 6.2.2 钻头胎体配方设计

由于超薄金刚石钻头主要用于钢筋混凝土等建筑构件的钻孔,切削对象为非均质材料。既要钻进混凝土,又要切削钢筋,受力复杂,工况恶劣,且承受较大的冲击载荷。混凝土结构相对松散,含有强研磨性的石英颗粒。因此,薄壁工程钻头在使用过程中,胎体容易出现以下几个问题:(1)在石英颗粒强研磨作用下,胎体过快磨损,钻头寿命短;(2)在强冲击载荷的作用下,金刚石容易破碎脱落,利用率低,导致钻头寿命短、效率低。如何解决以上两个问题是薄壁工程钻头胎体配方设计的关键。在实践中,我们采用以下关键技术来解决上述问题。

6.2.2.1 提高胎体耐磨性技术

薄壁钻头的工作过程是金刚石不断磨削、刻划切削对象的过程。要提高胎体耐磨性,首先必须进行金刚石品级、粒度及浓度的优化设计,以提高金刚石切削寿命;其次需提高金属结合剂的耐磨性,以防止强研磨性岩粉对其过快磨损。

A 金刚石品级、粒度及浓度的优化设计

a 金刚石品级的选择

金刚石品级的选择对钻头性能起着十分重要的作用。在其他参数相同的情况下,金刚石品级愈高,晶形愈完整,杂质少,抗冲击强度也高。但是,好的金刚石意味着高的价格和高的制作成本。同时金刚石品级须和金属结合剂性能及把持力相匹配。好的金刚石要求高的把持力及较高耐磨性结合剂,否则无法充分发挥金刚石性能。通过对比性试验,选用国产SMD30或"日进"公司的SD 1650金刚石可以完全满足市场要求,并有较好的经济效益。表6-4是用不同品级金刚石制作$\phi$63 mm钻头进行试验取得的结果。

**表6-4 不同品级金刚石钻进效果比较**

| 金刚石品级 | 钻进总时间/min | 磨损量/mm | 寿命/$cm^2 \cdot mm^{-1}$ | 钢筋钻速/$cm \cdot min^{-1}$ | 水泥钻速/$cm \cdot min^{-1}$ |
|---|---|---|---|---|---|
| SMD25 | 62.4 | 0.76 | 177.67 | 3.14 | 3.43 |
| SMD30 | 51.37 | 0.29 | 458.6 | 5.3 | 5.63 |
| SD1650 | 49.7 | 0.3 | 429.7 | 5.6 | 5.97 |
| SD1550 | 54.3 | 0.47 | 296.8 | 4.92 | 5.16 |
| SD1400 | 65 | 0.65 | 213.4 | 3.2 | 3.57 |

b　金刚石粒度及浓度的合理搭配

根据岩石破碎理论，金刚石工具刻划岩石产生体积破碎必须满足下列要求：

$$p_a \geqslant p_k S_a \tag{6-1}$$

式中　$p_a$——作用在单颗金刚石上的轴向载荷；

$p_k$——岩石的抗压强度；

$S_a$——金刚石与岩石的接触面积。

其中

$$p_a = p/N' \tag{6-2}$$

式中　$p$——作用于钻头胎体工作面上的单位面积钻进压力；

$N'$——单位面积内切削岩石的工作金刚石颗粒数。

由式(6-1)、式(6-2)可看出，在一定的压力下，单颗金刚石的受力取决于有效切削岩石的工作金刚石颗粒数。如果工作金刚石颗粒数过多，则作用于单颗金刚石上的轴向载荷过小，产生不了体积破碎；如果工作金刚石颗粒数过少，则作用于单颗金刚石上的轴向载荷过大，金刚石容易破碎、脱落而工作失效。因此如何确定工作金刚石颗粒数是设计金刚石粒度及浓度的关键。金刚石工具工作表面上出露金刚石颗粒数可用下式反映：

$$N = \Phi \cdot N_s \tag{6-3}$$

式中　$N$——金刚石工具工作表面出露的金刚石颗粒数；

$\Phi$——出露系数：

$$\Phi = 1 - KH_0/(1-K)D \tag{6-4}$$

$K$——金刚石最小植入量比值；

$H_0$——工作间隙；

$D$——金刚石粒径；

$N_s$——单位面积内工作唇面上的金刚石总数：

$$N_s = 0.383C/D^2 \tag{6-5}$$

$C$——金刚石浓度。

而金刚石工具工作唇面上的工作金刚石颗粒数 $N'$ 与 $N$ 间的关系为：

$$N' = \{1 - H_0/(1-K)D\}N \tag{6-6}$$

从式(6-3)~式(6-6)可知，金刚石工具工作唇面上的工作金刚石颗粒数由金刚石的粒度、浓度及最小植入量比值、工作间隙等几个参数所决定。而最小植入量比值、工作间隙由金属结合剂性能决定。因此，在金属结合剂配比一定的前提下，要获取较为理想的钻头寿命与速度，需优化设计金刚石粒度及浓度，以寻找钻头唇面上工作金刚石面积比的最佳值。为此，我们在室内进行对比实验的具体操作简述如下。

试验方案

在浓度不变时，颗粒数的变化将导致工作金刚石面积比的变化，一般而言，面积比随颗粒的增大而减小，这时若钻头锋利度合适则寿命下降。为了获得好的综合效果，并考虑价格等其他因素，我们选择中等粒度金刚石（40/50US 目）进行了试验，试验条件如表6-5所示。

**表 6-5 不同浓度金刚石钻头试验条件**

| 序 号 | 金属结合剂 | 金刚石品级 | 金刚石粒度 | 金刚石浓度 | 工作金刚石粒数 | 工程钻机 |
|---|---|---|---|---|---|---|
| 1 | 钴基材料 | SMD30 | 40/50 | $C_1$ | $A$ | 2.5 kW<br>220 V<br>800 r/min |
| 2 | | | | $C_2$ | $AC_2/C_1$ | |
| 3 | | | | $C_3$ | $AC_3/C_1$ | |

注:1. 钻头规格为 $\phi$63 mm,钻齿尺寸:24 mm×4 mm×7.5 mm;

2. 钻进材料:钢筋混凝土,其中混凝土强度为 C30,钢筋含量 4.8%;

3. 为简化方案、仅以 40/50 单一粒度作对比测试。

试验结果

试验结果如图 6-8 和图 6-9 所示。

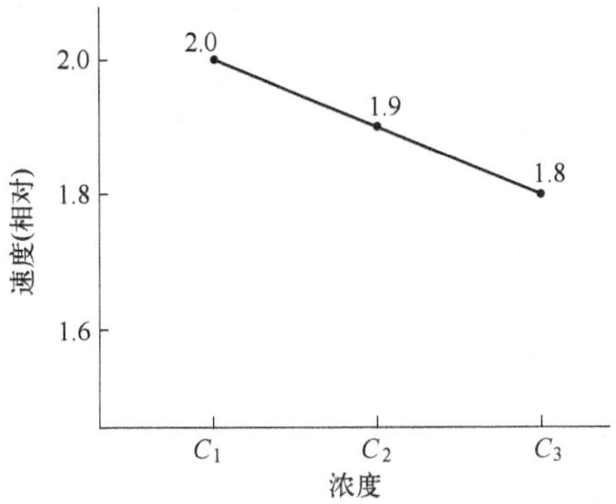


图 6-8 浓度与速度的关系
速度指标是由综合钻切钢筋与
混凝土得出的数据

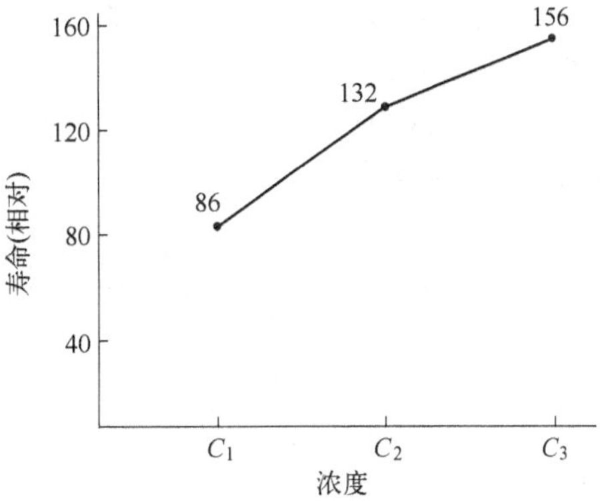


图 6-9 浓度与寿命的关系
寿命指标按每磨损 1 mm 钻头胎体
所钻切的钢筋面积计算

从图 6-8,图 6-9 可知,当浓度由 $C_1$ 增至 $C_3$ 时,工作金刚石数也由 $A$ 增至 $AC_3/C_1$,寿命增加 1.8 倍,而速度下降 10%,变化不大,仍属于体积破碎区,不会造成重复破碎而影响速度。但在浓度为 $C_1$ 时,寿命偏低,说明单颗金刚石受力偏大,金刚石过早破碎而脱落失效的较多,钻头寿命也就下降了。说明只要合理选择金刚石浓度、粒度,确定合适的工作金刚石颗粒数,可以获取较佳的钻进性能。

B 金属结合剂耐磨性初步探讨

国内外金刚石工具制造者对如何提高金属结合剂的耐磨性作了大量的研究工作,对钴基、铜基、铁基、钨基等结合剂的耐磨性进行了较多的对比性实验,得出了一些实验结论。我们也曾将这些结论应用于薄壁工程钻头设计中,但未取得好的效果。其原因是在大颗粒、强研磨石英颗粒的作用下,无论何种金属结合剂均无法抵抗。为此,我们初步探讨加入细颗粒金刚石充当硬质点来强化金属结合剂的耐磨性。其机理是:加入的细颗粒金刚石由于粒径较小,基本不参与切削工作。如 80/100 目金刚石,其粒径约为 0.17 mm,最小植入量比值 $K$ 取 0.7,则其最大出刃值为 0.051,当工作间隙 $H_0=0.045$ 时,只有很少一部分参与切削,且工作时间很短,可充当硬质点磨削粗颗粒金刚石切削下来的岩粉,从而保护金属结合剂不被石英颗粒过早磨损。我们通过对比性实验,也验证了加入细粒金刚石的作用可强化金属结合剂的耐磨性,其结果见表 6-6。

**表 6-6　金属结合剂耐磨性试验效果**

| 序　号 | 金属结合剂 | 金刚石浓度 | 金刚石品级 | 金刚石粒度 | 寿命(相对) | 速度(相对) | 寿命对比 |
|---|---|---|---|---|---|---|---|
| 1 | 钴基 | $C_2$ | SMD30 | 40/50 | 132 | 1.9 | 100% |
| 2 | | | | 40/50 + 80/100 | 150 | 1.8 | 114% |

注：1. 钻头规格、钻进材质同上；

2. 工程钻机参数为 2.5 kW，220 V，800 r/min。

#### 6.2.2.2　提高金属结合剂对金刚石包镶能力的研究

##### A　提高机械包镶能力的研究

国内很多文献认为，钴基结合剂对金刚石的机械包镶能力最好，其原因在于：其一，钴元素有较高的弹性模量；其二，在钴基结合剂热压后冷却的过程中，钴发生相变，引起体积收缩，使得金属结合剂对金刚石的机械包镶能力增大，这也是大多数金刚石工具制造者喜欢采用钴基结合剂的原因。为此，针对钴基结合剂中钴含量的不同制成标准试样，进行了力学性能测试，结果见表 6-7。

**表 6-7　钴基结合剂力学性能测试数据**

| 序　号 | 钴含量（质量分数）/% | HRB | $\sigma_{空白}$/MPa | $\sigma_{金}$/MPa | $(\sigma_{空白}-\sigma_{金})/\sigma_{空}$ |
|---|---|---|---|---|---|
| 5 | 50 | 92 | 921.7 | 651.2 | 0.293 |
| 6 | 75 | 95 | 1067.2 | 803.6 | 0.247 |
| 7 | 100 | 100 | 1260.3 | 1090.0 | 0.135 |

注：$\sigma_{空白}$为不含金刚石胎体的抗弯强度；$\sigma_{金}$ 为含金刚石胎体的抗弯强度。

从表 6-7 可以看出，随着 Co 含量的升高，纯金属结合剂试块硬度、抗弯强度和含金刚石的试块抗弯强度均升高，而含金刚石的试块抗弯强度下降量呈下降趋势。这就说明：随着 Co 含量升高，金属结合剂对金刚石的机械包镶能力增强，从而提高钻头寿命。室内对比性试验证明了这点。见图 6-10、图 6-11 的室内对比试验结果。

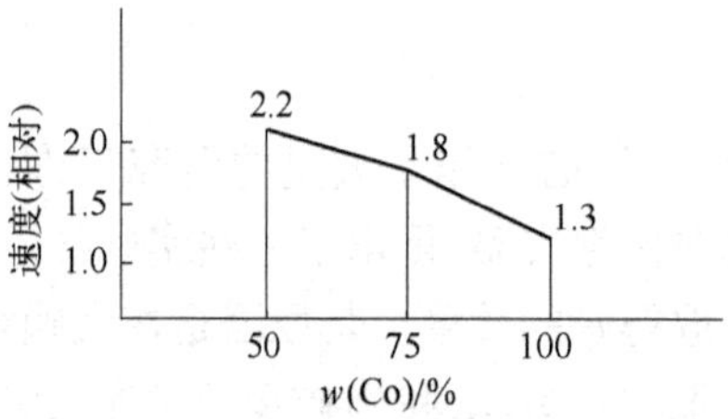


图 6-10　钴含量与速度的关系

钻机参数：2.2 kW，220 V，1200 r/min；

金刚石：粒度 40/50，SMD30，浓度 $C_4$

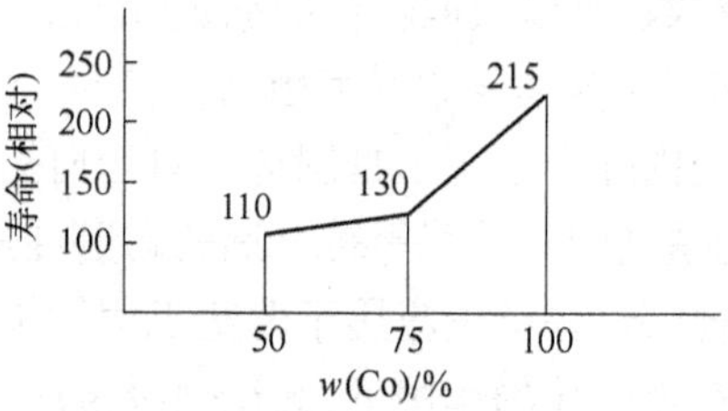


图 6-11　钴含量与寿命的关系

钻机参数：2.2 kW，220 V，1200 r/min；

金刚石：粒度 40/50，SMD30，浓度 $C_4$

##### B　提高化学冶金黏结力的研究

国内外有关研究表明，金刚石表面通过物理和化学方法镀覆某些强碳化物金属形成金属或合金薄膜。这层薄膜一方面与金刚石产生稳定的金属碳化物，产生化学键结合；另一方面又能很好地被胎体所浸润，大大增强金刚石与金属结合剂间的结合力，从而提高包镶能力。因此，为了考察钴基、铜基结合剂对金刚石表面金属化的黏结效果，采用燕山大学真空微蒸发镀钛金刚石技术，通过对比性钻进测试，其结果见表6-8。

**表6-8 金刚石表面金属化的影响**

| 序 号 | 结合剂种类 | 金刚石品级 | 金刚石浓度 | 金刚石粒度 | 寿命(相对) | 速度(相对) | 性能对比 | |
|---|---|---|---|---|---|---|---|---|
| | | | | | | | 寿命 | 速度 |
| 8 | 钴基 | SMD30 | $C_4$ | 40/50 | 100 | 2.9 | 100% | 100% |
| 9 | | | | 40/50 镀钛 | 125 | 2.5 | 125% | 86% |
| 10 | 铜基 | SMD30 | $C_4$ | 40/50 | 40 | 2.9 | 100% | 100% |
| 11 | | | | 40/50 镀钛 | 54 | 2.9 | 135% | 100% |

注：1. 钻头规格、钻进材质同上；
2. 工程钻机参数：380V，2.4 kW，700r/min。

从表6-8可以看出，金刚石表面镀钛的钴基结合剂寿命增加25%，速度下降14%，说明金刚石表面镀钛后，薄壁工程钻头工作唇面上参与切削的金刚石不易脱落，相对地增加了工作金刚石颗粒数，而金刚石表面镀钛的铜基结合剂寿命提高35%，速度没变，这是由于铜和钴对钛的互溶性好，但铜对金刚石的机械包镶能力比钴差得多，因而化学黏结作用效果对铜基胎体就显得更为明显，寿命的相对增幅更大。但铜基结合剂本身的耐磨性较差，导致金刚石过早脱落而自然失效严重。由于绝对工作金刚石颗粒数少，绝对寿命短，同时切削系数大，相对工作颗粒数的增减对试验材料的单位体积破碎功的变化影响不大，因而钻进速度的变化不大。同时在光学显微镜下观察胎体断口形貌，发现金刚石表面镀钛后，其脱落坑表面有镀层颜色，且金刚石表面镀层颜色变化不大，说明镀层与金属结合剂间已形成了化学键结合，从而提高了金刚石与金属结合剂间的黏结强度。

### 6.2.3 高频焊接薄壁工程钻头生产工艺流程

高频焊接薄壁工程钻头的生产工艺流程如图6-12所示。

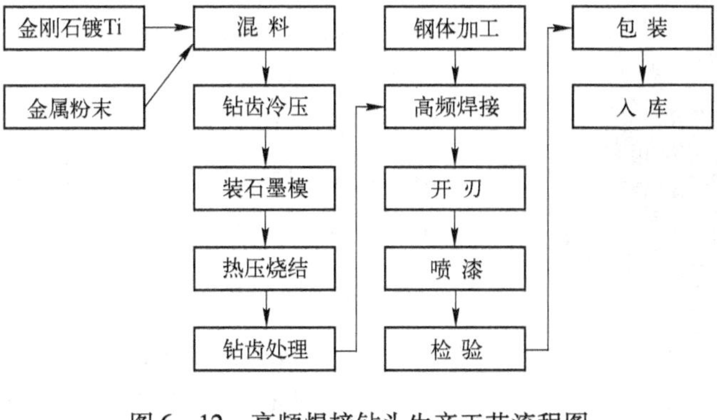


图6-12 高频焊接钻头生产工艺流程图

目前有许多钻头生产厂家没有钻齿冷压这一道工序，混合料直接装石墨模具内。一般采用竖压烧结，这种工艺，省一道工序，压头结构比较复杂，钻齿一次装模、烧结数量少。大批量生产钻齿应采用冷压工艺，可以使用容积式自动冷压机生产。

钻齿与钢体的高频焊接工作，国内仍然是手工操作，仅靠一台高频感应发生器，既无夹具，也没有靠模，仅依靠工人的经验和熟练技巧在钢体上焊接钻齿。

所以焊接质量极不稳定，容易造成掉齿事故。国内有郑州金海威科技公司生产 DB300 型钻头高频焊机，结构比较简单，手工操作。

技术参数

功率：15 kW 或 20 kW

钻头直径：$\phi$25 ~ 300 mm

钻头长度：65 ~ 350 mm

外形尺寸：790 mm × 600 mm × 1400 mm

质量：250 kg

上海众成金刚石工具分公司生产的半自动钻头高频焊机，如图 6 - 13 所示。

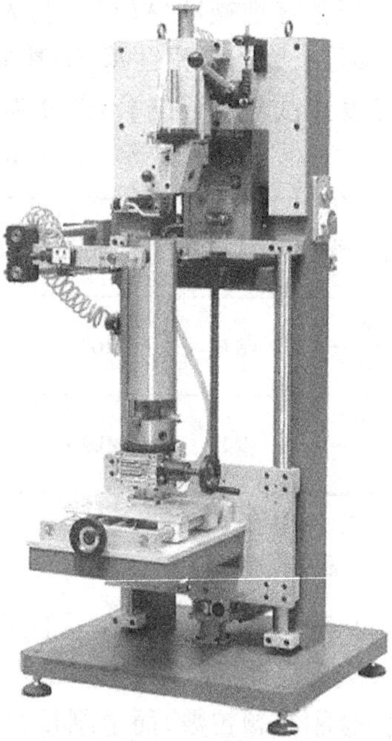

图 6 - 13　众成钻头高频焊机

### 6.2.4　介绍三种国外生产的钻头高频焊机

6.2.4.1　德国产 BLM500 型钻头自动高频焊机

德国 DR. FRISTCH 公司的 BLM500 型钻头自动高频焊机，见图 6 - 14。

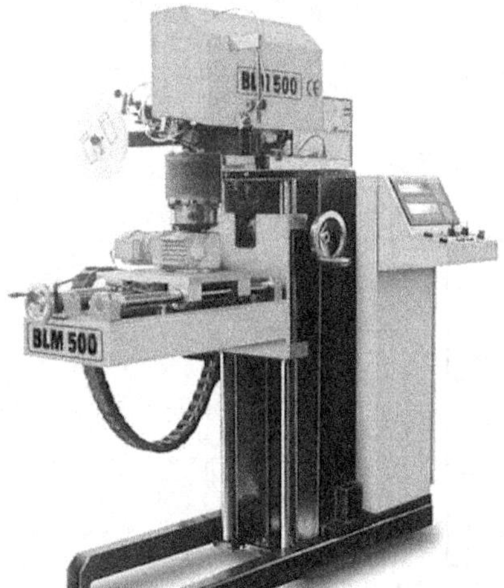


图 6 - 14　BLM500 型钻头自动高频焊机

技术参数

功率：11.5 kW

电压：400 V，三相，50 ~ 60 Hz

电流：17 A

冷却水：压力：(4 ~ 5) × $10^5$Pa

消耗量：20 L/min

温度：15 ~ 20 ℃

钻头直径：$\phi$40 ~ 600 mm

钻头长度：100 ~ 830 mm（卡盘夹紧）

钻齿尺寸：

接头螺纹规格：$R\frac{1}{2}$in，$1\frac{1}{4}$UNC

（按客户要求制造）

外形尺寸：850 mm × 1300 mm × 2000 mm

质量：750 kg

6.2.4.2　意大利产 BST300 型钻头高频焊机

意大利 ARGA 公司的 BST300 型钻头高频焊机，如图 6 - 15 所示。

图 6－15　BST300 型钻头高频焊机

A　结构特点

(1) 由 PLC 控制马达，通过两个万向接头驱动钢管转动(该结构很好地解决了钻头接头螺纹与钻头前端不同轴度的问题)；

(2) 设有钢管快速松紧装置；

(3) 通过空气喷嘴冷却钻头焊接区域；

(4) 设有钻齿压紧钢管端面装置，以保证焊接质量。

B　技术参数

功率：230 V，50 Hz，6.2 kVA

钻头直径：$\phi$30～300 mm

风量消耗：250 L/min

水量消耗：8 L/min　20～25 ℃

外廓尺寸：1320 mm×1720 mm×1600 mm

质量：300 kg

6.2.4.3　韩国产 CMBA20 型全自动高频焊机

韩国 DIEX 公司的 CMBA20 型全自动高频焊机，该机可实现全自动高精度焊接，配有自动钻齿给进装置，自动标定数标功能。

焊接范围：钻头直径≤200 mm

　　　　　钻头长度≤500 mm

生产能力：以 $\phi$125 mm 钻头为例，班产 55 钻头/8 h。

## 6.3　激光焊接薄壁工程钻头

先进的激光焊接技术在我国超硬材料工具生产中的应用，始于 20 世纪 90 年代后期，先是用于金刚石圆锯片的焊接，而在薄壁工程钻头生产中的应用，还是最近几年的事。其焊接方法则是利用激光发生器产生的高能量密度激光束的深熔焊接。在焊接过程中，激光束使材料瞬间汽化并形成穿透深度很大的圆柱形孔洞，激光束透过孔洞中的金属蒸汽到达孔底，随着激光束与工件的相对运动，孔周边的金属不断地熔化，流入空洞，并凝固成牢固的焊缝。焊缝狭窄平滑，热影响区小，焊接强度远远高于高频焊接的强度，因此，它使钻头的技术性能得到很大的提升，结构上带来一系列变化，应用更广泛。除了公路、桥梁、建筑等混凝土工程和石材用的钻头之外，还大量用于玻璃、陶瓷工业的钻孔。尤其是汽车玻璃的大量钻孔，要求钻头壁很薄，几何精度高，钻孔圆滑，不崩边，最适合用于激光焊接钻头，桂林矿产地质研究院的焊接钻头如图 6－16 所示。

图 6－16　桂林矿产地质研究院激光焊接车间正在焊接钻头

### 6.3.1　激光焊接薄壁工程钻头结构设计

激光焊接薄壁工程钻头一般是整体式结构，由钻齿、钢体和接头三部分组成。钻头的规格尺寸如表6－1、表6－2所列的数据，各厂家都有自己的企业标准，略有差异。为了充分发挥激光焊接的焊接强度高的优势，应当在钻头结构上有所改进。

6.3.1.1　减小钢体和钻齿的厚度

进一步减薄钢体和钻齿厚度的设计结果可使钻齿体积减小12%，有利于提高钻进效率、减小功率消耗并降低成本。市场上的钢管厚度均在2.5 mm以上，按我们的规格设计是：

$\phi$100 mm以下的钢管厚度为2 mm；　钻齿厚度为3.2～3.5 mm。

$\phi$110～200 mm的钢管厚度为2.2～2.5 mm；　钻齿厚度为4.0～4.7 mm。

$\phi$200～250 mm的钢管厚度为2.5～3.0 mm；　钻齿厚度为4.5～5.0 mm。

$\phi$250～350 mm的钢管厚度为3.0～3.5 mm；　钻齿厚度为5.0～5.5 mm。

6.3.1.2　增加钻齿高度，提高钻头工作寿命

过去钻齿高度一般是7～8 mm，因为高频焊接钻齿越高，弯矩越大，越容易掉齿。而激光钻头焊接强度高，有条件增加钻齿高度，齿高可以设计为15～20 mm，提高钻头寿命一倍以上。并做到与钢管磨损寿命同步，也就是说当钻进60～100 m，钻头磨损之后，钢管也已报废，不能再利用。

6.3.1.3　设计波纹条状钻齿，攻克钢筋混凝土墙

在混凝土工程钻孔施工中，最难钻的是钢筋混凝土，一般钻头钻进时，钻进速度慢，寿命短，甚至钻不进去。应设计专门攻克钢筋混凝土的波纹齿薄壁钻头。由于钻头工作条件恶劣，遇到钢筋，钻头磨损快，要保证一定的工作寿命，就要增加钻齿的高度。而且使用的金刚石品质要好，浓度要高，在此条件下采用波纹条状式钻齿有利于钻进施工。

A　钻齿结构

钻齿结构，见图6－17。

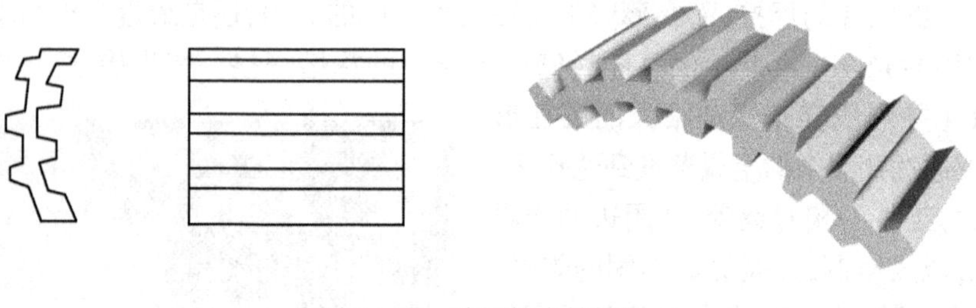

图6－17　波纹钻齿结构图

B　特点

（1）波纹槽有利于通水冷却和排粉。

（2）有了波纹槽钻齿与孔壁的接触面积减小，降低功率消耗，有利于提高钻进效率。

（3）有了波纹槽使钻头遇钢筋时，回转工作稳定，减少震动，可改善钻头工作条件。

（4）波纹钻齿的加工类似锯片波纹刀头的加工。先冷压成平圆弧齿，装到模框上，上下石墨压头的圆弧面上铣波纹槽，在钻齿烧结时控制齿的厚度即可。

6.3.1.4 多种结构形式的干钻钻头

在建筑工程施工中，有的用水不方便，有的在打孔周围怕水泥浆污染环境(如在已装修的房间墙上打孔)，只能用吸尘器进行干钻施工，激光焊接钻头正适应了这种要求。

(1) 长筒式干钻钻头。为便于在钢管上排粉铣槽，甚至钢管本身带有大螺旋槽，见图6-18。

(2) 短筒定心干钻激光钻头。该钻头装在手提钻机上，用于干钻无钢筋水泥墙孔或砖墙孔，这种钻头由于高频焊接改为激光焊接之后，使用效果显著，在欧美国家用量很大。常用规格是$\phi$82 mm和$\phi$63 mm两种。有的中心带有定心麻花钻头，用于钻孔的准确定位。国内也应该开发和推广这种钻头，如图6-19所示。

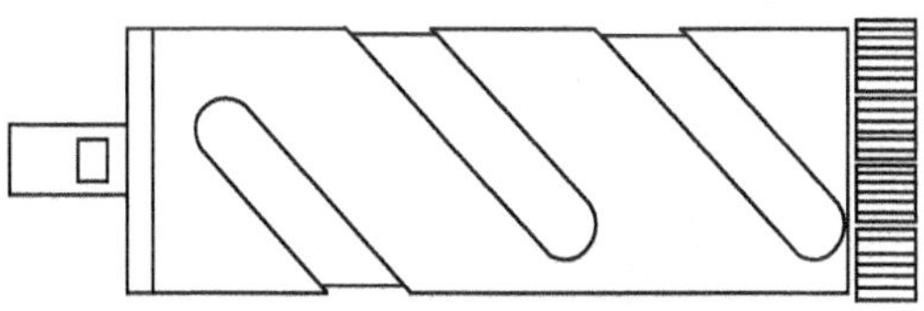

图6-18 长筒带螺旋槽干钻钻头

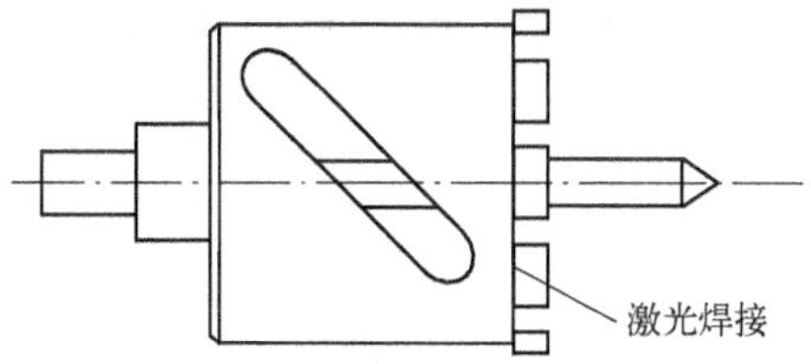


图6-19 定心干钻短钻头

## 6.3.2 美国MK金刚石工具公司的几种激光焊接钻头

美国MK金刚石工具公司有许多很好的激光焊接薄壁工程钻头产品，摘录几种供参考。

(1) 用于钢筋混凝土高品质波纹齿钻头。

(2) 两种长筒干钻激光焊接钻头(如图6-20所示)以及波纹齿钻头(如图6-21，图6-22所示)。

图6-20 用于无钢筋混凝土或砖墙干钻激光焊接钻头

图6-21 波纹齿薄壁工程钻头

(3) 连续齿激光焊接钻头。用于预制混凝土或陶瓷等脆性材料的激光焊接薄壁钻头，带水口的环形钻齿烧结后与钢体进行激光焊接，如图6-23所示。

(4) 定心干湿两用环形齿激光焊接钻头。用于陶瓷和大理石精确钻孔，干湿两用，中间有麻花钻头定心，孔位准确，孔边平滑，稳定。钻头直径$\phi$13～76 mm，如图6-24，图6-25所示。

图 6－22 干钻波纹齿激光焊接钻头

图 6－23 连续齿激光焊接薄壁钻头

图 6－24 定心干湿两用激光焊接钻头

图 6－25 配手持电钻的干钻激光焊接钻头

### 6.3.3 冷压工艺及模具设计

薄壁工程钻头中的钻齿与钢体进行激光焊接，其钻齿底部需有一层不带金刚石的过渡层（也称非工作层）。所以，该钻齿由工作层和过渡层两部分组成，在钻齿生产过程中，为了使钻齿胎体的密度均匀，保证质量还是以冷压工艺为宜。在向冷压模具中装粉时，不论是横向压缩或竖向压缩，均分两次倒粉。大直径钻头钻齿或夹心钻齿采用横压方式，一般钻齿均采用竖压方式设计模具。

6.3.3.1 竖压模具设计

小直径钻头钻齿采用竖压方式，在 100 mm × 100 mm 左右见方的模块上，用慢走丝电火花线切割加工 6 个或 8 个钻齿扇形孔。加工面粗糙度要求达到 1.6 μm，以减少压力损失，保证模具质量。孔的外廓尺寸比钻齿实际尺寸小 0.5 mm，以钻齿高度的 3.5 ~ 4 倍确定模块高度，一般高为 50 ~ 60 mm。材料选用 9CrSi、12CrMoV、GCr15 等合金钢。淬火硬度 58 ~ 62HRC。上下压头均加工成扇形，上压头高度 50 ~ 60 mm，下压头高度 20 ~ 25 mm。

50 mm 以上的钻齿冷压模则设计成类似于锯片刀头的分体拆装式模具。两侧有挡板，两个压头之间的隔条，前面是钻齿的内圆弧，后面是钻齿的外圆弧，一排装 5 ~ 6 个钻齿，均用隔条隔开。一模两排，用挡板隔开，一模装 10 个或 12 个钻齿。见图 6－26。一般采用普通 40 t 四柱式压力机，每平方厘米的压力取 20 ~ 30 kN。

现简述 $\phi$76 mm 钻头钻齿冷压模具如下。

A 钻头规格

外径:$\phi$76 mm

钻齿数量:5 个

钻齿规格:20 mm × 10 mm × 3.8 mm

钢体尺寸:$\phi$74.7 mm × 2 mm(外径 × 壁厚)

B 压头零件设计

上压头:长 25 ~ 30 mm

下压头:长 20 ~ 30 mm

两侧宽度比钻齿实际长度少 0.5 mm,压头厚度是钻齿厚度的 1.5 ~ 1.8 倍。前后圆弧面半径尺寸近似于实际尺寸即可,如 $\phi$76 mm 钻头取圆弧半径 38 mm。

C 冷压模具装配图

冷压模具装配如图 6 - 26 所示。

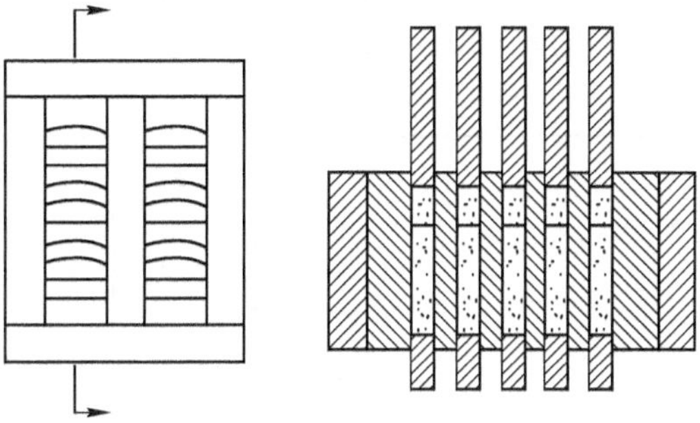

图 6 - 26 $\phi$76 mm 钻头钻齿冷压模具装配图

6.3.3.2 横压模具设计

横压模具的压头和隔板等零件加工比较简单,模具成本也低,只是两次装粉比较麻烦,要用隔片分开,两次装粉之后再抽出隔片,操作麻烦。若是生产夹心钻齿,则装粉更加麻烦,如图 6 - 27 所示。

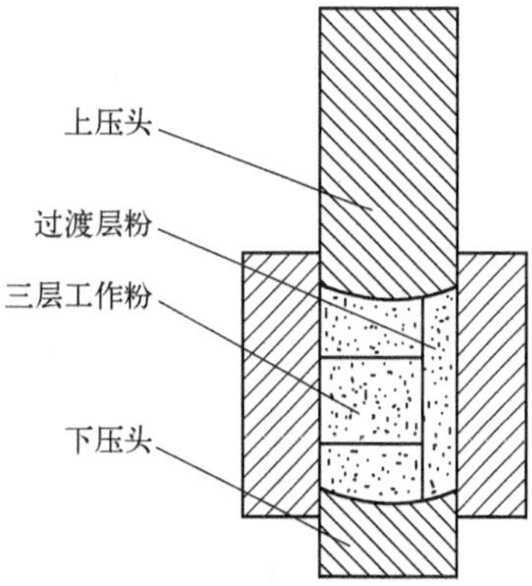


图 6 - 27 横压夹心钻齿模具图

### 6.3.4 钻齿石墨模具设计

经过冷压之后的钻齿已经达到胎体密度的 50% ~ 75%,因此在烧结过程中压缩量会大大减少,节省了石墨模具材料。采用错开排列,中间不加隔条,使每模钻齿烧结数量大大增加,有利于提高生产效率。冷压采用的是竖压方式,显然石墨模具结构一定是横压方式。

6.3.4.1 钻齿上下压头结构设计

横压的钻齿压头结构比较简单,只有上下压头有圆弧线。该圆弧线可以直接用小直径立铣刀,一次完成对上下压头的圆弧加工,如图 6 - 28 所示。为钻齿外形美观,钻进稳定,在石墨压头圆弧线两端加工成圆角状，如图 6－29 所示。

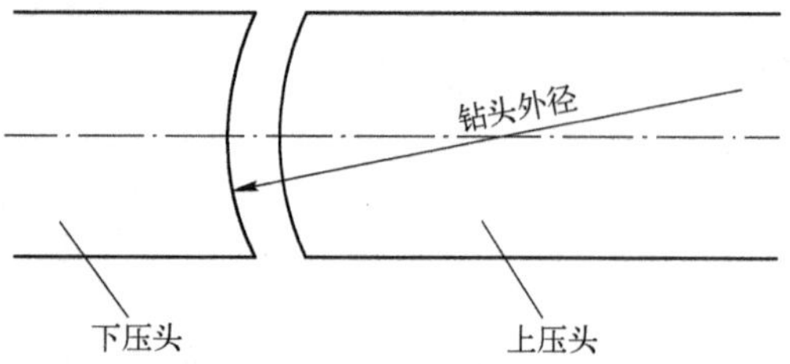


图 6－28　石墨上下压头图

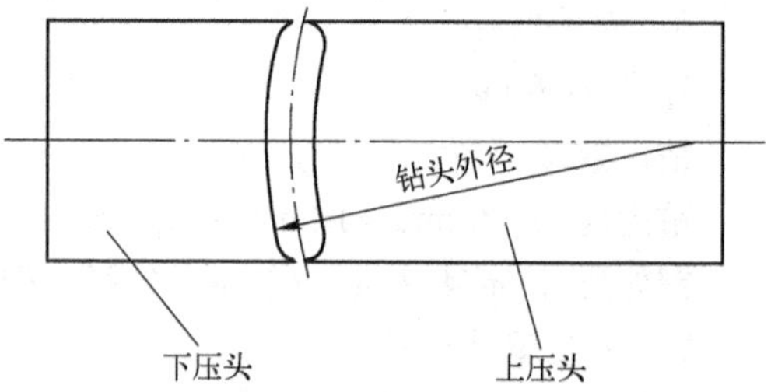


图 6－29　圆弧边钻齿压头图

6.3.4.2　波纹钻齿石墨模具设计

波纹齿激光焊接薄壁工程钻头是钻进钢筋混凝土比较理想的工具。它的制作并不复杂，钻齿冷压坯和一般钻齿一样，也就是说采用竖压模具同样生产波纹齿的压坯，其区别仅在石墨模具上。仅在上下压头的圆弧部分加工成波纹齿形状，若是上下压头中间再多加一个钻齿，则要加中间模块，中间模块的上下圆弧面加工成相对错开的波纹齿状。波纹齿槽宽约 5 mm，槽深 0.6～0.8 mm，如图 6－30～图 6－32 所示。

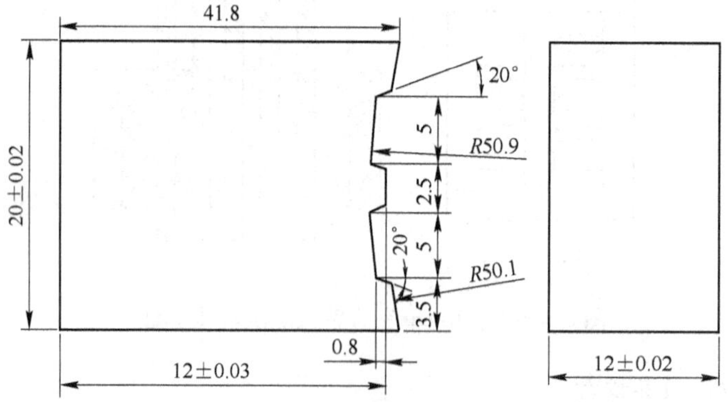


图 6－30　$\phi$102 mm 钻头波纹齿上压头零件图

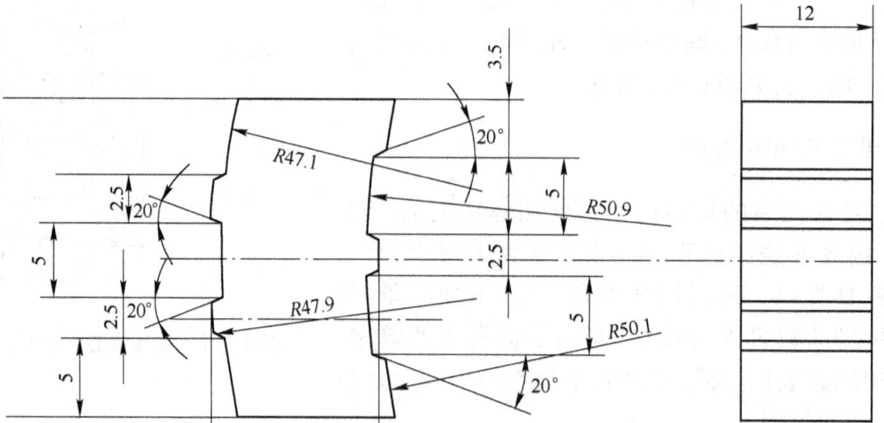


图 6－31　$\phi$102 mm 钻头波纹齿中间模块零件图

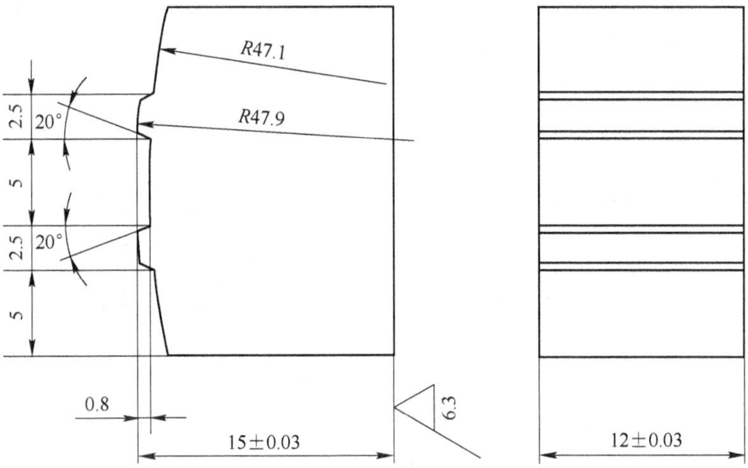


图 6-32 $\phi$102 mm 钻头波纹齿下压头零件图

6.3.4.3 环形齿石墨模具设计

小直径薄壁工程钻头很多采用环形钻齿结构，钻进稳定，不崩边，适于脆性材料钻孔（如汽车玻璃的钻孔）和取样。设计时，首先要根据不同直径、壁厚和胎体材料性能计算收缩量。一般是增加2% ~3%的收缩量。松装粉料的高度是钻齿实际高度的4~5倍，如图6-33所示。

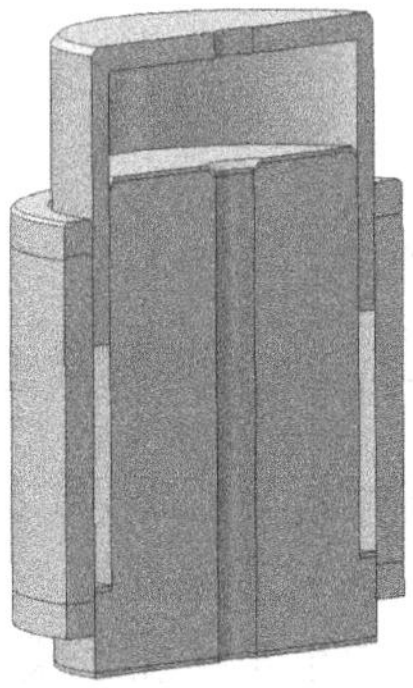

图 6-33 $\phi$50 mm 钻头环形钻齿模具图

6.3.4.4 扇形钻齿石墨模具设计

在薄壁工程钻头中采用扇形钻齿，在结构上比较合理，外观好看。可以先冷压成普通钻齿压坯，也可以直接在石墨模具上装两次粉，然后烧结成形。模具结构比较复杂，需要有带斜边的侧板，上下压头宽度不同，如图 6-34 所示。烧结时下压头要限位，到达侧板斜边点，不再上行。上压头也正好压到侧板斜边为止。

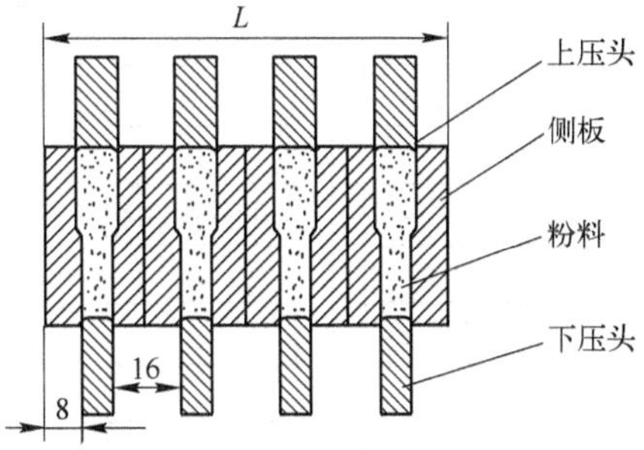


图 6-34 扇形钻齿石墨模具装配图

6.3.4.5 钻齿石墨模具总装设计

根据烧结设备的输出功率和压制能力决定模具的烧结面积，再按照钻齿的受压面积和结构确定每模的钻齿数量。一般取钻齿的总面积 40 ~60 $cm^2$。面积太大，烧结电流大，升温慢，面积太小，生产效率低。采用错开式的排列可以多装一倍的钻齿，也就是在两行压头之间没有隔条，甚至两列压头之间也没有隔条，这样既省石墨模又成倍增加烧结钻齿，有利于提高钻齿的烧结生产效率，如图 6 - 35 所示。

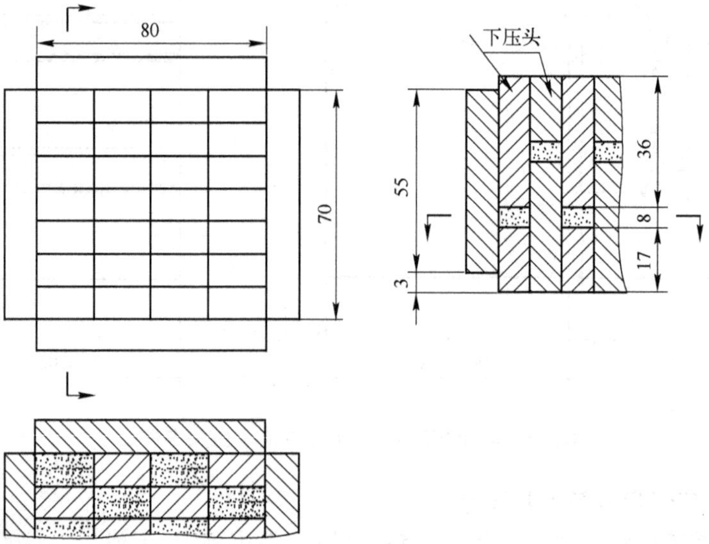


图 6 - 35　钻齿石墨模具组装图

### 6.3.5　激光焊接薄壁工程钻头生产工艺流程

6.3.5.1　采用普通压力机冷压生产工艺流程

该工艺流程与高频焊接钻头类似，粉料不经过制粒和金刚石混合后在上述冷压模具上直接用手工装粉。采用 25 ~ 40 t 普通压力机进行冷压加工，压力取 20 ~ 30 kN/cm$^2$。在钻齿激光焊接之后，要进行钻齿焊接强度的检测。在喷漆之后，要进行激光打标，标明规格、性能以及 LASER WELDED 字样，如图 6 - 36 所示。

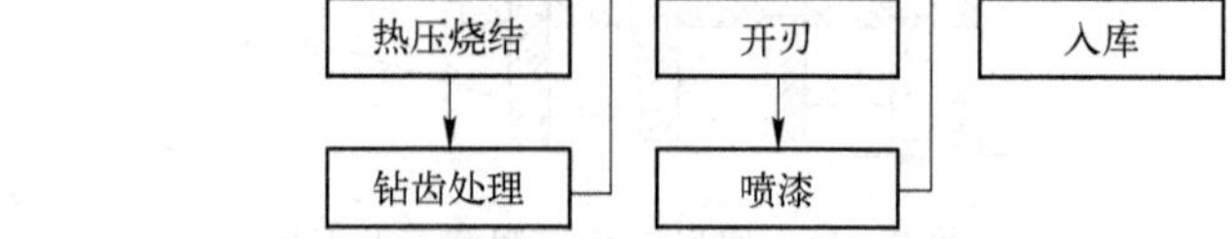


图 6 - 36　激光焊接薄壁工程钻头生产工艺流程图

6.3.5.2　容积式自动冷压机

采用容积式自动冷压机的生产工艺流程，如图 6 - 37 所示。

上述冷压工序，采用人工装粉，生产效率较低。而采用容积式自动冷压机生产冷压钻齿

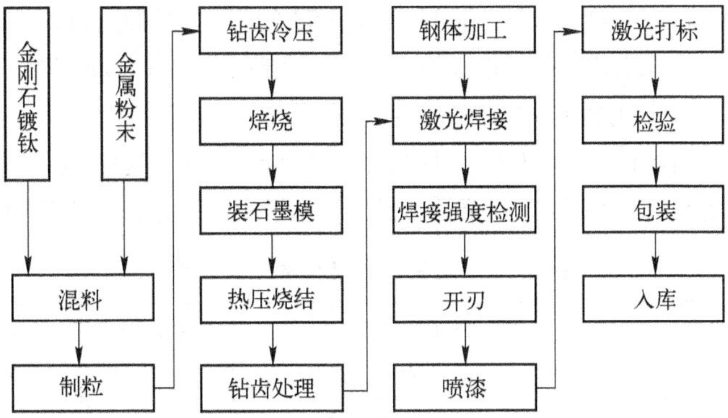


图 6－37　激光焊接钻头钻齿自动冷压生产工艺流程图

则效率大大提高。不论是采用国产自动冷压机还是进口的全自动冷压机，只要将模具改为钻齿的模具即可实现钻齿冷压工序的自动化，像冷压激光锯片刀头一样，冷压机均有两个料斗，一个料斗装工作层粉，另一个料斗装过渡层粉，并分别送入模具，压制成带过渡层的钻齿压坯。当然，这些粉末均经过制粒工序加工，使之达到等体积质量误差小于 0.1 g。为了消除造粒剂的残留，仍然在烧结工序前进行焙烧处理。因此，该生产工艺流程略为复杂，如图 6－37 所示。

## 6.4　钻齿过渡层设计

激光焊接钻头的钻齿与基体焊接的部分，必须有一个过渡层，因为在高功率密度激光光斑的作用下，金属被熔化与汽化，若钻齿中有金刚石，将被烧损与碳化，而胎体中的低熔点金属，如锡等元素，也要被熔化与汽化，产生气孔，影响焊接强度。因此对过渡层材料的研究与不同钢管材料的选择是个关键课题。该课题的主要目的是对钻齿材料与钢管之间的可焊性进行研究。国外可供参考的资料不多，由于条件所限，我们也仅进行了初步的探索。

### 6.4.1　钢管材料的选择

由于激光焊接时，光束在瞬间产生高温使金属熔化，又在瞬间冷却，其效果相当于正火。钢材被正火后脆性大、强度低、易断裂。因此国外全是采用特殊的低碳钢作为钢管材料。我国市场冷拔管材料大部分是 20 号钢，还有焊接性能和刚性好的 28CrMo 钢管和 45 号无缝钢管。因为钻头钢管不比圆锯片基体需要一定的刚性和硬度，采用 20 号钢管材料可焊性好，又不会变形，货源充足，价格低。因此我们先选定 20 号冷拔管作为钢管材料，经多次焊接试验，一般情况下完全可以满足工作要求。如果用户需要，也可以选用 28CrMo 或 45 号钢管作为钢管材料。

### 6.4.2　过渡层配方的研究与试验

过渡层配方必须与钻齿配方相匹配，最主要的是要与烧结温度相接近，因此必须根据钻齿的烧结工艺要求设计过渡层配方。例如烧结温度是 860 ℃和 800 ℃的两种钻齿，它们的过渡层配方是不同的。

一般采用的过渡层配方是 Co、Fe、Ni 等三元素的不同比例组合，要求焊接强度高的，Co

的比例大，由于激光焊接冷却速度快，加一定数量的 Ni 可以改善其淬透性，在保证足够焊接强度的条件下，增加 Fe 的比例可降低成本。为了焊缝美观、均匀，减少气孔和裂纹，还可加少量的 Cu，当然还可以采用各种双元素合金粉末：CoNi、FeCo、NiCo、FeCu 等等。

按照上述原则我们设计了 A、B、C、D 四种过渡层配方，首先烧结成试块，在 WE－30 型万能材料机上进行强度测试和在 TH300 洛氏硬度计上进行硬度测试。结果如表 6－9 所示。

**表 6－9　不同过渡层性能测试结果**

| 序　号 | 配　方 | 试块尺寸 /mm×mm×mm | 密　度 /g·cm$^{-3}$ | 烧结温度 /℃ | 抗弯强度 /MPa | 硬度值 HRB |
|---|---|---|---|---|---|---|
| A | 韩国 DIEX 公司 | 30×12×6 | 8.67 | 810 | 2400 | 73.88 |
| B | 桂林特邦新材料公司 | | 8.45 | 840 | 1680 | 97.5 |
| C | 上海爱华粉体公司 | | 8.28 | 815 | 1215 | 90.76 |
| D | 桂林特邦新材料公司 | | 7.85 | 780 | 1035 | 81.41 |

经过分析优选之后焊成钻头，对每个钻齿进行扭矩测定，不同规格钻头钻齿的扭矩值如表 6－10 所示，不同过渡层破断扭矩的价格如表 6－11 所示。

$$M = E^2 \times L \times \sigma / 6000$$

式中　$M$——扭矩值，N·m；

$E$——钢管厚度，mm；

$L$——焊缝长度，mm；

$\sigma$——焊缝强度，MPa。

按 EN13236 安全标准焊缝强度 $\sigma \geqslant 600$ MPa。

**表 6－10　不同规格钻头钻齿的扭矩值要求**

| 钻头规格/mm | 钻齿长度 $L$/mm | 钢管厚度 $E$/mm | 平均扭矩值 $M$/N·m | |
|---|---|---|---|---|
| | | | 检测标准 | 极限扭矩 |
| $\phi$63 | 18 | 2 | 7.2 | 16.8 |
| $\phi$82 | 18 | 2.5 | 11.25 | 18.5 |
| $\phi$108 | 20 | 2.5 | 12.5 | 25 |

**表 6－11　不同过渡层破断扭矩和价格对比**

| 钻头规格/mm | 配　方 | 扭矩值 $M$/N·m | 过渡层价格/元·kg$^{-1}$ |
|---|---|---|---|
| $\phi$63 | A | 19 | 465 |
| $\phi$63 | B | 15 | 215 |
| $\phi$63 | C | 11 | 180 |
| $\phi$63 | D | 8 | 135 |

表 6－11 中的结果说明这些过渡层的焊接强度均超过检测要求，所以不能认为焊接强度最高的过渡层就是最好的，还要综合考虑其他因素，例如：要考虑钻齿烧结温度的高低，钻齿和过渡层的密度以及降低成本等因素的影响。我们认为 B 配方是最佳方案，供使用者参考。

## 6.5　薄壁工程钻头激光焊接设备简介

现列举几个国家的薄壁工程钻头激光焊接设备。

### 6.5.1　韩国

韩国 DIEX 公司的 CLWB10 型钻头激光焊接机如图 6－38 所示。

6.5.1.1　性能特点

（1）自动索引标记数，钻齿可焊数量 1～50 个。

（2）转速可调，转轴移动距离可调。

（3）速度控制的范围，焊接位置精度，可通过伺服系统精确调整。

（4）可以单个钻齿焊接或一次完全焊接。

6.5.1.2　技术参数

电源：220/380 V，50/60 Hz

功率：2 kW，风压：$(6\sim8)\times10^5$Pa

风量：20 L/min，转速：1～30 r/min

焊接范围：$(\frac{1}{2}\sim10)$in，长 450 mm

生产能力：约 100 个/8 h（8in 钻头）

外形尺寸：2000 mm×800 mm×1700 mm

质量：约 500 kg

图 6－38　CLWB10 型钻头激光焊接机

6.5.1.3　评述

（1）该机属于半自动化薄壁钻头专用激光焊接机。比较实用，焊接质量好、生产效率高。

（2）机上有卡盘夹紧钻头，尾部的接手带动钻头回转，而在钻头前部有一气动定心装置，保证钻头体回转时的径向跳动精度不超过 0.1 mm，这是非常重要的。薄壁钻头长 350～450 mm，一头接手螺纹中心与另一头钢体中心的同轴度误差较大，最大的径向跳动超过 0.5 mm。这意味着当激光头的焦点确定之后，在钻头回转一圈的焊接过程中，它的离焦量是随径向跳动的变化而发生变化的，熔深也随之变化。焊缝不整齐，甚至形成虚焊。无法保证钻头的焊接质量。

（3）该机配有单齿焊接气动夹具，调整好后，只要人工放钻齿到夹具上，夹具就自动靠近钢体，焊接后，钢体自动旋转一个角度，夹具返回原位。这适合于小批量生产，台班生产能力约 60～100 个（4in 钻头）。

（4）该机还配有各种结构的全齿焊接夹具，也就是根据不同直径和不同钻齿数设计不同的夹具。使用时将钻头所需的全部钻齿用人工装在夹具上，其他焊接工序由 CNC 完成。这样使钻头焊接效率进一步提高，台班生产能力可达到 200 个（8in 钻头）。使用单位可根据不同要求设计各种结构的全齿焊接夹具，如图 6－39，图 6－40 所示。

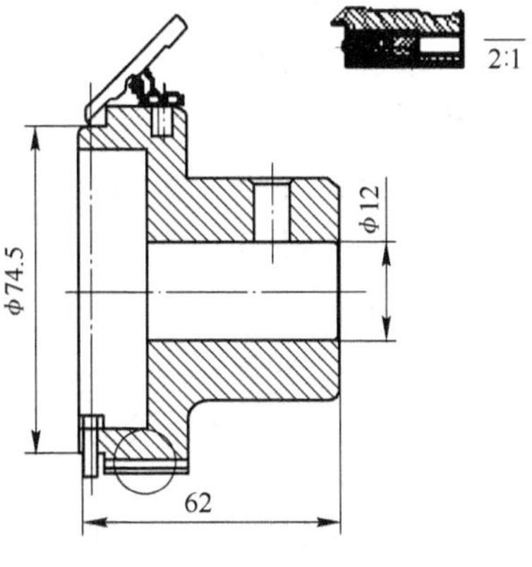


图 6－39　φ82 mm 弹簧式全齿夹具

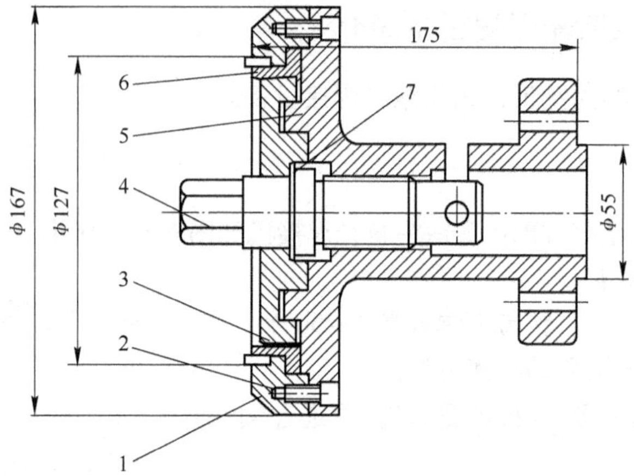


图 6-40　φ127 mm 外定心全齿夹具

1—外盖；2—螺钉；3—前夹盘；4—轴；5—内靠盘；6—锥形圈；7—调整螺纹

## 6.5.2　德国

德国 DR. FRITSCH 公司的 BSM220 型钻头激光焊接机如图 6-41 所示。

6.5.2.1　性能特点

（1）自动调整钻齿在钢管上的出刃值；

（2）设有钻齿抓取输送机构，自动抓取钻齿并送到钢管的焊接位置；

（3）带水冷却的激光头由 CNC 控制，可以焊接各种直径的钻头；

（4）由中央控制台控制各项工序操作并输入工艺参数；待焊钢管由手工放进孔内，夹紧之后，自动测量焊接端面的位置。

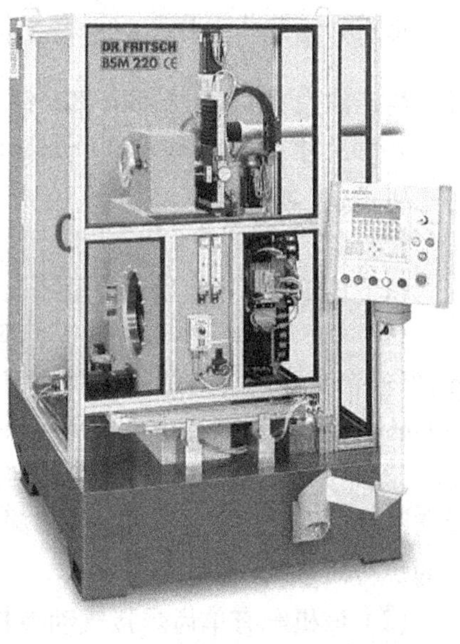


图 6-41　BSM220 型钻头激光焊接机

6.5.2.2　技术参数

激光器型号：ROFIN-SINAR DC025 型

类型：板式 $CO_2$ 激光器

功率：2500W

光束直径：φ25 mm

模式：$TEM_{00}$

钻头直径：φ25～250 mm

钻齿尺寸：长 15～50.8 mm，宽 2～6 mm，高 5～15 mm

耗气量：0.3L/h

6.5.2.3　评述

（1）该机自动化程度高，只要将钢体放进机内，焊齿一端靠紧定位装置，其他工序由 CNC 控制完成。

（2）该机有一机械手，将一个个钻齿抓起，送到焊接位置，先用激光点焊固定，然后钢体再转动一圈进行激光焊接。而激光束转到没有钻齿的位置会自动停止，避免钢体烧损。因此,钻齿焊接质量高。

(3) 由于多一道钻齿点焊固定工序,焊接效率不如上述机型,且对钻齿尺寸精度要求严格。

(4) 整机价格昂贵,钻头生产成本高,获得利润周期长。

### 6.5.3 意大利 ARGA 公司 LSWC300 型钻头激光焊接机

6.5.3.1 性能特点

(1) 3 个 CNC 控制各自动作;

(2) 设有钻齿夹具的自定心装置;

(3) 设有钢管夹紧自定心装置。

6.5.3.2 技术参数

功率:3 ×400 V,50 Hz,6.2 kVA

钻头直径:$\phi$40 ~300 mm

钻齿尺寸:长 20 ~50 mm,高 5 ~15 mm,厚 2 ~7 mm

风量消耗:200 L/min(标态);

水量消耗:15 L/min;

外廓尺寸:1600 mm ×1600 mm ×1200 mm

质量:800 kg

6.5.3.3 评述

该机结构简单,钻齿夹具与钢管夹紧的自定心装置较好,功率小,却能焊接大直径钻头。

### 6.5.4 华中科技大学三工位钻头激光焊接机

国内各激光焊接设备生产厂家在设计金刚石圆锯片激光焊接机的同时,也都考虑到兼顾激光焊接薄壁钻头的需要。如武汉团结激光公司、武汉金石凯激光公司和华中科技大学等等,他们在三工位激光焊接设备中取一工位或二工位作为钻头焊接之用。但是,由于国内的市场需求不大,有的只停留在样机或少量的生产,并没有开展深入的研究和改进,在生产使用中还存在一些问题,有待继续工作,在技术性能方面赶上进口设备才能满足越来越多的市场需要。图 6-42 所示为在另一国产激光焊机上改装的钻头激光焊接装置,仅供参考。

图 6-42 国产激光焊机上改装的钻头激光焊接装置

6.5.4.1　结构特点

（1）焊接工作台呈品字形三工位排列。各工位可灵活安排：一工位用于焊接外圆；一工位用于焊接内圆；或者一工位用于焊接圆锯片。

（2）各个工作台工件单独传动。光束的功率、焦点、离焦量、入射角偏离量和焊接速度等参数均可独立调节，互不干扰。

（3）具有多种夹具结构供选择。用户可以根据钻头的不同用途和规格范围选择适用的夹具。

6.5.4.2　技术参数

激光器：可以配置进口或国产的，国产的配 HGL－5000 型横流电激励 $CO_2$ 激光器

功率：3 kW（低阶模）

光束尺寸：$\phi$25 mm

光束发射角：不大于 3 mrad

钻头直径：$\phi$20～250 mm，长 450 mm

转速：0～10 r/min

6.5.4.3　评述

（1）该机结构简单，性价比高。手工操作比较多，影响生产效率。

（2）应选择配有中心架定心装置的机型进一步改进，并配钻头端部定位装置，以提高工作效率。

（3）增加 CNC 控制部分，提高自动化水平。

## 6.6　薄壁钻头激光焊接工艺

如上所述，钻头激光焊接仍然是基于"小孔效应"理论基础上的激光深熔焊接。由于钻头结构和材质与圆锯片不同，因此其焊接工艺及其参数的选择也有所不同。

### 6.6.1　激光焊接参数调整

根据钻头直径的不同，首先要按一定的焦距，调整激光头的高度。再调整光束的离焦量、偏移量和入射角的大小。

（1）离焦量：离焦量对熔深、熔宽、熔化效率影响很大。一般采用负离焦量，也就是把焦点位置移到工件表面以下 0.1～0.5 mm 处，可以获得较大的穿透深度。

（2）光束偏移量：由于钻齿比钢体厚，出刃值在 0.3～1 mm，为避免激光束的飞溅，保护透镜片，也减少胎体材料的烧损，有意使光点偏移钻齿与钢体接触面 0.2～0.3 mm。

（3）入射角：同样为了保护透镜片，使激光束倾斜一定角度，并可获得较好的角焊效果，一般入射角取 2°～8°。

### 6.6.2　钻头激光焊接工艺参数选择与优化

根据激光焊接工艺的特点，摸索薄壁工程金刚石钻头激光焊接过程中焊机输出功率与焊接速度之间的关系以及对焊缝焊接强度和外观质量的影响。

激光焊接工艺参数：

激光功率：200～2500 W

焊接速度:0.2 ~ 3 m/min

钻头直径范围:$\phi$20 ~ 250 mm

焊接延迟时间:0.8 s

在焊接工艺参数中最重要的是激光输出功率和焊接速度。在激光深熔焊时,激光功率控制熔透深度。其中焊接深度直接与光束的功率密度有关,当光斑直径一定时,熔深随功率的提高而增加,但是当激光功率过高时,熔池沸腾过于激烈,导致空洞的出现,焊缝有气孔,使焊接强度降低,且焊缝过宽、不平滑,影响外观。激光功率太低则焊不透,形成虚焊。用扭矩扳手检测,在设定值内产生掉齿。经过大量的试验后,我们确认对 2 mm、2.5 mm、3 mm 壁厚的钢管选择 1250 ~ 2000 W 的激光输出功率,也就是在控制台显示屏上显示的 2.5 kW 中 50% ~80% 选择。相对于锯片的激光焊接功率要高一些,因为钢管是圆形的,激光束射入时有一部分能量散失掉。

焊接速度和激光功率一样也影响着焊接深度,焊接速度太快使熔深太浅,并且会因焊缝中的有害气体来不及逸出而产生过多的气孔;而焊接速度慢,会使焊缝太宽,也会产生空洞、气孔,甚至还会有裂纹现象。而且热影响区随之增大,使工作层与过渡层之间出现裂纹。所以,也要通过试验,选择最佳的焊接速度。表 6 - 12 是不同工艺参数对比试验的结果。

**表 6 - 12 不同工艺参数试验比较**

| 钻头规格/mm | 输出功率/W | 焊接速度/m · min$^{-1}$ | 测试扭矩要求值/N · m | 破坏扭矩实测值/N · m | 焊缝外观 |
|---|---|---|---|---|---|
| $\phi$63（齿长 × 壁厚 = 18 × 2） | 38 | 1.1 | 7.2 | 10.2 | 焊不透 |
| | 43 | 1.2 | 7.2 | 12.3 | 有少量气泡 |
| | 50 | 1.4 | 7.2 | 18.5 | 平整无气泡 |
| | 60 | 2 | 7.2 | 9.9 | 气泡多 |
| $\phi$108（20 × 2.5） | 50 | 1.6 | 9.5 | 12.2 | 焊不透 |
| | 60 | 2.2 | 9.5 | >25 | 平整无气泡 |
| | 70 | 2.5 | 9.5 | 10.5 | 气泡多 |

表 6 - 12 结果表明:$\phi$63 mm 钻头的钢管壁厚 2 mm,激光功率选择输出功率的 50%(约 1100 ~ 1300 W),焊接速度在 1.4 m/min 左右时和 $\phi$108 mm 钻头的钢管壁厚 2.5 mm,激光功率选择输出功率的 60%(约 1500 ~ 1700 W),焊接速度在 2.2 m/min 左右时可以得到较好的金刚石钻头焊接质量。焊缝的抗弯强度都大大超过 EN13236 安全标准。

$\phi$63 mm 钻头齿的扭矩值为 7.2 N · m,$\phi$108 mm 钻头为 9.5 N · m。

为了检验激光焊接工艺优化选择的实际效果,分别用 $\phi$63 mm 和 $\phi$108 mm 两种钻头各 5 只进行了室内模拟钻进试验,结果如表 6 - 13 所示。

**表 6 - 13 钻头模拟钻进实验效果**

| 钻头规格/mm | 钻齿规格/mm × mm × mm | 钻进对象 | 钻进效率/cm · min$^{-1}$ | 平均寿命/m |
|---|---|---|---|---|
| $\phi$63 | 18 × 3.5 × 12 × 8 | 钢筋混凝土 | 5.31 | 26.9 |
| $\phi$108 | 20 × 4 × 12 × 12 | 钢筋混凝土 | 3.65 | 31.43 |

注:钻齿规格 18 × 3.5 × 12 × 8,18 为齿长,3.5 为齿宽,12 为齿高,8 为齿数。

表 6 - 13 的结果表明:钻切常规的钢筋混凝土墙时,$\phi$63 mm 钻头的钻进效率达 5.31 cm/min;$\phi$108 mm 钻头的平均钻进速度达 3.65 cm/min,超过一般高频焊接钻头的使用水平。钻进常规的钢筋混凝土墙时,$\phi$63 mm 钻头的预计寿命达 26.9 m,$\phi$108 mm 钻头的预计寿命达 31.43 m。

# 7 孕镶金刚石地质取芯钻头

## 7.1 概况

孕镶金刚石地质取芯钻头(简称地质钻头)是我国人造金刚石工业应用最早和最成功的一种超硬材料工具。桂林矿产地质研究院于20世纪60年代末就开始人造金刚石钻探技术重大科技项目的研究与推广。其中最关键的攻关项目是人造金刚石地质取芯钻头的研制。20世纪70年代中期,地质钻头首先在湖南锡矿山试验获得突破性进展,并通过科技部技术鉴定。从此,人造金刚石钻探技术在全国有关部委的地质勘探系统和矿山迅速推广,完全取代传统落后的大口径钢粒钻进,钻探效率和质量大幅度提高,在短时间内取得了良好的技术经济效果,可以说,在我国钻探史上完成了一次重大的技术革命。由此,“金刚石地质岩芯钻探配套技术的推广”项目,于1985年获得国家科技进步一等奖。正是在地质钻头上的成功应用,又促进人造金刚石工业的发展和进步。20世纪70~80年代,国内许多地质勘探部门上马生产六面顶压机,兴建金刚石厂和钻头厂。据不完全统计,80年代末,我国地质钻头的年产量接近20万个,在当时的超硬材料工具制造行业中占据重要地位,是我国人造金刚石原料的主要应用和消耗工具之一。尽管当时的人造金刚石生产发展迅猛,但仍然供不应求。

几十年来,经过有关科研单位、高等院校和企业的不懈努力,我国的地质钻头设计水平和工艺制造技术取得了长足的进步,并形成一门独立的学科。岩石破碎机理、岩石力学、金属材料学、粉末冶金学、钻头结构和水力学等是地质钻头研究的理论基础。根据我国的岩石特性和岩石可钻性分级,有关专家学者研究和设计出不同结构的地质钻头图谱,并形成一套比较完整的生产工艺流程。在钻头岩石破碎机理方面有许多突破性的理论创新,在对坚硬致密地层钻进时出现的钻头打滑现象,提出了在钻头胎体中金刚石弱包镶的新理念,并在实践中解决了钻头打滑问题。在钻头胎体配方中采用预合金粉末和少量稀土元素等新方法、新思路,使我国地质钻头在寿命和钻进效率方面又有进一步的提升。20世纪90年代以后,我国地质勘探工作量大大削减,因此地质钻头的生产也严重萎缩。而最近几年,地质钻头的生产随着地质勘探、水电工程、高速公路和地基勘察工作量的逐年增加而有所回升。尤其是金刚石电镀钻头由于它钻进效率高而受到青睐,需求量猛增。2006年的电镀钻头总产量超过10万个,其中有一家企业的钻头销量就达到5万个。

孕镶金刚石地质钻头用于孔底钻进岩石,孔底自由面少,克取工作条件恶劣,钻头胎体要承受较大的压力和钻具振动造成的冲击载荷,以及孔底岩屑的重复破碎和高压冲洗液的不断冲刷。因此要求胎体必须具有足够的耐磨性、强度和抗冲蚀能力,要用高品质的金刚石,既要与胎体有很好的包镶,还要与岩石匹配,适时脱落,始终保持钻头“自锐”的性能,还要考虑钻进工艺等各种参数的影响。所以说,地质钻头设计是一项复杂的系统工程。

孕镶金刚石钻头根据用途不同分为地质勘探、工程勘察、民用建筑和专用钻头;按配置的钻具不同又分为普通单管钻头、双管钻头和绳索取芯钻头。地质钻头克取工作的对象是岩石，因此要依据岩石特性，也就是参照我国岩芯钻探岩石可钻性12级的分类确定各种钻头的结构、配方设计及其适用的范围。岩石可钻性是表示岩石被钻进时所表现出的难易程度。这是我国于20世纪50年代仿照苏联采用的岩芯钻探12级分类法，对我国的岩石进行分类。那时采用的是钢粒钻进或硬质合金钻进方法，而现在使用的是金刚石钻探技术，用的是孕镶金刚石钻头，岩石可钻性应该随着钻进方法的不同而发生变化。因此，这种岩石可钻性分级已经不适用于当前的钻进方法。为此，国内有关院校针对孕镶金刚石钻头钻进方法的可钻性分级进行了研究和试验，并提出用岩石的 $A$、$B$ 值来表示岩石可钻性级别的新方法。也就是，岩石对孕镶金刚石钻头所表现出来的可钻性包括两个方面：一是岩石的 $A$ 值，指的是岩石对金刚石的磨损性；二是岩石的 $B$ 值，指的是岩石对钻头胎体的磨损性。这在有关书籍中有详尽的论述，这里不再赘述。近年来，国内不少专家学者在利用计算机的专家系统和神经网络专家系统设计与制造孕镶金刚石钻头方面开展深入的研究和大量的试验工作，取得了显著的效果。使孕镶金刚石地质钻头的寿命和钻进效率都有明显的提高，使我国的地质钻头设计向人工智能化方向前进了一大步。

## 7.2　钻头结构设计

### 7.2.1　钻头的组成

孕镶金刚石地质钻头由胎体和钢体组成，胎体又分工作层与非工作层。为适应不同用途，胎体唇面结构形状各异，胎体下部有若干水口，内外侧有水槽。如图7－1和图7－2所示。

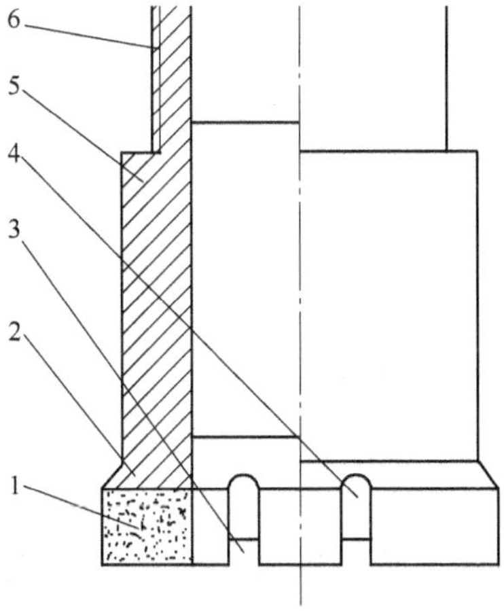


图7－1　钻头组成

1—工作层；2—非工作层；3—水口；4—水路；5—钢体；6—螺纹

图7－2　尖齿钻头

### 7.2.2　钻头唇面结构设计

在钻头钻进过程中，钻头唇面直接与孔底岩石接触，它的结构形状设计影响到钻头的受力状况、排粉、冷却及钻进效果。一般的单管、双管钻头采用的是平底型唇面，当钻头工作一段时间后，钻头内外出刃处磨成圆弧状。所以，有的直接将唇面设计成圆弧状，使之更快地与岩石自由面接合，进入正常和稳定地钻进状态。绳索取芯钻头，由于钻头壁厚，其唇面多设计成多阶梯形或锥形，如图 7－3 所示。多阶梯形钻头自由面多，体积破碎成分比例大，钻进效率高，稳定性好。锥形钻头排粉效果好，钻进稳定。而对致密坚硬、弱研磨性的打滑地层，则采用同心尖齿形唇面，如图 7－2 所示。或者采用交错式的尖齿、方齿唇面结构将有利于提高钻进效率，如图 7－4 所示。

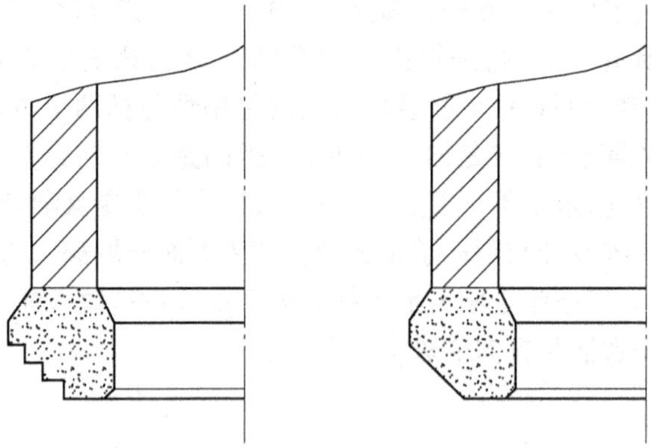


图 7－3　多阶梯形，锥形唇面钻头

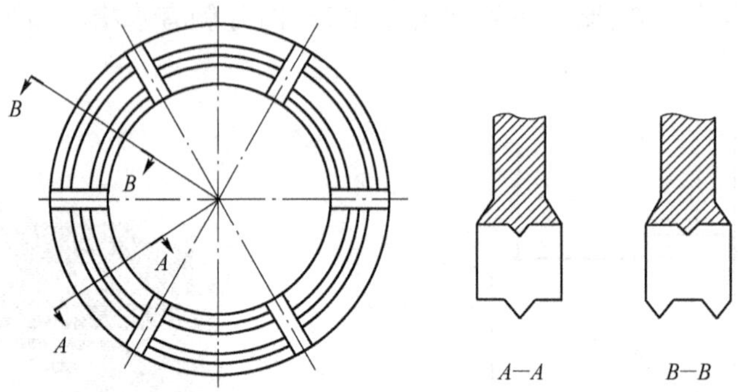


图 7－4　交错式唇面钻头、方齿层面结构

### 7.2.3　钻头水路系统设计

钻头水路系统是由水口、内外水槽、钢体与孔壁的间隙等组成。由于金刚石出刃非常小，冲洗液必须通过钻头的水槽和水口流向孔壁返回地表，形成正常的冲洗液循环。这样才能有效地冷却钻头和排除孔底岩屑、岩粉。所以，钻头水口、水槽的数量和深度要根据岩石特性和钻头直径大小确定。而水口的结构形式大多数都是底唇面开口式，可以是直水口，也可以是螺旋式水口。还有一种底喷式水口，它主要用于绳索取芯钻头。因为钻头壁厚，又用于钻进含岩粉多的软质地层，冲洗液除通过内外水槽之外还可通过数个 $\phi 4 \sim 7$ mm 的水口孔从底唇面喷出，加强排粉效果，孔底干净，钻进效率高，也有利于提高岩芯采取率。

### 7.2.4 钻头的保径

钻头在钻进过程中，外径线速度高，磨损逐渐变小，所以在钻头和岩芯管之间要接一个扩孔器，以保证孔径的一致，否则，当更换新钻头时，由于新钻头直径大，送不到孔底。但是，扩孔器的外径只比钻头外径大0.5～1 mm，所以，钻头外径磨损太大将给扩孔器造成负担，影响正常钻进。尤其是在致密坚硬的地层钻进，孔壁间隙小，容易卡钻。而新旧钻头的内径不一致，也要影响岩芯的采取和引起堵芯等诸多问题。总之，为了保持钻头内外径尽可能的一致而采取许多补强的措施。常用的补强材料有硬质合金条和圆柱状金刚石聚晶，其规格大小为$\phi$2 mm×3 mm。这些材料一般安放在工作层和非工作层交界处，内外径错开安放，经烧结后即粘在胎体内外侧，起到保径的作用。如图7－5所示。

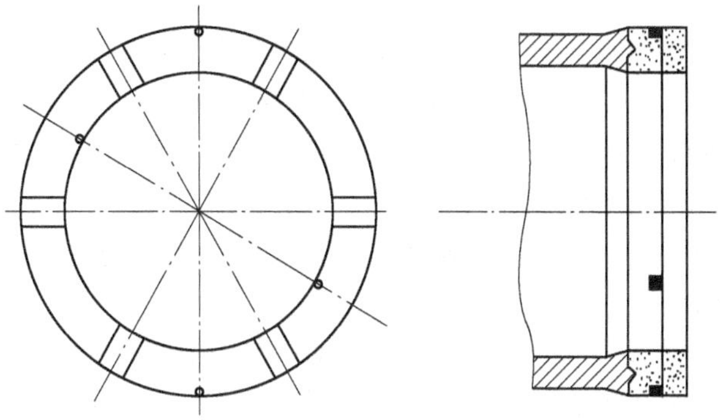

图7－5 保径钻头示意图

### 7.2.5 地质钻头特点

7.2.5.1 单管钻头

单管钻头一般用于中硬、硬和坚硬地层的地质取芯钻探，也用于矿山坑道和地基工程取芯钻探。

特点：

(1) 钻具结构简单，钻头壁薄，钻进效率高；

(2) 钻头唇面结构多为平底形或圆弧形，制造简单，成本低；

(3) 岩芯采取率低，适于小口径，浅孔钻探取样。

7.2.5.2 双管钻头

双管钻头配用双管扩孔器和单动双层岩芯管。该钻具在钻进过程中，外管回转，内管不转，以保护岩芯不受破坏，所以岩芯采取率高。

适用范围：广泛用于各种硬度和研磨性地层的钻探，特别是在中硬地层具有良好的钻进效果。尤其是钻进取芯比较困难的破碎岩层，它是主要的钻探工具。它也适合于坚硬地层的中深孔钻进，钻头寿命长，岩芯采取率高，保证钻孔质量。

特点：

(1) 根据岩石特性，钻头唇面结构可以设计成多种形式。除平底形和圆弧形之外，还可以设计成同心尖齿形或交错尖齿形。

(2) 尖齿钻头结构优点多,具有掏槽作用,形成孔底多自由面;对岩石既有磨削又有挤压的作用,造成岩石的体积破碎,岩粉粗,较适合于钻进打滑地层。

(3) 尖齿钻头还具有良好的稳定性,适于深孔钻进,防止孔斜。

(4) 采用金刚石聚晶保径,若用于坚硬地层钻进,最好用天然金刚石保径。

#### 7.2.5.3　绳索取芯钻头

在深孔钻进中,为了提高纯钻时间(减少起下钻具次数),采用绳索取芯钻具。因此钻头的寿命要长,钻进过程钻出的岩芯可以多次装满岩芯管,由绳索提取至地表,而不需提升钻具。由于钻头壁更厚,不能承受更大的钻进压力,压力太大还容易引起钻孔弯曲。

适用范围:适于深孔钻进较完整的软-中硬、中硬、中硬-硬的各种研磨性岩层和互层。最不适于钻进破碎地层。

特点:

(1) 由于钻头胎体较厚,为保证金刚石的冷却和排粉,水口设计要宽而浅,使冲洗液的过水断面不宜太大,产生一定压力降,有利于冷却金刚石和排粉。

(2) 由于钻头胎体较厚,受压面积有限,要求钻头唇面有效系数小,一般取 0.75 ~ 0.65,以保证单位面积压力不降低。

(3) 钻头钢体长度一般为 80 mm,内螺纹连接,胎体高度,工作层高度相对较高,约 12 ~ 15 mm,如图 7 - 2 所示。

(4) 根据岩层的不同硬度和研磨性设计各种唇面结构,要有好的岩石破碎效果和冷却排粉功能。有的为导向和增强孔底自由面而采用多阶梯形唇面钻头。它也适合于钻进打滑地层。

(5) 由于钻头寿命长,更要注意加强保径的设计。

#### 7.2.5.4　水力反循环金刚石钻头

水力反循环连续取芯钻探是一项新技术,桂林矿产地质研究院于 1992 年即通过部级鉴定。它适用于各种地层的中深孔钻进,一般孔深在 500 m 以内,由于沿程压力降的影响,孔越深,压力降越大,而地表水泵的工作压力有限。在水力取芯的钻进过程中,冲洗液从特殊结构的水龙头中进入双层钻杆内外管中间流到孔底,再进入内管返回地表,经水龙头上部软管进入水池。而岩芯进入内管后,由切断器将岩芯割断成一定长度,一节一节地依靠冲洗液压力的作用,将岩芯连续不断地送出地表。

特点:

(1) 钻头结构不同,水路系统要求钻头外缘封闭,冲洗液一部分经喷射孔进入孔底返回内管,另有几个向上的喷射孔,将冲洗液直接射向内管,对岩芯产生抽吸作用。

(2) 根据岩石特性,钻头可用天然金刚石、人造金刚石、金刚石复合片和聚晶等超硬材料制造。

(3) 钻头的制造可以用热压烧结方法,也可以用真空钎焊方法。

#### 7.2.5.5　大口径工程钻头

近年来,工程用金刚石钻头的需求量剧增,年耗量超过地质勘探用钻头。主要用于水电站、水库、水坝、桥梁、公路和大型建筑物的地基勘察以及工程安装、基础加固、管道电缆铺设和通风排水等等许多工程的钻孔。

特点:

(1) 大口径孕镶钻头采用热压烧结法和电镀方法制造。电镀钻头钻进效率高,而热压烧结钻头寿命长。

(2) 一般采用单管钻头,个别对岩芯采取率要求高的才用双管钻头。

(3) 由于用途不同,岩石特性变化大,应配以适合不同硬度和研磨性的胎体配方。

(4) 钻头直径大,线速度高,尽可能使用高强度粗粒金刚石,红硬性好。胎体也要高强度,高耐磨性。

### 7.2.6 地质钻头规格

地质钻头一直没有制订国家标准,只有地质部 1987 年制订的 DZ2.1—87 企业标准和冶金部 1982 年制定的企业标准,两标准略有差异,如表 7-1 ~ 表 7-3 所示,供参考。

7.2.6.1 地质钻头系列规格比较表

**表 7-1 钻头规格**(外径/内径)

| 普通单、双管 | | | 绳索取芯 | 工程钻 | 套管鞋 mm(in) | 其 他 |
|---|---|---|---|---|---|---|
| DZ2—78 | DZ2.1—87 | 冶标(1982) | 冶标(1982)和地标 DZ2.1—87 | DZ2.1—87 | | |
| 36/21.5 | 28/17 | 28.5/16.5 | | | | TNW 75.3/60.8 |
| 46/29 | 36.5/21.5 | 36.5/21.5 | 47/25 | 111/93 | $(3\frac{1}{2})$ (91.8/77.4) | T2-101 101/84 |
| 56/39 | 46.5/29 | 36.5/24.5 | 46.5/25 | 131/113 | $(4\frac{1}{2})$ (117.5/102.7) | T6-101 101/78.7 |
| 66/49 | | 47/29 | 56.5/35 | 150/132 | $(4\frac{1}{2})$ (120.1/103) | T6-131 131/108 |
| 76/59 | 59.5/41.5 | 47/33.5 | 59.5/36 | 171/149 | $(5\frac{1}{2})$ (143.5/121.3) | BQ-59.5/36.5 |
| | | 60/41.5 | 60/36 | 200/179 | | NQ-75.3/45 |
| | 75/54.5 | 60/46 | 75/49 | 222/196 | | HQ-95.6/63.5 |
| | | 75/54.5 | 77/49 | | | HQ3-95.6/61.1 |
| | 91/68 | 75/60 | 91/62 | | | PQ-122/85 |
| | | 91/68 | 95/64 | | | |
| | | 91/75 | 96/63 | | | |

注:DZ 代表地标。

### 7.2.6.2　普通双管钻头系列规格比较

表 7－2　地质部 DZ2.1—87 普通双管规格　（mm）

| 公称直径 | 胎体 | | 钢体 | | 总长 | 水口 | | 水槽 | 螺纹尺寸 | | |
|---|---|---|---|---|---|---|---|---|---|---|---|
| | 外径 $D$ | 内径 $d$ | 外径 $D_1$ | 内径 $d_1$ | $H$ | 数量 | 宽×高 | 深×宽 | 大径 $D_2$ | 小径 $D_3$ | 长度 $L$ |
| 28 | $28^{+0.5}_{+0.3}$ | 17 ±0.1 | 27 ±0.1 | $22.5^{+0.2}$ | 80 | 3 | (4～6)×(4～6) | 1.5×5 或 1.5×(4～6) | $24.5^{+0.08}$ | $23^{+0.06}$ | 33 |
| 36 | $36.5^{+0.5}_{+0.3}$ | 21.5 ±0.1 | 35 ±0.1 | $29^{+0.2}$ | 90 | 4 | | | $31^{+0.08}$ | $29.5^{+0.06}$ | 33 |
| 46 | $46.5^{+0.5}_{+0.3}$ | 29 ±0.1 | 45 ±0.1 | $38^{+0.2}$ | 90 | 4～6 | | | $40.5^{+0.08}$ | $39^{+0.06}$ | 33 |
| 59 | $59.5^{+0.5}_{+0.3}$ | 41.5 ±0.1 | 58 ±0.1 | $51^{+0.2}$ | 120 | 8～12 | | | $53.5^{+0.08}$ | $52^{+0.06}$ | 33 |
| 75 | $75^{+0.5}_{+0.3}$ | 54.5 ±0.1 | 73 ±0.1 | $65.5^{+0.2}$ | 120 | 10～14 | | | $68.5^{+0.08}$ | $67^{+0.06}$ | 33 |
| 91 | $91^{+0.5}_{+0.3}$ | $68^{+0.1}_{-0.2}$ | 89 ±0.1 | $81^{+0.2}$ | 120 | 12～16 | | | $84^{+0.08}$ | $82.5^{+0.06}$ | 33 |

表 7－3　冶金部普通双管钻头规格　（mm）

| 标称直径 | $D$ | $d$ | $D_2$ | $D_3$ | $D_1$ | $d_4$ | $H$ | $L$ | $L_2$ | $L_3$ | 水口数量 |
|---|---|---|---|---|---|---|---|---|---|---|---|
| 28 | 28.5 | 16.5 | 24 | 23 | 27 | 18 | 80 | 20 | 65 | 10 | 3 |
| 36 | 36.5 | 21.5 | 31 | 29.5 | 35 | 23 | 105 | 32 | 87 | 10 | 4 |
| 47 | 47 | 29 | 41 | 39.5 | 45 | 32 | 105 | 32 | 87 | 12 | 4 |
| 60 | 60 | 41.5 | 53.5 | 52 | 58 | 45 | 130 | 42 | 111 | 12 | 6 |
| 75 | 75 | 54.5 | 68.5 | 67 | 73 | 58.5 | 135 | 42 | 115 | 12 | 6 |
| 91 | 91 | 68 | 84 | 82.5 | 89 | 73 | 145 | 45 | 123 | 14 | 8 |

普通双管钻头的规格如图 7－6 所示。

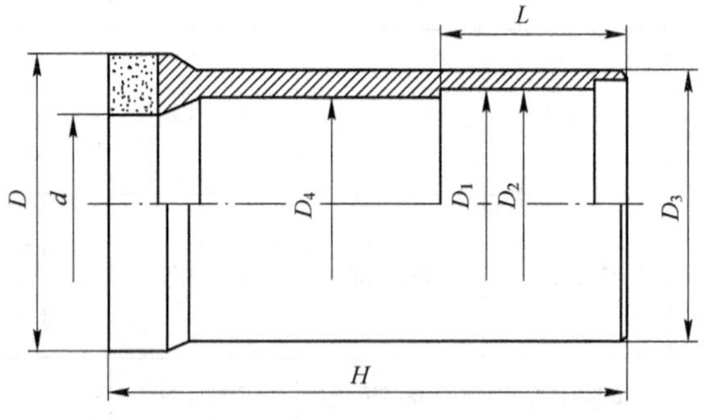


图 7－6　普通双管钻头规格图

## 7.3　地质钻头胎体配方设计

钻头胎体配方设计应包括金刚石性能参数（金刚石强度等级、粒度和浓度）和胎体性能参数（胎体的硬度、强度和研磨性）的设计。其设计依据主要是所钻岩石的特性、孔径、孔深以及钻进规程等诸多因素。根据钻探学的岩石破碎机理，孔底钻头的金刚石出露约占总量的 1/3，这部分金刚石在轴向压力和回转扭力的作用下对岩石进行磨削和压裂。金刚石在克取岩石的过程中会不断地磨损，而破碎下来的岩屑、岩粉反过来磨削胎体，致使胎体对金刚石的包镶逐渐减弱，直至金刚石脱落，而新出刃的金刚石继续克取岩石。如此循环反复的金刚石自锐过程是胎体性能的理想设计。所以，胎体的硬度，不是越硬越好，对金刚石的包镶能力也要恰到好处。

### 7.3.1 胎体材料选择与配比

钻头胎体组成：一是硬质骨架材料，在胎体中形成硬质点，如 WC；二是熔点低的黏结材料，把金刚石和硬质点黏结，如663 青铜。为了提高胎体性能，还要添加一些中间相，如 Co、Ni、Mn、Fe 和 Ti 等元素。Co 可以提高胎体合金的强度和耐磨性，提高对金刚石的包镶能力，还有利于胎体冷却收缩时的致密化过程。Ni 也可以提高胎体合金的强度和耐磨性。Mn 是良好的脱氧剂，在胎体烧结过程中可降低胎体的含氧量，活化 Co、Ni、Cu 的表面，促进烧结，提高胎体性能。此外，与 Cu、Zn 结合可降低烧结温度。663 青铜是最传统使用的钻头黏结相，在高温烧结中，部分熔化，与 Co、Ni、Mn、Zn 等形成多元合金，很好地黏结金刚石和骨架元素，而且青铜的成形性好，适于压制。为了提高胎体的致密度和降低烧结温度还可以在胎体中加入少量的稀土元素，如 La、Ce 等。由此可见，钻头胎体的主要成分是 WC 和663 青铜，而评价胎体性能的指标是胎体的硬度。胎体硬度用洛氏硬度 HRC 表示。胎体的一般硬度范围20 ~ 55HRC。设计时，使胎体硬度与所钻岩石的可钻性等级相匹配。这是多年实践积累下来的传统方法，常用的几种胎体配方与相应的性能列于表7 - 4 中。可根据所钻岩石特点参考下述的胎体性能设计粉末配方。一般对软、中硬地层采用高硬度胎体；硬、坚硬地层，弱研磨性地层采用低硬度胎体。但是，强研磨性、破碎地层则要选择高硬度、强研磨性胎体配方。

**表 7 - 4 钻头胎体配方与性能**

| 胎体配方比例/% | 烧结温度/℃ | 性能指标 | | |
|---|---|---|---|---|
| | | 硬度 HRC | 强度/MPa | 密度/g · cm$^{-2}$ |
| WC70，“663”25，Co5 | 1100 ~ 1200 | 55 | 700 | 12.7 |
| WC50，“663”35，Co5，Ni10 | 1100 ~ 1200 | 40 | 1200 | 10.4 |
| WC35，“663”50，Co5，Ni5，Mn5 | 950 | 35 | 850 | 10.4 |
| WC30，“663”55，Co5，Ni5，Mn5 | 950 | 30 | 830 | 10.1 |
| WC30，$YG_6$ 11，“663”45，Ni7，Mn7 | 980 | | 755 | 9.8 |
| WC20，$YG_6$ 25，“663”45，Ni7Mn3 | 1000 ~ 1100 | | 720 | 9.1 |
| WC55，Co2，Ni5，Mn7，Zn1，“663”30 | 1000 ~ 1100 | 45 | 1000 | 11.7 |

### 7.3.2 金刚石参数选择

地质钻头金刚石参数的设计仍然主要根据所钻岩石的可钻性和相关的条件对金刚石的品质、粒度和浓度进行选择计算。不同的地质条件、不同钻孔深度甚至不同的钻进工艺都要求不同的金刚石参数。所谓的广谱钻头，也有它的适用范围，一般用于中深钻孔，中硬、完整地层，可以满足钻进效率高、寿命长的要求。但是用在坚硬破碎地层就不一定合适，就必须改变金刚石参数，或选用高强度高品质金刚石或降低浓度，选用粗粒金刚石等措施。若用于深孔钻进时，转速、轴心压力都受限制，冲洗液水量也不大，在同样胎体条件下，就应该适当降低浓度,采用粗粒高强金刚石才能取得较好的钻进效果。

7.3.2.1 金刚石品质与粒度选择

选择金刚石原则上是岩石越硬品质越高,粒度越细;岩石越软可选用低强度粗粒度金刚石。近年来,国产金刚石质量提高很快,性价比高,有条件选用高品质相应粒度的金刚石制作钻头。按国标 GB 6405—6408 的平均抗压强度分级,一般采用 MBD($MBD_6 \sim MBD_{12}$)级,粒度选择 60/70、50/60、40/50 粒度,更细的有用 70/80、80/100 粒度。30/40 粗粒度用的比较少,抗压强度低。不过,目前国产 30/40 金刚石质量大有提高,如果需要,不必使用进口的,采用国产 SMD 级粗粒金刚石完全可以满足要求。

7.3.2.2 金刚石浓度的计算与确定

孕镶金刚石地质钻头的金刚石浓度以体积浓度表示,即:

$$C = V_d / V_{胎} \times 100\%$$

式中 $C$——金刚石浓度;

$V_d$——金刚石在胎体中所占体积;

$V_{胎}$——胎体体积。

当 $C=25$ 时,砂轮工业浓度制称为浓度的 100%,这时每 1 $cm^3$ 胎体中含金刚石的质量为:

$$g = 1 \times 0.25 \times \rho = 1 \times 0.25 \times 3.52 = 0.88\ g = 4.4\ ct$$

式中 $\rho$——金刚石密度,3.52 $g/cm^3$。

金刚石浓度是制造钻头的重要参数,必须根据所钻岩石性质和经验,经过反复试验才能得以优化。其大小与金刚石品质也有关。一般情况下金刚石品质高,粗粒的可选择较低的浓度,反之亦然。以往,由于国产金刚石品质都比较差,为了增加钻头寿命,都有意提高金刚石浓度,一般取 85% 以上。由此,钻头唇面分布的金刚石颗粒数太多,单颗金刚石承受的压力小,钻进效率低,进尺慢。要提高钻头的钻进效率,必须尽可能降低金刚石浓度。

由于影响因素比较复杂,有人试图用一个公式,能够计算出各种情况下的钻头金刚石浓度,其可信度也难以查证。以目前地质勘探部门越来越多地使用电镀钻头的趋势考虑,也要着重研究提高孕镶钻头的钻进效率问题。为此建议采用以下浓度:

(1) 中硬、中等研磨性地层,钻头的金刚石浓度为 40% ~60%;

(2) 坚硬、弱研磨性地层,钻头的金刚石浓度为 25% ~40%;

(3) 坚硬、强研磨性地层,钻头的金刚石浓度为 60% ~80%。

### 7.3.3 典型钻头设计计算实例

以 $\phi$46 mm 双管钻头为例,就成型材料进行计算,按图 7-7 钻头毛坯尺寸,计算胎体各部分的物料用量。

钻头外径 $D=\phi46.5$ mm,钻头内径 $d=\phi29.5$ mm,工作层高度 $H=7$ mm,水口数量 $N=4$,水口宽度 $B=4$ mm,非工作层高度 $h=7$ mm,粉料密度 $\gamma=11.7\ g/cm^3$,金刚石浓度 75%,$k=0.66\ g/cm^3$,金刚石密度 $\rho=3.52\ g/cm^3$,损失系数 $K=1.05$。

工作层体积 $V_1$ 计算:$V_1=\pi/4(D^2-d^2)H-1/2(D-d)BHN$

$$V_1=6.15\ cm^3$$

金刚石用量 $G$ 计算:$G=V_1\times k$  $G=V_1\times0.66=4.06\ g\times5\ ct/g=20.3\ ct$

工作层粉质量 $G_1=(V_1-G/\rho)\gamma K$

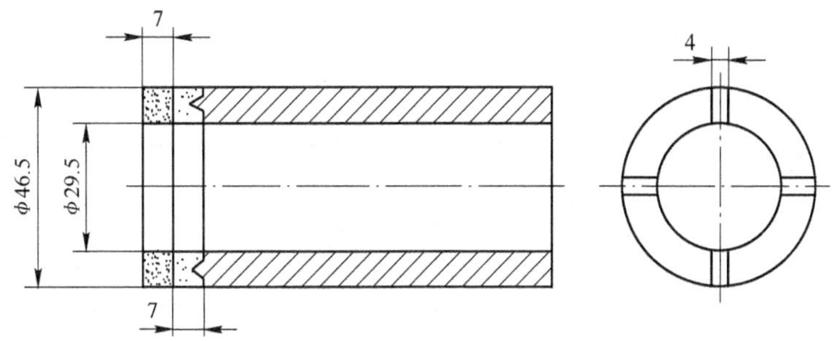


图 7－7 φ46 mm 钻头毛坯示意图

$$G_1 = (6.15 - 4.06/3.52) \times 11.7 \times 1.05 = 61.4\ \text{g}$$

非工作层粉体积 $V_2$ 计算：

$$V_2 = \pi/4(D^2 - d^2)h - V_3$$

式中 $V_3$——钢体锥台所占体积约为 1.0 $cm^3$

$$V_2 = 7.1 - 1 = 6.1\ \text{cm}^3$$

非工作层粉用量 $G_2$ 计算：$G_2 = V_2 \times \gamma = 6.1 \times 11.7 = 71.37$ g

则一个 φ46 mm 钻头粉料和金刚石的用量：

金刚石 20.3 ct，工作层粉 61.4 g，非工作层粉 71.37 g。

### 7.3.4 地质钻头胎体与唇面结构选择（如表 7－5 所示）

表 7－5 地质钻头胎体与唇面结构选择

| 岩石可钻性分级 | 软岩（1～2 级） | 较硬岩层（3～5 级） | 硬岩层（6～8 级） | 坚硬岩层（9～12 级） |
|---|---|---|---|---|
| 岩石名称 | 页岩<br>泥岩<br>凝灰岩<br>粘板岩<br>石灰岩 | 砂岩<br>砂质页岩<br>砂质灰岩<br>软片岩<br>中硬灰岩<br>软白云岩<br>褐铁砂岩<br>硬页岩 | 蛇纹岩<br>大理岩<br>硬质片岩<br>褐铁岩<br>辉绿岩<br>安山岩<br>片麻岩<br>花岗闪长岩 | 玄武岩<br>花岗岩<br>流纹岩<br>石英斑岩<br>硬质砂岩<br>石英岩<br>铁质岩<br>隐晶石灰岩 |
| 岩石研磨性 | 中强 | 中强—高强 | 中强—中弱 | 中弱—弱 |
| 胎体硬度 HRC | 10～20 | 孕镶钻头，电镀钻头，全面钻头 | | 孕镶钻头，电镀钻头 10～20HRC |
| | 20～30 | | | 孕镶钻头，电镀钻头 20～30HRC |
| | 30～35 | | 孕镶钻头，电镀钻头 30～35HRC | |
| | 35～40 | 孕镶钻头，电镀钻头 35～40HRC | | |
| | 40～50 | 孕镶钻头，电镀钻头 40～50HRC | | |

续表 7－5

| 岩石可钻性分级 | 软　岩<br>(1～2 级) | 较硬岩层(3～5 级) | 硬岩层(6～8 级) | 坚硬岩层(9～12 级) |
|---|---|---|---|---|
| 唇面结构选择 | 圆弧型 | 用于较硬岩层、硬岩层，钻头唇面保持良好，金刚石分布均匀，在完整和少量破碎、松散层中使用 | | |
| | 平底型 | 普遍使用于各种不同硬度和研磨性岩层 | | |
| | 尖齿型 | 多用于坚硬岩层，能产生自由破碎空间，利于提高钻进效率 | | |
| | 阶梯型 | 用于软硬交错岩层，倾斜角较大岩层，钻头在孔底的稳定性好，能防止孔斜 | | |
| | 齿轮型 | 用于坚硬致密岩层 | | |
| | 底喷型 | 避免冲蚀岩芯，提高取芯率或易糊钻的软岩层 | | |

## 7.4　钻头钢体

钢体是地质钻头的重要组成之一，它与胎体烧结成一毛坯体，然后以胎体外径定心，按钻头规格要求加工螺纹及其他尺寸。使用时与钻具中的岩芯管连接。一般采用 45 号中碳钢材料。

毛坯钢体外径的确定是根据钻头外径确定石墨模外套的内径 $D_1$，而钢体外径 $D_2$ 与之有一定间隙，以防止在烧结过程中钢体受热膨胀而将外套胀裂。其间隙量值 $\delta$ 为：

$$\delta \geqslant D_1\{1+\alpha_1(t-t_0)\}-D_2\{1+\alpha_2(t-t_0)\}$$

式中　$\alpha_1$——石墨线膨胀系数$(3.4 \sim 4.6)\times10^{-6}$℃$^{-1}$；

$\alpha_2$——钢体线膨胀系数$(14 \sim 15)\times10^{-6}$℃$^{-1}$。

钢体内径 $d_2$ 等于模芯的外径 $d_1$，也就是钻头的内径。装粉时，钢体与模芯是滑配合，而在烧结加热时，钢体线膨胀系数大，两者之间的间隙变大，冷却收缩时，钢体和胎体均抱紧模芯，只有破坏模芯才能取出钻头。因此，钢体内径一般取 0.1 mm 左右的正公差。钢体底部与胎体接触部分为增加接触面积，保证连接强度，底部加工成三棱锥形。钢体材料选择 45 号钢，如图 7－8 所示。

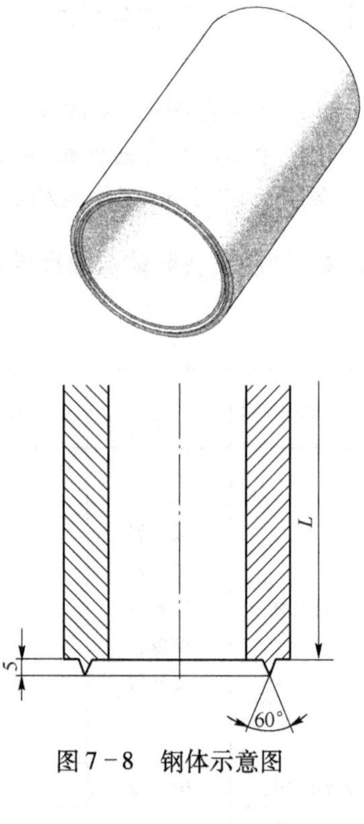


图 7－8　钢体示意图

## 7.5　钻头石墨模具设计

热压烧结金刚石地质钻头，钻齿胎体一般不经过冷压，直接在石墨模具中装粉，钢体放在上面(相当于压头)，利用中频感应炉或电阻炉对其加热、加压，由于石墨是良好的电阻发热材料，当通入低电压大电流时，石墨比电阻值小，迅速发热、升温，对胎体进行加热。使之完成钻头金刚石和粉末的成型、烧结以及与钢体的牢固黏结。由于石墨材料与胎体和钢体的线[膨]胀系数差异较大，给模具设计和热压烧结带来一定困难，考虑不周，会造成石墨材料的浪费，甚至胎体在冷却收缩时因应力作用而胀裂。据有关资料获悉，当烧结温度上升到 700～850 ℃时，各种金属粉末的线[膨]胀系数约为 $10\times10^{-6}\sim14.5\times10^{-6}$/℃；45 号钢体为 15×10$^{-6}$/℃，比较接近。而石墨的线膨胀系数小，只有 4.5×10$^{-6}$/℃左右。因此三者之间的配合和间隙，随着温度的上升和冷却产生动态的变化。例如，钢体外径与石墨底模内径设计为滑配合关系，经加热，钢体膨胀，紧压底模，增大摩擦力，不会“跑粉”，而冷却时，钢体和胎体收缩，很容易脱离底模和模套。相反，由于胎体和钢体内径的收缩，紧紧压住模芯，只有破坏模芯，才能取出钻头。所以设计石墨模具必须充分考虑线[膨]胀系数的影响因素。

### 7.5.1　石墨材料选择

一般采用高纯高强高致密石墨，因为石墨致密，强度高，在高温烧结过程有良好的化学稳定性。它的性能如表 7-6 所示。而实际上市场供应的石墨，密度均是 1.7 g/cm$^3$，甚至更低。寿命短，影响烧结质量。据知，国外使用的石墨密度均在 1.75 g/cm$^3$ 以上，见表 7-7。

**表 7-6　国产高纯石墨性能**

| 灰分/% | 抗压强度/MPa | 比电阻/mm$^2$·m$^{-1}$ | 密度/g·cm$^{-3}$ | 线[膨]胀系数(900~1000 ℃)/℃$^{-1}$ |
|---|---|---|---|---|
| 0.01 | 454 | ≤10 Ω | 1.8 | 5.4×10$^{-6}$ |

**表 7-7　意大利某石墨模具公司石墨材料性能**

| 牌　号 | AT009 | AT014 | AT026 | AT055 | AT054P | AT060 |
|---|---|---|---|---|---|---|
| 密度/g·cm$^{-3}$ | 1.79 | 1.81 | 1.75 | 1.82 | 1.85 | 1.90 |
| 抗压强度/MPa | 120 | 100 | 100 | 85 | 130 | 110 |
| 线[膨]胀系数/℃$^{-1}$ | 3.8×10$^{-6}$ | 3.7×10$^{-6}$ | 3.8×10$^{-6}$ | 3.4×10$^{-6}$ | 4.0×10$^{-6}$ | 3.8×10$^{-6}$ |
| 比电阻/Ω·mm$^2$·m$^{-1}$ | 22 | 13 | 14 | 13 | 18 | 12 |

### 7.5.2　石墨模具设计

钻头石墨模具主要由底模、模套、芯模三部分组成，对复杂的唇面还要加一层唇形模以及水口块和保径条等。整体结构如图 7-9 所示。模具设计包括模具整体结构设计和零件设计两部分。结构设计应考虑模具的结构是否合理、模具强度、发热均匀性、水口块和保径条的安放以及脱模是否方便和机加工的工艺性等等。零件设计则是各个零件的尺寸计算、线膨胀率的计算、公差配合、形位公差的标注及技术要求等。钻头石墨模具的三维剖视图如图 7-10 所示。

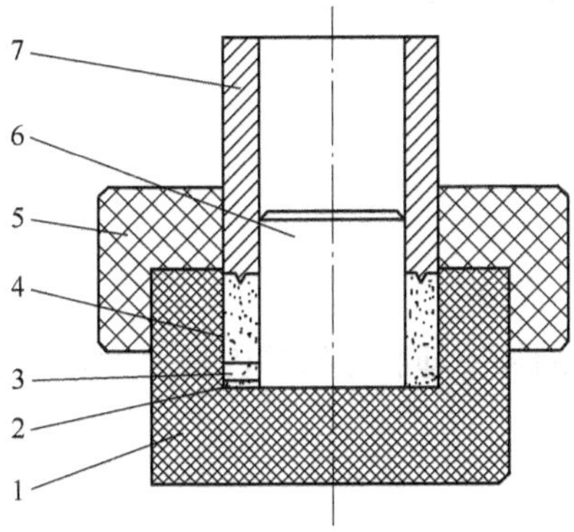


图 7-9　钻头石墨模具装配图

1—底模；2—唇形模；3—水口块；4—保径条；
5—模套；6—芯模；7—钢体

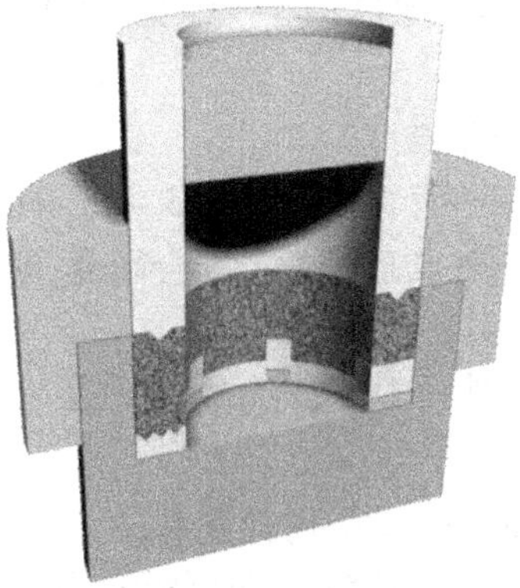

图 7-10　钻头石墨模具三维剖视图

### 7.5.3　底模设计

底模是模具的基础，其内径就是钻头胎体的外径，是关键尺寸，需满足胎体冷却收缩后所需的钻头外径尺寸要求。

$$D_1 = D + \Delta D + \delta$$

式中　$D_1$——底模内径；

$D$——钻头外径；

$\Delta D$——钻头直径允许上偏差；

$\delta$——钻头烧结后的收缩量，一般取 0.15 ~ 0.2 mm。

底模外径 $D_2$ 的确定：考虑模具在热压烧结时有足够的强度，底模外径应是钻头外径的 1.5 ~ 2 倍。

$$D_2 = 1.5 - 2D$$

底模内孔深度 $L$ 的确定：孔深 $L$ 决定于胎体高度及粉末的松装密度。其计算公式：

$$L = z \times h_1 + h_2$$

式中　$h_1$——胎体设计高度；

$h_2$——钢体插入底模尺寸，一般 5 ~ 10 mm；

$z$——粉末压缩比，

$$z = \rho_1/\rho_2$$

$\rho_1$——胎体密度；

$\rho_2$——粉末松装密度。

也可以用装粉高度 $h_3$ 和设计的胎体高度 $h_1$ 比来计算。

$$z = h_3/h_1$$

$z$ 值取 2.5 ~ 3，用 663 青铜粉末比例大的，$z$ 值取 2.5 左右；用 WC 粉末比例大的，$z$ 值取 3。提高粉末松装密度则可降低 $z$ 值，例如使用超细粉末、进行粉末"制粒"处理等等。

$$\text{底模的总高度}\ H = L + (20 \sim 25)\,\text{mm}$$

### 7.5.4　模套设计

模套起导向作用，内径等于底模内径 $D_1$，要承受较大的侧压力，所以模套外径：

$$D_3 = 1.8 - 2D_1$$

模套总高度　$$H_0 = h + l$$

式中　$l$——导向高度，取 15 ~ 25 mm；

$h$——与底模外径配合高度，取(2/3 ~ 3/4)$h$。

#### 7.5.4.1　芯模设计

芯模外径 $D_4$ 决定钻头的内径尺寸，因此，应保证胎体冷却收缩后的内径尺寸要求。

$$D_4 = d + \Delta d + \delta$$

式中　$\Delta d$——钻头内径允差；

$\delta$——钻头内径收缩量，取 0.15 ~ 0.2 mm。

芯模高度　$$H_4 \geqslant 3h_1 + h_2$$

#### 7.5.4.2　典型钻头石墨模具

典型钻头石墨模具的内外径尺寸如表 7 - 8 所示。

**表 7-8 钻头石墨模具内外径尺寸** (mm)

| 钻头图号 | 钻头规格 | | 底模内径 $D_1$ | 唇面模外径 $D_2$ | 芯模外径 $D_4$ | 钢体内径 $D_5$ | 水口圈直径 $D_6$ |
|---|---|---|---|---|---|---|---|
| | 外径 $D$ | 内径 $d$ | | | | | |
| C25-7 | 25 | 7 | 25.1 | 25 | 7 | 7.1 | 25 |
| C36 | 36.5 | 21.5 | 36.7 | 36.6 | 21.7 | 21.8 | 36.5 |
| C47 | 47 | 29 | 47.3 | 47.2 | 29.2 | 29.3 | 47.1 |
| C56 | 56 | 39 | 56.7 | 56.6 | 39.3 | 39.4 | 56.5 |
| C60 | 60 | 41.5 | 60.4 | 60.2 | 41.7 | 41.8 | 60.1 |
| C75 | 75 | 54.5 | 75.7 | 75.5 | 54.9 | 55 | 75.4 |
| C91 | 91 | 76 | 91.8 | 91.6 | 76.8 | 76.9 | 91.5 |
| AT3-101 | 101 | 78.7 | 101.6 | 101.4 | 79.1 | 79.2 | 101.3 |
| C111-2 | 111 | 93 | 111.5 | 111.3 | 93.6 | 93.7 | 111.2 |
| C131-5 | 131 | 113 | 131.4 | 131.2 | 113.8 | 113.9 | 131.1 |
| C150-4 | 150 | 113 | 150.5 | 150.3 | 132.7 | 132.8 | 150.2 |

## 7.6 地质钻头生产工艺

目前,国内外均采用粉末冶金方法生产制造地质钻头,也就是使用中频感应炉或电阻炉对石墨模具中的含有金刚石的金属粉末胎体同时进行压制和烧结(在真空或保护气氛中进行效果更好)工艺,经冷却之后成型。再经过车制螺纹等机械加工工序,即完成钻头生产的全过程。

### 7.6.1 热压法钻头生产工艺流程

热压法钻头生产工艺流程,如图 7-11 所示。

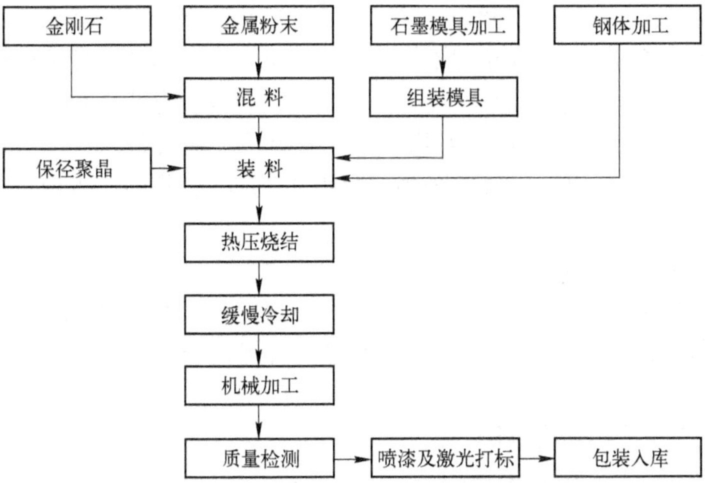


图 7-11 地质钻头生产工艺流程图

### 7.6.2　混料工艺

按照配方要求计算各组分的金属粉料，并进行精确的称量后，装入三维混料机进行混合。球料比按 1∶2 投入相应质量的钢球或链条。转速取低挡约 20 ~ 40 r/min，混料时间根据料量的大小，一般取 3 ~ 8 h，混料时间比旧式混料机大为缩短。混合工作完成后，取出一部分作为非工作层用料（非工作层用粉也可单独混料），再投入相应的经过润湿的金刚石料继续混合半小时即可。

### 7.6.3　热压烧结工艺

热压烧结是钻头生产的关键工序之一。目前国内有两种烧结设备可供选择，各有利弊。一种选中频感应烧结机，如上述提到的 ZP100 型中频感应热压烧结机。它可以自动控制烧结温度、压力和烧结时间，还可以通入保护气氛，保证钻头烧结工艺的稳定性。另一种选用普通的电阻式真空热压烧结机，也一样可以用于生产制造地质钻头。还有一种电火花烧结设备。设备确定之后，最重要的是设计合理的烧结工艺参数。它将直接影响钻头的质量。根据粉末冶金原理，钻头的热压烧结工艺过程就是粉末胎体在高温和压力条件下粉末不断扩散、流动和物理化学反应的综合过程。也是粉末胎体的致密化过程，其过程大致分三个阶段：

（1）快速致密化阶段。在石墨模具中的胎体粉末基本上是松装状态，热压初期，粉末颗粒发生相对滑动、破碎和塑性变形，致密化速度加快，在这个阶段中热压压力起着重要的作用。

（2）致密化减速阶段。随着温度的升高，模具和粉末所吸附的水分及挥发物质逐渐挥发，粉末表面也逐渐出现大量的活性原子，原子表面的活化量降低，为烧结作准备。当温度升到黏结相的熔点温度时，黏结金属充分熔化，带动其他金属流动，属于塑性流动阶段。这时随着压力增加而提高密度，当压力不变，温度升高时，胎体密度也随之提高。

（3）趋近终极密度阶段。当温度升高到最终烧结温度并保温时，以扩散机理使胎体进一步致密化，增加胎体的强度，扩散系数随温度的增加而增加。

#### 7.6.3.1　烧结温度的确定

在钻头的烧结过程中，温度随时间的延长而逐渐升高，到达烧结温度后进行保温，保温的温度和时间则根据钻头规格大小和不同的配方而定。采用 WC 为骨架材料和 663 青铜为黏结剂的配方，如 63 号配方，已经为国内各厂家所普遍采用，也就是钻头胎体的 WC 含量比较高，因此，相对的烧结温度要高，一般均在 900 ~ 980 ℃之间，WC 含量越高则烧结温度越高。保温时间要在 5 min 以上。有的采用双保温工艺，以消除胎体内应力，减少微裂纹的产生。

#### 7.6.3.2　热压压力的确定

当模具放到烧结炉开始升温时需给一个初始压力，其压力值约为最大压力的 1/3。而最大压力值的计算则以 1.2 ~ 1.5 kN/cm² 乘以胎体环形面积，即：

$$P_1 = 10S \times P$$

式中　$P_1$——烧结机表示压力，kN；

$S$——钻头胎体环形面积，$cm^2$；

$P$——胎体单位面积上所受的压力 1.2 ~ 1.5 $kN/cm^2$。

若是用自行配置的普通压力机，则压力表指示的是单位压力，因此计算出来的最大压力 $P_1$，还要除去油缸面积才能得到表示压力。例如，$\phi91$ mm 钻头其外径 $\phi92$ mm，内径 $\phi74$ mm，其环形面积 $S=\pi(4.6^2-3.7^2)$，取单位压力 $P=1.3$ kN/cm²，压力机油缸面积：

$$S_1 = \pi 75^2 = 176.715\ \text{cm}^2$$

则压力机表示压力 $P_1 = P \times S/S_1$

$$P_1 = 17.3\ \text{kN}$$

这就是该钻头在使用中频炉烧结，在普通压力机上所加的最大压力和保压压力。

使用现代的国产或进口的微机自动控制烧结机，其温度、压力工艺参数选定之后，在烧结过程中，可以在屏幕上显示烧结工艺曲线并储存。当温度降低到500 ℃时自动卸压，取出后，立即拆模，将钻头坯体放到烘箱保温，缓慢冷却，以避免裂纹产生。

7.6.3.3 热压烧结工艺参数

热压烧结工艺参数，如表 7－9 所示（仅供参考）。

**表 7－9 热压烧结工艺参数**

| 配方号 | 钻头规格/mm | 初始压力/初始温度 | 烧结温度/℃ | 最大压力/kN | 保温时间/min | 烧结时间/min |
|---|---|---|---|---|---|---|
| 1 | $\phi$60/44 | 10～12 kN/500 ℃ | 910±10 | 18 | 6 | 13 |
| 2 | $\phi$75/58 | | 950±10 | 24 | 7 | 14 |
| 3 | $\phi$92/74 | | 970±10 | 31 | 8 | 15 |
| 4 | $\phi$101/84 | | 970±10 | 32 | 10 | 17 |
| 5 | $\phi$131/113 | | 970±10 | 45 | 10 | 18 |
| 6 | $\phi$151/132 | | 980±10 | 56 | 12 | 20 |

### 7.6.4 钻头机加工技术要求

经过热压烧结后的钻头毛坯还要按工艺要求进行粗车、精车、车螺纹和铣水口等一系列机加工才能形成钻头成品。并按 DZ2.1—87 标准中的技术要求进行检验。

钻头成品技术要求：

（1）钻头胎体在 10 倍放大镜下观察，胎体与刚体间以及胎体本身不得有裂纹。

（2）钻头胎体与螺纹同轴度及垂直度要求见表 7－10。

**表 7－10 钻头胎体与螺纹同轴度及垂直度** （mm）

| 钻头公称尺寸 | 同轴度误差 | 垂直度误差 |
|---|---|---|
| $\phi$28～75 | $\phi$0.25 | 0.16 |
| $\phi$91～111 | $\phi$0.38 | 0.25 |
| $\phi$111～200 | $\phi$0.50 | 0.40 |

（3）钻头金刚石分布均匀度，以同一截面上各扇形块金刚石出露量与扇形块平均出露金刚石量做比较，误差不得超过 ±25%。

（4）钻头胎体硬度应均匀，同一钻头各测点硬度值与各测点硬度平均值相比，其偏差应小于 ±5HRC，同一配方同一批量生产的钻头，其单个钻头平均硬度值与接受检测钻头平均硬度值的偏差应小于 ±5HRC。

（5）钻头胎体与钢体黏结强度以 $\phi$59 mm 普通双管钻头为准，承受扭矩不低于1500 N · m（相当于 100 N/cm$^2$）。

## 7.7　进一步提高地质钻头性能的途径

进入 21 世纪以来，随着我国可持续发展战略的实施，国家对地质勘探工作投资大幅度增加，对地质钻头的需求量增多，而对其性能和质量的要求也更高，这就要求打破传统观念，采用新材料、新技术、新工艺，不断创新，研制出适应我国地质条件的高效率、长寿命钻头。

### 7.7.1　钻齿冷压成形工艺的采用

引用锯片生产中冷压成形的先进工艺，用于生产钻齿，有利于提高胎体密度，节省石墨模具消耗，缩短烧结时间，改善钻头胎体性能。冷压之后的钻齿压坯再装到钻头石墨模具内进行下一道烧结工序。

利用国产或进口自动冷压机压制钻齿。桂林矿产地质研究院利用韩国 DIEX 公司的 32 VPM 型容积式自动冷压机生产各种钻齿。可以两次装料，也就是能自动装工作层粉和非工作层粉。每分钟压钻齿 3 ~4 个，班产约 2000 个，质量精度达到 ±0. 05 g，有利于批量生产并保证产品质量稳定。只是在生产工艺流程中增加粉末制粒和冷压两道工序。

其生产工艺流程如图 7 - 12 所示。

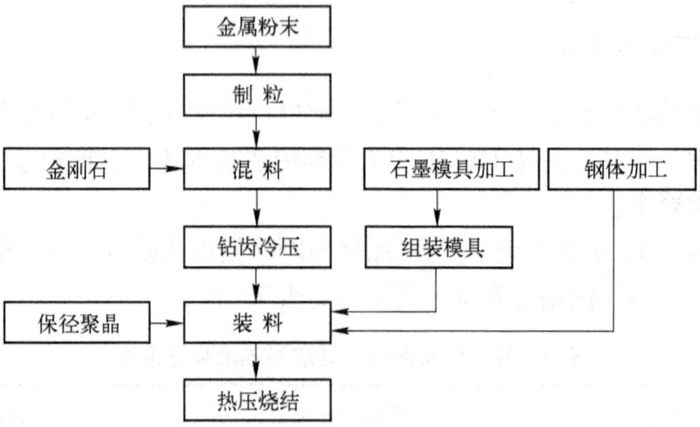


图 7 - 12　带冷压工序的钻头生产工艺流程图

以 $\phi$75 mm 钻头为例，钻头外径 $\phi$75 mm，内径 $\phi$54. 5 mm，水口数 6 个，水口宽 6 mm。其冷压钻齿尺寸见图 7 - 13。

冷压模具见图 7 - 14。模具材料用 Cr12MoV，钻齿阴模的扇形孔经过热处理后用慢走丝电火花线切割加工，保证粗糙度和配合精度要求。模具工作寿命可达 8000 次以上。

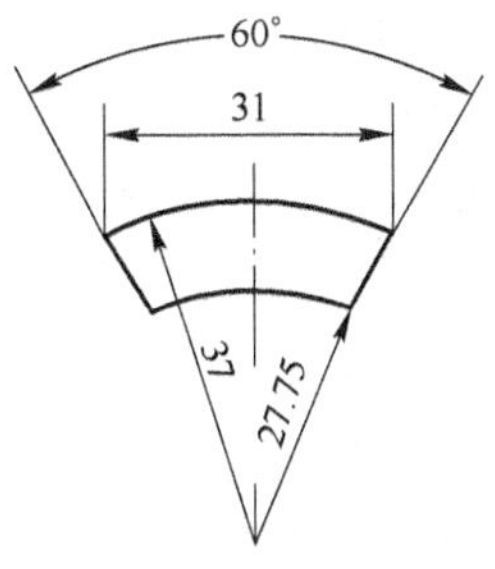

图 7-13 $\phi$75 mm 冷压钻齿尺寸图

石墨模具结构不变，整体高度降低。由于冷压后钻齿坯的密度达到 65% 以上，因此模具高度可降低 1/3。

利用 20 ~ 30 t 普通压力机压制钻齿。冷压模具设计可参考锯片刀头的模具，根据压力机的能力，可以在阴模上安排加工 3 ~ 5 个扇形孔，这样可以提高生产效率。以 $\phi$75 mm 钻头齿为例，其一个钻齿截面积约为 3 $cm^2$，压力取 200 ~ 250 MPa，则 4 个钻齿的总压力

$$P = 4 \times 3 \times 20 = 240 \text{ kN}$$

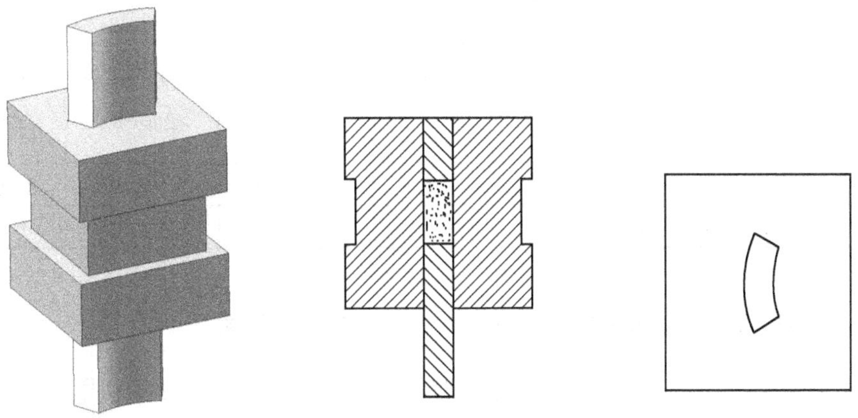
图 7-14 钻齿冷压模具图

### 7.7.2 采用预合金粉末制造地质钻头

20 世纪末，国外一些公司就已经提出使用预合金粉末制造金刚石工具的新概念。目前，国内越来越多的厂家应用进口的（如：法国 NEXT 系列粉末）或国产的预合金粉末制造锯片刀头。但是，用于制造地质钻头的还未见报道。该预合金粉末应该是除了骨架成分之外的包含有低熔点金属的多种金属，经过熔炼之后采用喷雾法或湿法冶金法生产的粉末即为钻头用预合金粉末。使用预合金粉末作为钻头胎体黏结剂，易于调整钻头胎体的性能，使之与岩石特性更加匹配，它与采用机械混合多种单一金属粉末相比具有下述优点：

（1）有利于提高地质钻头的胎体性能。由于预合金粉末比机械混合粉末元素分布均匀，避免了成分偏析，使胎体组织均匀、性能一致，胎体合金化充分、致密度高，改善胎体的耐磨损性能。

（2）提高对金刚石的包镶能力，延长钻头的使用寿命。

（3）预合金粉末不易氧化，便于保存，生产工艺过程简单，成本低，适合于大批量生产。

（4）预合金粉末的熔点较低，相对的烧结温度也低，可避免对金刚石的热损伤，提高金刚石的利用率，适当降低金刚石浓度。

目前国内广泛采用 ZQSn6-6-3 青铜作为钻头胎体的黏结剂，其力学性能比较低，所黏结胎体的硬度也较低，如果把 Cu 与碳化物结合，如 Ti、Cr、Ni、Mo 等熔炼后制成预合金粉

末,如:Cu－Sn－Ti、Cu－Zn－Ni、Cu－Ni－Mn等。它必将大大改善胎体对金刚石的浸润性和黏结性能,有效地提高金刚石地质钻头的产品质量。国内一些院校和科研单位正在开展这方面的研究试验,并取得了一定效果,值得进一步推广使用。北京有研粉末新材料有限公司采用湿法冶金方法推出的预合金粉末 YHJ－1、YHJ－2 型两种,据推荐适于制造地质钻头。YHJ－1 型超细预合金粉末呈多孔团聚状,平均颗粒直径为 6～9 μm,比表面积高,粉末活性大,较低的烧结温度即可获得高的烧结硬度。在热压烧结温度 750～900 ℃时,硬度可达 95～108HRB,相对密度可达 98%。YHJ－2 超细预合金粉末中含稀土元素 Re,不含 Co、Ni,平均颗粒直径 5～7 μm,具有适应性广,成本低的特点,有关钻头生产厂家不妨尝试使用。

YHJ 型预合金粉末主要技术性能指标见表 7－11。

**表 7－11　YHJ 型超细预合金粉末性能指标**

| 牌　号 | 主要成分 | 理论密度 /g·cm$^{-3}$ | 平均粒径 /μm | 烧结温度 /℃ | 硬度 HRB | 成分特点 |
|---|---|---|---|---|---|---|
| YHJ－1 | Co、Fe、Cu | 8.3～8.4 | 6～10 | 750～900 | 95～108 | 含 Co 不含 Ni |
| YHJ－2 | Fe、Cu、W、Re | 8.1～8.3 | 5～7 | 750～850 | 94～108 | 不含 Co、Ni |

### 7.7.3　在钻头胎体材料中添加稀土元素或制成稀土预合金粉末

我国稀土元素的资源非常丰富,占世界储量的 80% 左右,亟待开发利用。它在硬质合金中的应用取得了突破性进展使人深受启发,不少人尝试在超硬材料工具以及地质钻头胎体材料中添加少量的稀土元素,以求改善胎体性能,提高胎体的抗弯强度和耐磨性以及提高对金刚石的包镶能力。最初,人们采用掺杂法和共沉淀法,对胎体添加稀土元素,如镧 La、铈 Ce 等。近期趋于采用雾化法制备成稀土元素预合金粉末,使用效果更为明显。不少学者研究试验表明,稀土元素在胎体中的添加量很少,一般在 1% 左右。图 7－15 显示,稀土 La－Ni 预合金粉含量对金刚石胎体硬度的影响。由图可见,随着 La－Ni 合金含量的增加,胎体的硬度增加;当 La－Ni 合金含量达到 1.5% 时,硬度达到最高值 HRB92;而当 La－Ni 合金含量超过 1.5% 时,硬度反而下降。图 7－16 显示稀土合金加入量对胎体抗弯强度的影响。由图可见,随着稀土合金粉含量的增加,胎体抗弯强度提高,当添加量达到 1% 时,纯胎体材料抗弯强度达到最大值 640 MPa,高于未加 La－Ni 合金粉胎体材料的抗弯强度(514 MPa)。当添加量超过 1% 时,随着稀土合金粉含量的增加,胎体的抗弯强度反而下降。

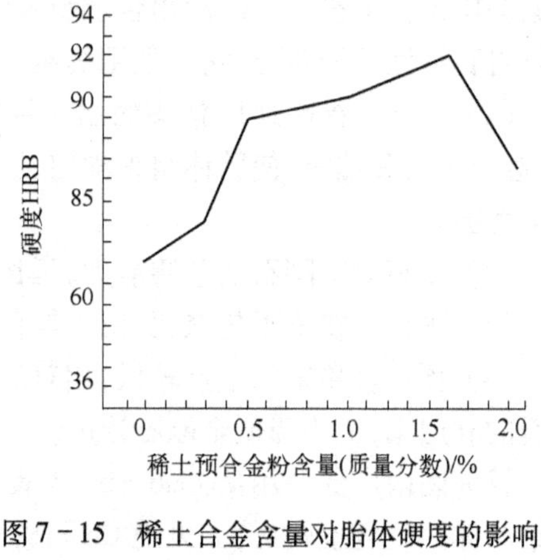


图 7－15　稀土合金含量对胎体硬度的影响

添加稀土元素对胎体材料的好处是多方面的,中国地质大学等有关院校、科研单位做了大量的机理研究和试验工作,可以展望,具有中国特色的稀土预合金粉末将向更成熟的工业化、标准化和多样化方向发展,它将普遍地用于制造地质钻头,使我国金刚石地质钻头的制造水平推向

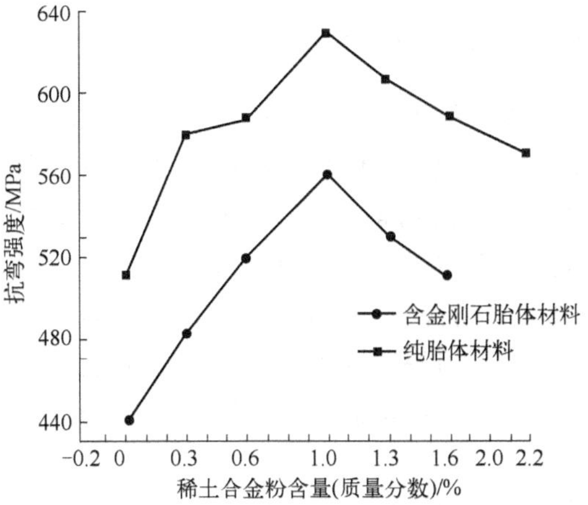


图 7-16　稀土合金含量对胎体抗弯强度的影响

新的高度。

### 7.7.4　钻进坚硬弱研磨性(打滑)岩层地质钻头的研制进展

自从 20 世纪 70 年代推广人造金刚石钻探技术以来，攻克坚硬打滑地层一直是钻探界的攻关难题。这样的岩层虽然在一般勘探矿区所占比例不大，只有几十米甚至几米，但却由于钻头钻进时打滑，钻进效率极低，或不进尺，耗费大量时间，而钻头却难以穿越，严重影响矿区勘探进度。为解决钻头打滑问题，有关人士在钻头结构和胎体材料各方面进行了大量的、多方面的研究探索，如设计各种异形唇面结构钻头、高低刃及同心圆尖齿唇面钻头等等。虽然均有一定的效果，但不能解决根本问题。弱包镶地质钻头的新理念是克服钻头打滑的有效方法。其基本原理是利用弱包镶方法使胎体中的一部分金刚石被包镶的强度较弱，钻进中会提前从胎体中脱落。脱落的金刚石会磨损胎体，有利于未脱落的金刚石出刃，达到不断自锐出刃，不断进尺的效果。

设计和制造弱包镶地质钻头的关键问题是要根据岩石对胎体的磨损能力恰到好处地确定对金刚石的弱包镶程度。只有当金刚石工作到一定程度，即不能有效地克取和破碎岩石时，才可以让其脱落。否则，过早脱落，会降低金刚石的工作寿命，而太晚脱落，又会出现打滑不进尺的状况。这样的尺度难以把握。

制造弱包镶地质钻头，首先将金刚石用机械方法包裹上一层粉末(如 WC 或 CO 粉)。然后，将该包裹有粉末的金刚石按一定比例与胎体粉末和金刚石混合。经装料、烧结等后续工序即可完成弱包镶地质钻头的制造。

金刚石造粒包衣的设备可以选用医药设备中的滚动造丸机，还可以选用 DIEX 公司的 GA10 型金刚石包衣机。包衣的厚度可以控制，1000 克拉金刚石约 15 min 即可完成包衣，呈圆球状。由于金刚石与胎体之间隔着一层强度较低的弱包镶层，从而减弱胎体对金刚石的包镶强度，当胎体磨损，金刚石出露到一定程度时，就会从胎体中提前自行脱落。脱落下来的金刚石继续磨损胎体，使留在胎体中的金刚石出刃，形成不断的自锐过程。因此，钻进坚硬打滑地层不会造成钻头打滑现象，钻进效率和回次进尺均取得明显的效果。中南工业大学在研究和使用弱包镶地质钻头方面已经取得了不少成功的实例。

### 7.7.5　金刚石有序排列在地质钻头上的应用研究

金刚石在工具胎体中的有序排列始于金刚石真空钎焊技术的提出。国内市场已经有不少真空钎焊的金刚石制品出售,如真空钎焊金刚石串珠绳锯和各种异形的钎焊金刚石磨盘、磨轮等等。这些工具胎体中的金刚石都可以是有序排列的。韩国新韩金刚石工业公司于2004年开始批量生产金刚石有序排列多层刀头圆锯片,申请了国际专利,并在有关媒体刊登广告,声称该锯片比普通锯片寿命提高一倍,锯切速度提高30%。国内也有几家公司投入研究试制金刚石有序排列多层刀头圆锯片,有的已经产业化生产,向国内外市场供货。而该项技术在地质钻头上的应用还未见报道。笔者认为,在地质钻头上引用该项技术才是最合适的,其理由:

(1) 地质钻头唇面比较厚,一般截面宽均在10 mm以上,更适于多层分布,若锯片刀头分三层,则钻头唇面可分7~9层。

(2) 地质钻头的金刚石浓度一般都比较高,在60%以上,还有超过100%的。而采用有序排列之后,金刚石浓度可大幅度降低,既有利于提高钻进效率,又可降低成本。

(3) 制造工艺并不复杂,相当于加一道钻齿冷压工序。将一层层压着有序排列的金刚石薄层压成钻齿压坯,装到石墨模具上,再装水口条和底粉,经过热压烧结即可。

(4) 由于有序排列金刚石钻头钻进效率高,工作寿命长,适用于钻进坚硬打滑地层。因为这种钻头金刚石浓度低和金刚石出刃值大,自锐性好,不会造成钻头打滑的现象。

由此可见,该项技术值得进一步研究推广,首先在如何实现金刚石有序排列工业化上下功夫,不论是模板法或是点胶法,都要实现机械化,自动化,才能解决批量生产问题。

### 7.7.6　激光焊接地质钻头的研制

目前,激光焊接锯片用激光器的输出功率,一般是2~2.5 kW,锯片基体的厚度3~4.5 mm,再厚的基体均可采取两面焊接,以保证必要的焊接强度。而薄壁工程钻头的壁厚也不会超过4.5 mm,钻头外径$\phi$50~150 mm,再厚就必须采取内外焊的方法,才能解决问题。

地质钻头的壁厚一般在10 mm左右,可以适当减薄,而双管钻头的钢体不厚,如$\phi$75 mm钻头的钢体壁厚3.75 mm,$\phi$91 mm钻头是3.5 mm,$\phi$110 mm钻头是6 mm,$\phi$130 mm钻头是6.5 mm;尤其是单管钻头,$\phi$75 mm钻头是5.5 mm,$\phi$91 mm钻头是5.5 mm。国外地质钻头的钢体壁厚都不超过5 mm。只要激光焊机的小激光头能伸进钻头内,实现内壁激光焊就可以在大规格地质钻头上实现钻齿的激光焊接。激光焊接地质钻头的优点是:

(1) 大大简化钻头生产工艺,钻头不用整体装模,整体烧结,节省能源消耗。

(2) 不用整体石墨模具,大大降低成本。因为钻头越大,芯模越大,整体烧结一次,废一个,成本高。

(3) 钻齿单独烧结有利于提高胎体性能,生产效率高。

(4) 激光焊接易于实现自动化,生产效率高,产品质量稳定。

国内外激光焊机生产厂家在设计上考虑到既能焊锯片,又能焊钻头的同时,也考虑到更换不同的激光头进行钻头的内外焊接。但至今未见有实际应用的报道。相信不久,随着激光焊接设备问题的解决,激光焊接地质钻头将大量出现在市场上。

# 8 金刚石串珠绳锯

## 8.1 概况

金刚石串珠绳锯作为一种柔性的超硬材料切割工具于20世纪70年代在意大利的维罗纳石材博览会上展出之后，便在欧洲获得迅速发展。70年代末，金刚石串珠绳锯在意大利APUAN大理石矿山的开采切割试验获得成功后，使得传统的开采方式相形见绌，显示出新的绳锯开采方式独特的优越性。从此，整个欧洲的大理石矿山开采和加工工艺技术进入了一个全新的时代，标志着石材矿山开采现代化的开始（图8－1）。该项技术经历了近40年的发展历史，应用领域不断拓展，不仅用于石材矿山开采、异形板加工、多组硬质大板切割和拼花石材制品的曲线加工等，还广泛应用于钢筋混凝土建筑物的拆除和修整、玻璃等硬脆材料的加工，也被应用于海底构件、桥墩的切割维修以及核电站和废弃构筑物的拆除等。其技术发展之快，应用领域之广，可与传统的金刚石圆锯片、砂锯并驾齐驱，成为新的第三代超硬材料工具。

图8－1　大理石矿山金刚石绳锯开采系统全景

从20世纪90年代中后期起，我国开始金刚石烧结串珠绳锯技术的研究开发，至今不过短短的十年历史。但是，它在沉寂多年的金刚石工具领域内，异军突起，很快发展成为业内备受重视，最为看好的一项新兴技术。研制的初期产品，只能用于异形石材的加工，质量差，寿命短,仍然有一系列的技术难题未解决,经过技术人员的艰苦努力,很快就以崭新的面貌进入21世纪,以其较高的性价比优势逐渐取代进口绳锯,用于异形板材的加工,并开始应用于大理石矿山开采。2005年顺应国家对矿山开采提出节约资源,节省能源和保护环境的要求,国产金刚石绳锯和绳锯机成功地开始应用于花岗岩矿山开采,它将给中国落后的石材矿山开采带来飞跃式的技术革命。它标志了我国将摆脱石材矿山开采长期落后的面貌,而进入全新的现代化开采阶段。2006~2007年绳锯在国内大理石和花岗岩开采矿山的发展势头迅猛。广西、山东、福建、四川、江西、湖南、山西、河北和内蒙古等许多矿山纷纷上马,国产金刚石绳锯和开采绳锯机,几乎供不应求。就像有关专家预见的那样"我国石材荒料开采进入金刚石绳锯时代"。国内近20家绳锯生产企业已经做好迎接挑战的准备,经过多年的技术创新和经验积累,完全有能力生产出质量不亚于国外的大理石绳锯和花岗岩橡胶绳锯。2006年的国产金刚石绳锯产量,比上一年成倍增长,突破十万米大关。同时还推出多家生产的开采绳锯机。据了解,这些国产绳锯机是根据国内石材矿山的特点研制出来的,功率大,应用了数控技术,性能先进,但造价低,适合国内石材矿山使用。这就为金刚石绳锯技术在我国石材矿山的普及推广奠定了基础。而且,中国已经有数家企业,向外出口金刚石绳锯。向印度、巴西、南非,甚至意大利都有少量的出口,并逐年增多。不久的将来,中国将成为世界的金刚石绳锯加工基地。欧美工业发达国家应用金刚石绳锯于花岗岩矿山开采,也不过20年的历史。据悉,全世界用于花岗岩开采的绳锯机也只有2000多台。中国有5000座以上的大小石材矿山,按现在的发展势头,以每个矿山上两台绳锯机计算,在短短几年内就将发展到10000台。有了这么大的绳锯机制造厂,中国制造的绳锯机向国际市场的出口,也是指日可待。据悉2008年已经有若干公司向南非、巴西、叙利亚等国小批量出口37 kW的金刚石绳锯机。

综上所述,中国金刚石绳锯技术之所以能有如此快速的发展,得益于自主创新的发展道路。桂林矿产地质研究院从1997年开始投入金刚石绳锯的研究开发。自行设计冷压模具和石墨模具,研究胎体配方,摸索串珠烧结工艺直至绳锯的注塑工艺等等,于1999年研制出$\phi$10 mm金刚石烧结串珠绳锯,并成功地应用到了石材的异形加工。2000年又推出$\phi$8.5 mm绳锯,用于花岗岩异形板的加工,切割性能达到进口绳锯的80%。2002年完成金刚石绳锯产品的产业化配套,进入批量生产,在石材异形加工市场逐渐替代进口产品。2003年又在一些大理石开采矿山推广使用,效果显著。2005年随着国产金刚石橡胶绳锯的成功研制,2006年开始在山东、福建、山西等许多花岗岩矿山推广金刚石绳锯开采成套技术,效果良好。为此,全国石材协会于2006年11月在福州召开全国石材矿山开采技术交流会,并组织现场参观。市场需要就是产品开发的动力,在这期间,国内不少企业投入金刚石绳锯的研究开发,在绳锯产品性能和生产过程的各个环节都有卓越的创新,国内同行共同完成了国产金刚石绳锯品质的全面提升。完全占领国内金刚石绳锯市场并开始少量出口。

### 8.1.1　国外发展动态

20世纪70年代,金刚石绳锯技术起源于意大利,80年代在意大利和欧洲各国迅速发展,90年代是其鼎盛时期,一年一度的维罗纳国际石材博览会(创建于1961年),它与德国纽伦堡国际石材展览会和美国奥兰多Coverings展览会一起称为当今世界三大石材展,该展会荟萃了石材矿山各类产品和石材加工设备与工具。它代表了本行业的技术走向和流行趋势，所以备受石材业内人士重视，有几十家的金刚石绳锯产品展出。但是，小厂居多，规模小，生产设备也不先进。有的厂的员工还不到 10 人，年产值却有 300 多万美元。当时绳锯的每米售价是 120 ~ 150 美元。也许由于该产品量不大，又有一定难度，所以没有引起生产金刚石工具设备厂家的注意，市场上还没有专门的绳锯和生产设备出售。我们到当地工厂参观，看到的烧结炉是普通的电阻炉，没有气体保护；压力机也是普通压力机；就连立式注塑机都是改装的。但绳锯的产品质量却是优越的。这期间，我国各石材加工厂家引进约 100 台异形切割绳锯机，所用的金刚石绳锯几乎全部从意大利进口，如图 8 - 2 所示。1990 年，他们最先在绳锯异形切割机和矿山开采绳锯机上应用 CNC 数控技术获得成功，大大推动了该项技术的迅速发展。随着一个个难题的解决，绳锯也从大理石矿山开采跨越到了花岗岩矿山开采阶段。同时，意大利 LOSSOLO 公司研制成功 Falcom 600 型花岗岩多条组合板材绳锯切割机，充分利用微机数控技术，自动化操作，一组 10 条绳锯同时切割，效率高，单位成本低，以后又发展到一组 30 条，甚至 60 条同时工作。这是对传统的砂锯石材大板加工方法的挑战，大有取而代之的趋势。

图 8 - 2 我国某厂引进的意大利多绳锯机用国产绳锯切割花岗岩

欧洲各绳锯生产公司的金刚石绳锯技术，目前仍处于世界领先水平，绳锯产品大量出口巴西、南非、印度及东南亚各国，估计年产量约 100 万 m。串珠规格有 $\phi$11 mm、$\phi$10 mm、$\phi$8.5 mm，最小 $\phi$6 mm。热压烧结串珠占多数，也有电镀或真空钎焊的串珠。根据不同用途组成绳锯的串珠规格和每米数量以及串珠在钢丝绳上的固定方法可分为：注塑料和注橡胶的。经过几十年的不断改进和发展，串珠和绳锯的生产工艺更加成熟，设备更加配套和完善。在近几年的国际石材博览会上，就能看到大量生产串珠和绳锯的专门设备，意大利 ARGA 公司、德国 DR. FRITSCH 公司等每年都有新产品推出。DR. FRITSCH 公司顺应世界金刚石绳锯迅速发展的大好形势，投入大批人力物力，相继研制出串珠和绳锯各个环节的生产设备达十几种之多。有制粒机、串珠自动冷压机、串珠开刃机、串珠穿绳机、串珠规格分选机、绳锯开刃机和旧绳锯串珠拆卸机等。这说明欧洲金刚石串珠和绳锯的生产制造已经进入产业化的规模生产阶段。而大理石和花岗岩绳锯开采的配套设备，如不同功率，不同性能的开采绳锯机、专用钻孔机和吊装机等均都完成相应的配套和性能的提升。并且与金刚石绳锯配套出口到世界各国。意大利玛瑞尼（MARINI）矿山开采设备公司的绳锯机大量在巴西、印度及我国的石材矿山出现。图 8 - 3 所示为 2007 年意大利维罗纳石材展会上 MARINI 公司展示的绳锯机系列产品。

进入 21 世纪以来，由于金刚石绳锯开采的低成本，高效率和节水、节能、环保等诸多优

图 8－3　意大利 MARINI 公司的绳锯机系列产品

越性，在欧美或发展中国家的硬岩开采中迅速获得采用。花岗岩荒料生产大国，像印度、巴西、西班牙这些国家的绳锯开采配套率已经达到 100%，也就是说他们的花岗岩矿山开采全部采用以金刚石绳锯为主，搭配组合其他辅助设备的开采技术，而且还以每年 30% 的速度增长。所以花岗岩大功率开采绳锯机的使用量剧增，很快就赶上大理石开采绳锯机的使用量，估计超过 2000 台。这一时期，世界范围内在石材矿山金刚石绳锯开采使用量急剧增长，还得益于欧洲绳锯和绳锯机供应商对产品的不断改进和提供从针对矿山岩石特点合理选择相应性能的绳锯，直到派人进行设备安装、调试、全面培训，甚至协助矿山业主进行环保和成本核算对比，证实采用金刚石绳锯开采的优越性和所带来的经济效益。2000 年，意大利的 DAZZINI，MARINI，NUOVA FAUDI 和 PELLEGRINI 等著名的石材加工设备公司提供了金刚石绳锯机、钻孔机、顶石机和金刚石绳锯等相关设备，在我国广西钟山县举办了四期绳锯技术培训班。将意大利的金刚石绳锯技术和管理经验引入我国。

图 8－4 为印度、南非和南美三个地区花岗岩矿山金刚石绳锯开采的增长情况，仅举两个实例。

**例 8－1**　南非库图(Kudu)花岗岩采用金刚石绳锯开采，每月消耗绳锯约 1000 m，每根长度 75 m，每米串珠 39 粒，采用注射橡胶加以间隔和保护钢丝绳，串珠直径 $\phi$11 mm。绳锯的线速度 27 m/s，平均切割效率达到 3.5 ~ 5 $m^2$/h，绳锯工作寿命 16 $m^2$/m，最高达到 30 $m^2$/m。

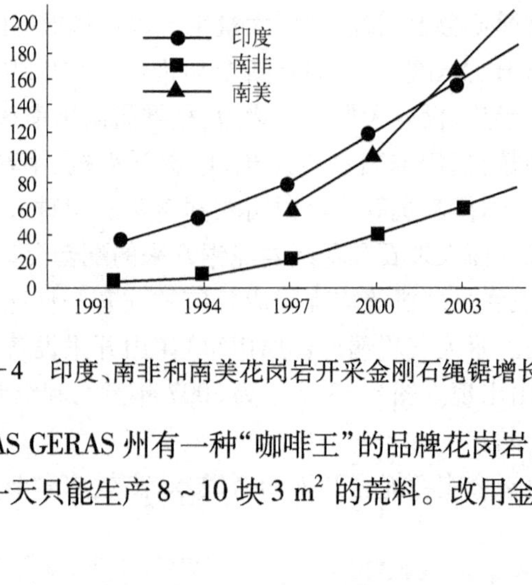


图 8－4　印度、南非和南美花岗岩开采金刚石绳锯增长速率

**例 8－2**　巴西 MINAS GERAS 州有一种“咖啡王”的品牌花岗岩，供不应求，用传统开采方法，效率低，成材率低。一天只能生产 8 ~ 10 块 3 $m^2$ 的荒料。改用金刚石绳锯开采之后，提高

生产效率5倍以上。引进意大利MARINI公司的开采绳锯机,绳锯串珠直径 $\phi 11$ mm,每米40粒,注射橡胶保护,中间还装有预应力弹簧。绳锯切割线速度22~25 m/s,生产效率4 $m^2/h$。

综上所述,近年来,世界石材产量不断增长,不论是矿山开采,还是石材加工都得益于金刚石绳锯技术的推广应用。尤其是,在第三世界国家中将有更大的发展,如印度、伊朗、巴西和中国,随着金刚石绳锯技术的不断提高和使用量的进一步扩大,石材产量将不断攀升,在世界石材市场中所占份额越来越大。世界石材大国意大利的地位明显下降,石材产量已经落到第二位,昔日风光不再。

### 8.1.2 国内发展动态

国内最早取得一定效果的是贵阳第六砂轮厂于1987年研制过电镀金刚石串珠绳锯。桂林矿产地质研究院于1997年开始立项并投入大量的人力、物力先后开展了电镀金刚石绳锯和烧结金刚石绳锯的研究开发。1999年研制开发出 $\phi 10$ mm烧结金刚石串珠绳锯,先后解决了串珠胎体配方、串珠制造工艺及固定材料与固定技术等一系列关键的技术问题,其切割性能达到进口绳锯的80%。2000年开始着手研制 $\phi 8.5$ mm串珠绳锯,基本上解决了由于串珠直径小而带来的制造工艺上的一系列技术问题,使 $\phi 8.5$ mm串珠绳锯的切割性能达到进口绳锯的60%~80%。90年代末,还有数家公司开展电镀串珠金刚石绳锯和烧结金刚石绳锯的研究开发工作,其中,常州华中集团公司于1999年完成了 $\phi 11$ mm、$\phi 8.7$ mm串珠烧结金刚石绳锯的研制,探索出一套串珠连珠芯一起冷压的先进工艺;通过对进口绳锯样品中塑料的检测分析,大胆地使用国产热塑性聚胺酯弹性体(TPU)材料;并对国产立式注塑机进行改装,增加卷绳装置、钢丝绳预热和张紧装置;自行设计7~9粒串珠注塑模具和摸索注塑工艺等等。经多次试验改进,一揽子成功地解决了金刚石绳锯的注塑问题。在南京、上海试验取得良好效果,只是采用国产钢丝绳不过关,抗疲劳能力差,频繁断绳,往往是在串珠还十分完好的情况下,钢丝绳就已经报废。2000年 $\phi 11$ mm串珠开始小批量向印度、巴西及东南亚国家出口。该项目于年底通过江苏省级鉴定,并获得国家经贸委2000年新产品奖。

20世纪八、九十年代,为适应国内建筑大型楼房、宾馆大堂装饰使用石材圆弧板,石材加工厂家大量引进异形切割绳锯机,大部分从意大利进口,少量从日本进口,估计约100台。所配套使用的绳锯也几乎全部进口,年消耗量约几万米。这时期,有关机械厂开始仿制和试制异形切割绳锯机,如:贵阳建新机械厂、巩义市红波机械厂、云浮市广达机械厂和长益机械厂等。进入21世纪以后,随着国产金刚石绳锯逐渐取代进口绳锯,异形切割绳锯机以其优异的性价比,也完全取代进口设备,占据国内市场的全部份额。过去进口一台异形切割绳锯机要100万元,现在国产37 kW数控开采绳锯机才不过10万元/台。因此,购置这种设备的厂家越来越多,由于市场竞争激烈,绳锯的价格也越来越便宜,降到了每米300元左右。金刚石绳锯在石材异形切割方面的发展和技术进步,为在大理石矿山开采的应用提供了经验,奠定了坚实的基础。所以,2004年以后,大理石矿山的金刚石绳锯开采大有发展。因为大理石开采用绳锯,其串珠之间用弹簧间隔,不必注塑或注胶。断绳之后,由现场工人自行组装和连接,工作寿命长,经济效益显著。刚开始大理石矿山使用的仍然是进口的绳锯机,意大利MARINI公司的绳锯机、潜孔钻机在许多矿山使用,如广西钟山、四川宝兴、安徽广德、辽宁本溪、福建长乐、山西浑源和五寨以及新疆哈密新天怡和巴州天磊等等。紧接着国产绳锯机也大量在市场上出现,输出功率20~30 kW,固定转速,性价比高,维修方便,售后服务好，很快就占领了大部分市场份额，新上的石材矿山都使用国产绳锯机。2005～2006 年国产金刚石注胶绳锯开始投放市场，主要用于花岗岩矿山开采。与其配套的国产绳锯机、钻孔机也相继在各个花岗岩矿山使用。专业生产绳锯开采设备的公司有：福州天石源超硬材料工具公司、泉州华大超硬工具科技有限公司和浙江高时石材有限公司等。这些厂家率先将绳锯开采设备的设计与制造引向高端技术的应用和更加专业化，仅仅数年，他们即完成了绳锯开采设备性能的提升和产品规格的系列化以及配套的凿岩机台架、潜孔钻机和顶石机等的设计与生产。使我国石材矿山真正进入了现代化的可持续开采生产阶段。这些配套设备包括：

(1) 具有数控性能的系列化开采绳锯机，功率有 11 kW、20 kW、30 kW、37 kW、45 kW 和 55 kW。

(2) 各种台架式凿岩机，用于孔深 10 m 以内的垂直和水平钻孔。

(3) 不同类型的绳锯开采专用潜孔钻机，动力有气动、电动和气液动三种类型，钻进孔深 20～30 m，钻孔直径 $\phi$80～100 mm，可以钻垂直孔和水平孔。

(4) 顶石机。

(5) 气袋。

随着金刚石绳锯使用量的增长和应用面的不断扩大，金刚石串珠和绳锯的生产技术也在不断进步，有的厂家引进制粒机、串珠冷压机和烧结机，有的自主创新研制从串珠冷压、烧结、开刃、清洗、注塑(注胶)等整套生产线。不但生产规模扩大，有的厂家日产串珠万粒以上。而且产品质量，包括绳锯的生产效率和工作寿命都有长足的提高，越来越接近国外产品的先进水平。2007 年全国金刚石绳锯产量达 40 万 m，产值超亿元。有几个厂家除供应国内需要之外，转向批量出口，甚至向绳锯王国意大利出口。意大利有关专家认为：目前意大利石材加工机械技术仍然领先中国至少 2～3 年，笔者相信，再有 3～5 年的努力，中国的金刚石绳锯技术一定会赶上世界先进水平。

## 8.2　金刚石串珠绳锯的受力分析

### 8.2.1　绳锯受力及锯切轨迹

金刚石串珠绳锯工作时的受力情况示于图 8－5。

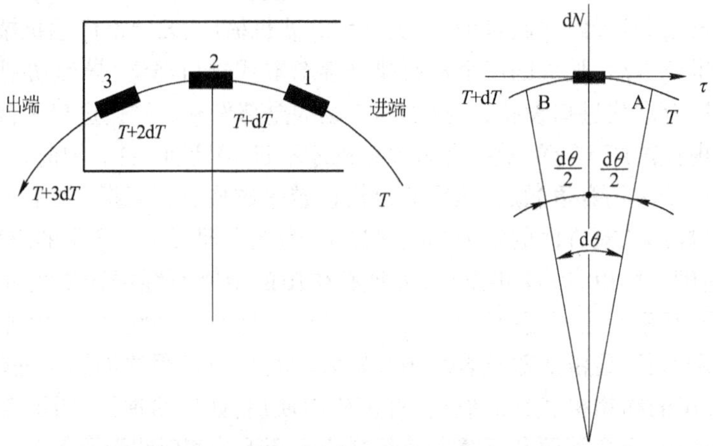


图 8－5　串珠绳锯受力示意图

$T$—绳锯预拉力；d$N$—串珠受法向力；$\tau$—串珠受切向力

对于串珠 1：

$$dN = T\sin\frac{d\theta}{2} + (T + dT)\sin\frac{d\theta}{2} \tag{8-1}$$

因 $d\theta$ 十分小，可以认为 $\sin\frac{d\theta}{2}=\frac{d\theta}{2}$，则

式(8－1)可写为：

$$dN = T \times d\theta + \frac{dT}{2} \times d\theta$$

$$dT \times \cos\frac{\theta}{2} = \tau$$

$$\cos\frac{\theta}{2} \approx 1$$

$$dT = \tau = dN \times \mu \tag{8-2}$$

式中　$\mu$——锯切阻力系数。

$$dN = T \times d\theta + \frac{dN \times \mu}{2} \times d\theta$$

以 $\theta_1$ 代替 $\theta$

$$d\theta_1^{-1} = \frac{T}{dN} + \frac{1}{2}\mu \tag{8-3}$$

对于绳上的每颗串珠，$dN$ 应是相同的。因为一旦出现不相同时，$dN$ 偏大（即曲率偏大）的串珠将以较高的“进刀”速率工作而使曲率减小，因而会自动地实现各串珠上 $dN$ 的动态均衡。$dN$ 相同，则 $\tau$ 也应相同，$dT$ 也可看作相同，则：

对于串珠 2：

$$dN = (T + dT)\sin\frac{d\theta_2}{2} + (T + 2dT)\sin\frac{d\theta_2}{2}$$

$$dN = T \times d\theta_2 + \frac{3dT}{2} \times d\theta_2$$

$$d\theta_2^{-1} = \frac{T}{dN} + \frac{3}{2}\mu \tag{8-4}$$

对于串珠 3：

$$dN = (T + 2dT)\sin\frac{d\theta_3}{2} + (T + 3dT)\sin\frac{d\theta_3}{2}$$

$$dN = T \times d\theta_3 + \frac{5dT}{2} \times d\theta_3$$

$$d\theta_3^{-1} = \frac{T}{dN} + \frac{5}{2}\mu \tag{8-5}$$

把 $AB$ 弧段看作为圆弧，串珠 1 中点处的曲率半径为该圆弧的半径（$AB$ 弧段曲率半径的平均值）

$$\overset{\frown}{AB} = r d\theta$$

令：$\overset{\frown}{AB} = S$；$r = Sd\theta^{-1}$

式中　$S$——串珠间距。

得：

$$r_1 = S\left(\frac{T}{\mathrm{d}N} + \frac{\mu}{2}\right); r_2 = S\left(\frac{T}{\mathrm{d}N} + \frac{3\mu}{2}\right); r_3 = S\left(\frac{T}{\mathrm{d}N} + \frac{5\mu}{2}\right)$$

$$r_i = S\left(K + \frac{2i-1}{2}\mu\right); \Delta r = S(K + \mu)$$

式中　$K = \frac{T}{\mathrm{d}N}$。

可见，绳锯的锯切轨迹是一条曲率半径逐步增长的圆滑曲线，且相邻两串珠对应的曲率半径之差 $\Delta r$ 为不变值。两串珠间的间隔弧长也是不变的。我国吉林大学的学者在文献[94]中认为是渐开线轨迹，但从图 8－6 上可见，对于渐开线，曲率半径差（基圆上的各段圆弧长）相等时，对应的渐开线上各弧长是不相等的。

可见绳锯的轨迹不是渐开线。从图也可看出，只有 $\widehat{de}$ 和 $\widehat{ef}$ 可看作是“等长”的，与绳锯的轨迹相符。也可以说绳锯轨迹的中间一段可看作为渐开线，这就解释了文献[94]中的试验结果。

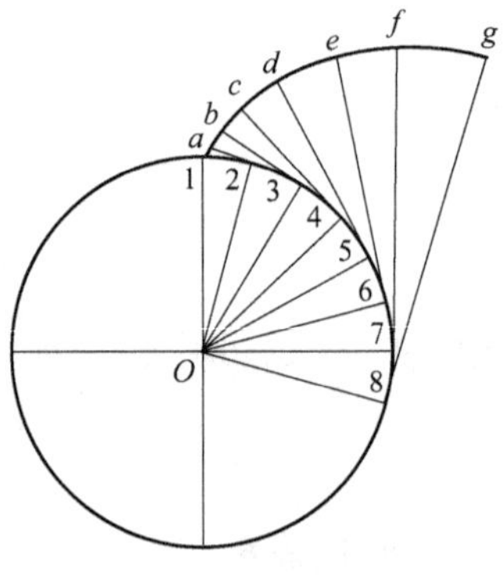


图 8－6　渐开线形成图

### 8.2.2　锯切阻力系数 $\mu$

式（8－2）中的 $\mu$ 是圆形断面串珠的锯切阻力系数。该系数与串珠与岩石这对摩擦副间的摩阻系数 $f$ 和接触面形状有关。

串珠面上的金刚石，在岩石面上滑动时会嵌入并推挤岩石材料，产生犁沟效应。犁沟效应的阻力是摩擦力的组成部分，在磨粒磨损和擦伤磨损中，它是摩擦力的主要分量[95]。

文献[96]介绍了前苏联对于金刚石钻头钻进岩石时的摩阻系数算式，可写为：

$$f = f_0 = A\Delta v$$

式中　$\Delta v$——每转进尺量，cm/r。

$f_0$ 和 $A$ 值列于表 8－1。

**表 8－1　$f_0$ 和 $A$ 值**

| 钻　头 | 中硬岩（可钻性Ⅶ～Ⅷ级） | | 硬岩（可钻性Ⅸ～Ⅹ级） | |
|---|---|---|---|---|
| 表镶钻头 | $f_0 = 0.10$ | $A = 1.81$ | $f_0 = 0.07$ | $A = 1.94$ |
| 孕镶钻头 | $f_0 = 0.32$ | $A = 0.83$ | $f_0 = 0.12$ | $A = 3.30$ |

文献[97]介绍了美国矿业局通过试验得到的公式，可写为：

$$f = 0.135 + 0.0225V_m$$

式中　$V_m$——钻头每分钟进尺，cm/min。

钻头转速为 1000 r/min，则可得到：$f = 0.135 + 2.25\Delta v$，与表 8－1 中孕镶钻头钻进硬岩相接近。

金刚石串珠绳锯与钻头有相似之处，$\Delta v$ 可以定义为绳锯工作一圈的“进尺”量。图 8－7 示意了不同接触面形状与 μ 影响的原理。

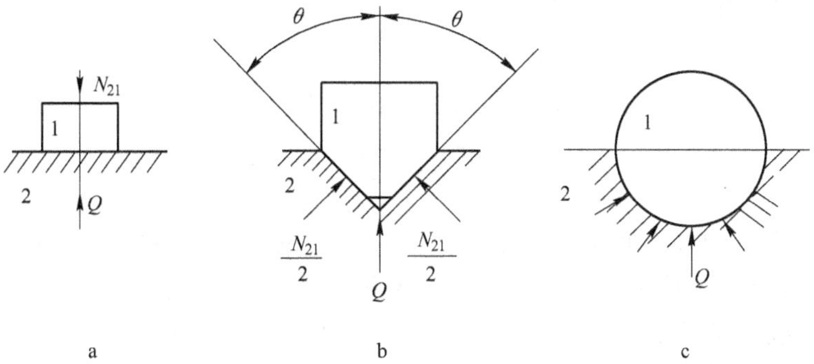


图 8－7 摩擦面形状对摩擦力的影响

得到摩擦力计算的通式：

$$F_{21} = \mu N_{21} = \mu Q$$

串珠的工况相当于图 8－7c　　$\mu = 1.27f$

则串珠锯切岩石时的阻力系数为：

$$\mu = 1.27(f_0 + A\Delta v) \tag{8-6}$$

表 8－1 中的 $f_0$、$A$ 数据是否能直接用于绳锯还有待研究。

### 8.2.3 钢绳中的弯曲应力

钢丝绳是绳锯中的重要部件，也是绳锯寿命中的薄弱环节。无论从绳锯的锯切轨迹看，还是从绳锯的传动系统看，钢绳均会承受交变载荷，存在着疲劳破坏的可能。

在锯切轨迹中，其最小曲率半径位于“进端”（见图 8－8）。

结合试验资料来计算曲率半径。文献[98]绳锯试验所得的锯切力示于图 8－8。

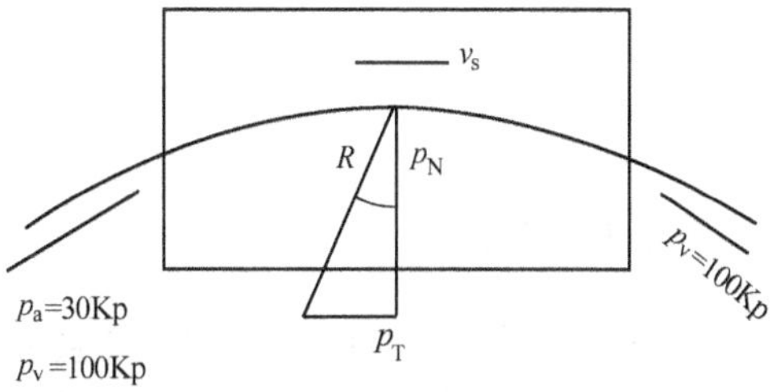


图 8－8 锯切力图

由式(8－2)可知：

$$dN = p'_a/\mu$$

$$p'_a = p_a/n$$

式中　$n$——同时参与工作的串珠数。

$$\mu = 1.27(0.32 + 0.83\Delta v)$$

$$r_1 = S\left(\frac{p_V}{dN} + \frac{\mu}{2}\right)$$

锯切参数列于表 8－2 中。

**表 8－2 锯切大理石时的相关参数值**

| 绳长/m | 线速度/m · s$^{-1}$ | 切割率/m$^2$ · h$^{-1}$ | 工件长/m | 预紧力 Kp |
|---|---|---|---|---|
| 20 | 25 | 1.9 | 2.25 | 100 |

设每米串珠数为 35 个，则 $S = 28.5$ mm。

$$p_a' = p_a/(35 \times 2.25) = 0.38\ \text{Kp}$$

由表 8－2 数据可算得：

$\Delta v = 0.0188$ cm/圈，则：

$$\mu = 0.43$$

$$dN = 0.38/0.43 = 0.88\ \text{Kp}$$

$$r_1 = 28.5\left(\frac{100}{0.88} + \frac{0.43}{2}\right) = 3245\ \text{mm}$$

本试验中，轨迹的最小曲率半径比传动轮（导轮）的半径（1000 mm）要大得多。可见，在研究钢绳的疲劳破坏时，只需考虑传动轮（导轮）的曲率影响。

文献指出，疲劳破坏由外层钢丝开始。增大滑轮与钢丝绳的直径比 $D/d$，减小钢丝绳承受的拉力，能提高钢丝绳寿命。

钢丝绳受拉、弯的联合作用力，文献[99]列出了组合应力的计算公式：

$$\sigma = \frac{T}{F} + \frac{E \times d}{D} \tag{8-7}$$

式中　$F$——起重索金属截面积；

$E$——起重索的弹性模量；

$d$——起重索钢丝直径；

$D$——起重索绕过的滑轮直径。

文中未明确指明 $E$ 是否为钢丝材料的弹性模量。

文献[100]对弯曲应力算式进行了推导：

$$\frac{M}{EI} = \frac{1}{r} = \frac{2}{d_S}$$

$$\sigma = \frac{M_c}{I} = \frac{Md_W}{2I}$$

因：

$$\frac{M}{I} = \frac{2E}{d_S}$$

得出下面公式：

$$\sigma = \frac{d_W E}{d_S} \tag{8-8}$$

此处 $d_W$ 是钢丝的直径，$d_S$ 为轮的直径，$I$ 为单根钢丝的惯性矩，$E$ 为材料的弹性模量。

文献[100]也指出：可以看出，增加钢丝绳尺寸，应力随着增加。滑轮尺寸减小也增加了弯曲应力。

但由式(8－8)却可以导出这样的结论：只要钢丝直径不变，其组成的钢丝绳直径的变化几乎不会导致弯曲应力的增减。这一结论与上列文献[99,100]中的说法相矛盾，也与大直径钢丝绳要配大轮的实际做法不符。

文献将钢绳的弯曲应力 $\sigma_w$ 区分为捻制应力 $\sigma_{w1}$ 与工作应力 $\sigma_{w2}$ 两种，且 $\sigma_w = \sigma_{w1} + \sigma_{w2}$。

$$\sigma_{w1} = 2.25\frac{\delta}{d}E_c\cos^2\alpha_n\sin^2\alpha_k \tag{8-9}$$

$$\sigma_{w2} = \frac{\delta}{D}E_c\cos^2\alpha_n\cos^2\alpha_k \tag{8-10}$$

式中 $\alpha_k,\alpha_n$——绳与股的捻角；

$\delta$——钢丝直径；

$d$——钢绳直径；

$D$——轮径；

$E_c$——钢丝材料的杨氏模量。

对于最实用的双捻绳，捻制应力不具交变性，工作应力为交变应力。式(8-9)虽然示出了即使钢丝直径不变，其组成的钢丝绳直径的变化会导致非交变弯曲应力的增减，但式(8-10)表明钢丝绳直径与轮径无相关性。

文献又导出了 $\sigma_{w2}$ 的另一种计算式：

$$\sigma_{w2} = \frac{\delta}{D}E_k\cos\gamma \tag{8-11}$$

该式是将绳轮上钢绳的外层钢丝看作是绳表纤维的构成而导出的。绳表纤维排列方向与钢绳轴线不是平行的。二者构成夹角 $\gamma$，$E_k$ 应是钢丝绳表纤维的杨氏模量，其值小于 $E_c$。

式(8-11)仍表明钢丝绳直径与轮径无相关性。因而文献[101]认为新的 $\sigma_{w2}$ 的计算公式可使《绳锯操作规程》对 $D/d$ 的限定值降低约35%。

按上面所列的算法，对于绳锯这样承受连续载荷的钢丝绳，只有占总应力比重很小的 $\sigma_{w2}$ 为交变应力，因而其破坏不会是“疲劳”所致。

轮径不会影响弯曲应力和钢丝绳不属疲劳破坏这两个结论难以令人信服。看来，如何计算绳锯中钢丝绳的弯曲应力问题并未解决。

能否把由钢丝组合成的绳设想为一个整体件，按式(8-8)的推导原理得到下列算式：

$$\sigma = \frac{d_r E_r}{d_S} \tag{8-12}$$

式中 $d_r$——钢丝绳直径；

$E_r$——钢丝绳的弹性模量。

在机械零件教科书中，求取皮带传动的弯曲应力时指出：带绕在带轮上时，将产生弯曲应力 $\sigma_b$。若近似认为带的材料符合虎克定律，由材料力学公式可得：

$$\sigma_b = 2E\frac{h'}{d_d} \tag{8-13}$$

式中 $E$——带材料的弯曲弹性模量，MPa；

$h'$——带的外表面到节面间的距离，mm。对于平带取 $h/2$，$h$ 为带的厚度；

$d_d$——带轮直径。

如果可以把绳锯中的传动(承载)钢绳看作为圆带，则式(8-13)中的 $h' = d_r/2$，则就转换成了式(8-12)。

但钢丝绳的弯曲弹性模量，未见有可认定的资料。

文献[102]指出，钢丝绳的易弯性比用相同拉伸强度的钢棒制作的钢绳高400~1200倍；另一方面，它的表面弹性系数约为钢的1/3。

文献[102]在钢丝绳的数据列表(见表8-3)提到了钢丝绳的弹性模量这一参数。

**表 8-3　钢丝绳的数据**

| 金属横截面积($d_r$ = 钢丝绳直径) | | 钢丝的外径 $d_W$ | 钢丝绳滑轮的最小直径 $d_S$ | 钢丝绳的弹性模量 |
|---|---|---|---|---|
| 类型(股×丝) | $mm^2$ | mm | mm | GPa(psi) |
| 6×7 | $0.380d_r^2$ | $d_r/9$ | $42d_r$ | 96.6(14000000) |
| 6×19 | $0.404d_r^2$ | $d_r/16$ | $24d_r$ | 82.8(12000000) |
| 6×37 | $0.404d_r^2$ | $d_r/22$ | $18d_r$ | 75.9(11000000) |
| 8×19 | $0.352d_r^2$ | $d_r/19$ | $20d_r$ | 69(10000000) |

注:1psi = 0.0069 N/mm$^2$。

目前,绳锯在承载钢丝绳上的总应力中,拉和弯各占多大比例未见研究。现按式(8-12)作一估算:

设:钢丝绳的许用应力:2000 MPa

钢丝绳弹性模数:96500 MPa

钢丝绳直径:4.8 mm

轮子直径:800 mm

可以算出弯曲应力:$\sigma_W$ = 96500 × 4.8/800 = 579 MPa

弯曲应力占许用应力的百分比:28.9%

如真是这样,则意味着即使在静载条件,钢丝绳的承载(拉)力仅能取为其破断力的70%。钢丝绳实际上是在一种不对称循环载荷下工作,循环特征为:

$$r = \frac{\sigma_{min}}{\sigma_{max}} = \frac{T/F}{T/F + d_r E_r / d_s} \approx 0.7$$

在材料力学教科书中,不难找到如图 8-9 所示的持久极限曲(折)线。

$$\tan\alpha = \frac{1-r}{1+r} = \frac{0.3}{1.7} = 0.176$$

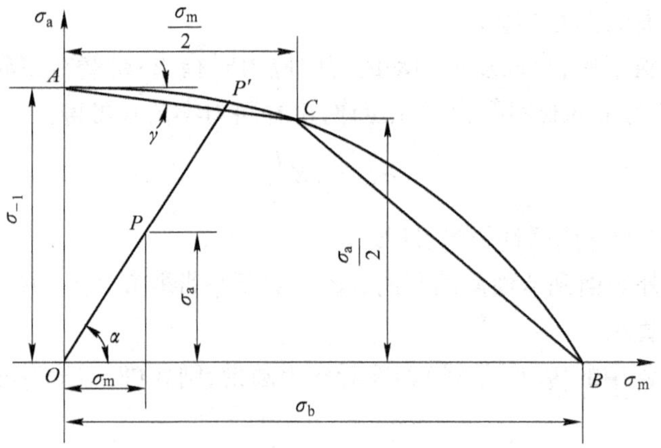


图 8-9　持久极限曲线

则 $\alpha = 10°$,$OP$ 线将与 $CB$ 线相交,且交点与 $B$ 点很近,因而,可按图 8-10 所示近似地求得持久极限:

$$\sigma_L = \sigma_a + \sigma_m$$

$$\sigma_L = 0.81\sigma_b$$

$$\frac{T}{F} + \frac{d_r E_r}{d_S} \leqslant 0.81\sigma_b$$

式中 $\sigma_b$——钢丝的抗拉强度极限。

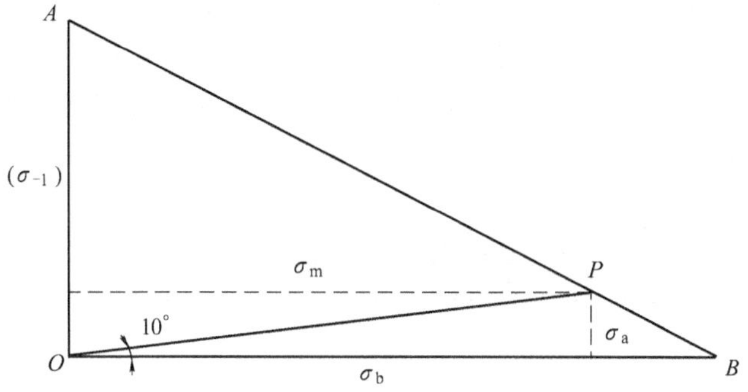


图 8－10 持久极限近似值计算图

### 8.2.4 开始锯切时的最小曲率半径

绳锯在锯切工件时,锯切轨迹的完全形成需经一过程。图 8－11 为开始锯切“方料”时的情况。文献指出,拐角处串珠间的钢丝绳在中径处被拉长了 1.4 mm,外端处拉长了 2 mm,这极易导致钢丝绳的断裂。这表明文献强调了曲率对钢丝绳的寿命的影响。对于 28.5 mm 的串珠间距,165°~180°的圆心角,可算出此处的曲率半径为 109 mm。若要保证此处的曲率半径不小于 400 mm,则圆心角应为 4°,即绳折弯处的夹角不要小于 176°。这就意味着在锯切开始时必须采用更小的“给进”速率。

绳锯在采石场应用的条件更为恶劣,图 8－11、图 8－12 为常用的锯切方法示意图。由图可见,钢丝绳至少存在两个直角折弯处。对此条件,应采取如下措施:(1)放大折弯处的约束空间,即增大穿绳孔直径;(2)采用柔性更好即弹性模量更低的钢丝绳;(3)采用更细直径钢丝捻成的钢丝绳;(4)减小“给进”速率;(5)设置导向轮。

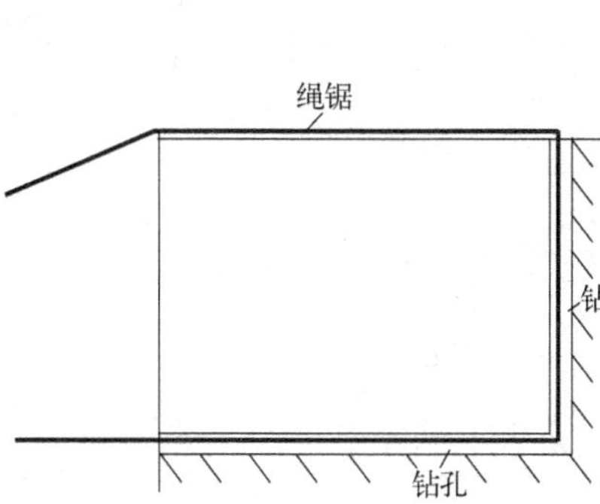


图 8－11 方料锯切示意图

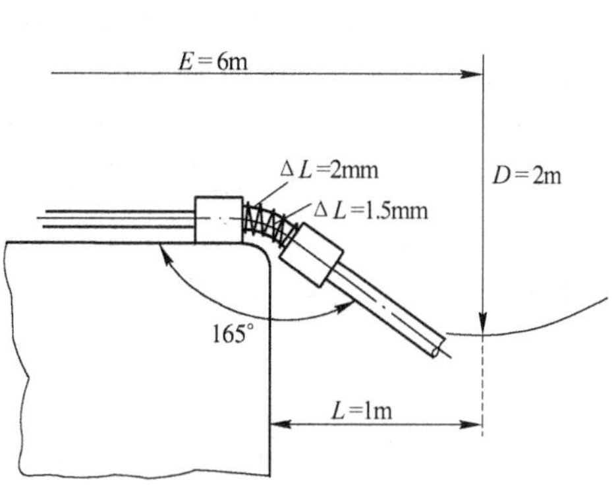


图 8－12 采石锯切示意图

## 8.3　金刚石串珠绳锯结构类型及应用范围

### 8.3.1　金刚石串珠绳锯组成

金刚石串珠绳锯主要由串珠、钢丝绳、固定材料（塑料或橡胶和弹簧）、隔圈和连接套组成，如图 8 - 13 所示。一根交互捻多股的钢丝绳上套若干串珠（每米 28 ~ 42 粒），以一定间隔用注塑或注胶方式固定（大理石开采用绳锯只用弹簧隔开钢丝绳上的串珠）。根据不同的用途，钢丝绳长度不一，从十几米到 70 m，每根绳均要首尾相接，用钢套扣压，形成闭环。安装在绳锯机的主动飞轮上，主动轮旋转，带动绳锯作高速直线运动，对岩石或其他材料进行切割。见图 8 - 14 绳锯零件图。

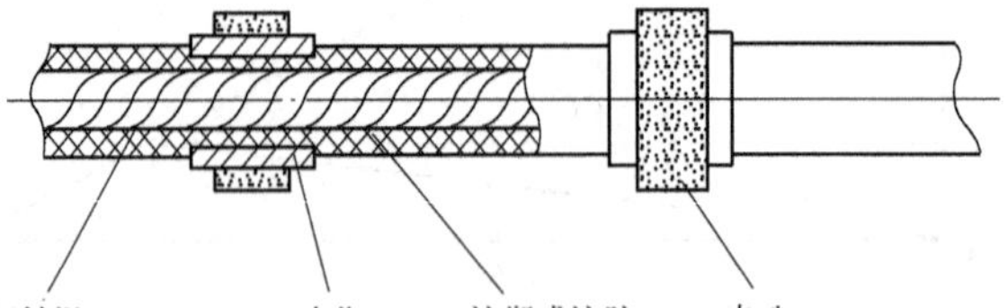


图 8 - 13　金刚石串珠绳锯结构图

图 8 - 14　电镀串珠、烧结串珠、弹簧等绳锯零件图

8.3.1.1　金刚石串珠

金刚石串珠包括胎体和珠芯两部分，胎体粉末首先压制到珠芯外圆表面，经过热压烧结，胎体与珠芯牢固黏结，串珠烧结后以胎体外径定心，加工珠芯内孔，内孔比钢丝绳直径大 0.3 ~ 0.4 mm，并用特制丝锥攻螺纹，以便于储存塑料或橡胶，增加与钢丝绳的黏结能力，如图 8 - 15 所示。

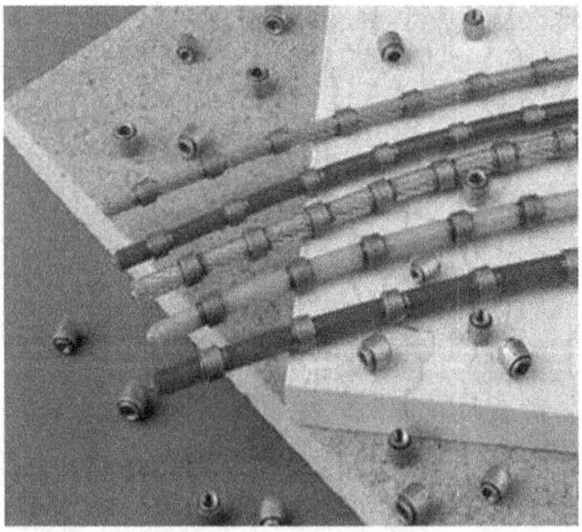

图 8 - 15　串珠和绳锯

8.3.1.2　固定材料

目前金刚石绳锯使用的固定材料是塑料或橡胶，其作用：一是按一定距离间隔排列钢丝绳上的串珠；二是将串珠牢固地黏结在钢丝绳上，

当绳锯作切割运动时，串珠不产生相对转动和移动；三是对钢丝绳起到保护作用，不磨损、不腐蚀。

塑料主要用的是热塑性聚胺酯弹性体(TPU)，耐磨，有弹性，颗粒状。由立式或卧式注塑机通过注塑模具压注到钢丝绳和串珠之间。橡胶材料由天然橡胶和合成橡胶如氯丁橡胶和丁腈橡胶的混合物，再加一些硫化促进剂等配方炼制而成。由注胶机或普通硫化机注入模具，经加热硫化而使串珠与钢丝绳牢固黏结。

8.3.1.3 弹簧

大理石开采绳锯不必注塑(或注胶)，串珠之间用弹簧隔开，弹簧自由长度有 30 mm、25 mm 两种，用扣压机在每隔 5 ~ 7 粒串珠处压紧压环，以防绳断时，不致使串珠、弹簧散落。另外，用于加工硬质岩石或混凝土材料的绳锯，在串珠之间套一矩形截面弹簧，然后注胶或注塑，以增强弹性。

8.3.1.4 连接套

金刚石绳锯工作时，均连接成封闭状，所以通过连接套将绳锯两端压紧，因此加工厂或矿山均配置有专用的液压夹钳。

8.3.1.5 钢丝绳

钢丝绳是串珠的载体，其工作寿命对绳锯影响很大，目前国内厂家都使用进口多股(7 ×6)钢丝绳。直径 $\phi$3 mm、$\phi$3.9 mm、$\phi$4.2 mm、$\phi$4.6 mm、$\phi$4.9 mm，抗拉强度 1770 N/mm$^2$，多半采用镀锌的，也有镀铜的(与橡胶黏结更好)。其实，国产钢丝绳的抗拉强度与进口的相当，只是抗疲劳能力差，应鼓励国内钢丝绳企业研制耐疲劳、耐磨的专用钢丝绳。

### 8.3.2 金刚石绳锯类型及应用范围

按目前串珠的制造方法可分为：电镀串珠绳锯、烧结串珠绳锯和真空钎焊串珠绳锯。按串珠固定方式可分为：注塑绳锯、注胶绳锯和弹簧隔离绳锯。按用途可分为：异形切割和荒料整形用绳锯、开采用绳锯、切割混凝土用绳锯和多绳锯板用绳锯。根据具体的切割对象，有不同的直径和串珠数量组合，现将国产金刚石绳锯的规格、用途及性能列于表 8-4 ~ 表 8-8 中。

**表 8-4 异形切割用金刚石绳锯**

| 岩　石 | 串珠规格 /mm | 固定方式 | 串珠数 /粒·m$^{-1}$ | 岩石特性 | 切割效率 /mm·min$^{-1}$ | 工作寿命 /m$^2$·m$^{-1}$ | 线速度 /m·s$^{-1}$ |
|---|---|---|---|---|---|---|---|
| 大理石 | $\phi$9 | 注塑 | 30 ~ 35 | 软大理石 | 15 ~ 35 | 30 ~ 50 | 30 ~ 40 |
| | $\phi$8 | | | 硬大理石 | 10 ~ 20 | 20 ~ 30 | 25 ~ 30 |
| 花岗岩 | $\phi$9 | 注塑 | 35 ~ 37 | 花岗岩 | 10 ~ 15 | 10 ~ 15 | 25 ~ 30 |
| | $\phi$9 | 注塑 | | 中硬花岗岩 | 5 ~ 10 | 7 ~ 12 | 24 ~ 28 |
| | $\phi$8.5 | 注塑 | | 坚硬花岗岩 | 3 ~ 6 | 5 ~ 8 | 20 ~ 24 |

**表 8－5　荒料整形用金刚石绳锯**

| 岩　石 | 串珠规格 /mm | 固定方式 | 串珠数 /粒·$m^{-1}$ | 岩石特性 | 切割效率 /$m^2 \cdot h^{-1}$ | 工作寿命 /$m^2 \cdot m^{-1}$ | 线速度 /$m \cdot s^{-1}$ |
|---|---|---|---|---|---|---|---|
| 大理石 | φ10 | 注塑 | 30～32 | 软大理石 | 5～8 | 30～65 | 30～35 |
| 大理石 | φ10.5 | 注塑 | 30～32 | 中硬大理石 | 3～5 | 20～50 | 30～35 |
| 大理石 | φ11 | 注塑 | 30～32 | 硬大理石 | 2～5 | 15～30 | 25～30 |
| 花岗岩 | φ11 | 注塑 | 35～37 | 花岗岩 | 1.5～2.5 mm/min | 12～20 | 25～30 |
| 花岗岩 | φ9 | 注塑 | 35～37 | 中硬花岗岩 | 1～1.5 mm/min | 7～13 | 24～28 |
| 花岗岩 | φ8.5 | 注塑 | 35～37 | 坚硬花岗岩 | 0.6～1.0 mm/min | 4～8 | 20～24 |

**表 8－6　花岗岩多绳大板切割用金刚石绳锯**

| 串珠规格 /mm | 固定方式 | 串珠数 /粒·$m^{-1}$ | 岩石特性 | 切割效率 /$m^2 \cdot h^{-1}$ | 工作寿命 /$m^2 \cdot m^{-1}$ | 线速度 /$m \cdot s^{-1}$ |
|---|---|---|---|---|---|---|
| φ11.5 | 注胶 | 40 | 花岗岩 | 4～6 | 15～25 | 25～30 |
| φ11.5 | 注胶 | 40 | 中硬花岗岩 | 2～5 | 8～15 | 22～26 |
| φ11.5 | 注胶 | 40 | 硬花岗岩 | 1～2.5 | 4～9 | 18～23 |
| φ11 | 注胶 | 40 | 花岗岩 | 5～7 | 15～20 | 25～30 |
| φ11 | 注胶 | 40 | 中硬花岗岩 | 3～5 | 8～13 | 22～26 |
| φ11 | 注胶 | 40 | 坚硬花岗岩 | 1～2.5 | 4～8 | 18～24 |
| φ10.5 | 注塑 | 32 | 花岗岩 | 5～7 | 15～20 | 25～30 |
| φ10.5 | 注塑 | 32 | 中硬花岗岩 | 3～5 | 8～13 | 22～26 |
| φ10.5 | 注塑 | 32 | 硬花岗岩 | 2～3 | 4～8 | 18～23 |

**表 8－7　花岗岩矿山开采用金刚石绳锯**

| 规格/mm | 固定方式 | 串珠数 /粒·$m^{-1}$ | 切割材料 | 切割效率 /$mm \cdot min^{-1}$ | 工作寿命 /$m^2 \cdot m^{-1}$ | 线速度 /$m \cdot s^{-1}$ |
|---|---|---|---|---|---|---|
| φ8.5 | 注塑 | 37 | 混切花岗岩 | 5～8 | 8～12 | 22～25 |
| φ7.2 | 注塑 | 37 | 混切花岗岩 | 5～8 | 8～12 | 22～25 |
| φ9 | 注胶 |  | 中硬花岗岩 | 5～10 | 7～12 | 24～28 |
| φ8.5 | 注塑 |  | 坚硬花岗岩 | 3～6 | 5～8 | 20～24 |

**表 8-8 大理石矿山开采用金刚石绳锯**

| 规格/mm | 固定方式 | 串珠数 /粒·$m^{-1}$ | 切割材料 | 切割效率 /$m^2\cdot h^{-1}$ | 工作寿命 /$m^2\cdot m^{-1}$ | 线速度 /$m\cdot s^{-1}$ | 串珠形式 |
|---|---|---|---|---|---|---|---|
| φ11 | 弹簧 | 28,30,32 | 软大理石 | 10~20 | 30~55 | 35~40 | 烧结串珠 |
| | 注塑 | 32 | | | | | |
| | 弹簧 | 28,30,32 | 中硬大理石 | 8~16 | 15~35 | 33~38 | |
| | 注塑 | 32 | | | | | |
| | 弹簧 | 28,30,32 | 硬大理石 | 5~8 | 10~25 | 30~35 | |
| | 注塑 | 32 | | | | | |
| φ10.5 | 弹簧 | 28,30,32 | 软大理石 | 10~20 | 25~45 | 35~40 | |
| | 注塑 | 32 | | | | | |
| | 弹簧 | 28,30,32 | 中硬大理石 | 8~16 | 15~35 | 33~38 | |
| | 注塑 | 32 | | | | | |
| | 弹簧 | 28,30,32 | 硬大理石 | 5~8 | 10~25 | 30~35 | |
| | 注塑 | 32 | | | | | |
| φ11 | 弹簧 | 28,30,32 | 软、硬大理石 | 12~25 | 10~30 | 30~35 | 电镀串珠 |

## 8.4 金刚石串珠设计

串珠是金刚石绳锯的重要部件，是一组以钢丝绳为载体的切割工具。它是由钢制珠芯和胎体两部分组成。胎体可以是电镀的、真空钎焊的和热压烧结的。由于制造方法和用途的不同，它的结构和规格尺寸也不同，表 8-9 列出串珠不同制造方法和用途所选择的串珠直径。

**表 8-9 串珠不同制造方法和用途所选择串珠直径**

| 制造方法 | 串珠直径/mm | 固定方式 | 用 途 |
|---|---|---|---|
| 电 镀 | 10,8.5,7.2 | 弹簧隔离，注塑 | 软质材料的异形切割，软大理石矿山开采 |
| 热压烧结 | 11,10.5,10,8.5,7.2 | 弹簧隔离，注塑，注胶 | 适于各种用途 |
| 真空钎焊 | 10,8.5,7.2 | 弹簧隔离，注塑 | 软质材料的异形切割，软大理石矿山开采 |

### 8.4.1 热压烧结串珠设计

热压烧结串珠绳锯是目前的主导产品。热压烧结串珠胎体性能调整范围大，通过调整配方中各种金属成分的比例和选择不同品级、粒度和浓度的金刚石就可以实现对不同材料的切割效率和寿命的调控。适于花岗岩矿山开采及钢筋混凝土等建筑材料的切割。

串珠设计首先考虑的是串珠外径，从表 8-9 可知，用于异形切割、荒料整形和多绳大板切割的绳锯，串珠直径小。目前市场上供应的是 φ8.2~8.5 mm，因为，异形绳锯机在室内工作，功率小，运转稳定，切缝小，成材率高。当然，其外径的大小还与钢丝绳直径有关，目前，常用的进口钢丝绳直径有:$\phi$4.2 mm、$\phi$4.6 mm、$\phi$4.8 mm、$\phi$4.9 mm。经验证明,串珠直径$\phi$8.5 ~ 8.8 mm,胎体长度4 ~ 6 mm。绳锯配用$\phi$4 mm钢丝绳容易断裂,20世纪80年代意大利进口绳锯切不到80 $m^2$就断裂,问题就是钢丝绳直径小,改为$\phi$4.6 mm之后,寿命大为提高,可以切到120 $m^2$之后才开始断裂。由此可知,在串珠中减去珠芯的外径,留给串珠胎体的空间是十分有限的。环形胎体的厚度只有1 ~ 1.5 mm。开采用和切割混凝土用的绳锯的钢丝绳直径必须在$\phi$5 mm左右,串珠外径在$\phi$10 ~ 12 mm,为了提高工作寿命,可适当增加胎体长度6 ~ 8 mm,如图8 - 16所示。表8 - 10为国内外热压烧结串珠的结构尺寸,供设计者参考。

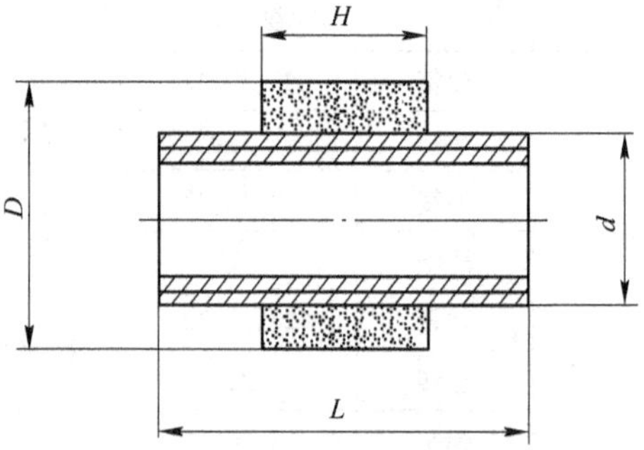


图8 - 16　热压烧结串珠结构图

*D*—串珠外径;*d*—珠芯外径;

*L*—串珠长度;*H*—胎体长度

**表8 - 10　国内外热压烧结串珠结构尺寸**

| 串珠外径 D/mm | 胎体压坯外径 /mm | 珠芯外径 d/mm | 珠芯内径 /mm | 串珠长度 L/mm | 钢丝绳直径 /mm |
|---|---|---|---|---|---|
| 11.5 | 11.3 | 9 | 5.4 | 12 ~ 14 | 5 |
| 11 | 10.8 | 8 | 5.2 | 9 ~ 12 | 4.9 |
| 10.5 | 10.3 | 8 | 5.2 | 9 ~ 12 | 4.8 |
| 10 | 9.8 | 7 | 5.2 | 9 ~ 11 | 4.8 |
| 8.8 | 8.6 | 6.6 | 4.9 | 9 ~ 11 | 4.6 |
| 8.7 | 8.5 | 6.4 | 4.9 | 9 ~ 11 | 4.6 |
| 8.5 | 8.3 | 6.2 | 4.5 | 7 ~ 9 | 4.2 |
| 8.2 | 8 | 6 | 3.9 | 7 ~ 9 | 3.6 |
| 7.2 | 7 | 5.4 | 3.8 | 6 ~ 8 | 3.6 |

### 8.4.2　珠芯设计

珠芯是串珠胎体与钢丝绳连接的基体,呈薄壁圆管状,管壁厚度1 ~ 1.5 mm,最薄的只有0.75 mm。一般采用45号钢材料,最好由精密冷拔管制造,适于批量生产,刚性好,节约材料,成本低。当串珠外径和钢丝绳直径确定之后,珠芯的内外直径基本上也随之确定,如表8 - 10所示,调整的余地很少。为了增强与串珠胎体和钢丝绳的黏结能力,防止绳锯切割过程产生相对的转动和移动,设计制造者采取如下措施:

(1) 表面镀镍或镀铜,有利于与串珠胎体热压烧结后的黏结,也有利于注胶或注塑的黏结能力。

(2) 珠芯的内外圆车螺纹。管壁薄的只车内螺纹,或用特制的丝锥攻内螺纹。

(3) 在珠芯两端或一端铣槽,当槽中注入塑料或橡胶后,增强串珠的抗回转能力,如图8 - 17所示。

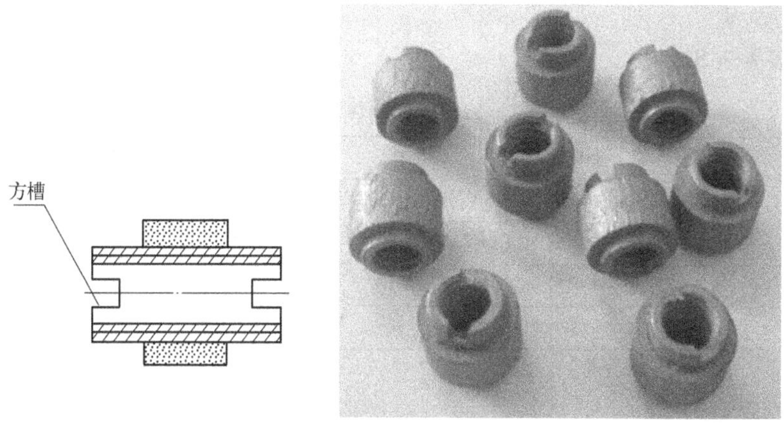


图 8 - 17 珠芯铣槽及其实物示意图

(4) 珠芯内孔设计呈异形孔，如：五方孔、六方孔、花键孔。目的也是为了增强抗回转能力，便于批量生产，直径大的可以作为异形管冷拔，或者异形内孔可以冲制。图 8 - 18为 1999 年意大利维罗纳石材博览会上取得的一个串珠三维剖视图。

图 8 - 18 异形孔串珠三维剖视图

### 8.4.3 串珠胎体配方设计

桂林矿产地质研究院从 1997 年开始对金刚石串珠绳锯进行研究，特别重视对热压烧结串珠胎体配方的研究和设计。串珠胎体实际上是一个长筒薄壁粉末冶金零件，壁厚只有 1 ~ 1.5 mm，为了保证串珠有高的切割效率和较高的工作寿命，首先要求胎体对金刚石有较强的包镶能力，同时与珠芯必须有足够的黏结强度，才能保证绳锯在切割过程中，串珠能承受住轴向力和回转扭矩，不致脱离珠芯。为此我们进行了大量的试验工作，研究的着重点是提高串珠胎体结合剂对金刚石的包镶能力(包括机械包镶和化学包镶能力)以及达到对金刚石参数的合理设计。同时，必须兼顾胎体对金刚石的包镶能力和对钢基体的黏结强度两方面，这就对胎体的性能提出了更高的要求。

#### 8.4.3.1 提高胎体结合剂对金刚石机械包镶能力的实验研究

理论研究表明，影响胎体对金刚石机械包镶的因素为结合剂胎体的屈服强度和红硬性。在金属元素中，钴金属同时具有较高的屈服强度和红硬性。因此，就提高结合剂对金刚石机械包镶力而言，采用纯 Co 结合剂，其具备其他结合剂如 Cu 基、Fe 基等无可比拟的优势。但是，采用纯 Co 粉制作金刚石串珠存在以下几个问题：(1)在高速、高频大冲击条件下，其包镶力仍满足不了使用要求；(2)胎体与珠芯无法形成化学黏结，两者的黏结强度严重不足；(3)纯 Co 粉烧结属于固相烧结，其烧结温度高，易损伤金刚石；(4)成本相对高。

综合考虑以上因素，本实验研究基于 Co 基结合剂，并添加部分降低烧结温度的材料，使胎体与金刚石浸润性增加，以及能增大与珠芯表面黏结强度的金属元素，在不影响结合剂对金刚石机械包镶能力的前提下，改善胎体的冷压、热压工艺性能及降低制作成本，具体实验过程及结果如下所述。

A　实验方案

实验方案见表8－11。

**表8－11　不同胎体配方成分**

| 配方号 | 配　方 | 测试项目 |
|---|---|---|
| 1 | Co 40%＋Ni 等其他成分 | （1）红硬性，即软化温度；<br>（2）硬度 HRB；<br>（3）抗弯强度，包括空白胎体，含金刚石胎体的抗弯强度 |
| 2 | Co 60%＋Ni 等其他成分 | |
| 3 | Co 80%＋Ni 等其他成分 | |
| 4 | Co 100% | |

B　实验结果及分析

a　钴含量的变化对胎体结合剂红硬性的影响

图8－19是钴含量对胎体结合剂红硬性的影响，从图8－19可以发现，随着钴含量的增加，结合剂的软化温度也逐渐上升，说明钴含量高的钴基结合剂在高温下能保持较好的硬度性能，避免金刚石绳锯在高速锯切过程中，金刚石与锯切材质间相互摩擦产生的热量使结合剂软化，影响结合剂对金刚石的机械包镶。深入分析曲线变化趋势可知，Co含量40%～80%，曲线较陡，软化温度从650℃升至720℃；而Co含量80%～100%，温度仅上升10℃（720～730℃），曲线平缓。因此，选择高钴配方的结合剂作串珠胎体，其Co含量可定于80%～100%范围。

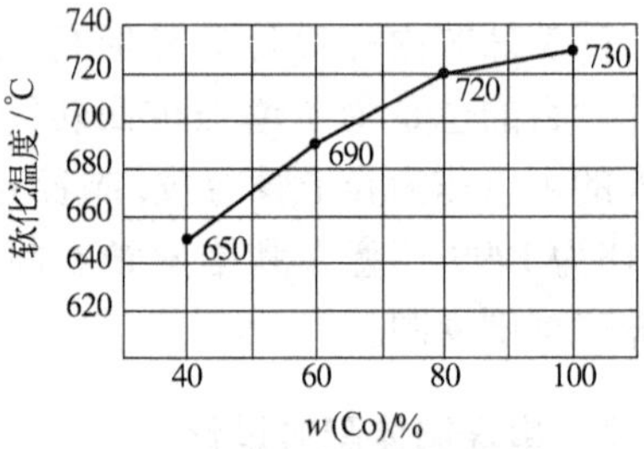

图8－19　钴含量对胎体结合剂红硬性的影响

b　钴含量对胎体力学性能的影响

每种取5个样品，分别做硬度及抗弯强度试验，其结果（平均值）见表8－12。

**表8－12　钴含量对胎体抗弯强度的影响**

| 配方号 | $\sigma_{空}$/MPa | $\sigma_{金}$/MPa | $((\sigma_{空}-\sigma_{金})/\sigma_{空})$/% |
|---|---|---|---|
| 1 | 966 | 733 | 24.1 |
| 2 | 1124 | 891 | 20.8 |
| 3 | 1240 | 1023 | 17.5 |
| 4 | 1310 | 1092 | 16.6 |

注：$\sigma_{空}$—空白胎体抗弯强度；$\sigma_{金}$—金刚石胎体抗弯强度。

图8－20是钴含量对胎体硬度的影响，图8－21是钴含量对胎体抗弯强度的影响。由图8－20和图8－21得知，随着钴含量的增加，钴基结合剂的硬度，空白胎体及含金刚石胎体的抗弯强度均升高，而且随钴含量的增加，含金刚石胎体的抗弯强度下降量减少。这就说明随着钴含量的增加，有利于提高钴基结合剂的强度，同时也加强了金刚石的机械包镶能力；对比3号、4号配方可以发现，空白胎体及含金刚石胎体的抗弯强度比较接近，抗弯强度下降量也相差很小。综合前述的各种因素，我们以下的研究均以80%左右的钴基胎体配方为基准。

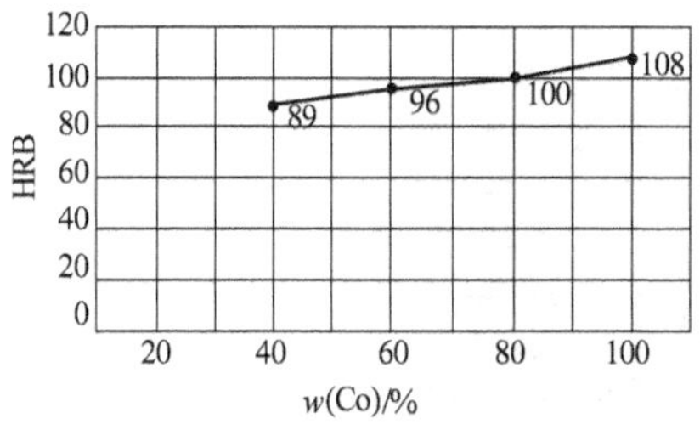


图 8-20 钴含量对胎体硬度的影响

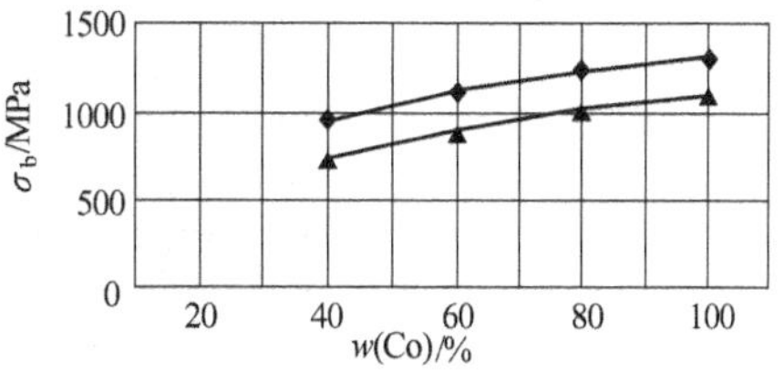


图 8-21 钴含量对胎体抗弯强度的影响

#### 8.4.3.2 提高胎体结合剂对金刚石的化学包镶能力的实验研究

由于金刚石很难被一般的金属和合金液相所浸润,金刚石工具允许的烧结温度较低(小于 900 ℃),时间较短(一般为小于 6 min),且钴基结合剂对金刚石的包镶仅为机械包镶,现场实验表明,其包镶能力满足不了串珠的使用要求,使用中存在着严重的金刚石掉粒现象,绳锯寿命偏短,效率偏低等问题。因此有必要实现钴基结合剂对金刚石的化学包镶,以降低金刚石最小植入量比值 $k$,提高金刚石的平均出刃值及金刚石的利用率。采用金刚石表面金属化技术,能使结合剂和金刚石冶金结合,产生较强的化学包镶能力。试验表明,采用此技术必须解决以下几个关键问题:

(1) 金刚石表面镀层材料的优选;

(2) 金属镀层与胎体配方的匹配;

(3) 金刚石表面金属镀层厚度的确定。

A 表面镀层金属的优选

金刚石表面的金属化技术,即在金刚石表面通过物理或化学的方法镀覆某些强碳化物金属形成金属或合金薄膜。为了使胎体结合剂能通过金刚石表面金属与金刚石形成牢固的化学冶金结合,镀层金属和工艺必须能解决下面两个问题:(1)表面金属既能与金刚石形成化学键,又能与 Co 基结合剂产生冶金结合;(2)表面金属在与金刚石形成化学键的过程中,对金刚石的损伤最小。为解决上述问题,桂林矿产地质研究院与中南大学合作进行了针对不同镀层材料和不同工艺的试验研究。经反复筛选试验,发现 Ti、W、W+Co 等金属均能与金刚石形成强碳化物。因此,我们重点进行了 Ti、W、W+Co 三种不同镀层对金刚石表面进行金属化处理作黏结力对比实验研究,以考察不同镀层金属及不同镀层厚度金刚石与结合剂的黏结效果。

a 同镀层的金刚石胎体抗弯强度

同镀层的金刚石胎体抗弯强度的测试结果(每种 5 个样的平均值)如表 8-13、图 8-22 所示。

**表 8-13 抗弯强度测试结果**

| 序 号 | 镀 层 | $\sigma_{空}$/MPa | $\sigma_{金}$/MPa | $((\sigma_{空}-\sigma_{金})/\sigma_{空})$/% | $((\sigma_{镀}-\sigma_{未})/\sigma_{未})$/% |
|---|---|---|---|---|---|
| 1 | 未 镀 | 1238 | 1016 | 17.9 | — |
| 2 | 镀 Ti | | 1078 | 12.9 | 6.1 |
| 3 | 镀 W | | 1118 | 9.7 | 10 |
| 4 | 镀 W+Co | | 1123 | 9.3 | 10.5 |

注:$\sigma_{空}$—空白胎体抗弯强度;$\sigma_{未}$—含未镀金刚石胎体抗弯强度;$\sigma_{金}$—含镀层金刚石胎体抗弯强度。

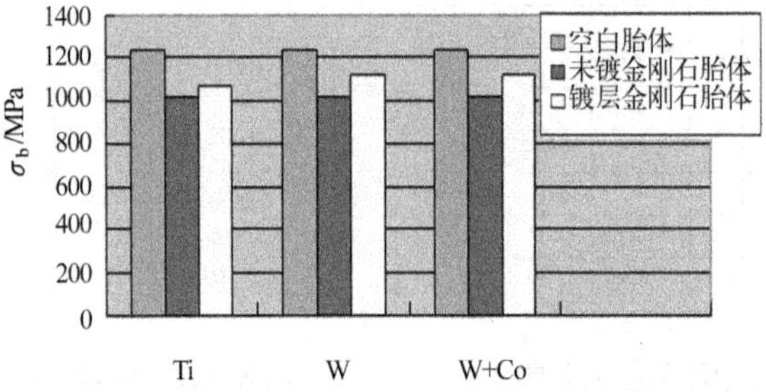


图 8－22　不同镀层对抗弯强度的影响

从表 8－13 和图 8－22 可以看出，含表面金属化的金刚石胎体抗弯强度均比未经表面金属化的金刚石的胎体抗弯强度高。其中含 W＋Co 的镀层金刚石抗弯强度最高，其次为镀 W 金刚石，且镀 W 与镀 W＋Co 的胎体抗弯强度接近，均比镀 Ti 金刚石高；与无镀层的金刚石胎体相比，镀 W＋Co 与镀 W 金刚石的胎体抗弯强度增量较大，且均高于镀 Ti 层金刚石胎体的增量。这就说明，镀 W＋Co 及镀 W 金刚石与钴基结合剂间的包镶能力较好。从显微镜下观察四种胎体断面也可看出镀 W＋Co 与镀 W 金刚石的胎体的凹坑粗糙，且裸露出的金刚石表面黏结有许多粉末颗粒，表明镀 W＋Co 及镀 W 金刚石与钴基结合剂形成了化学黏结，有较强的包镶能力。

b　同镀层金刚石的平均最大出刃值

同镀层金刚石的平均最大出刃值的测试结果（平均值）见表 8－14。

**表 8－14　平均最大出刃值测试结果**

| 序　号 | 金刚石平均粒径/mm | 镀　层 | 最大出刃值/mm | 最小植入量比值 $k$ |
|---|---|---|---|---|
| 1 | 0.403 | 未　镀 | 0.148 | 0.63 |
| 2 | 0.403 | 镀 Ti | 0.167 | 0.59 |
| 3 | 0.403 | 镀 W | 0.192 | 0.52 |
| 4 | 0.403 | 镀 W＋Co | 0.208 | 0.48 |

表 8－14 说明，金刚石镀覆 W、Ti 或 W＋Co 后，其平均最大出刃值明显增大，由 0.148 mm（35%$D$）增至 0.208（50%$D$），增加幅度为 40% 左右，最小植入量比值 $k$ 也由 0.63 降至 0.48，降低 24%。这就说明金刚石经表面金属化后，与钴基结合剂的化学包镶能力增大了，同时也降低了金刚石的胎体植入高度。

c　同镀层的金刚石经酸处理后的强度检测结果（见表 8－15）。

**表 8－15　经酸处理后的强度指标**

| 序　号 | 镀　层 | 金刚石品级 | 静压强度/kgf | 冲击强度（TI 值） | 晶　形 |
|---|---|---|---|---|---|
| 1 | 未　镀 | ISD－1650 | 34 | 80 | 晶形完整 |
| 2 | 镀 W | | 33 | 81 | 晶形完整 |
| 3 | 镀 Ti | | 32.5 | 79 | 晶形完整 |
| 4 | 镀 W＋Co | | 27 | 70 | 金刚石表面受损严重 |

从表 8－15 可以知道，镀 W 与镀 Ti 金刚石经酸处理后，其静压强度与冲击强度（TI 值）虽呈下降趋势，但变化很小，基本在误差范围内；在显微镜下观察，晶形完整，无损伤。而镀 W＋Co 金刚石的静压强度与冲击强度均有较大幅度的下降，且在显微镜下观察金刚石，发现金刚石表面已受损，金刚石受到较为严重的侵蚀，这是因为在金刚石表面镀覆 W＋Co 工艺要求较高的温度（高于 790 ℃）及较长的时间（大于 30 min）所致。

综合以上几点分析可知，镀 Ti 金刚石与钴基结合剂的黏结强度低于其他两种。在经酸处理的金刚石中，镀 W＋Co 的金刚石强度下降量最为显著。而镀 W 金刚石无论与钴基结合剂的黏结强度，还是经酸处理后的金刚石性能变化均有较为理想的效果。

B 金刚石镀层厚度的确定

进一步研究发现，钴基结合剂对金刚石的包镶能力不仅与金刚石的表面金属性能有关，而且还与镀层厚度有关。镀层厚度太薄，表面金属很难均匀地包裹在整颗金刚石的表面；镀层厚度太厚，表面金属化处理时间过长，或金刚石产生的碳化物过脆，均易造成脱落剥离。这两者均影响金刚石与金属结合剂的黏结强度，其具体试验结果如下所述。

a 配方设计

配方设计如表 8－16 所示。

**表 8－16 配方设计**

| 配方号 | 结合剂 | 金刚石品级 | 金刚石粒度 | 金刚石浓度 | 镀 层 | 厚度/μm |
|---|---|---|---|---|---|---|
| 1 | Co 80%，其余为 Ni 及微量元素 | ISD—1650 | 40/50 | 40 | 镀 W | 6 |
| 2 | | ISD—1650 | 40/50 | 40 | | 10 |
| 3 | | ISD—1650 | 40/50 | 40 | | 14 |

b 实验数据及处理

1 号、2 号、3 号配方有镀层金刚石胎体及空白胎体抗弯强度实验数据（每种 5 个样的平均值）见表 8－17。

**表 8－17 胎体抗弯强度及下降量**

| 配方号 | 镀层厚度/μm | $\sigma_{空}$/MPa | $\sigma_{镀}$/MPa | $((\sigma_{空}-\sigma_{镀})/\sigma_{空})$/% |
|---|---|---|---|---|
| 1 | 6 | 1238 | 1032 | 16.6 |
| 2 | 10 | 1238 | 1092 | 11.8 |
| 3 | 14 | 1238 | 1046 | 15.5 |

c 数据分析及结论

从表 8－17 可以看出，在其他条件均一致的前提下，金刚石镀 W 层厚度的变化情况，金刚石胎体相对空白胎体抗弯强度下降量也有明显变化，在镀层厚度为 10 μm 时最低，在低于或高于 10 μm 时均呈明显上升趋势；从镜下观察不同镀层厚度金刚石形貌，镀层厚度为 6 μm的金刚石光泽及颜色不均匀，镀后金刚石表面部分呈现金属光泽，可见镀层不够完整；镀层厚度为 14 μm 的金刚石虽然表面均呈钨金属的颜色，但装金刚石的容器底部可见许多钨金属颗粒；而镀层厚度为 10 μm 的金刚石不但镀层均匀，表面完全呈钨金属颜色，且游离钨金属颗粒也很少。镜下观察胎体断口形貌：1 号胎体金刚石脱落坑颜色不均，坑的某些部位光滑且光泽度高，裸露出来的金刚石黏结结合剂颗粒很少；3 号胎体金刚石脱落坑呈现钨金属的颜色，裸露出来的金刚石呈淡黄色，可见钨金属和金刚石已剥离；而 2 号胎体金刚石脱落坑粗糙不平，且裸露金刚石表面带有较多的结合剂颗粒。

综合以上分析可知，镀层厚度过薄，金刚石表面金属较不均匀；而镀层厚度过厚，表面金属容易剥离，这均将影响钴基结合剂与金刚石的包镶能力。从本试验来看，选择金刚石镀 W 层厚度为 10 μm 可以使结合剂与金刚石有较佳的把持效果。

C　金刚石参数设计

由上述可知，提高胎体结合剂对金刚石的包镶能力仅为提高金刚石平均出刃值 $h$ 的前提条件。如果仅有好的包镶能力，但金刚石参数 $\phi$ 的设计不合理，同样不可能获得较高的金刚石平均出刃值。因此，还要研究金刚石参数，即品级、粒度及浓度的匹配。

a　金刚石品级选定

金刚石的品级，即金刚石的强度和耐磨性，严重影响金刚石的平均出刃值。在结合剂及金刚石粒度、浓度一致的前提下，金刚石品级越高，抗冲击能力越强，金刚石越耐磨，其平均出刃值也就越高，反之则越低。为此，本实验研究采用对比实验法，设计不同品级的金刚石试制 $\phi$10 m × 21.5 m 及 $\phi$8 m × 14.85 m 的绳锯进行现场试验，现场跟踪绳锯的效率。现场随机每种取 5 粒串珠在偏光显微镜下测试金刚石的平均出刃值，其结果见表 8 - 18。

**表 8 - 18　不同品级金刚石绳锯的性能对比**

| 规　格 | 结合剂 | 金刚石浓度 /% | 金刚石粒度 | 金刚石品级 | 锯切材质 | 锯切效率 /$m^2 \cdot h^{-1}$ | 平均出刃值 /mm |
|---|---|---|---|---|---|---|---|
| $\phi$8 m × 14.85 m 花岗岩绳锯 | Co 80% 其余 Ni 及微量元素 | 40 | 40/50 | A1(TI 80) | 中硬花岗岩 | 1.1 | 0.082 |
| | | | | A2(TI 70) | | 0.8 | 0.073 |
| | | | | A3(TI 60) | | 0.7 | 0.067 |
| $\phi$10 m × 21.5 m 花岗岩绳锯 | | | | A1(TI 80) | | 1.47 | 0.087 |
| | | | | A2(TI 70) | | 1.2 | 0.075 |
| | | | | A3(TI 60) | | 0.9 | 0.069 |

由表 8 - 18 可知，当金刚石品级为 A1(TI 80)，其锯切速度、平均出刃值最高，其次为 A2(TI 70)，第三为 A3(TI 60)。说明随金刚石品级的降低，绳锯的锯切速度及金刚石平均出刃值也跟着降低。这就证实在胎体结合剂及金刚石浓度、粒度一致的前提下，提高金刚石的品级，可提高金刚石的平均出刃值，进而增大容屑空间，减少重复破碎，降低功耗，提高绳锯的锯切速度。

b　金刚石粒度确定

在其他条件一致的前提下，要增大金刚石的最大出刃值，和金刚石的粒径，这样才有可能提高金刚石的平均出刃值。但是，金刚石粒径的增大会使效率增加，寿命下降，且成本提高，同时也受到强度的限制。根据多年的金刚石工具实践经验可知，进口的和国产的 40/50 金刚石均有着较高的强度和耐磨性，也有着较好的经济效益。因此，选用 40/50 的金刚石作为串珠的金刚石主粒度。

c　金刚石浓度确定

一般情况下，在胎体结合剂及金刚石的粒度，品级一致的前提下，降低金刚石浓度，可提高锯切速度。但同时，由于工作唇面上单位面积可工作的金刚石颗粒数也会减少，因此在相同锯切参数的条件下，作用在单颗金刚石上的载荷会增大，容易导致金刚石破碎，锯切寿命降低。这样一来，要使金刚石正常工作，就应提高金刚石的品级，而金刚石品级的提高又会带来金刚石品级选择范围的缩小和制作成本的增加。因此在满足锯切效率等前提下，尽可能地提高锯切寿命，以获得最佳使用效果。通过多轮次的现场试验对比调整，根据不同的锯切对象，平均金刚石浓度在35% ~40%时可获得最佳的锯切性能。

综上所述，提高金刚石平均出刃值的有效手段是提高金刚石的品级，而粒度的增大为提高金刚石的平均出刃值提供了条件，浓度的降低也有利于锯切速度的提高，但会使寿命降低。综合考虑上述三个参数的影响，我们选用较高品质的金刚石，粒度以40/50为主，针对不同的切割对象和使用要求，辅之30/40、50/60粒度的金刚石，并进行试验，以确定最佳浓度。这样可获得较好的综合性能，提高金刚石串珠绳锯产品质量。

### 8.4.4　串珠胎体与珠芯黏结强度的实验研究

串珠在热压烧结过程中压制方向为串珠轴向方向。据粉末冶金原理可知，由于压力损失，串珠径向方向的压力仅为轴向压力的40%或更小，而且由于金刚石制品的烧结温度低，保温时间短，压力也相对较低。在此种烧结条件下，串珠胎体很难与珠芯钢基体产生冶金结合，两者的黏结强度较低。然而，串珠在锯切过程中承受高频冲击载荷及一定的回转扭矩，要求胎体与珠芯有较高的黏结强度。因此，有必要采取特殊措施，以提高胎体与珠芯的黏结力。否则，串珠在使用过程中，胎体与珠芯容易产生剥离。一旦出现较多串珠的胎体脱落，将大大降低绳锯的锯切效率和使用寿命，有时会有磨断钢丝绳的现象发生，导致钢丝绳断绳频繁而使绳锯提前报废。针对此问题，我们在珠芯表面采取特殊处理工艺，并在结合剂中加入适量特殊金属元素与之相匹配，使串珠在烧结过程中，金属结合剂与珠芯产生牢固的冶金结合，从而大大提高串珠胎体与珠芯的黏结强度。针对设计的Co基胎体，我们进行了多种处理方法的研究，并做了剪切强度的对比实验。以下是其中较为理想的处理工艺的实验数据及分析的结果。

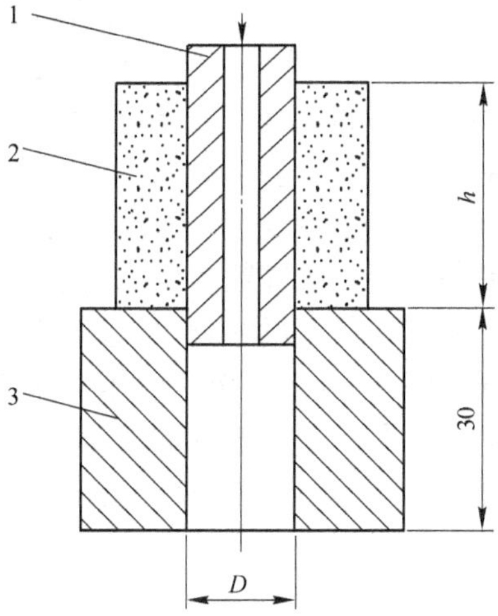

图8-23　胎体与珠芯黏结强度测试示意图
1—珠芯；2—胎体；3—支承座

8.4.4.1　*试验方法*

按串珠胎体配方烧结10个带实心珠芯的试样。将试样上、下面磨平、抛光，测试串珠的胎体高度、珠芯外径，并在材料试验机上进行串珠胎体与珠芯的剥离试验，记录剥离时的剪切力$F$，计算抗剪强度，即为胎体与珠芯间的黏结强度。试验方法的简图如图8-23所示。其抗剪强度计算公式为：

$$抗剪强度\quad \tau = F/\pi D_0 h \tag{8-14}$$

式中　$F$——剥离时的载荷，N；

$D_0$——珠芯外径，mm；

$h$——串珠胎体高度，mm。

8.4.4.2　实验数据

串珠胎体与珠芯剪切强度数据如表 8－19 所示。

**表 8－19　串珠胎体与珠芯剪切强度数据**

| 序　号 | 珠芯处理工艺 | 剪切强度/MPa | 增率/% | 备　注 |
| --- | --- | --- | --- | --- |
| 1 | 未处理 | 143 | 0 | 表中数据为 10 粒平均值 |
| 2 | 1 号 | 275 | 90 | |
| 3 | 2 号 | 205 | 43 | |

8.4.4.3　实验结果及分析

从表 8－19 可以看出，1 号、2 号与未处理工艺相比，其胎体与珠芯剪切强度分别高出 90% 和 43%；同时，在显微镜下观察胎体剥离后基本表面，可以发现常规珠芯表面光滑，无胎体黏结痕迹，呈原色；经 1 号工艺处理后的珠芯表面粗糙，大部分面积粘有薄层胎体金属，其颜色与胎体颜色相近；经 2 号工艺处理后的珠芯表面虽有胎体金属黏结痕迹，但大部分面积光滑，呈原色。由此可判断经 1 号工艺处理后的珠芯在与胎体烧结过程中，通过原子扩散与胎体产生了冶金结合，因而有较高的黏结强度。将以上两种工艺方法的串珠和未处理的串珠装配于同一条绳锯进行锯切实验。实验结果表明：未处理的珠芯与胎体在串珠磨损至 1/3 时，分离率达 70%；经 2 号工艺处理后的珠芯在串珠磨损至中后期，分离率为 10% 左右；1 号珠芯直至串珠使用完毕无分离情况出现。这说明，经 1 号工艺处理后的珠芯与胎体黏结强度完全能满足串珠使用要求。据此，我们规定了串珠胎体与珠芯的黏结强度检测标准的指标（取 0.85 系数）为 $\tau \geqslant 230$ MPa。

## 8.5　串珠冷压模具设计

串珠是一种结构特殊的薄壁长筒型粉末冶金零件（高厚比大于 6），不能用石墨模具直接装粉烧结，那样会产生较大的压力梯度，造成胎体密度不均。“先冷压，后烧结”这是行业的共识，问题是如何冷压？这里大有文章可做。国外采取先将串珠胎体压成环，然后将环装入石墨模时，再将珠芯插入环中一起烧结。现在，欧洲许多厂家仍然这样做。目前最先进的串珠自动冷压机，如，德国 DR. FRITSCH 公司的 KPV218 型冷压机和意大利 ARGA 公司的 WCP80 型串珠自动冷压机都只能将金属粉末和金刚石制粒之后的颗粒粉料压成环形压坯。还有的厂家在串珠烧结之后，在胎体一端套一圈银焊丝，加热熔化，以加强胎体与珠芯的黏结强度。我国技术人员没有照此仿效，而是另辟蹊径，结合国情，创造出串珠胎体与珠芯整体冷压成形的新思路。只要有一台 100～150 kN 小型压力机，加上自己设计的冷压模具，即可完成串珠的冷压成形而且能保证串珠压坯质量，粉末质量误差不大于 0.02 g，高度误差不大于 0.1 mm。

### 8.5.1　冷压模具结构设计

目前国内串珠生产使用的冷压模具共有三种结构形式。

8.5.1.1 整体型冷压模具

直接在模套上加工内孔。上压头与之精密配合，珠芯插入模芯上端，压头顶着珠芯，向下压缩粉末直到需要位置。拆掉底模，继续下压直到推出串珠，如图 8－24 所示。

特点：

(1) 结构简单，容易加工。

(2) 上压头呈实心圆柱状，不易折断。

(3) 压制后，上压头将串珠直接推出模套。

缺点：单向压缩，压力梯度大，上下密度不均。

8.5.1.2 对开型冷压模具

模套由两个半圆组合，上下压头，中间装模芯，珠芯。双向压缩。模套两侧面加工成 2°～3°斜面，卸模后，分开模套即可取出串珠如图 8－25 所示。

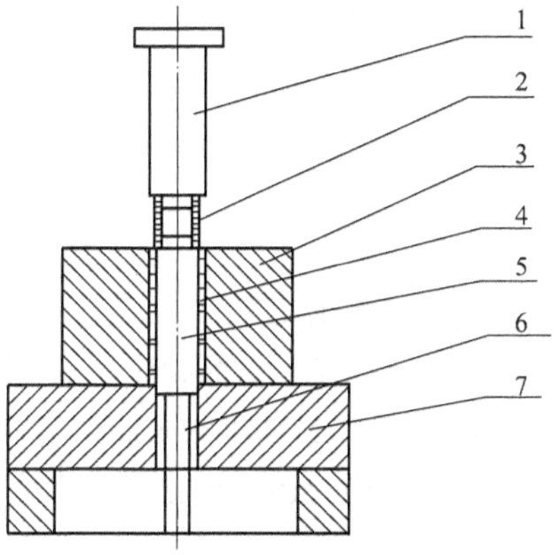


图 8－24 整体型冷压模具示意图

1—实心压头；2—珠芯；3—整体模套；4—粉料；5—模芯；6—垫杆；7—底模

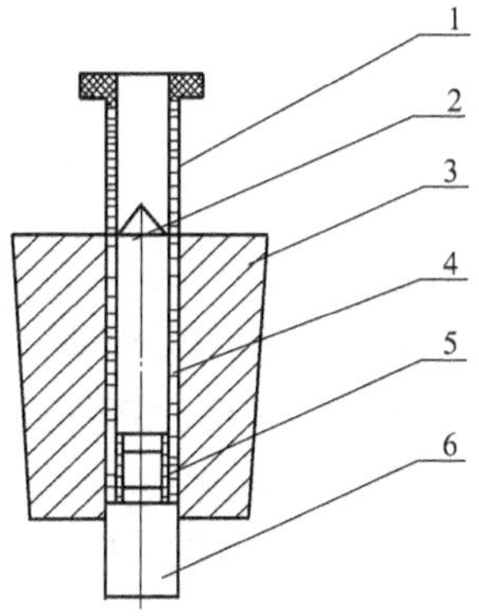


图 8－25 对开型冷压模具示意图

1—上压头；2—模芯；3—模套；4—粉料；5—珠芯；6—下压头

特点：

(1) 双向压缩，压力均匀，成形性好。

(2) 模套带斜面，卸模方便快捷。

缺点：粉末中加脱模剂，其残留可能影响质量。

8.5.1.3 三开型冷压模具

模套以 120°分开三块，再组合加工内孔，更有利于串珠脱模。其他结构类似于对开型模具，如图 8－26 所示。

特点：模套内孔呈三开型，脱模快捷。粉末中不必加脱模剂。

缺点：结构复杂，加工费高。

上述三种冷压模具，独创性地解决了我国串珠生产过程中的冷压工艺问题，确保串珠烧结前压坯质量的稳定，为后道工序创造了有利的条件。

### 8.5.2 串珠冷压模具设计注意事项

(1) 模套高度设计，取串珠长度的 5～6 倍，一般为 50～60 mm，尽可能采用制粒工艺，

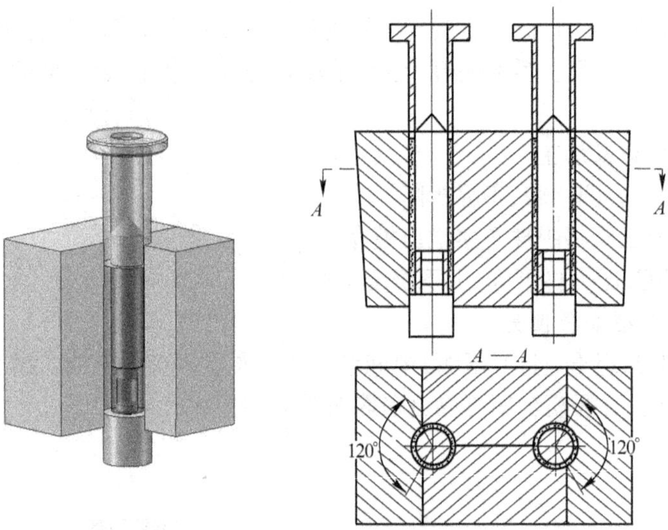


图 8-26　三开型冷压模具示意图

减小粉料的松装比，提高粉料的流动性，易于装料。

（2）模具材料选用 12CrMoV 等优质模具钢，淬火硬度 58～62HRC。

（3）要保证加工精度，模套孔采用电火花慢走丝加工，然后再经过坐标磨床精磨，粗糙度要求达到 *Ra*0.2 μm。减小模具零件与粉料之间相对运动的摩擦力，以提高粉末胎体密度。

（4）压头内外径与模套孔和模芯的间隙取 0.012～0.022 mm，还要保证各零件的相应形位公差要求。

（5）设计串珠胎体外径比烧结后的成品外径小 0.2 mm，胎体高度比实际高度高 2 mm 左右，冷压后的胎体密度达到 70%～75%。

### 8.5.3　存在问题分析

（1）粉末未经制粒工序，流动性差，装粉难，操作繁琐，工作效率低。

（2）每模压模、退模次数多，人工操作存在不安全隐患。

（3）在整个冷压工艺过程中，人为因素多，产品质量不稳定。

（4）不适宜于大批量生产，一般日产几千粒串珠尚可，若要日产串珠万粒以上，则要大批人力和模具，搞人海战术，这不符合现代化生产要求。

（5）由于人为的近距离操作，粉尘污染严重，对工人健康不利。

## 8.6　串珠烧结石墨模具设计

由于串珠胎体的横截面积非常小，为 0.3～0.5 $cm^2$，烧结时所给的压力也不大，一般取 10～15 MPa（100～150 $kgf/cm^2$）。若每模装 25 个串珠，则总压力等于 18 kN。所以配置的烧结机的压力比一般的烧结机要小，有 100 kN 就足够了。通过电液比例调压阀将起始压力调整到 5～7 kN。按照石墨模具面积 100～150 $cm^2$，采用对开式的模具，可安排 20～30 个串珠孔。根据烧结方式的不同，石墨模套的厚度不同。

### 8.6.1 三种不同烧结方式的模具设计

（1）采用上下两层模套同时烧结，则每孔装一粒串珠，模套厚度取25～30 mm。每次同时烧结50～60粒串珠，生产效率高，但容易造成上下温度不均，影响烧结质量。

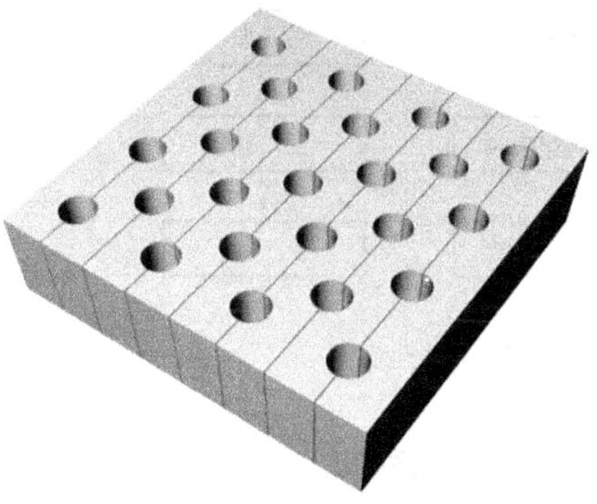

图8－27 φ11 mm串珠石墨模套

（2）烧结时只采用一层模套，但每个孔装两粒串珠，模套高35～40 mm，因为冷压后的串珠压坯经烧结密度达到95%～98%，轴向压缩量不大，不会造成上下密度不均。但烧结温度却易于控制。如图8－27所示。

（3）模套内每孔装两粒，两层模套一起烧结，每次装模80～100粒。这样生产效率更高，但质量更难控制。

上述三种方式均可采用，各厂家可根据自己的生产经验和习惯选择。

### 8.6.2 石墨模具设计注意事项

（1）石墨材料一定要选择三高产品，即高纯度、高密度、高强度。体积密度要求1.8 g/cm$^2$以上，机械强度高，线[膨]胀系数小，保证在高温下模具几何尺寸稳定，氧化损失少，使用寿命长。图8－28为一孔装两个串珠石墨模具的示意图。

（2）上下压头的壁厚只有1～1.5 mm，容易断，尽可能减少高度，能压到位即可。尺寸公差和形位公差要严格要求。内外圆表面粗糙度达到*Ra*0.8 μm。

（3）对开式的模套，在结合面加工诸多钻孔。难以达到高精度。其实，用整体模套加工孔，比较容易达到精度要求，如果只装一个串珠，模套高度设计为22～25 mm，待串珠胎体冷却收缩后，可以用小木棍推出模套。有兴趣者，不妨尝试。有人见过国外一次装54粒串珠的整体式石墨模具。

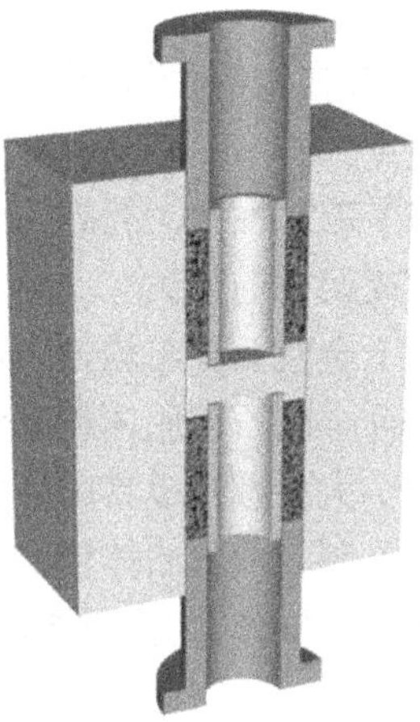

图8－28 双串珠石墨模具剖视图

## 8.7 金刚石串珠绳锯生产工艺

相比于其他工具，串珠绳锯的生产工艺比较复杂，流程长。每道工序都必须严格把关，精心操作，否则将影响产品质量。尽管各个公司的生产工艺略有差异，大体雷同，只是手工操作所占比例较大，人为因素影响产品生产效率的提高和质量的稳定。因此，应努力创新，大力研制各种串珠绳锯生产设备，不断提高产品生产机械化和自动化程度，不断提高我国串珠绳锯生产工艺水平，从产品质量到生产规模和生产能力各方面均能满足国内市场急剧发展的需求，并向国外大量出口。金刚石串珠绳锯生产工艺流程，如图8－29所示。

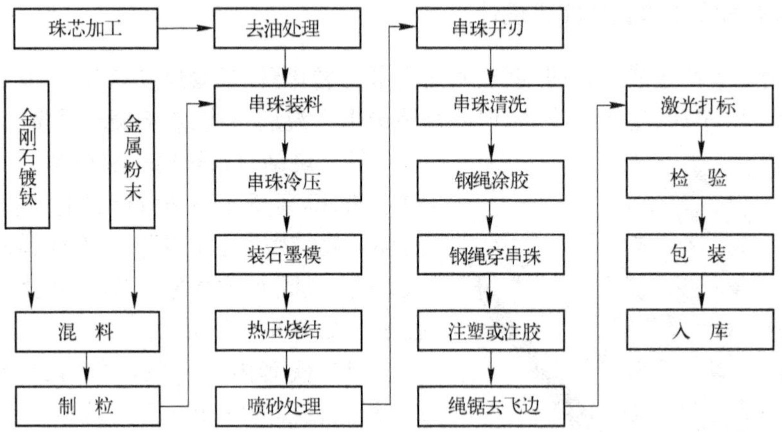


图 8－29　烧结式金刚石串珠绳锯生产工艺流程图

## 8.8　制粒工艺

### 8.8.1　串珠生产中应用冷压工艺的利弊

目前，在国内大部分厂家采用手工称料、装料的情况下，采用制粒工艺既有利又有弊。

优点：

(1) 流动性大大提高，有利于人工装料。提高装料效率，克服了截面积小，在装料过程中易形成架桥的弊病。

(2) 金刚石分布均匀，有利于提高切割速度。

(3) 金刚石被胎体粉末包裹，不论是对冷压时的钢模或烧结时的石墨模具均要避免直接接触。大大减轻模具的磨损，延长模具的使用寿命。

(4) 制粒后的胎体粉末呈球状或土豆状，减轻装料过程的粉末飞扬，有利于健康。这对近距离人工操作，尤为重要。

缺点：

(1) 由于在粉末中加入造粒剂，这些是碳-氢-氧化合物，串珠经烧结后还会有残留，影响串珠的质量。

(2) 粉末制粒后松装密度下降这是由于颗粒间的间隙加大以及颗粒内含有密度较小的造粒剂所引起的。由此，必须加大模具高度，才能装得下同样质量的制粒粉末。

(3) 粉末制粒后的同体积质量精度不够，使用一般制粒机生产的粉末质量误差是 0.05 ~0.1 g。用电子秤的称料误差是 0.01 g，而一粒串珠的胎体粉末质量只有 1.6 ~2.5 g。0.1 g 的质量误差就意味着串珠之间有 1 mm 的高度误差。

综上所述，国内在制造生产锯片等其他工具时，正逐渐推广制粒工艺和容积式冷压工艺，但串珠生产却停留在人工装料的低效率和劳动密集型的初级生产阶段。

### 8.8.2　国外串珠粉末制粒设备

欧洲各国由于劳动力昂贵，从一开始就采用制粒工艺和容积式冷压工艺。哪怕是使用普通的上下压缸压力机，仍使用制粒好的粉末颗粒，不需称量，用手工拨入模具，压成环状胎体。现介绍一种专门用于串珠生产，质量精度较高的制粒机——意大利 ARGA 公司 GRN15 型制粒机，如图 8－30 所示。

该机由混料机和制粒机两部分组成。混料机适用于各种类型的粉末，加金刚石也可以不加金刚石快速混合也可以；黏结剂用量低，并筛分和烘干呈不同粒径的颗粒。制粒机带有两个重叠的振动筛网，制粒后能自动排出剩余的细粉末并自动烘干，自动送出粉末颗粒。

技术参数：

功率：11 kVA；气耗：2 L/min；体积：1700 mm × 2400 mm × 2050 mm；质量：1700 kg。

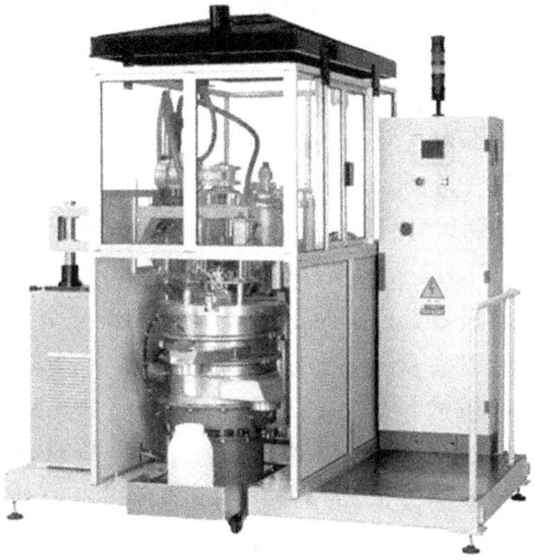

图 8－30 ARGA 公司 GRN15 型制粒机

国内某公司于 2006 年引进该设备，用于串珠和锯片刀头的生产。效果良好，只是用于串珠的粉末制粒仍然要使用 ARGA 公司提供的黏结剂才能保证制粒粉末的质量精度，单位质量的误差不大于 0.02 g。

### 8.8.3 冷压工艺及串珠冷压设备

目前国内使用各种结构的手工串珠冷压模具只需用 100 kN 小型压力机即可。每模装 6 ~10 粒的受压面积不过 3 $cm^2$，以每平方厘米 15 ~20 kN 的压力，则压力机总压力只有 45 ~ 60 kN。只是在压制工艺程序上要有慢压和保压的工序，避免应力释放，引起胎体的压坯破裂。对于采用对开式冷压模具的要加适量的脱模剂，而应用制粒工艺的冷压后串珠，在烧结之前最好增加一道焙烧工序，以尽可能减少黏结剂残留。目前国内有关部门正在加紧研制串珠冷压机，市场上还未见出售，只好介绍国内引进的三种串珠冷压机。

#### 8.8.3.1 意大利 ARGA 公司 WCP80 型串珠冷压机

意大利 ARGA 公司 WCP80 型串珠冷压机，如图 8－31所示。

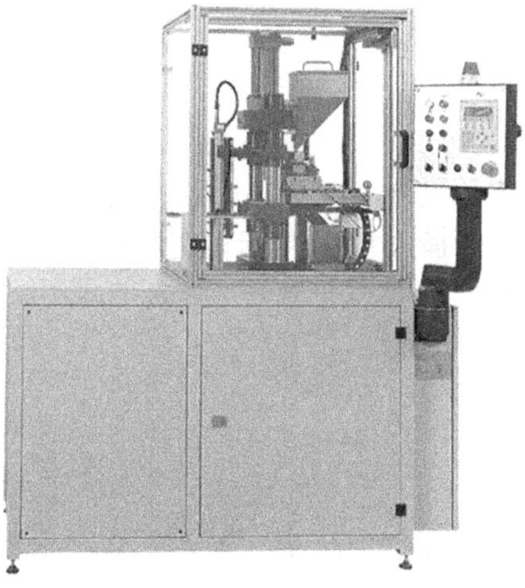

图 8－31 ARGA 公司 WCP80 型冷压机

该机作为专门用于串珠冷压的设备，首先要考虑每次粉末进入模具质量的精确度，因此该机有两套粉末送入装置：

（1）常规的容积式送入装置，靠调整下压头的位置，确定粉末容量；

（2）带预定量式的粉末送入装置，确保重复性，误差小，下压头定位精确。

液压系统由伺服比例阀，通过压力和位置传感器组成，按预先输入的参数和尺寸要求准确地、自动地按程序控制设备运作。确保串珠胎体密度分布的均匀性。该机还任选配置一套西门子 PLC 控制系统的串珠环状压坯和珠芯的装配装置，供用户选择。

WCP80 型冷压机技术参数：

| | |
|---|---|
| 电源：3 ×400 V； | 功率：4.2 kVA |
| 压力：5 ~80 kN； | 冷却水：500 L/h |
| 水压力：(3 ~4) ×$10^5$Pa； | 水温：15 ~25 ℃ |
| 耗气量：60 L/min(标态)； | 气压：6 ×$10^5$Pa |
| 外廓尺寸：1500 mm ×1300 mm ×2000 mm； | 质量：750 kg |

8.8.3.2　德国 DR. FRITSCH 公司 KPV218 型全自动冷压机

德国 DR. FRITSCH 公司 KPV218 型全自动冷压机是多用途冷压机，可生产单层刀头、三明治刀头、环状钻头和绳锯串珠。它具有许多卓越的性能。该机由一套专门的 CNC 数控装置组成，配以液压系统，可十分精确和快速地按设定程序操控压机工作，不论使用何种配方的粉末和采用各种工艺参数均能确保冷压刀头厚度的均一性。该机有专门的检测系数，操作者不需要对压制出来的刀头进行一个个地称重。该机经改进和发展，采用了一套工业 PC 触摸屏操作系统，它可以在无人监督的情况下(指的是夜班生产)，很好地监视生产过程。并以文件形式发送到内部网络。这样便于对设备的维护和检查。该机生产效率高，大约每分钟生产单层刀头 15 个；三明治刀头 7 个。更换一套专门的连接器和模具可以生产绳锯串珠环，如图 8 -32 所示。

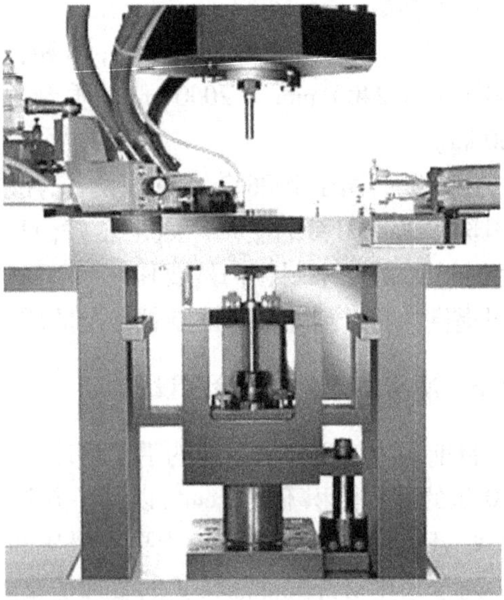

图 8 -32　串珠环配套装置

8.8.3.3　韩国 DIEX 公司 RGA20 型串珠冷压机

该机的主要性能：

(1) 粉末自动供给，串珠自动冷压成形。

(2) PLC 自动控制，珠芯和胎体粉末一起压制。

其实该机是在串珠胎体压环机旁边多加一台压珠芯的设备。也就是说共有两台压力机，一台将粉料压成环，并送到下一台中定位，再将珠芯自动插入其中，然后再压制成带有珠芯的串珠压坯。

主要特征：

(1) 在触摸屏上设定串珠的规格尺寸，所需压力；

(2) 可以用 PLC 存入多种程序，一次可以压制多个串珠；

(3) 合理的模具结构，其分离系统可提高模具寿命；

(4) 还可以生产用户所需的单层刀头、多层刀头，或激光锯片刀头；

(5) 粉末自动供给，串珠自动冷压成形和取出。

技术参数：

电源：三相 220/380 V，50/60 Hz

最大功率：5 kW

气体：管径 8 in；　压力(6 ~ 8) × $10^5$Pa；　耗气量约 40 L/min

冷却水：管径 $\frac{3}{4}$ in；　压力(2 ~ 3) × $10^5$Pa；　流量约 30 L/min

外廓尺寸：2000 mm × 1100 mm × 2200 mm

质量：约 3000 kg

液压站：压力范围(10 ~ 120) kN；　尺寸 1250 mm × 980 mm × 1250 mm

该机在诸多串珠冷压机中，设计理念超前，串珠生产从装料到珠芯和胎体一起冷压成形，一气呵成，自动化程度高。但由于工序太多，任一环节出现故障，例如珠芯的振动式顺序自动送进，一旦堵塞，都将影响串珠压坯的正常生产。

### 8.8.4 冷压机串珠环冷压模具结构分析

串珠冷压机基本上是由一个上压缸和两个下压缸组成。上压缸带动环状上压头压制胎体粉末；其中一个下压缸带动中间芯杆上下移动；另一个下压缸带动环状下压头控制粉料的容积量（即根据串珠胎体规格准确控制下压头的下行位置）和将串珠压坯推出表面。其压制过程如图 8 − 33 所示。

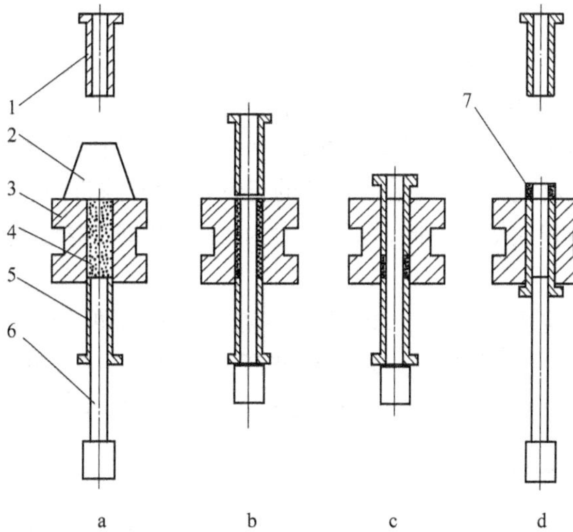


图 8 − 33　串珠胎体压环压制过程图

1—上压头；2—移动料斗；3—模套；4—粉料；5—下压头；6—芯杆；7—串珠环

上压头 1 在顶部，下压头 5 和芯杆 6 在底部位置，料斗 2 移至模套 3 中心，装满粉料。芯杆 6 上行至模套面，上压头 1 开始下行压缩粉料。上压头 1 继续下行直至串珠环设定高度，保压 2 ~ 3 s。上压头 1 上升，下压头 5 推串珠环 7 出模套表面，芯杆 6 下行，下压头 5 下行。

与我国现有手动冷压模具的对比分析：

(1) 自动化程度高，生产效率高，节省人力，日产串珠 3000 ~ 6000 粒。

(2) 产品质量稳定，避免人为因素的影响。

(3) 对环境无粉尘污染,工人远离粉末,不影响健康。

(4) 模具消耗大,设备投入和生产成本高。上下压头是长细薄壁钢管,易折断。压制和强力推出串珠环,模套表面重复磨损,模具工作寿命短,一副模具只能使用约 3000 ~ 5000 次,而成本是 8000 ~ 10000 元人民币。初步计算,摊入串珠的制造成本,至少 1 元钱。目前,国内绳锯市场竞争激烈,不断降价,平均串珠每粒只有 5 ~ 7 元。所以,投资设备者务必考虑其利弊。

(5) 人工模具,不论对开式或三开式冷压模,脱模时,与串珠压坯没有摩擦。所以使用寿命长,成本低,一副模具 1500 元左右,平均每模使用 10000 ~ 20000 次。摊入串珠制造成本约 0.2 ~ 0.3 元。远远低于进口冷压机的制造成本。加上其他降低成本措施,使目前我国的串珠制造成本维持在 3.5 ~ 4 元/粒。这就是我国终将占领金刚石绳锯国际市场的无可匹敌的优势。

(6) 人工称料、人工装料、压模、拆模,一副模具就要 3 ~ 4 个工人操作。随着串珠产量的增加,劳动力也增加,所以属于劳动密集型生产。要求业主,十分重视工人的身体健康,要设置有效的吸尘装置,采取各种隔尘、防尘措施。

(7) 发扬自主创新精神,尽快研制出合乎国情具有自己特色的串珠自动冷压机。

## 8.9　烧结工艺及烧结机

### 8.9.1　串珠烧结工艺

串珠烧结是绳锯生产的重要环节,直接影响绳锯的锯切性能。由于串珠的结构特点,不同于锯片刀头,壁薄。石墨压头的管壁厚度只有 1 ~ 1.5 mm,如果压力过大,容易破碎。另外,串珠大多采用高钴胎体配方,要求致密度高,所以,采用低压力、高温度的烧结工艺路线才是明智之举。应通过反复试验,或采用科学的正交试验方法进行烧结工艺参数的优化选择。根据每模串珠规格和数量的不同,保压压力为 13 ~ 20 kN,烧结温度 800 ~ 900 ℃,烧结时间 8 ~ 12 min。

一般烧结刀头的单位压力是 20 ~ 30 MPa,而烧结串珠的单位压力只能取 10 ~ 15 MPa。而且初始压力要求更低,在 5 ~ 7 kN。因此在选择烧结机时,必须对现有的烧结机进行改装。减小油缸直径,调整压力比例阀。否则不能适应串珠烧结生产的需要。

### 8.9.2　热等静压(HIP)串珠烧结工艺

经常从媒体获悉,国外采用热等静压工艺生产串珠,以进一步提高串珠胎体密度、硬度、强度、耐磨性及工作寿命。因为按目前的烧结工艺,串珠胎体在高温下,各种粉末原子不断扩散,粉末表面氧化物被还原以及受压粉末变形再结晶,使粉末颗粒相互结合,提高了粉末冶金胎体的强度和对金刚石的包镶能力。但是,由于在烧结过程中,存在一些微小的孔隙,达不到理想的密度。一般烧结后串珠胎体密度达到 95% ~97%。因此才有在串珠烧结之后应用热等静压工艺进一步加工生产的思路和做法。

热等静压工艺是 1955 年美国 Batelle 实验室最先研制的,现在已在世界各国得到了越来越多的应用。最主要用途是大型金属零件,如蜗轮叶片的缺陷修复和粉末固结。而在串珠生产中的应用则是将烧结后的串珠置于热等静压机中,以惰性气体 Ar(氩气)为传压介质,温度升到1320～1400 ℃,气体受热膨胀产生80～150 MPa压力,将串珠置于玻璃包套中处理一段时间即可。热等静压机尽管也有大小不同的规格,但相对于超硬工具制品行业仍属于大型设备,投资大。据说目前全世界也只有1000台设备,至少800台还在实验室。我国少数几家粉末冶金研究单位和株洲硬质合金厂有。用于生产金刚石的硬质合金顶锤就是采用该工艺生产的。

### 8.9.3 隧道式加热电炉用于烧结串珠生产

除了使用电阻式真空烧结机之外,意大利不少公司使用隧道式加热电炉大批量地烧结生产冷压后的串珠。串珠由输送带连续送进,经过三段加热带,在惰性气体或氨气气氛中完成去氧化、脱蜡和烧结的全过程。烧结过程没有加压,靠烧结冷却后胎体粉末的收缩达到所要求的密度。目前我国随着石材矿山开采对金刚石绳锯需求量的不断提高,绳锯串珠生产规模从月产几万粒发展到几十万粒,班产达到8000～10000粒以上。这样规模生产可以考虑适于大批量生产又省电的隧道式电炉的采用。意大利ARGA公司FBL700型隧道式加热电炉技术参数:

电源功率:3 ×400 V,256 kVA

冷却水:(3～4)$\times 10^5$Pa,15～25 ℃,500 L/h

气压:6 $\times 10^5$Pa

外廓尺寸:1220 mm ×6960 mm ×1780 mm

质量:1240 kg

## 8.10 绳锯注塑和注胶工艺

绳锯注塑工艺涉及的是一个绳锯串珠在钢丝绳上的固定技术问题。串珠只有通过钢丝绳载体的传动才能对岩石或构件进行切割。因此串珠必须按一定间距,牢固地粘接在钢丝绳上,要承受绳锯切割过程中的阻力的作用,不产生相对移动和转动,直至串珠胎体磨损到不能工作。而在固定方法中,除了大理石开采绳锯采用弹簧之外,一般采用注塑或注胶的固定方法。

### 8.10.1 注塑与注胶优缺点比较

(1) 注塑工艺简单,时间短,生产效率高,设备投资少。

(2) 热塑性聚氨酯属于环保型材料,可再生使用,不污染环境,节约成本。

(3) 塑料摩擦系数小、耐磨,节省动力能耗。适于室内的异型切割、荒料修整以及小直径串珠的多绳锯加工切割。

(4) 塑料对钢丝绳的黏结强度远低于橡胶,不适于强力切割的花岗岩绳锯开采和混凝土大型构件切割。

(5) 塑料对环境温度比较敏感,在野外低温条件下,性能变脆。

(6) 橡胶与镀铜、镀锌钢丝绳黏结强度高,是塑料的4～8倍。橡胶经硫化与金属之间形成化学结合,而且耐低温,稳定性好。

(7) 橡胶注射机设备贵,还要配炼胶设备,工艺时间长,挤出废料不能再生,制造成本高。

### 8.10.2　注塑材料的选择及性能特点

通过分析研究，塑料在串珠珠芯和钢丝绳之间的受力情况，既有拉伸、扭转还有高频率的冲击，冷却水的冷却和润滑条件不好，环境温度变化大。因此必须选择高性能，耐磨的热塑性聚氨酯弹性体材料（简称 TPU）。它系指分子结构中含有氨基甲酸基，性能介于橡胶与塑料之间的一类高分子合成材料。既有橡胶的高弹性；又有塑料的高硬度和高强度特性，并具有优异的耐磨性能（是橡胶的 3 ~ 10 倍），其性能特点是：

（1）硬度范围广，邵尔 A 硬度 65 ~ 85；

（2）机械性能好，拉伸强度为 30 ~ 60 MPa，拉断伸长率 300% ~ 700%；

（3）在塑料中耐磨性最好；

（4）注塑或挤出成型可用普通注塑机。

目前国内绳锯制造厂家大多采用德国拜耳 Desmodan、日本、中国台湾的进口材料。如拜耳公司的 300 聚酯系列牌号（1）~（4）中间的许多牌号可供作为各种绳锯性能的注塑材料。

例举 300 聚酯系列牌号（4），它在注射成型时，以其快速成型、易脱模和极佳流动性著称，最适合薄壁长流程、分散的绳锯串珠间隔注射，如表 8 - 20 所示。

**表 8 - 20　300 聚酯系列牌号（4）技术性能**

| 性　能 | 标　准 | KU2 - 8785 | KU2 - 8792A | KU2 - 895A | KU2 - 8798A |
|---|---|---|---|---|---|
| 邵氏 A 硬度 | ISO868 | 85 | 91 | 94 | 94 |
| 邵氏 D 硬度 | ISO868 | 33 | 36 | 41 | 53 |
| 极限抗拉强度/MPa | ISO572—1，ISO572—3 | 50 | 50 | 55 | 65 |
| 断裂伸长率/% | ISO572—1，ISO572—3 | 550 | 500 | 450 | 400 |
| 耐磨性/$mm^3$ | ISO4649 | 25 | 27 | 26 | 25 |
| 冲击回弹/% | ISO4662 | 50 | 43 | 40 | 36 |
| 密度/$kg \cdot m^{-3}$ | ISO1183 | 1200 | 1200 | 1210 | 1220 |
| 注射熔体温度/℃ |  | 200 ~ 220 | 190 ~ 210 | 190 ~ 210 | 195 ~ 215 |
| 注射模具温度/℃ |  | 20 | 20 ~ 40 | 20 ~ 40 | 20 ~ 40 |

### 8.10.3　注塑工艺过程及注塑辅助装置

绳锯注塑有别于一般的特殊工艺过程，它包括：移动带串珠的钢丝绳、串珠放入模具、加热并拉紧钢丝绳、模具合拢、模具锁紧、注塑充填模腔、保压、模具冷却、模具打开和串珠脱模。

（1）带串珠钢丝绳移动装置。该装置利用一套可以调整距离的滑轮组，不同长度的待注塑串珠钢丝绳穿过注塑机，装在滑轮上，形成闭环。串珠脱模后，用手工向前移动注塑好的一段钢丝绳，并进行后一段的注塑。另一种则是用卷筒装置，容纳不同长度的串珠钢丝绳，由电机经减速器控制钢丝绳的进退移动。

（2）注塑模具。根据串珠规格和钢丝绳直径以及串珠之间的间隔设计模具，模具串珠槽的数量则根据注塑机的功率和容量决定，小的 7 ~ 10 个槽；大的 25 ~ 30 个槽。上下模具要十分吻合，两端孔槽要设计密封，以免注塑时漏料。

(3) 钢丝绳拉紧装置。上下模具合模前，需以一定张力拉紧钢丝绳，一般拉力为 20 ~ 30 MPa，因此，在注塑机前的导向轮安装在手动或液压拉紧装置上。液压装置还可通过电磁换向阀与整个控制系统联动，按工艺程序要求，拉紧或放松钢丝绳，如图 8-34 所示。

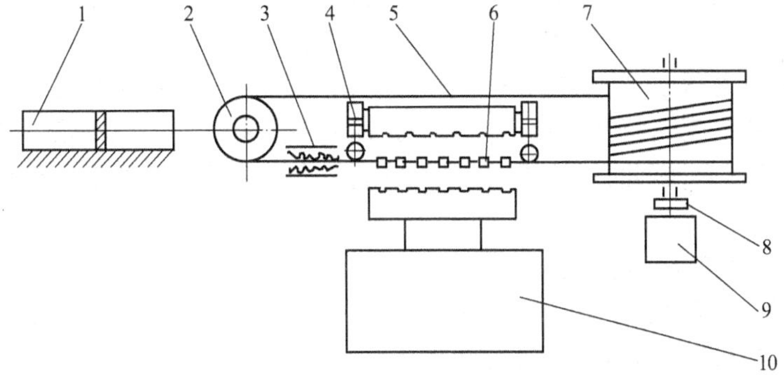


图 8-34 金刚石绳锯注塑（注胶）辅助装置示意图

1—张紧装置；2—张紧滑轮；3—加热装置；4—脱模装置；5—钢丝绳；6—金刚石串珠；7—卷筒；8—电磁离合器；9—电机；10—注塑成形机

(4) 塑料注塑工艺。TPU 颗粒经 200 ℃左右加热熔化后，由注塑机螺杆推进把熔融聚氨酯塑料压到模腔，以一定压力注入到串珠珠芯内孔与钢丝绳之间的间隙，并包裹两个串珠之间的钢丝绳。当注满模腔后，螺杆仍保持压力，继续作用于熔融的塑料中，使得模腔内的聚氨酯塑料更饱和充实。

(5) 模具冷却。冷却水在模具内部循环，带走塑料的热量，使得注塑后的塑料逐渐冷却固化，温度约为 80 ℃。这时螺杆反转后退，新的 TPU 颗粒进入熔化筒加热，为下一循环作准备。

(6) 串珠绳锯脱模。当冷却达到工艺设定的时间合模的模具分开，这时设在注塑机前后的脱模气缸推动滑轮，将串珠绳锯顶出模腔。绳锯向前移动并开始下一循环的注塑工序。

### 8.10.4 注塑工艺参数设定

#### 8.10.4.1 塑料预热温度

TPU 塑料首先要放在烘箱进行 4 ~ 6 h 的预热烘干，烘干温度保持 80 ℃左右。要求吸水率不超过 0.1%。吸水率不仅影响 TPU 的表面质量，也影响其内部结构的各种性能，如强度、密度、表面粗糙度等。

#### 8.10.4.2 TPU 熔融温度

TPU 熔融温度是保证注塑强度的重要参数，一般供料商提供该料成形的注射熔体温度，热塑性聚氨酯塑料温度范围约 190 ~ 220 ℃，操作者根据环境温度变化作适当调整。

TPU 进入射料缸内，通过分段加热：前段 160 ℃；中段 175 ~ 180 ℃；后段 190 ~ 210 ℃。最后达到熔融注射温度后即可开始注射。温度越高，TPU 流动性越好，但也越容易过热分解。前段调低温度就是防止过早地熔化和分解。由于绳锯属于薄壁注塑性质，仍以调高温度为宜。

#### 8.10.4.3 注射压力设定

注射压力也是注塑工艺的重要参数之一，它关系到注射速度和模腔充填饱满，压力过大，漏料过多，浪费材料，产生飞边。压力过小，模腔充填不满，强度差。一般注射表压力保持在 14 MPa。

### 8.10.5　注胶工艺

随着金刚石绳锯技术在石材矿山的推广应用，橡胶绳锯的需求量急剧上升，其产量也远远超过注塑绳锯。不少厂家年产注胶绳锯数万米，甚至超过 5 万米。在橡胶材料的选择、配置、炼胶以及注胶工艺等各方面均取得长足进步，完全适应石材矿山的生产需要，并开始批量出口。但是，绳锯的工作特性决定了它对橡胶性能的要求有别于汽车轮胎、密封件、管材，应该有自身的独特要求，因此，应该投入力量，研制适合于绳锯注胶的最佳橡胶材料配方，以供生产所需。

8.10.5.1　绳锯用橡胶的性能要求

（1）注胶的最大目的是在钢丝绳上固定串珠，也就是要使两个钢件通过注胶牢固地黏结在一起。则要求橡胶对钢件有很强的附着力。

（2）橡胶具有较高的机械强度，经得起冲击碰撞。

（3）橡胶具有好的耐磨性，绳锯以每秒几十米的线速度与岩石摩擦，橡胶包裹层的过早磨损，将伤及钢丝绳。使之过早断绳，影响绳锯工作寿命。

（4）弯曲性能优良，绳锯工作时要穿过两个相交的钻孔，和一组导轮，形成一个闭环切割面。所以，要承受频繁的弯曲应力。

（5）尽可能降低橡胶表面的摩擦系数，就像轮胎要求降低滚动阻力，以减少动力消耗一样。因为橡胶与岩石的大面积摩擦是废功，增加绳锯机的动力消耗。

（6）耐低温性能，耐老化，可以在零下 40 ℃的野外矿山工作。

8.10.5.2　橡胶材料选择

目前市场上没有专门用于绳锯注胶的材料，只能利用现成的天然橡胶和合成橡胶按照上述的性能要求进行改性。有用天然橡胶（NR）、丁腈橡胶（NBR）、氯丁橡胶和丁苯橡胶（SBR）和用这些合成橡胶与甲苯等溶液炼制的氯化橡胶等。各厂家配方不同，以丁腈橡胶所占比例较大。国外早期使用天然橡胶居多，仅举一材料配方实例供参考。份数按质量比计算：

天然橡胶：100 份

炭黑：70

钴硬脂酸盐：2（增加橡胶对钢丝绳和珠芯的黏结能力）

氧化锌：5

硫：1.5

硫化促进剂：2.5（硫化促进剂一般用胍类、噻唑类和秋兰姆较好。硫化条件为：在温度 150 ℃下保持 10 min）

该材料配方比合成橡胶具有更优异的抗反复弯曲和撕裂性能。适合于坚硬岩石，切割断面小，弯曲大，可供导向轮曲率半径小的石材矿山绳锯开采使用。

8.10.5.3　提高注胶效果的必要条件

（1）为了提高橡胶与钢件的黏结强度，钢丝绳和珠芯表面要镀铜或镀锌。

（2）为了增加橡胶与钢丝绳的黏结强度，在注胶的钢丝绳上刷一层涂料，涂料有很多品种可供选择。其中有一种用酚醛树脂制作的涂料，该涂料是用丁酮等溶液把单纯的热固性酚醛树脂或加少量聚缩醛或其他改性的树脂溶解制备而成。

### 8.10.6　注胶设备的选择

目前国内使用平板硫化机和橡胶注射机两种设备进行绳锯注胶生产。由于橡胶注射机比较昂贵，一台 40～100 万元左右，而平板硫化机，大小规格不等，选择性强，初期生产，可选小型号，投资少，1～2 万元/台，待批量大时，再选大型号，自动控制的平板机也不超过 10 万元/台。

#### 8.10.6.1　平板硫化机

国内市场上的橡胶平板硫化机，品种规格繁多，一般采用四柱下顶式，结构简单，刚性好。大小规格有：250 kN、500 kN、1000 kN、1500 kN 和 2000 kN。对于绳锯注胶，关键是该机的热板尺寸。它关系到一次串珠注胶的数量。热板尺寸大，相应模具尺寸也大，目前最大的串珠注胶模具长度有 1000 mm，因此为了选择相应的热板尺寸，则硫化机的压力过剩，功率太大。因此，应该对常规的平板硫化机进行改装，在平板上加超长电加热板，长度是常规平板的 1.5～2 倍。这样将大大提高生产效率，节约能源消耗。当然，这在模具设计和硫化工艺方面需要有相应的措施，例如，采用分段硫化的方案。

平板硫化机对绳锯的注胶过程是将裁切成长方条并称量好的胶片放入串珠模腔旁边的长方槽中，上下闭合模具之后，再施以一定的压力。在高温、高压条件下，胶片呈流体状态，通过流道注入绳锯模腔。经过一段硫化时间，橡胶成型包裹住串珠之间的钢丝绳和充填串珠珠芯和钢丝绳之间的间隙。硫化工艺，也就是硫化时的压力、温度和时间，与胶料的配方有关。一般压力为 4～8 MPa，温度为 130～175 ℃，时间为 12～18 min。该方法在国内数家工厂采用，也生产了数万米花岗岩绳锯应用在福建、山东、四川、广西各石材矿山。但是，相对于注射式橡胶绳锯，其产品质量略显逊色。其原因是：

（1）由于注入模腔的压力不够，导致胶体不致密，机械物理性能与化学性能都受到限制，强度和耐磨性差，影响绳锯的工作寿命和可靠性。

（2）工艺过程复杂，附加工序多，手工操作多，影响产品质量稳定。

（3）劳动强度大，浪费能源。

（4）难以实现联动化、自动化，生产效率低。

#### 8.10.6.2　橡胶注射机

橡胶注射成形方法是当串珠、钢丝绳在模具内摆放好之后，即通过压机合模，然后，炼胶成的胶带进入螺杆泵，直接以高温、高压、高速的胶料流注射入模具。经硫化，得到高致密度的绳锯注胶产品，物理机械性能、化学性能略高一筹，黏结能力更强。更能适应硬质花岗岩的石材矿山开采和混凝土工程的切割工作。这种注射的方法，不仅能有效地降低原材料消耗、节约能源和提高注胶质量，而且工序简单，易于实现自动化，生产效率高。由于硫化时间要比注射时间长，导致橡胶注射机系统闲置时间太长，利用率太低。为此，在设法提高硫化速度的同时，采用多工位橡胶注射成形方法，包括注射机移动注射、模具移动注射。最简单的是一副模具内设计两条，甚至三条绳锯串珠模腔，先注射，后硫化，生产效率成倍提高。

同样道理，市场上的橡胶注射机也不能适应绳锯注胶的特点，应选择容量小，相对热板尺寸大的橡胶注射机。仅举一款，供参考。XZL 系列 L 型橡胶注射成形机如图 8－35 所示。

该机采用四柱式结构，主要由预塑、注射、开合模、顶出等机构组成，配合相应的液压系

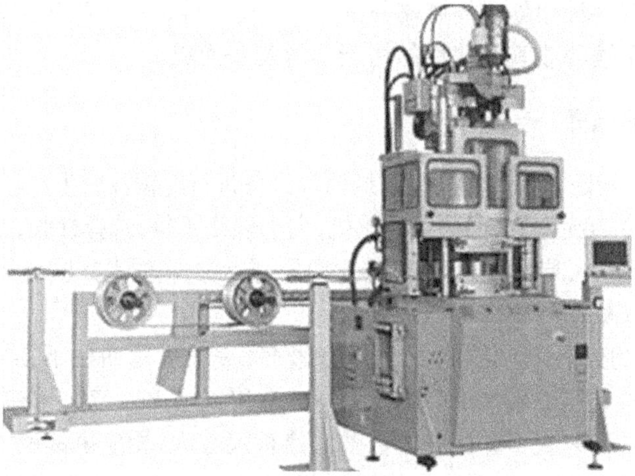

图 8 - 35　XZL - 600 - 1500 型橡胶注射机

统、油加热系统、专用电脑控制系统来完成橡胶注射工艺对制品的特定工作要求。整机结构紧凑、布局合理、锁模力大、注射速度快、加热均匀、供料精确，适用于天然橡胶、合成橡胶等各种橡胶模型制品的生产。

功能与配置：

(1) 专用 APC6000 电脑控制系统，液晶显示机器的全程动作，各参数设定方便、直观。

(2) 全程动作监控，内部故障自我诊断。

(3) 位置尺精密控制射出量和开关模行程。

(4) 四段射料速度和三段保压，可满足不同胶料对注射条件的要求。

(5) 37 套模具储存功能。

(6) 油加热系统精密控制储料和射料段温度。

主要技术参数：

型号：XZL - 600 - 1500

注射容量：600 $cm^3$

注射压力：156 MPa

螺杆直径：$\phi$40 mm

合模力：1500 kN

热板尺寸：450 mm × 480 mm

热盘间距：500 mm

合模行程：400 mm

装机容量：23 kW

水容量：20 L/min

### 8.10.7　国外绳锯注塑和注胶设备

8.10.7.1　意大利 ARGA 公司 FTV600 型绳锯注塑机

功能与配置：

(1) 用于绳锯的塑料注射成形。

带垂直螺杆式注射装置。

(2) 配置 WTE100 型钢丝绳张紧装置。

在注塑过程以一定张力,拉紧钢丝绳。

(3) 配置 WHT400 型加热装置。

在注塑前,对钢丝绳和串珠进行加热。

技术参数:

总功率:12 kVA,3 ×400 V

冷却水:(3 ~4) ×$10^5$ Pa,15 ~25 ℃

总压力:200 ~600 kN

气耗:6 ×$10^5$Pa,40 L/min(标态)

外廓尺寸:1450 mm ×18500 mm ×3030 mm

质量:1700 kg

#### 8.10.7.2　意大利 ARGA 公司 PVC180 型绳锯橡胶硫化注射机

该机如图 8 -36 所示。

该机专门用于绳锯的橡胶硫化注射加工。配置 WTE100 型钢丝绳张紧装置。

图 8 -36　PVC180 型绳锯注胶机

技术参数:

总功率:12 kVA,3 ×400 V

总压力:200 ~600 kN

气耗:6 ×$10^5$ Pa,40 L/min(标态)

质量:1700 kg

冷却水:(3 ~4) ×$10^5$ Pa,15 ~25 ℃

外廓尺寸:1450 mm ×18500 mm ×3030 mm

#### 8.10.7.3　德国 DR. FRITSCH 公司 IMM130 型绳锯注塑机

该机如图 8 -37 所示。

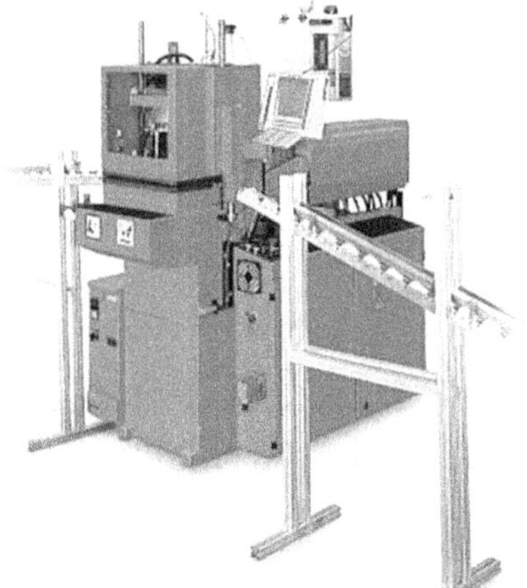

图 8 -37　IMM130 型绳锯注塑机

配套装置:

(1) 注射模具。

(2) 加热装置—为了保持模具恒定的温度。

(3) 塑料烘箱。

(4) 空气干燥机—为了保持空气干燥。

技术参数:

总功率:11.3 kVA

保险丝电流:3 ×35 A

冷却水:(3 ~4) ×$10^5$ Pa,15 ~25 ℃

最大耗水量:500 L/h

注射方向:水平

合模力:220 kN

外廓尺寸:1880 mm ×815 mm ×1900 mm

质量:约 800 kg

8.10.7.4　德国 DR. FRITSCH 公司 RMM135 型半自动绳锯注胶机

该机如图 8-38 所示。

配套装置:

(1) 四柱式绳锯传送架,带注射模具,模具可以选择一排或两排注胶模。

(2) 模具预加热装置。

性能特点:

(1) 时间短,注胶速度快,全过程约 2.5 min。

(2) 容量和生产效率:单排模具平均每小时注胶约 4 m;双排模具平均每小时注胶约 7 m。

(3) 模具加热均匀分布,重复性强和注胶工艺参数稳定,保证产品的高质量。

(4) 手动摆放串珠和钢丝绳方便,拆装模具快捷,注胶过程自动化。

(5) 降低原材料消耗。

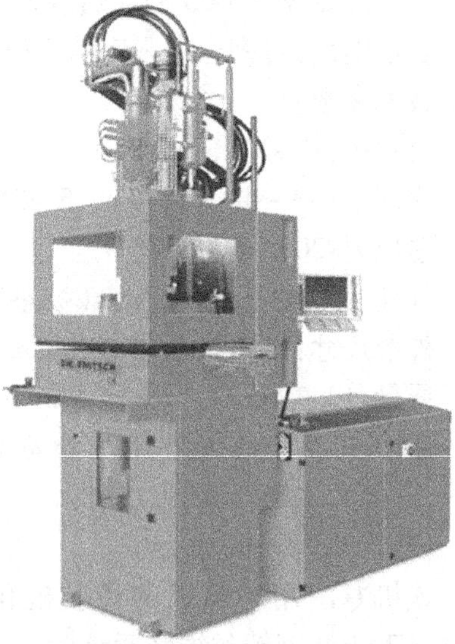

图 8-38　RMM135 型半自动绳锯注胶机

技术参数:

总功率:约 15 kW,3 ×400 V,保险丝电流 3 ×50 A

模具设计:单排或双排

模具位置:水平

模具打开方式:水平打开

模具长度:约 346 mm

喷嘴方向:垂直

合模力:350 kN

最大注射力:97 kN

最大喷嘴压力:1577 ×$10^5$ Pa

橡胶带的送进:橡胶带自动进给

外廓尺寸:2068 mm ×950 mm ×2740 mm

质量:约 1610 kg

## 8.11　国外绳锯生产辅助设备

绳锯生产工艺过程十分复杂,要经历 20 多道工序。为了适应大批量生产和减轻工人劳动强度的需要,一些公司研制和发展了许多辅助工序的生产设备,值得业内同行借鉴参考。

### 8.11.1　德国 DR. FRITSCH 公司 BMM112 型串珠分选机

大批量生产出来的同一规格串珠,其外径误差较大。一般在 0.1 ~0.3 mm,甚至更大。

这些串珠若不经分选，混装在一条钢丝绳上，对绳锯的初期切割工作不利，影响产品质量。而靠卡尺一个个测量又十分繁琐，工作量大。该设备就是为解决这个问题而设计的。将串珠放进料斗，通过送料器进入串珠测量系统，经过测量后，所需要的串珠直径误差在 0.1 mm 范围自动落到中间的储存盒内，每小时分选 1000～1500 粒串珠，如图 8－39 所示。

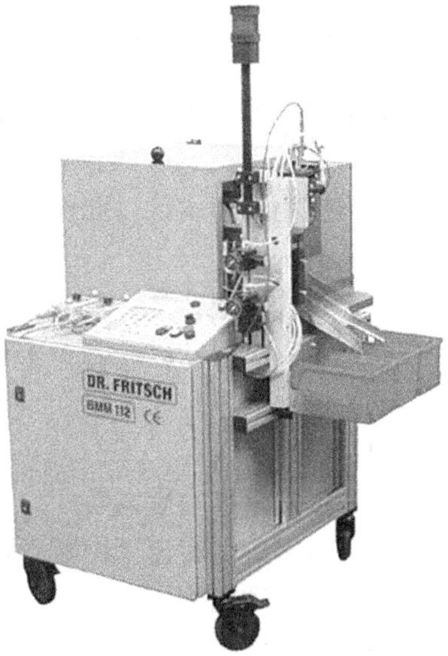

图 8－39 BMM112 型串珠分选机

### 8.11.2 德国 DR. FRITSCH 公司 WAM230 型串珠穿绳机

在绳锯注塑或注胶之前，需将串珠和弹簧穿到钢丝绳上，用手工操作，也是件繁重的体力劳动。该机能够自动地将串珠和弹簧一段一段地穿进钢丝绳，直到预定的数量或料斗全部装完。

技术参数：

串珠规格：$\phi$8～12 mm，长度 10～12 mm

弹簧规格：$\phi$5～8 mm，长度 14～23 mm（不同规格尺寸可以混装）

生产效率：每小时穿 700 粒串珠和弹簧。

### 8.11.3 德国 DR. FRITSCH 公司 BGM107 型串珠开刃机

金刚石绳锯像其他超硬工具一样，产品出厂前，对工具的切割部分进行开刃，也就是对串珠外表面进行开刃，使得绳锯一开始就能锋利地对岩石进行切割工作，保证有较高的切割效率。在国内生产的金刚石绳锯中，很大一部分不开刃，而有开刃的串珠，也是用手工放在砂轮上开刃，操作很不安全，粉尘污染严重，生产效率低。该机是靠送料器将串珠送进隔离室与旋转的砂轮接触磨削的同时，一个个串珠在移动过程靠一个摩擦盘的驱动，自身也在作旋转运动。因此，串珠圆周磨削均匀，生产效率高，如图 8－40 所示。

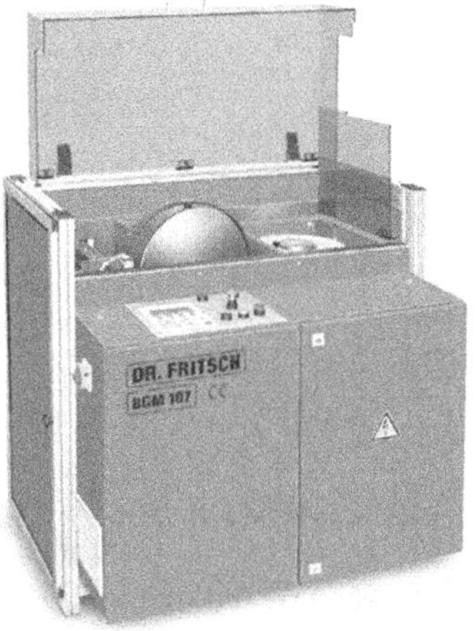

图 8－40 BGM107 型串珠开刃机

技术参数：

总功率：3.5 kW，电压 230V，保险丝电流 16A

耗风量：10 L/min，风压 $6\times10^5$ Pa

串珠规格：外径 $\phi$8.5～12 mm，内径 $\phi$4～5 mm，长度 10～12 mm

生产效率：约 700 粒/h

外廓尺寸：1400 mm×1200 mm×1400 mm

质量：约 350 kg

### 8.11.4　德国 DR. FRITSCH 公司 SAM150 型绳锯串珠开刃机

绳锯的串珠开刃工序也可以放在绳锯注塑或注胶之后进行。这还可以清理串珠外表面的塑料或橡胶以及飞边、毛刺等等，使产品更加完美。尤其是注胶绳锯，一般是在注胶之后开刃。该机为此而设计。国内厂家可以参考，简化一些机构。

配置机构：

（1）焊接机架；

（2）由一个振动砂轮和一个可控制的提升接触器组成的开刃装置；

（3）保护装置；

（4）卷绳库；

（5）可以由压力阀调整压力的 $\phi$100 mm 气缸张紧机构；

（6）绳锯的回转速度由变频器控制；

（7）气摆动机构；

（8）变频器控制提升接触器；

（9）由计时器控制停机；

（10）控制台，如图 8－41 所示。

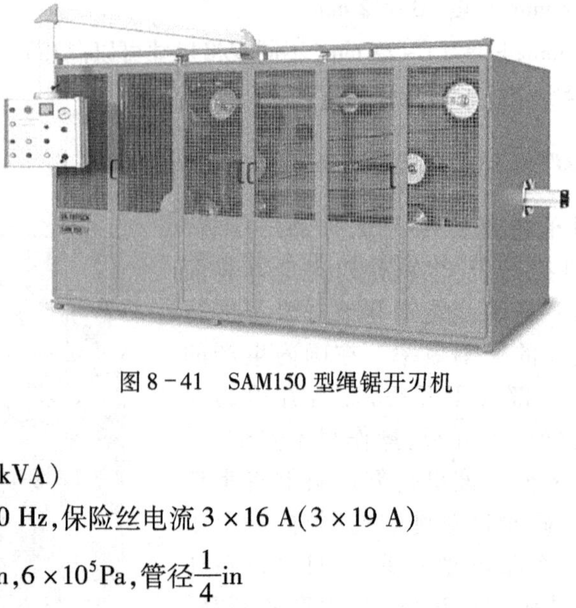

图 8－41　SAM150 型绳锯开刃机

技术参数：

功率：8 kVA(13 kVA)

3 × 400 V，50 ~ 60 Hz，保险丝电流 3 × 16 A(3 × 19 A)

耗风量：60 L/min，$6 \times 10^5$Pa，管径$\frac{1}{4}$in

砂轮规格：$\phi$300 mm × 60 mm，宽 50 mm

绳锯规格：长 10 ~ 50 m(10 ~ 100 m)

串珠规格：$\phi$8 ~ 14 mm

外廓尺寸：3715 mm × 2200 mm × 2070 mm

质量：约 500 kg(600 kg)

## 8.12　开采绳锯机及辅助机具

金刚石绳锯技术在石材矿山开采应用的比例越来越大。可以认为是矿山开采的一次革命。该方法开采效率高，作业时安全环保。石材开采的成材率高，荒料规整，无内伤，可采大规格料，而且开采综合成本低。该技术在国内的推广，可极大的改变国内目前石材矿山开采的高能耗，低产出，低成材率，荒料规格小，不安全、不环保的现状。目前，国内许多石材矿山纷纷采用该技术，但是，是否全部采用或部分采用金刚石绳锯开采还要根据各种因素进行综合地考量。它的选择与当地矿山的石材种类，荒料市场价格，矿体特性，矿山外部条件，矿山的投资实力和综合成本的比较等诸多因素有关。例如，福建三立达翡翠绿花岗岩矿山是采用金刚石串珠绳锯全锯切开采方法的典范，如图8-42所示。

图8-42　福建三立达翡翠绿花岗岩矿山绳锯开采现场

开采绳锯机对于岩矿体的切割方向十分灵活，可以是面对矿体的垂直切割(图8-43)；也可在矿体底部进行水平切割(图8-45)；也可以安装成与绳锯机方向呈90°的切割(图8-44)；还可从地表垂直向下切割，如图8-46所示。

图8-43　垂直面切割

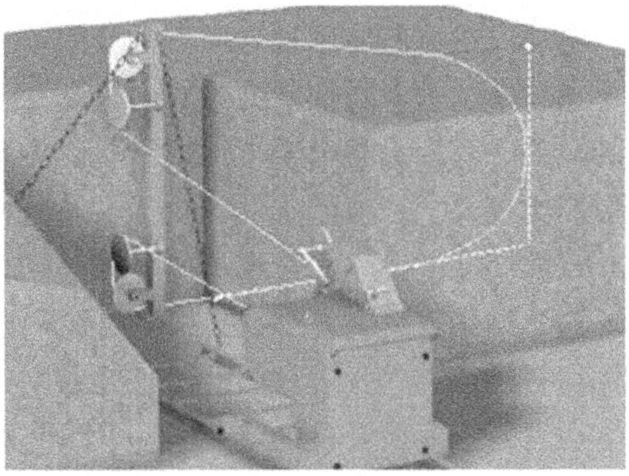

图8-44　与绳锯机方向呈90°切割

图8-45　水平切割

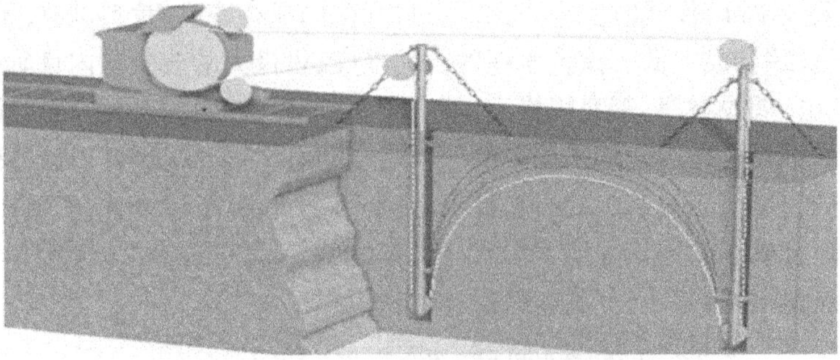

图8-46　从地表垂直向下切割

## 8.12.1　开采绳锯机的分类

### 8.12.1.1　按照用途分类

根据用途和开采石材种类的不同，可分成大理石开采串珠锯和花岗石开采串珠锯。

开采大理石和石灰岩等软质石材用的金刚石串珠锯，主飞轮线速度是固定不变的，一般为30～40 m/s左右。用于开采花岗石类硬质石材的金刚石串珠锯，主飞轮的线速度是可调节的，调节范围一般从0～35 m/s之间。

### 8.12.1.2　按照动力方式分类

根据金刚石串珠锯驱动方式的不同，可分成液压式金刚石串珠锯、电动式金刚石串珠锯及内燃机式金刚石串珠锯。

电动式是目前使用最为广泛的金刚石串珠锯的动力方式。液压式金刚石串珠锯是第一代金刚石串珠锯采用的动力方式，目前已经被淘汰。内燃机式金刚石串珠锯适用于缺少电力的矿山。其缺点是由于柴油发动机的振动，影响金刚石串珠绳的切割，同时对电子元器件的影响比较大。

### 8.12.1.3　按照主电机功率分类

该分类比较直观，主电机功率从7.5～22 kW的串珠锯称为小型串珠锯，多用于小面积矿体切割、分离体解体切割和荒料整形；主电机从22～37 kW的串珠锯称为中型串珠锯，是矿体切割的主要设备；主电机功率大于37 kW的串珠锯多用于大面积矿体和花岗石矿体的开采切割。电动式串珠锯主电机的功率一般为7.5～55 kW，更大的还有75 kW。

## 8.12.2　开采绳锯机结构和性能特点

开采绳锯机一般由动力机构、行走机构、控制系统和辅助装置组成。动力机构用于驱动主飞轮旋转，带动串珠绳高速运动；行走机构驱动绳锯机在导轨上直线往复移动，实现金刚石串珠绳锯的切割给进运动，保持金刚石串珠绳在锯切过程中的张紧力；控制系统提供主电机的供电和控制，并监视、控制金刚石串珠绳锯的切割、调整行走机构的运动速度；辅助装置包括导轨，固定在锯机上的导向轮，独立的辅助导向轮，防护装置等。

### 8.12.2.1　动力机构

电机驱动是目前金刚石串珠锯使用最多的动力机构形式，它由电机直接驱动主飞轮旋转，带动金刚石串珠绳运动。电动机转速恒定的开采绳锯机用于大理石开采，功率从7.5～

37 kW 不等。主电机配备变频器的串珠锯，其转速可调节，用于花岗石的开采，功率从 37 ~ 55 kW。主电动机功率越大，可带动的金刚石串珠绳越长，开采切割石材的面积也越大。

主电机的固定支承方式通常有门架式和悬臂式两种。

门架式固定式结构具有结构简单、刚性好、稳定性高，主机质量轻，成本低等特点。其缺点是动力头部分只能旋转而无法水平位移，在不移动锯机的情况下进行平行面的切割间距是固定有限的。另外，在进行平行面切割时，旋转动力机构需要将设备移动到专用的导轨上进行。而且较轻的质量也不利于切割的稳定。

悬臂式结构是目前最常规的绳锯机结构。其优点是传动结构简单，易于配置主飞轮的平移及旋转机构。在旋转机构的平台上安装主电机，电机轴上直接安装主飞轮；机架上有一小电机通过一对蜗轮、蜗杆减速，使主轴回转，主轴驱动平台，平台带动主电机作 360°旋转。平台上还安装一小电机，通过链条、链轮传动，带动螺杆、螺母，使平台能够左右移动，以使绳锯机定位之后，准确地调整主飞轮的位置。因为在安装绳锯时，必须将金刚石串珠绳与主飞轮组成的切割面调整到与矿体实际被切割面重合的位置。这就要求绳锯机上的主飞轮必须具备回转及平移的功能。该功能还可实现在不改变串珠锯安装位置的情况下，进行一定间距的两个平行垂直面的切割。其不足是悬臂着的主电动机质量大，在切割过程中容易产生抖动。抖动严重时将影响到切割的稳定性，对锯机造成损坏。应考虑主电机位置调整后的锁紧装置。

8.12.2.2　行走机构

行走机构的作用是使驱动绳锯机行走，从而实现拉紧串珠绳锯对岩石进行切割以及停止切割后的快速回程。行走机构由电动机、减速器、直线移动装置、导轨及控制系统组成。其变速设计可以满足切割过程中经常遇到的从高到低及从低到高迅速变化的转速输出要求。该机构采取闭环控制模式，控制电脑和变频器直接对话，掌握金刚石串珠绳锯切割负载的变化，及时改变绳锯机整体的移动速度，达到保持金刚石串珠绳切割过程中张紧力的基本稳定，实现绳锯机随负载变化而自动控制岩石的切割速度。图 8－47 为开采绳锯机结构的三维示意图。

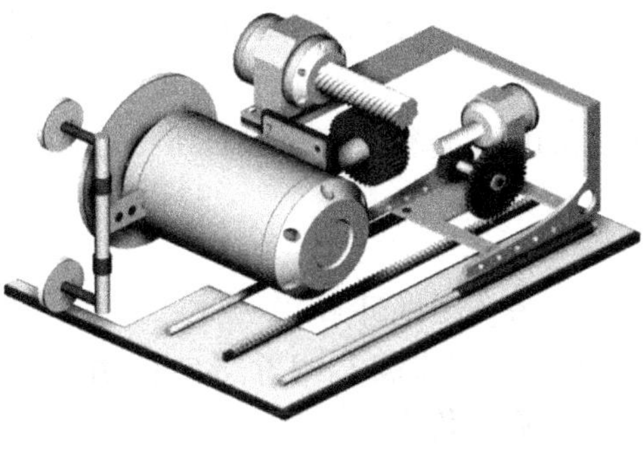

图 8－47　绳锯机结构示意图

8.12.2.3　开采绳锯机控制系统

控制系统的关键是如何实现绳锯在切割过程，对切割状况变化的条件下能够合理地随机改变参数，自动控制切割工作正常进行。不同的岩石特性有不同的最佳切割线速度及最佳的切割功率要求。理想的开采绳锯机控制系统，即可根据不同锯切要求，设定绳锯机的自动控制参数。

## 8.12.3　福州天石源超硬工具公司生产 TSY 系列开采绳锯机性能介绍

国产开采绳锯机从仿制到自主创新，不过 10 年的时光就已经逐步取代进口绳锯机，在全国各石材矿山迅速推广，并开始向国外出口。在数家研制生产开采绳锯机的厂家中，比较典型的是福州天石源超硬工具公司的 TSY 系列绳锯机，该机在控制方面进行了很多独特的设计，并且采用高质量的变频器及 PLC 来保障设计功能的实现。设计的核心是实现在切割过程中自动地、合理地、及时地调节串珠锯的切割工艺参数。这也是目前最先进的开采绳锯机控制模式，如图 8－48 所示。其特点是：

图 8－48　MARINI 公司 MICRO－FILL 型绳锯机
（输入功率：10～15 kW）

（1）控制方式采用闭环控制。

（2）可以实现如下功能：

1）高精度的数字信号采集和反馈，为绳锯机的各种控制提供了数据基础。

2）控制电脑和变频器直接对话，在电脑程序和变频器程序的双重控制下，主电机可自动避开串珠绳与绳锯机的共振点，使串珠绳不会与机器产生共振。

3）在电脑程序和变频器程序的双重控制下，即时掌握金刚石串珠绳切割过程负载的变化，并据此自动地、及时地调整锯机的运动速度，保持金刚石串珠绳切割过程中张紧力的基本稳定，保证合理的锯切工艺参数。

4）实现了切割工艺的自动控制，在需要的时候可实现临时无人看管。

5）自我保护功能，多种信号的反馈和处理能力，给绳锯机提供了足够的保护措施，可避免工人误操作对设备的损坏。

（3）操作界面直观简单，操作程序简易，工人很容易掌握。

（4）科学的数据记录能帮助管理人员随时掌握员工的工作时间以及绳锯机的运转情况。

（5）高性能的变频器具有优越的节能性能，优质的电器材料具有很强的环境适应能力。

### 8.12.4　开采绳锯机的辅助机构——导向轮

正确合理地使用导向轮，是保障串珠锯顺利切割极其重要的环节。

（1）控制金刚石串珠绳包角的导向轮。在绳锯机上一般安装 1～2 个导向轮，用于控制金刚石串珠绳在主飞轮上的包角，保证主电动机功率的有效传递。

（2）独立的垂直导向轮。垂直导向轮是独立于金刚石串珠锯的一个组件，有立杆式和单轮式等结构。用来控制串珠绳的切割包络线，防止金刚石串珠绳在直角转弯处的急剧磨损，如图 8－49 所示。

图 8－49　垂直导向轮安装

（3）水平导向轮。水平导向轮主要用于金刚石串珠锯进行水平面切割时，控制金刚石串珠绳包角，也控制金刚石串珠绳外露部分的运动轨迹范围。

（4）换向导向轮。当工作场地位置有限时，必须通过换向导向轮来改变金刚石串珠绳的运动方向，实现对切割面的锯切。

（5）洞采专用导向轮。专门用于山洞型大理石矿山开采，配合串珠锯对石料封闭结合背面进行切割时使用。

### 8.12.5　绳锯开采用钻孔设备

开采绳锯机若要切割矿体的某一个面，则必须在这个面上钻进一个垂直和一个水平的钻孔，这两个孔相交并贯通，因此，钻孔机是金刚石串珠绳锯开采必备的配套设备。但是，它比常规的钻孔机有自己的特殊要求，应根据岩矿特性、矿山规模等具体情况进行合理地选择和使用。

#### 8.12.5.1　绳锯开采钻孔机具特点分析和选择

绳锯开采钻孔机具必须具备的特点：

（1）钻进效率高，对于花岗岩的岩石特性，冲击回转钻进比较好，小时进尺可达 5～6 m。

（2）钻进稳定，孔直不偏斜，终孔偏斜小于 50 mm，因此钻机回转给进机构，必须沿导轨进给，保持直线前进。给进行程 1000～1500 mm。

（3）钻进水平钻孔，回转器朝下，尽可能接近地表面，使钻孔中心距离地表面小于 100 mm。

（4）机头前面的支撑架安装有楔形锚杆与岩体连接固定钻机。而机头与支撑架的连接要灵活，可以上下，左右准确地调整钻机的钻进方向。

（5）钎杆与钎头的直径相差不能太大，必需匹配。凿岩机配用钎杆要比一般的大一级，选择 T38 钎杆，潜孔机选用特 60 mm × 10 mm 空心钻杆。

（6）结构简单紧凑，方便调整，易于拆装。

#### 8.12.5.2　现有钻孔机具的选择

A　风动凿岩机用于岩石致密坚硬矿山绳锯开采

该矿山的绳锯切割面积不大，一般钻进孔深为 5～10 m。建议选用 YT24 或 YG40 凿岩机，首先比较 YT24，YG40 凿岩机，认为 YG40 型凿岩机能力大，可钻 $\phi$50 mm 钻孔，钻孔直径适当加大，有利于两孔贯通，见表 8－21。

**表 8－21　YG40 型，YT24 凿岩机性能比较**

| 型　号 | YG40 | YT24 | 型　号 | YG40 | YT24 |
|---|---|---|---|---|---|
| 质量/kg | 36 | 24 | 钎尾尺寸/mm | R32 | 22 |
| 耗风量/L · s$^{-1}$ | ≤117 | ≤67 | 工作气压/MPa | 0.63 | 0.4～0.63 |
| 钻孔直径/mm | 45～55 | 34～42 | | | |
| 钻孔深度/m | 15 | 5～8 | 产　地 | 天水风动机械公司 | 浙江开山集团 |

水平孔的孔深均在 8 m 以内，可使用 YT24 型凿岩机钻孔，使用不同长度的钎杆，对边 22 mm，与钎头锥度连接，钎头为一字形和十字形硬质合金钎头，外径 32～42 mm。风压约 0.5 MPa，钻进效率 1 m/h。打垂直孔，没有支架，靠人工把持和加压，随孔深更换钎杆，直到终孔。水平孔距离地面 30～60 mm，靠气腿加压推进，搞一根标志杆，从垂直孔位置伸出岩体垂面，并吊一重锤线，在标志杆侧面约 2～3 m 处再拉一根平行线。操作者在钻进过程中，可观察钎杆是否与标志杆保持平行，及时调整，保证终孔与垂直孔贯通。据说，按这种办法，

孔深 8 m 以内，贯通成功率达 90%。孔深超过 8 m 的钻孔，使用 YG40 凿岩机，安装在气动链条给进机架上进行垂直孔或水平孔的钻进。

B　*潜孔钻机用于中硬岩石矿山绳锯开采*

由于这种矿体要求切割面积比较大，垂直和水平贯通钻孔的孔深均在 15 ~ 25 m，孔径 90 ~ 100 mm，钻孔易偏斜，又要保证有较高的钻进效率（6 m/h），应选择专用的潜孔钻机。该钻机的机架有垂直孔和水平孔，可两用，适合于打绳锯贯通孔。潜孔钻机与凿岩机钻孔的最大区别，在于凿岩机是在钎杆的顶端冲击钻进。所以，随着钻孔加深，钎杆加长，冲击能量会损失很大，作用到孔底的冲击功大大减弱，以致无法钻进。而潜孔钻机是用冲击器（也称潜孔锤）在孔底直接冲击岩石，随着钻孔加深，只是加长钻杆，将压缩空气送到孔底，仍保持一定的冲击功。所以，钻进 10 m 以上的深孔必须选择潜孔钻机，如图 8 - 50 所示。国内有关公司经过几年的努力，研制出三种不同结构的绳锯开采用潜孔钻机，其主要技术参数如表 8 - 22 所示。

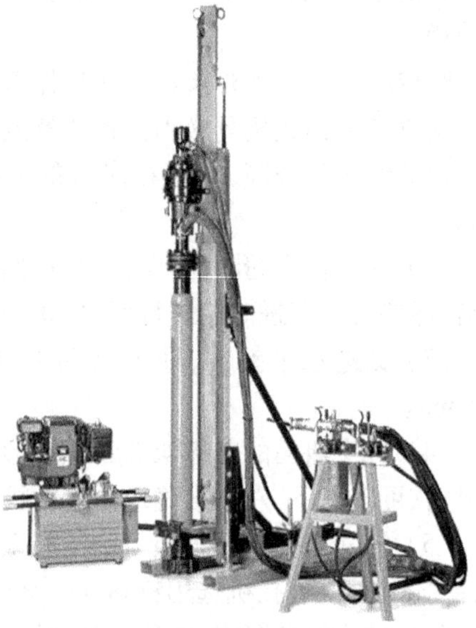

图 8 - 50　MARINI 气液潜孔钻机

（1）全气动潜孔钻机。除了冲击器，回转机构和给进机构也是由风马达经减速器驱动回转和钻具的给进、升降。因此，耗风量比较大（12 ~ 14 $m^3$/min），适合于大型矿山，供气能力足够大的现场。

（2）气液联动潜孔钻机。回转机构由低速液马达经减速器驱动气接头转动，气接头还可加装拧卸钻杆机构实现机械化拧卸钻杆。给进机构由低速液马达经减速器驱动链轮、链条带动回转器上下运动。提升能力比较大，有利于处理孔内卡钻事故。冲击器的耗气量不大，只要 3 ~ 5 $m^3$/min，所以适合于中小型石材矿山使用。需增加一个液压站，总体重量较大，造价也高。

（3）气电联动潜孔钻机。回转机构由电动机经减速器驱动气接头转动，结构简单，但回转机太重，上下运动不灵活，振动大。

上述三种钻机国内均有生产，可供选择。但是，仍需经受较长期的使用和改进，才能得以完善。

**表 8 - 22　绳锯开采用潜孔钻机主要技术参数**

| | | | |
|---|---|---|---|
| 钻孔深度/m | 20 ~ 35 | 最大功率/kW | 10 |
| 钻孔直径/mm | 65 ~ 100 | 最大扭矩/N · m | 800 ~ 1200 |
| 最低风压/MPa | 0.6 | 提升能力/N | 600 ~ 1200 |
| 钻进效率/m · $h^{-1}$ | 6 | 提升速度/m · $min^{-1}$ | 0 ~ 5 |
| 耗风量/$m^3$ · $min^{-1}$ | 6 ~ 12 | 钻杆直径/mm | 60 ~ 70 |
| 给进行程/m | 1.2 ~ 1.5 | 冲击器直径/mm | 76,80,92 |

8.12.5.3　凿岩机排钻组合

在采用金刚石绳锯进行石材矿山开采的过程中，对劈裂性比较好的石材经常在某一垂直面(水平面也有)采用凿岩机排钻进行钻孔。这样可大大提高开采效率。在一个给进机架的滑动平台上可以装1～4台凿岩机，给进机架沿横向机架导轨移动，即可快速地钻完一排钻孔。小型排钻只装一台凿岩机，钻完一个孔用手摇动齿轮，使给进机架移动一段距离，继续钻第二个钻孔。图8-51所示为国产双排凿岩机排钻设备。国外还有安装4台凿岩机的排钻设备。

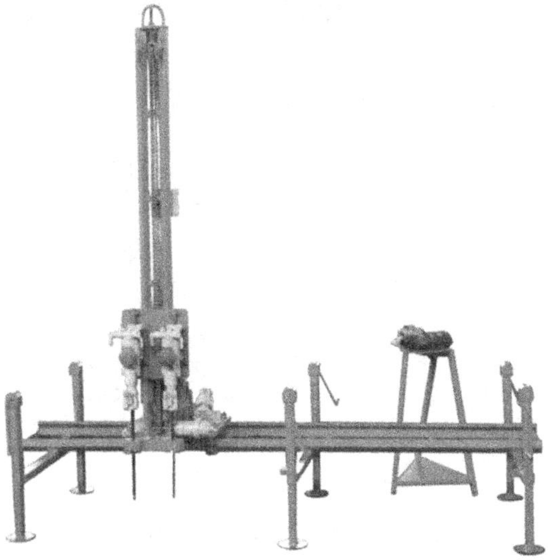

图8-51　国产双排凿岩机

## 8.12.6　石料顶推机具

顶推机具包括液压顶石机及气压顶推袋，它们是与金刚石串珠绳锯配套的专用石料顶翻和位移装置。金刚石串珠绳的切割缝宽度只有12 mm，当石料全部从矿体上分离后，将矿体上重量达几百吨的石料移动或翻倒是非常困难的。气压顶推袋的工作原理是利用压缩空气，对插入只有12 mm切割缝中的袋体充气，使其膨胀并产生几十吨的推力，膨胀距离为40～60 cm，在液压顶石机或其他设备的协助下，利用杠杆原理推动石料位移或将其翻倒。气压顶推袋可反复使用，轻便的袋体和控制系统以及简便的操作方法，非常适合石材矿山的使用和推广。

液压顶石机具有更大的推力，可与气袋配合使用。单用时一般先在母体矿体上钻凿一个25 cm×25 cm×50 cm的石槽放置液压顶石机，位移不够时可使用加长杆。

图8-52　顶石机

8.12.6.1　TSY-DS型液压顶石机

TSY-DS型液压顶石机如图8-52所示。

采用电动高压双联泵,小流量高压给进,大流量快速回程。工作高压 63 MPa,单缸推力 1600 kN,工作行程 300 mm。

性能特点:

(1) 采用高低压泵液压系统,油缸移动快,压力大,操作简单。

(2) 采用两个油缸,分别安装在石块两端,推力均匀,工作可靠。

(3) 液压站装在小车上,移动方便。

(4) 根据矿山开采需要,配置不同的顶石油缸,有 200 t、320 t、500 t。

8.12.6.2　气压顶推袋

气压顶推袋如图 8－53 所示,TSY－QD 型气压顶推袋的主要技术参数如表 8－23 所示。

图 8－53　气压顶推袋

**表 8－23　TSY－QD 型气压顶推袋**

| 型　号 | 尺寸/m×m | 气袋有效工作面积/$m^2$ | 最大顶推力/kN |
|---|---|---|---|
| TSY－QD－20 | 1.5×0.8 | 1.05 | 210 |
| TSY－QD－55 | 2×1.5 | 2.76 | 550 |
| TSY－QD－85 | 3×1.5 | 4.2 | 840 |

## 8.13　混凝土金刚石绳锯切割工程

我国金刚石串珠绳锯在混凝土切割工程中的应用,可谓凤毛麟角。据报道,2004 年,107 国道北京赵辛店桥,使用日本 HANKEN 金刚石绳锯机,只用两天就完成了拆桥任务。像切豆腐一样,每小时切割一块宽 18 m,长 30 多米的混凝土桥构件,每块重 20 t,共切 20 块。充分显示了该项新技术的优越性。具有切割速度快、爆破噪声小、粉尘污染轻等优点。据说北京还有 100 余座危桥、病桥需要实施切割改造工程。实际上,目前国内房地产业兴旺发达,有太多的混凝土切割工程可以用金刚石绳锯切割而没有用。图 8－54 是典型的建筑构架金刚石绳锯切割工程现场。

图 8－54　建筑构架金刚石绳锯切割

除了大型的混凝土构件采用大功率的绳锯机之外，市政建筑工程的小型切割如在混凝土墙上开窗、开门或在地板、电梯间开方孔、圆孔等需用小型轻便的绳锯机进行切割，可以取代圆盘墙锯，无噪声、污染少、切割效率高，尤其适用于工地附近有居民居住的地方。该机在国外应用十分普及，值得在国内大力推广。

### 8.13.1 轻便型混凝土绳锯切割机

轻便型混凝土绳锯切割机由动力机构、进给机构、绳锯储放机构和移动机架四部分组成。驱动主飞轮，一般由电机直接驱动或用液马达驱动。电机功率 10 ~ 15 kW，采用变频调控，输出线速度：2 ~ 30 m/s。进给机构简单的可以用手摇螺杆进给；图 8 - 55 为某旧桥改造工程中采用绳锯切割现场。液压油缸进给或气缸进给。储放机构实际上是一对多槽飞轮，一个飞轮与驱动飞轮连接；另一飞轮则为张紧轮，与进给机构连接。通过调节阀的压力，控制油缸或气缸的进给力以控制绳锯工作过程金刚石串珠绳的张紧力，并保持恒定。机架是移动式的，带有若干导向轮。通过导向轮输出绳锯，可以增加绳锯在主飞轮上的包角，以提高绳锯的锯切力。整机质量为 150 kg 左右，搬运方便，适于建筑工地、码头、桥梁等混凝土工程施工。

图 8 - 55 某桥梁工地绳锯切割现场

### 8.13.2 国产 SGJ - 20 型绳锯切割机

国产 SGJ - 20 型绳锯切割机由石家庄市中奥建工机械厂生产，电机功率：15 kW，绳锯长度 20 m，液压进给，其他性能不详，见图 8 - 56。

图 8 - 56 SGJ - 20 型绳锯切割机

### 8.13.3 德国 KS750 型绳锯切割机

德国 KS750 型绳锯切割机如图 8 - 57 所示。

A 功能特点

(1) 两台电机驱动，不用液压站。

(2) 传动系统单一，结构紧凑。

(3) 储存绳锯长度 6.5 m。

(4) 垂直和水平切割，不必改变机体位置。

(5) 无级调速，绳锯线速度：2 ~ 28 m/s。

(6) 气缸进给，保护绳锯，避免因张紧力变化而损坏。

(7) 操作安全、轻便。

B 技术参数

总功率：13 kW

气缸进给:2 ~ 28 m/s,无级调速

储绳量:6.5 m

总质量:170 kg

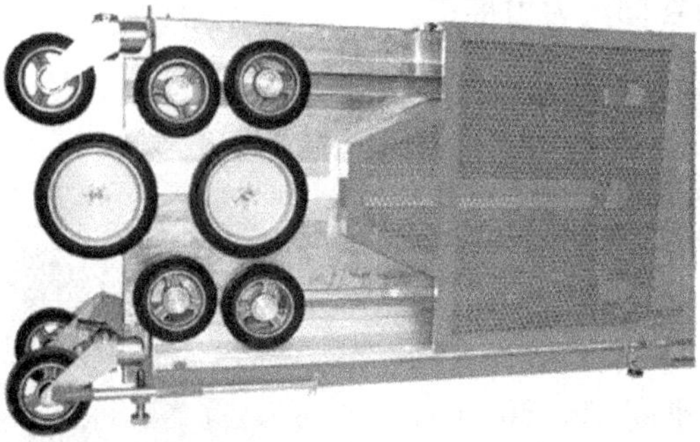

图 8 - 57　KS750 型绳锯切割机

### 8.13.4　美国 TRENTEC 公司绳锯切割机

美国 TRENTEC 公司的绳锯切割机如图 8 - 58 所示。

技术参数:

驱动飞轮直径:32 in($\phi$813 mm)

给进行程:30.5 in(775 mm)

外廓尺寸:74 in × 31 in × 38 in(1880 mm × 787 mm × 965 mm)

质量:1200lbs(544 kg)

图 8 - 58　TRENTEC 公司绳锯切割机

### 8.13.5　混凝土切割绳锯

目前国内混凝土绳锯切割技术应用的较少,所以生产混凝土绳锯的厂家不多。用于切割大型钢筋混凝土构件的绳锯要采用较高品级的金刚石,要求耐磨,固定方式用硬度高的注射橡胶加矩形弹簧,串珠直径 $\phi$10.5 ~ 11.5 mm。国内有几家专门生产出口用混凝土注橡胶绳锯,出口量逐年增加,为国家赚取外汇。

而用于小型混凝土构件切割的绳锯,可以用注橡胶或注塑的绳锯,关键是串珠直径尽可能小。目前国内用烧结方法生产的串珠直径是 $\phi$8 mm,最小到 $\phi$7 mm。更小直径的串珠国

外有用热等静压法(HIP)生产。

2007 年北京、上海、广州等大城市在旧桥改造、高架桥的维修中,开始使用混凝土绳锯切割技术。充其量一年绳锯消耗不过万米,估计将逐年增加。应该说,它非常适合于抢险救灾和灾后的危房破拆工作,效率高,粉尘少,安全环保。面积大的混凝土构件用大功率绳锯机,使用绳锯长度达 100 ~ 120 m;小面积的破门、开窗、开洞用小型移动式绳锯机,切割方向控制灵活,快速切割。国内的消防搜救部门应该配备。图 8 - 59 所示为上海某高架桥绳锯切割工地。

图 8 - 59 上海某高架桥绳锯切割工地

国内某公司生产的混凝土绳锯规格列于表 8 - 24 中。

**表 8 - 24 混凝土切割绳锯品种规格表**

| 用 途 | 型 号 | 串珠直径/mm | 颜 色 | 串珠数/粒 · $m^{-1}$ | 固定方式 |
|---|---|---|---|---|---|
| 快速切割 | TSY - CCRF | 10.5,11 | 黄 | 40 | 橡胶加弹簧 |
| 常规钢筋混凝土 | TSY - CCRS | 10.5,11 | 绿 | 40 | 橡胶加弹簧 |
| 高强钢筋混凝土 | TSY - CCRAS | 10.5,11 | 红 | 40 | 橡胶加弹簧 |
| 水下桥墩切割 | TSY - CCRBR | 10.5,11 | 黑 | 40 | 橡胶加弹簧 |
| 干 切 | TSY - CCRDE | 10.2 | | 35 | 弹 簧 |
| 钢构件 | TSY - SCR | 10.2 | 黑 | 40 | 橡胶加弹簧 |

## 8.14 石材开采与加工用链臂锯机

在大理石露天和凹陷露天开采矿山以及山洞开采矿山中,采用金刚石绳锯和链臂锯组合的方式进行开采,以发挥各自优势,更大程度地提高开采效率,节约成本,这是一项有发展潜力的新兴技术,值得关注。在我国金刚石绳锯开采技术的发展过程中,在条件合适的矿山也应该采用。四川省宝兴县有几台意大利链臂锯在和金刚石绳锯机联合开采使用。目前,上海飞宙机械设备公司已经开发生产出 DRAGON 系列链臂锯产品。

### 8.14.1 臂式锯种类

(1) 根据切割刀具的不同分为用硬质合金刀头固定在传动链上或用金刚石烧结刀头固定在传动链上的两种链臂锯。以及用金刚石烧结刀头按一定距离包镶到聚氨酯注塑形成的传动带上，其他结构与链臂锯类似，只是用聚氨酯塑料切割带代替链传动带，因此应称为带臂锯机。除了切割大理石之外还可切割更硬的石材。

（2）按照用途可分为露天开采用臂式锯、洞采臂式锯、荒料整形和板材加工臂式锯。

（3）按结构分为导轨式、龙门式和小型轻便式臂式锯（见图8－60）。

图8－60　意大利链臂锯在切割大理石

### 8.14.2　链臂锯、带臂锯性能特点

开采链臂锯、带臂锯适用于石灰岩、大理石和软花岗岩，莫氏硬度小于5级的矿山开采的垂直、水平湿切或无水干切作业。可进行矿体封闭面的切割，配合金刚石绳锯进行无堑沟开采大理石等软质石材，如图8－60所示。

（1）有利于矿山开采的工业化，可以达到高产量和高精确度的开采，生产能力可达10～12 $m^2/h$。

（2）可以无限度地线切割，水平和垂直甚至小于25°的倾斜面切割。

（3）与绳锯技术相比，不需要预钻孔和接绳等其他准备工作，节约了切割的准备时间。

（4）可以进行干式切割，不需要水。故适用于高寒和缺水地区的矿区。

（5）降低废料率（切割缝3～4 cm），容易检查荒料的质量，对石材没有结构损伤和应力影响，荒料价值高。

（6）对环境的影响小，无噪音，无粉尘，作业安全可靠。

（7）降低人工成本，只需一人操作。

（8）链臂锯、带臂锯还可以用于地下洞采。

### 8.14.3　导轨式链臂锯机结构

开采链臂锯机结构大多采用导轨式，即两条导轨呈平行状态，水平安放在地面上，主机沿导轨前后移动。主机包括切割臂、切割臂回转机构、换向机构、定位机构、传动链带和驱动机构等，如图8－60，图8－61所示，国内外几种开采链臂锯技术的参数如表8－25所示。

（1）切割运动：驱动机构中的电机经减速器驱动链轮回转，链轮带动链条在切割臂链板上移动。链条上安装有硬质合金或金刚石刀头，通过刀头的转动完成对岩石的切割。

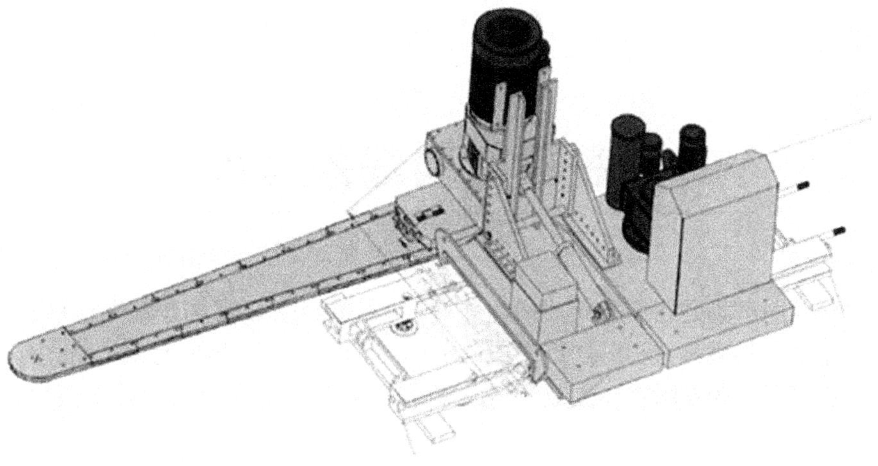

图 8-61　DRAGON 型 3.2 m 切割臂开采链臂锯机

（2）切割臂的旋转进给运动：液压马达通过减速器驱动主机箱内的蜗杆蜗轮回转，从而带动链板部件旋转实现切割的旋转运动。利用比例阀控制切割臂作 360°正反方向，按调定速度自由旋转，并向切割方向施加压力。

（3）切割臂的移动进给运动：主机箱上的行走液马达经减速器带动与导轨上齿条啮合的齿轮旋转，实现主机在导轨上的前后移动。同样控制比例阀调整主机在导轨上的移动进给速度。

**表 8-25　几种国内外开采链臂锯技术参数表**

| 型　号 | CSM960 | MOD. 70. RA | St50 - VH | MCRH. 340 | CH60 | LJ - 1 | DRAGON |
|---|---|---|---|---|---|---|---|
| 功率/kW | 52.5 | 48.5 | 37 | 50 | 44 | 28 | 27 ~ 34 |
| 链速/$m \cdot s^{-1}$ | 0 ~ 1 | 0 ~ 0.7 | 0.4 ~ 1.1 | 0 ~ 1.8 | 0 ~ 1.4 | 0.44 | 0 ~ 80 r/min |
| 进给速度/$cm \cdot min^{-1}$ | 0 ~ 10 | 0 ~ 15 | 0 ~ 13 | 0 ~ 20 |  | 1.8 ~ 23 | 0 ~ 50 |
| 锯缝宽/mm | 42 | 38 | 42 | 42 |  | 42 | 40 |
| 锯切深度/m | 3.25 ~ 4 | 3.4 | 3.4 | 3.4 | 3.6 | 2 | 2 ~ 3.5 |
| 切割臂长/m | 2、2.5、3、4 | 2、2.5、3、3.25 |  |  | 3.2，3.6 |  | 2、2.5、3.2、3.5 |
| 臂旋转角/(°) | 360 | 360 | 360 | 360 |  |  | 360 |
| 3 m 导轨机质量/kg | 7000 | 6500 | 8000 | 5500 | 6000 | 5823 | 6800 ~ 8000 |
| 湿切耗水量/$L \cdot min^{-1}$ | 30 | 20 |  |  | 15 | 8 ~ 10 |  |
| 生产厂 | 意大利 BENETTI | 意大利 FANTINI | 德国 KORFMANN | 意大利 CARRONE | 意大利 PELLEG RINI | 抚顺建材设备厂 | 上海飞宙机械设备公司 |

# 9 超硬材料涂附磨具

超硬材料涂附磨具是指用黏结剂把超硬材料（人造金刚石或立方氮化硼）磨粒黏附在柔性可挠曲基材上的磨具，也就是“砂布或砂纸”。据专家考证，早在元朝时期，中国人就开始用天然树胶将贝壳粉黏附在羊皮纸上制成摩擦工具，这应该是世界上最早使用的涂附磨具。

目前磨料固结磨具、涂附磨具和超硬材料磨具（包括固结磨具和涂附磨具）行业已发展为规模大、品种多、门类齐全的工业体系。由于其产品的多样性，涉及使用范围极广，如航空航天、汽车、机械加工、木材加工、玻璃、造船、建筑、自行车、不锈钢制品、硬质合金制品和轻工业等等，是工业和民用的常用易耗工具。凡各类制品、零件的表面磨削、抛光、修饰，均要选用涂附磨具。随着国际市场上磨具销售额逐年增大，而涂附磨具的占有率在上升，许多产品替代了固结磨具。美国 2002 年的磨具产值是 32 亿美元，其中涂附磨具（包括超硬材料涂附磨具）相关产品为 16 亿美元，占 50% 份额。我国涂附磨具也正在与世界接轨，逐步成为磨料磨具行业中新的增长点。而随着现代机械加工的不断发展及各种新型材料的不断出现，对加工精度和表面粗糙度要求越来越高，其相应的先进的磨削技术和磨具，尤其是涂附磨具向更高效、高寿命和超精密的方向发展。因此，超硬材料涂附磨具的研制和使用悄然兴起，在涂附磨具中的占有率逐年增加，在汽车工业、电子工业、玻璃加工、宝石加工、不锈钢及淬火钢等难加工材料的特殊加工领域得到了应用。世界著名的磨具公司，如美国 3M 公司、NORTON 公司的产品目录中有大量的超硬材料涂附磨具产品，从汽车车身的抛光到发动机曲轴、凸轮轴的加工都是用高档超硬材料砂纸和聚酯薄膜圆片进行加工的。其实，我国目前汽车制造行业正在大量使用进口的高档涂附磨具，其中很大比例是超硬材料涂附磨具。近 20 年来，我国许多大中型企业相继引进了德国、美国、瑞士等工业先进国家的砂带成套设备和专业技术，使我国涂附磨具生产的品种和质量都提高到一个新的水平。但仍有很大差距，超硬材料涂附磨具产品几乎是空白。我国是世界超硬材料生产的超级大国，原料和人力资源是我们的优势，只要是市场需要，产品销售前景看好，经过行业志士的不懈努力，逐步缩小与国际先进涂附磨具企业之间的差距，一定会在不久的将来，赶上世界的先进水平，与其他超硬材料工具一起共同促进我国的经济发展。

## 9.1 涂附磨具的发展概况

涂附磨具制造中常涉及到的三大要素是基体、磨料和黏结剂。这三种要素的任一种的改进，都会使涂附磨具产品性能发生变化。当今涂附磨具正朝着专用、精密、强力高效的方向发展，而高效则以高速、强力、重负荷打磨为主，因此，材料性能的单一已很难使产品同时具备各项优点，这要求从根本上改变植砂、上胶等在内的涂附磨具产品基本结构。下面介绍涂附磨具三大要素的发展。

### 9.1.1 基体

基体是涂附磨具磨料和黏结剂的承载体,是提供磨削或抛光加工的基础材料。基体主要分4种:纸基、布基、复合基和无纺布。纸基是最早出现的基材,但由于负载能力和耐水性等因素的限制,现在多用于木材加工的宽砂带和手工打磨。目前,我国国产纸的强度、均匀性、耐水性均达不到砂带生产的要求,砂带用纸基体多半进口,砂带纸基中耐水纸已从浸渍纸发展到乳胶纸。布基产品各种性能均优于纸基,而且随着涂附磨具朝高效、高速、重负载及专用精密方向发展,布基产品也经历了一个从普通棉布基到合成纤维的研制和使用过程,并逐步以人造纤维代替了传统的棉布。现在布基材的种类有棉、麻、人造纤维、合成纤维和聚酯纤维等。近十年来,在大面积强力磨削方面大力发展了人造棉和聚酯纤维布,特别是后者,它具有更好的抗拉强度和较低的伸长率(小于1.5%),耐热性、耐水性好,表面平整,经处理后经向断裂强度高,大于3500 N/5 cm,最高经向断裂强度达5000 N/5 cm,纬向断裂强度大于600 N/5 cm,因此使用它作为砂带和其他涂附磨具基材是目前的一个趋势。聚酯布目前有100%短纤维聚酯布和65%短纤维聚酯纤维和35%棉混合三种。在精密磨削领域,轻型柔软基材和聚酯透明薄膜基材引人注目,特别是聚酯薄膜基材制成的砂带和超硬材料涂附磨具,可用于加工精度要求高的曲轴抛光、磁头精加工及光纤头的表面抛光,这类产品以美国3M公司的SMSD系列产品为代表。图9-1为美国3M公司金刚石聚酯薄膜圆片、砂带等产品。图9-2为美国3M公司金刚石砂带、聚酯薄膜圆片和软磨轮的产品以及被加工的汽车抛光轴、凸轮轴和光导纤头等产品。

图9-1 金刚石聚酯薄膜圆片、砂带

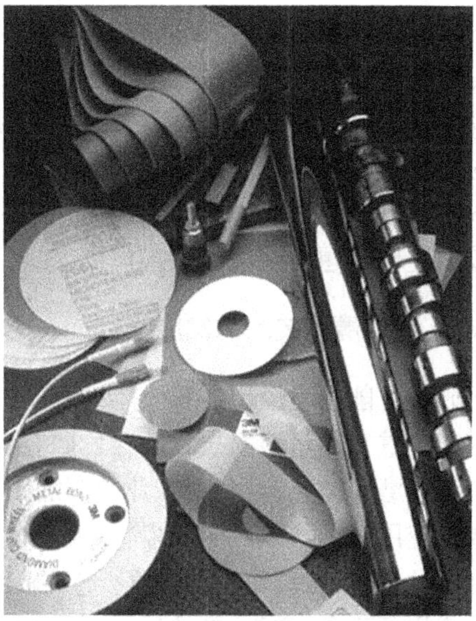

图9-2 超硬材料涂附磨具和被加工零件

无纺布是将天然纤维、合成纤维分别或混合制成一种纤维网,再通过加热、加压或黏合的方法形成的宽幅大卷。它必须粘在布基或纸基上才能制成砂带或无纺布轮。它表面弹性及抛光性能好,常用于金属表面研磨与抛光。

### 9.1.2　磨料

磨料是涂附磨具上起磨削、研磨和抛光作用的一种粒状物质。磨料总的来说分为天然磨料和人造磨料。天然磨料有火石、石榴石、天然刚玉等。人造磨料分锆刚玉、棕刚玉等刚玉类磨料，黑、绿碳化硅等碳化硅类磨料及金刚石、立方氮化硼等超硬材料磨料等。由于涂附磨具加工对象不断扩展，现已涉及钢件、铸铁件、铝、铜件、不锈钢、合金钢、高、中密度纤维板、胶合板、刨花板、玻璃、皮革等，所以传统的磨料已不能满足要求，需改进磨粒性能以适应各类材料加工需要。目前值得注意的是已发展起来的锆刚玉和陶瓷型磨料两种。近年来，由于我国超硬材料产量的大幅度提升和成本的下降，为在涂附磨具上的应用提供了极为有利的条件，金刚石砂带的高寿命是碳化硅砂带的 5000 倍以上，尤其适合加工硬脆的难加工材料或者用于特殊用途的高精度、超高精度产品的加工，诸如硬质合金零件的抛磨加工，宝石、陶瓷的软磨轮异型抛光和牙科用的金刚石砂带等等。立方氮化硼砂带更适合于砂带磨削机床对钢件的加工，从一般的砂带平面磨床、内外圆磨床到数控多工位自动砂带磨床在机械工业、汽车制造业的应用与日俱增，与之相应的立方氮化硼砂带的研究和技术水平的提高必然要受到业内行家的青睐和重视。美国 3M 公司已经有许多成熟的产品，却未见引进到我国生产。总之，我国虽已成为世界超硬材料磨具磨料的最大出口国，却仍没有本国生产的超硬材料涂附磨具产品。

### 9.1.3　黏结剂

将超硬材料磨粒黏附在基材上的黏结剂是涂附磨具的重要组成部分。它经历了一个从动物胶到合成树脂，从单层上胶到两次涂胶的发展过程，目前有水溶性酚醛树脂改性和脲醛树脂改性两大类。在涂附磨具上大多采用多种树脂黏结剂混合使用，并且加入足量的填料以增强黏结剂本身的韧性及改善黏结剂性能和改进磨削性能。作为黏结剂的附属，超涂层的应用又是涂附磨具产品中的一大创新。在超涂层中黏结剂含量很少，主要成分是含硫或一些卤素元素组成的化学添加物。超涂层能很有效地改善加工性能，对研磨磨削中的堵塞和表面烧伤问题均有很大改善作用，在磨不锈钢、钛合金钢时具有特殊的优越性。

### 9.1.4　砂带磨削技术的发展

砂带磨削技术经历了几十年的发展，已经进入向现代化发展的新阶段。欧美工业发达国家十分重视砂带磨削技术的开发研究和应用，其应用领域日趋扩大，从一般家庭生活和各种手工的磨削抛光，到各个工业生产加工领域无所不用。尤其值得注意的是超硬材料砂带的成功应用，在磨削难加工材料如硬质合金、宝石、陶瓷、钛合金等方面，超硬材料砂带显示出独特的优势，从用作一般精度要求的工件磨削发展到高精密、超高精密零件的磨削，如成功地应用于磁盘、磁头、录像机、复印机和光导纤头等精密零件的磨削抛光。就砂带磨床的种类而言，由起初的手动砂带磨床，发展到电动砂带磨床，进一步研制出自适应控制的自动砂带磨床，在生产效率和自动化程度提高的同时，使加工精度实现可控化。相应的，砂带制造水平也大大提高。由于超硬材料砂带的应用，使砂带工作寿命大幅度提高，使得砂带磨削加工领域扩大，可用于湿磨、干磨、高速磨、大吃刀深度的重磨削以及高精度精密零件磨削抛光，享有“万能磨削”的美誉。总之，国外先进国家的砂带磨削技术发展迅速，应用日益广泛,从中获得了非常高的效益。超硬材料砂带不仅是高科技的涂附磨具产品,也是高附加值高效益的产品,它的质量和水平往往标志一个国家涂附磨具生产加工水平。同时,国外学者仍然加强对砂带磨削机理的研究,不断探索高效、高寿命的磨削技术,使之与特种加工方法和现代化技术紧密结合,如自适应控制、CNC 自动控制和 PLC 的人机对话等等。另外,还研究超声砂带磨削技术、电解砂带磨削技术和电镀砂带磨削技术的应用。金刚石或立方氮化硼(CBN)电镀砂带已经作为成熟的产品应用到各有关领域。

图 9-3 所示为美国 3M 公司超硬材料涂附磨具的各类产品:砂带、研磨盘、手用研磨条、抛光块和聚酯薄膜圆片等;图 9-4 所示是在装有金刚石研磨盘上加工宝石。

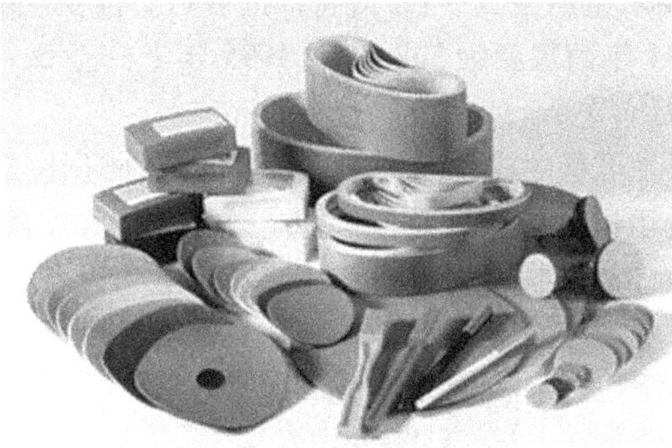

图 9-3　美国 3M 公司超硬材料涂附磨具的各类产品

图 9-4　在装有金刚石研磨盘上加工宝石

## 9.2　我国涂附磨具发展现状

我国生产和使用涂附磨具历史悠久,20 世纪 40 年代就有了张页式砂布、耐水砂纸生产作坊,但砂带及其他涂附磨具的发展缓慢。我国真正运用砂带磨削始于 20 世纪 50 年代末,由航空工业部从苏联引进仿形窄砂带磨床加工发动机叶片。我国试验生产了用圆筒布为基体的无接头砂带,但由于设备、工艺技术水平等的限制,只能生产宽度在 600 mm 以下,长度在 3000 mm 以内的小型布基无接头砂带,长期以来,一直局限在少数航空和军工部门使用。直至 20 世纪 80 年代,第二砂轮厂(现白鸽集团股份有限公司)和上海砂轮厂、济南砂布厂、北京东升砂布厂等国营大中型企业相继引进了德国、瑞士等国家的砂带制造成套设备和专业技术,使我国涂附磨具生产的品种和质量都提高到一个新的水平。目前,白鸽集团已成为国内最大的砂带生产单位,它引进的德国全套高档涂附磨具生产线包括棉布处理线、涂附磨具制造线和砂带转换线,使用了多种棉布基材、各种纸基材全树脂 R/G 的多种黏结剂,并采用静电植砂工艺、多方向柔曲工艺、超涂层工艺、砂带搭接和对接工艺等。从基体的处理到砂带和涂附磨具的转换等都应用了当今世界上先进的设备和技术,基本上达到了国际上 20 世纪 80 年代的水平。

我国涂附磨具行业正面向新项目进行投资。2005 年,创元科技对苏州远东砂轮有限公司增资1.3亿元用于实施涂附磨料技改项目。该项目将采用国际先进的涂附磨具制造线及工艺技术生产涂附磨具中高端产品，项目建成投产后，可年产各种涂附磨具产品1000万$m^2$，其中布基类产品500万$m^2$，纸基类产品500万$m^2$。创元科技表示，实施该涂附磨料技改项目须引进熟悉涂附磨具产品的技术开发、生产组织及引进设备等方面的专业人才，还需要利用远东砂轮现有固结磨具产品市场网络、品牌等有效资源，积极开拓市场，同时将面对国外涂附磨具知名企业的激烈竞争。该项目生产的各种涂附磨具产品主要应用于漆面加工、不锈钢及钢坯表面加工、木质密度板表面加工等行业，可填补国内高档涂附磨具的空白，部分替代进口，缓解国内对高档涂附磨具需求的紧张局面。

我国目前涂附磨具生产有了长足的进步，产品从以前单一的张页式扩大到砂带、砂卷、砂盘、叶轮、叶片式砂盘、砂圈等。可以生产的砂带有：基体有布基、纸基、复合基以及钢纸等，黏结剂有动物胶、半树脂、全树脂和耐水产品，砂带规格宽度从10 mm到1600 mm，长度从400 mm到12500 mm，目前可根据用户特殊要求生产更宽、更长或特殊的砂带。据49个全国重点涂附磨具厂销售统计，涂附磨具在1994年销售额为5.8亿元，1995年上升至6.9亿元，其中仅砂带产值就达2亿元，大约400多万$m^2$。

尽管在涂附磨具的生产研究上，我国已取得了可喜的成就，但我国涂附磨具品种还比较少，未形成系列，加工水平不高，产品质量仍然逊于国外同类产品，新型、高效、专用、重负荷强力和精密磨削用涂附磨具很大部分依赖进口。因此，我国涂附磨具还应在质量的提高和品种的开发上下功夫，填补强力高效及精密加工所需的涂附磨具空缺。此外，我国砂带产量仅占整个磨具总产量的4%，而发达国家这个比例往往是40%～50%。因此，砂带的生产水平、产值、产量还有待提高。图9－5所示为美国3M公司CBN砂带产品。

图9－5　美国3M公司CBN砂带产品

近年来，超涂层砂纸、砂布市场用量剧增，而我国除白鸽集团外，其他中小企业生产这类产品的质量尚不过关，所以国外产品已进入我国市场，且销售状况不错。超涂层产品的生产对我国来说主要是技术问题，如果采用专用设备，加大投资，合理调整原料配方，我国产品仍会有一定的竞争力。

强力磨砂布卷/带、聚酯薄膜细粒度砂卷、重磅砂纸带、卷等产品仍以进口为主，我国这类产品要摆脱目前不利的局面，需要集中人力、物力和财力，特别要有足够的资金和一批较高水平的技术人才和管理人才，这是目前能否生产这类产品的关键所在。从国内市场来看，推广新技术是提升竞争力的唯一可行的方法。

2005年，砂布卷、砂带等产品，特别是白鸽集团的GxK－51、GxC－51及其他工厂的同类产品是国外产品进入中国市场瞄准的竞争目标，其市场竞争十分激烈，而产品在磨料选用、布处理工艺、黏结剂性能和转换技术等方面，由于生产技术与管理水平比较落后和原材料质量的波动性，造成我国这类产品的质量波动较大，综合性能较低，这是我国这类产品竞争力低下的致命弱点。

可喜的是目前多数企业已经意识到这一点，因此，近几年国内企业纷纷引进国际先进设备及技术，向高档产品方向发展，让涂附磨具只依靠进口的时代成为过去。一些企业的产品开始走出国门，远销世界各地。图9－6所示为金刚石柔性磨轮，图9－7所示为美国Pacific公司柔性磨削设备。

图9－6　金刚石柔性磨轮

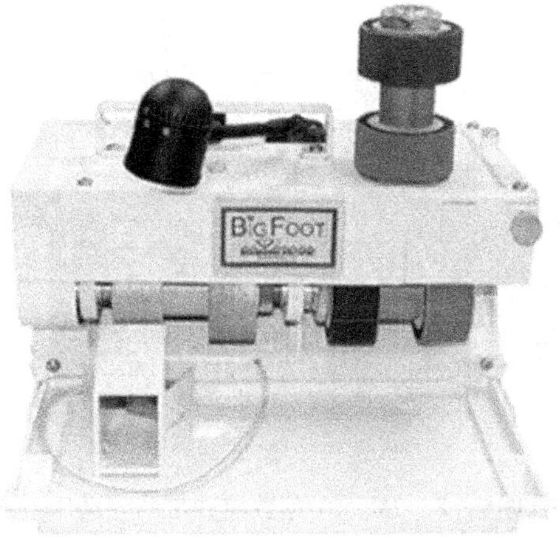


图9－7　美国 Pacific 公司柔性磨削设备

我国涂附磨具行业结构已发生重大变化，非国有企业已占主导地位，其产值、市场占有率、产量等远远超过一些国有企业和国有控股企业。集体经济的企业和私营企业的产品已经从原始资本积累阶段的初级产品逐步提高到高一级的水平，加上外资企业和中外合资企业已逐渐与国有企业和国有控股企业相抗衡，引进国外新的设备和技术已在集体经济企业和私营企业展开并初见成果。

业内有些专家认为，中国涂附磨具行业的发展比世界工业发达国家相对滞后约25年，目前仍处于成长发展期，除张页式干磨砂布和耐水处理牛皮纸的耐水砂纸以及一般砂布卷等一些产品已进入成熟稳定期之外，大部分产品尚待进一步发展以满足社会需要，特别是国内的家具行业、汽车工业对涂附磨具需求的提高，将进一步刺激涂附磨具市场的扩展。

值得提出的是，近年来，我国的汽车工业和机械制造业蓬勃发展，按理需要使用大量的超硬材料涂附磨具，例如，汽车制造过程中的车身加工和曲轴、凸轮轴、万向轴的抛光都需要用超硬材料磨具，如金刚石砂纸和聚酯薄膜圆片等。但是，国内所有汽车合资企业，如：德国大众、法国雪铁龙、美国通用、别克、日本的丰田、本田等均采用进口涂附磨具，主要进口美国3M公司的涂附磨具产品。国内汽车市场的激烈竞争，产品利润的急剧降低，一定会为国产超硬材料涂附磨具的应用和市场销售创造勃勃生机。另外，在砂带磨床的研制方面，近来也有长足的进步，重庆三磨海达砂带磨床公司、重庆博益砂带磨床公司、杭州机床集团、无锡盛昌砂带磨床厂等十多家已形成一定规模和具有一定加工能力的砂带磨床专业生产厂以及重庆大学等一些设有材料表面精密加工及成套设备工程技术研究中心的高等院校，他们为国内有关机械厂提供了几十种型号的砂带磨床，涌现出了像2M5501型数控砂带凸轮磨床和SDM－1型数控叶片、叶顶砂带磨床等一些用于精密加工的高性能砂带磨床。笔者坚信，以其高性能、高寿命为卓越优势的金刚石砂带和立方氮化硼砂带将成为今后砂带磨床的重要工具。图 9－8 为 2M5501 型数控砂带凸轮磨床，图 9－9 所示为 2007 年杭州机床集团新试制的数控叶片叶顶砂带磨床。

图 9－8　2M5501 型数控砂带凸轮磨床

图 9－9　SDM－1 型数控叶片、叶顶砂带磨床

综上所述，正是由于我国涂附磨具还处于成长发展期，对超硬材料涂附磨具的研究开发仍处在初级阶段。桂林矿产地质研究院于 2004 年立项开展金刚石涂附磨具的研究工作，具体产品是金刚石柔性磨轮（Novawheel）。该磨轮是一个塑料轮，外黏附一层塑料泡沫，再包裹一层金刚石砂带，用于研磨宝石和陶瓷工艺品。经过几年努力，已小批量投放美国市场。目前有两种规格，十几个品种，由于性能基本稳定，性价比高，得到用户认可，每年已经有批量订单。该院还在金刚石电镀砂带方面开展研制工作，并取得一定成果，产品即将投放国内外市场。图 9－10 所示为桂林矿产地质研究院研制的金刚石软磨轮（Novawheel）和 120 型金刚石电镀砂带。该院的超硬材料涂附磨具研制工作刚刚起步，技术上还存在许多难点有待攻关，需加大投入力度，扩大研究成果，与国内同行一起，努力追赶，将我国的超硬材料涂附磨具技术提高到一个新的水平。近来获悉，郑州众邦超硬材料工具公司、厦门致力金刚石工具公司等几家公司有电镀金刚石砂带、树脂金刚石砂带和磨块产品，但规格品种不多，如图 9－11 和图 9－12 所示。

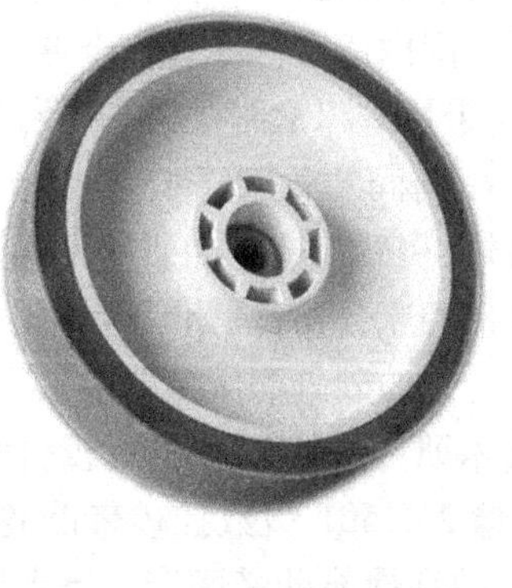

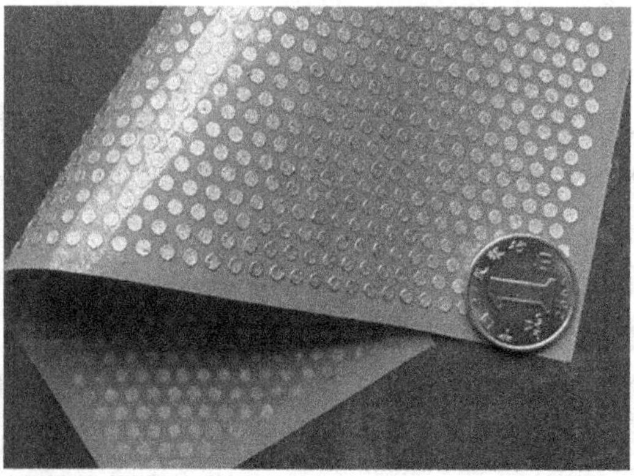

图 9－10　桂林矿产地质研究院研制的金刚石软磨轮和 120 型金刚石电镀砂带

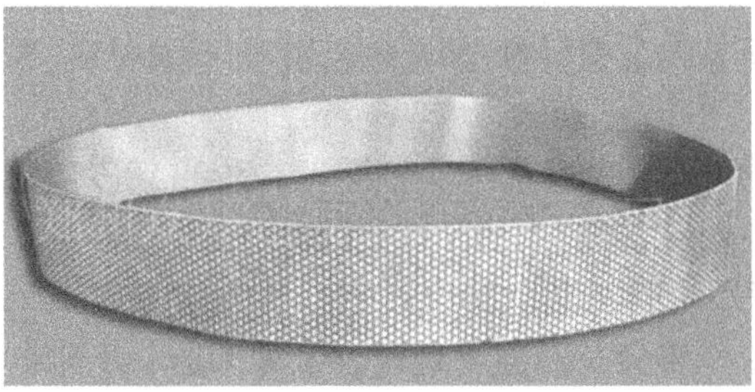

图9-11　郑州众邦超硬工具公司电镀金刚石砂带

图9-12　厦门致力公司树脂金刚石砂带

## 9.3　砂带磨削机理与特点

### 9.3.1　砂带磨削机理

砂带磨削是根据零件形状，以相应的接触方式，利用高速运动的砂带并在一定压力下对零件表面进行磨削、研磨和抛光的一种新型高效的加工手段。砂带是磨削的主体，由基材、黏结剂和磨粒组成。砂带在磨削过程中，磨粒与零件表面产生不同程度的干涉，可以分为滑擦、耕犁和切削三个阶段：(1)滑擦：开始接触零件，干涉很少，零件表面产生弹性和塑性变形，磨粒只有摩擦，不切除材料；(2)耕犁：随着磨削量的增加，干涉增大，材料表面产生塑性流动和产生挤压式运动，磨粒在零件表面犁出刻线，切除少量的材料；(3)切削：在一定压力下，当有足够的干涉并伴随一定的切削温度时，开始真正的切削，材料在磨粒的前方产生断裂而形成切屑，有较大的材料切除率。在磨削过程中，不同磨粒的作用不同，一部分磨粒起滑擦作用，一部分进行耕犁，还有的进行切削。即使同一颗磨粒的不同部位以及同一部位在不同加工时间所起的作用也不尽相同。对于磨削的机理、切屑的形成、磨削力、磨削温度、磨削热等问题的解释涉及到物理学、数学、弹塑性力学、断裂力学、摩擦学、计算机科学等基础科学，可见砂带磨削机理较为复杂。超硬材料涂附磨具的磨削机理与此类似，更为深入的探讨，还有待学者的进一步研究。

### 9.3.2　砂带磨削的特点

砂带磨削的特点包括以下几个方面：

(1) 由于砂带有较长的周长，散热快，使磨粒得到很好的冷却，不容易产生工件表面烧伤现象，工件表面通常无微裂纹出现或金相组织的改变。这使砂带磨削朝着强力高效、长寿命方向发展具备了更优越的客观条件。

(2) 由于砂带自身有很好的挠性和柔性，与工件是柔性接触，具有很好的磨合和抛光作用。能适应零件的各个形状，如宝石、陶瓷和玉器等硬质材料工艺品的研磨和抛光。

(3) 砂带磨削生产效率高，在材料去除率方面，砂带磨床远远超过了砂轮磨床，约为普通砂轮磨削的5~20倍，铣削的10倍；功率利用率达96%，国外生产的强力砂带磨床，金属切除率已达737.5$cm^3/min$。

(4) 磨削质量好,经砂带磨削后的零件表面尺寸精度、形状精度和表面粗糙度与同类砂轮磨削相当,尺寸精度可达 0.1 μm,*Ra* 值可达 0.01 μm,即达到镜面效果。磨削后的工件表面残余应力及冷硬程度仅为砂轮磨削的 1/10。

(5) 适用范围广,砂带磨削几乎可以加工所有的工程材料,如有色金属、非金属材料、难加工材料等,均有良好的磨削加工性能。

(6) 生产成本低、经济效益好,砂带磨床结构简单,制造成本比砂轮磨床的低;新砂带调整容易,可以一次定位,多次更换砂带;有实验证明,砂带磨削的磨削比(切除工件材料重量与磨粒消耗重量之比)可达到 300:1 ~ 400:1,而砂轮磨削仅为 30:1。

(7) 超硬材料涂附磨具最大优点是耐磨,工作寿命长。随着现代砂带磨床进一步向自动化、数控化和智能化发展,更需要配之以超硬材料砂带的研究和发展。就像当前大量推广使用的数控机床和加工中心一样,配用的是大量的 CBN 和 PCBN 刀具。由于超硬材料砂带比目前大量使用的耐水砂纸和砂布有着超乎寻常的长寿命,其在木材加工和家具业中的潜在市场前景不可估量。我国是世界最大的家具和木地板出口贸易国,生产家具和地板时,从底木砂光、腻子打磨、底漆和面漆的多次砂磨和抛光,都需要消耗大量的砂纸和砂布。目前市场上供不应求,何不投入金刚石砂纸、砂带的研究,取代传统砂纸和砂布,其效益将是可观的。

## 9.4　超硬材料涂附磨具类型和规格

超硬材料涂附磨具是近代发展起来的新兴产品,用途极其广泛,尚未有一个系统完整的产品分类。按磨粒材料不同分为金刚石涂附磨具和立方氮化硼(CBN)涂附磨具两大类。金刚石涂附磨具用于加工非铁金属材料、玻璃、陶瓷、宝玉石等硬质材料;立方氮化硼涂附磨具主要用于加工钢件,制造各种砂带磨床用立方氮化硼砂带。按加工方法可分为电镀超硬材料涂附磨具和粘胶超硬材料涂附磨具。图 9-15 所示为国外电镀超硬材料砂带产品,基材可以是金属或布,磨粒细的有 1000 号、2000 号、3000 号、4000 号、5000 号。

按用途和结构可分为:砂带、砂卷、研磨盘、聚酯薄膜圆片、手用锉刀、抛光块等等。图 9-13 ~ 图 9-18 为各种不同用途的国外超硬材料涂附磨具。

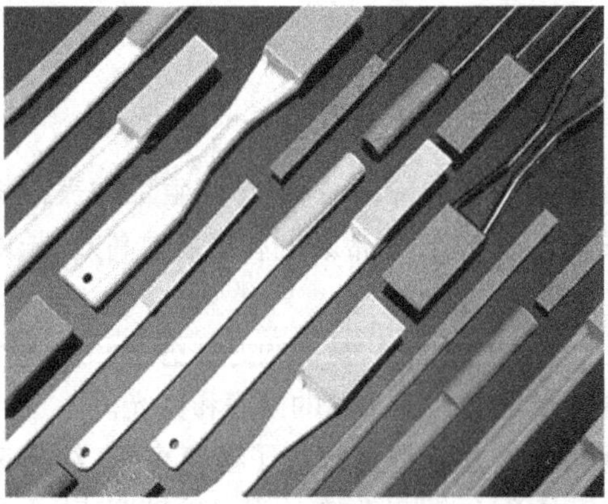

图 9-13　超硬材料锉刀

图 9-14　3M 公司超硬材料研磨抛光块

图9-15 3M公司超硬材料研磨盘

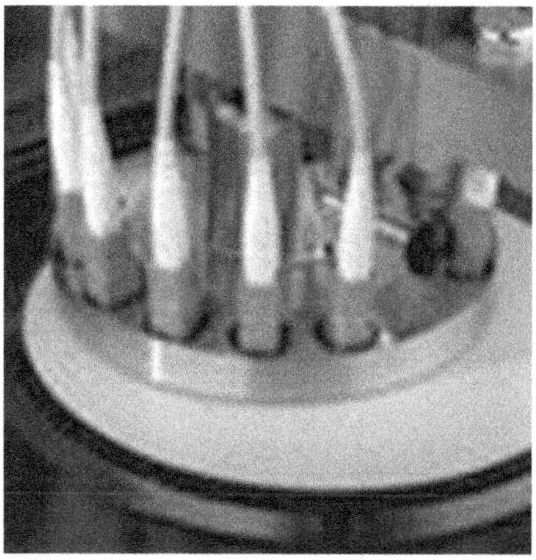

图9-16 光导纤维接头正在金刚石聚酯薄膜圆片上抛光

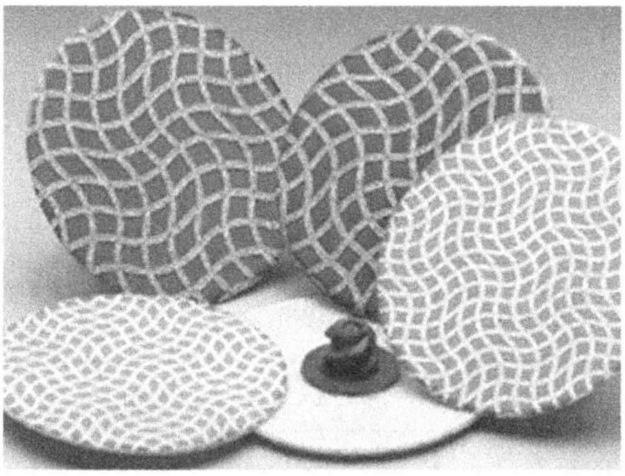

图9-17 Norton公司超硬材料研磨盘

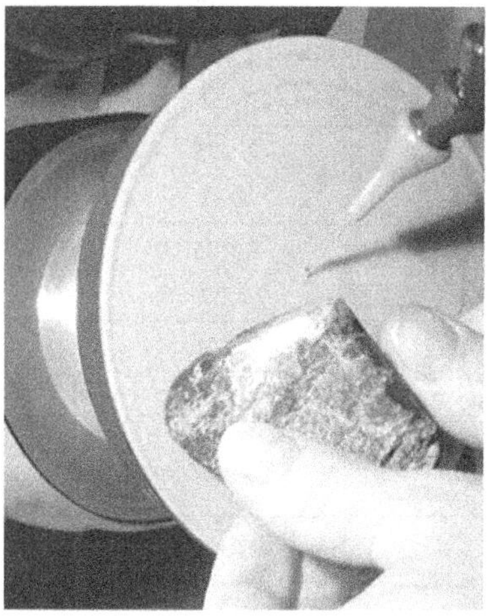

图9-18 在金刚石研磨盘上磨宝石

### 9.4.1 美国3M公司金刚石砂带产品规格

系列型号：6450J,6451J,6455J,6456J,6457J。

金刚石粒度等级如表9-1所示。

**表9-1 金刚石粒度等级**

| 粒度级 | 筛目范围 | 砂带颜色 | 粒度级 | 筛目范围 | 砂带颜色 |
|---|---|---|---|---|---|
| M250 | 60~80 | 绿 色 | M40 | 30~40 | 黄 色 |
| M125 | 120~140 | 黑 色 | M20 | 20~30 | 白 色 |
| M74 | 200~230 | 红 色 | M10 | 8~12 | 蓝 色 |

制造方法：采用电镀镍，把金刚石镀到基材上。

砂带规格：砂带宽度$\left(\frac{1}{2}\sim15\right)$in，长度(9～200) in

适用范围：陶瓷、玻璃、岩石、硬质合金和其他硬质材料。

### 9.4.2　美国3M公司用于配柔性磨轮金刚石砂带产品规格

美国3M公司用于配柔性磨轮金刚石砂带产品规格如表9－2所示。

**表9－2　产品规格**

| 磨轮规格/in×in | 砂带规格/in×in | 网　目 | 粒径/μm | 基体 |
|---|---|---|---|---|
| $6\times\frac{3}{2}$ | 11/2×18<br>15/16 | 60,120,200,400,800,1800 | 250,125,74,40,20,10 | 金属 |
| $6\times\frac{3}{2}$ | 11/2×18<br>15/16 | 500,1800 | 30,10 | 树脂 |
| $6\times\frac{5}{2}$ | 21/2×18<br>15/16 | 60,120,200,400,800,1800 | 250,125,74,40,20,10 | 金属 |
| $6\times\frac{5}{2}$ | 21/2×18<br>15/16 | 500,1800 | 30,10 | 树脂 |
| 8×2 | 2×25<br>7/32 | 60,120,200,400,800,1800 | 250,125,74,40,20,10 | 金属 |
| 8×2 | 2×25<br>7/32 | 500,1800 | 30,10 | 树脂 |
| 8×3 | 3×25<br>7/32 | 60,120,200,400,800,1800 | 250,125,74,40,20,10 | 金属 |
| 8×3 | 3×25<br>7/32 | 500,1800 | 30,10 | 树脂 |
| **磨轮直径/in** | **磨轮宽度/in** | **网　目** | **砂带规格/in** | **推荐转速/$r\cdot min^{-1}$** |
| 4 | $\frac{3}{2}$ | 60,80,100,180,220,360,<br>600,1200 | $\frac{3}{2}\times13$ | 2500 |
| 6 | | | $\frac{3}{2}\times18$ | 1725 |
| 8 | | | $\frac{3}{2}\times25$ | 1400 |

### 9.4.3　美国太平洋公司柔性磨轮(NOVAWHEEL)产品规格

美国太平洋公司柔性磨轮产品规格如表9－3所示。

**表9－3　美国NORTON公司金刚石柔性研磨盘产品规格**

| 规格/in | 网　目 | 颜　色 | 产 品 号 |
|---|---|---|---|
| 2 | 60 | 绿　色 | FDD2P60 |
| | 120 | 黑　色 | FDD2P120 |
| | 200 | 红　色 | FDD2P200 |
| | 400 | 黄　色 | FDD2P400 |
| | 800 | 白　色 | FDD2P800 |

续表 9-3

| 规格/in | 网 目 | 颜 色 | 产品号 |
|---|---|---|---|
| 3 | 60 | 绿 色 | FDD3P60 |
| | 120 | 黑 色 | FDD3P120 |
| | 200 | 红 色 | FDD3P200 |
| | 400 | 黄 色 | FDD3P400 |
| | 800 | 白 色 | FDD3P800 |
| 5 | 60 | 绿 色 | FDD5P60 |
| | 120 | 黑 色 | FDD5P120 |
| | 200 | 红 色 | FDD5P200 |
| | 400 | 黄 色 | FDD5P400 |
| | 800 | 白 色 | FDD5P800 |
| 6 | 60 | 绿 色 | FDD6P60 |
| | 120 | 黑 色 | FDD6P120 |
| | 200 | 红 色 | FDD6P200 |
| | 400 | 黄 色 | FDD6P400 |
| | 800 | 白 色 | FDD6P800 |
| 8 | 60 | 绿 色 | FDD8P60 |
| | 120 | 黑 色 | FDD8P120 |
| | 200 | 红 色 | FDD6P200 |
| | 400 | 黄 色 | FDD8P400 |
| | 800 | 白 色 | FDD8P800 |
| | 1800 | 蓝 色 | FDD8P1800 |
| 12 | 60 | 绿 色 | FDD12P60 |
| | 120 | 黑 色 | FDD12P120 |
| | 200 | 红 色 | FDD12P200 |
| | 400 | 黄 色 | FDD12P400 |
| | 800 | 白 色 | FDD12P800 |
| | 1800 | 蓝 色 | FDD12P1800 |

## 9.5　超硬材料涂附磨具生产工艺流程

### 9.5.1　电镀超硬材料涂附磨具生产工艺流程图（如图 9－19 所示）

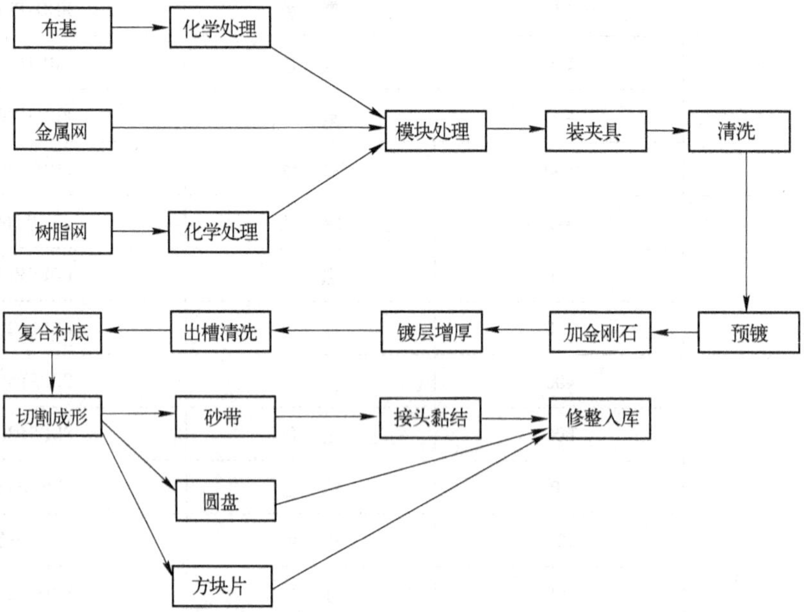


图 9－19　电镀超硬材料涂附磨具生产工艺流程图

### 9.5.2　超硬材料黏结砂带生产工艺流程图（如图 9－20 所示）

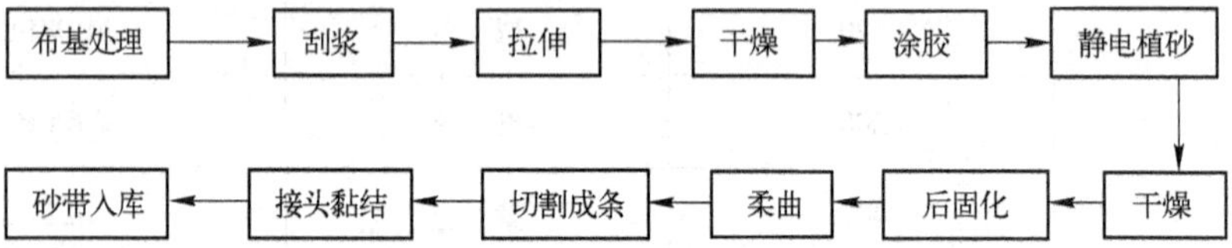


图 9－20　超硬材料黏结砂带生产工艺流程图

### 9.5.3　金刚石柔性磨轮生产工艺流程图（如图 9－21 所示）

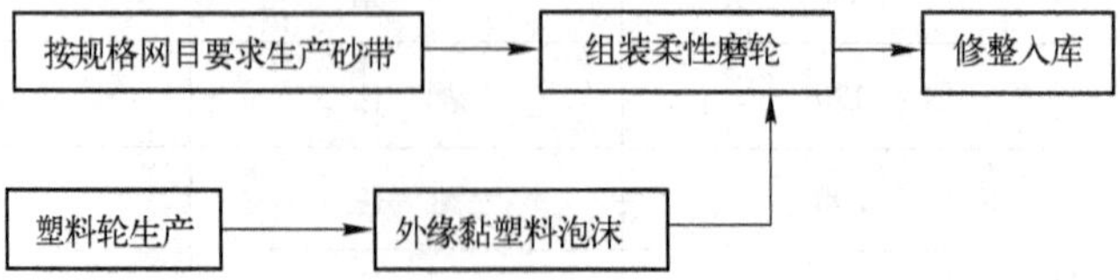


图 9－21　金刚石柔性磨轮生产工艺流程图

## 9.6　超硬材料涂附磨具生产设备

一般中小型砂带生产线同样适合于生产超硬材料砂带，同样可以进行超硬材料砂带的规模化生产。图9-22所示为国外某企业窄砂带生产线车间一角。图9-23所示为研磨盘生产车间。国内生产涂附磨具制造设备的厂家不多,设备性能也不够先进。桂林矿产地质研究院在研制过程中,参考旧的涂附磨具制造设备,自行研制上胶机、柔曲机等设备,以适应金刚石砂带生产的需要。如,上胶机、柔曲机、静电植砂机和分切机等均针对制造6in和8in柔性磨轮所用金刚石砂带规格进行研制改装。图9-24所示为该院自行研制的400型金刚石砂带柔曲机。

图9-22 国外某企业窄砂带生产线车间一角

图9-23 研磨盘生产车间

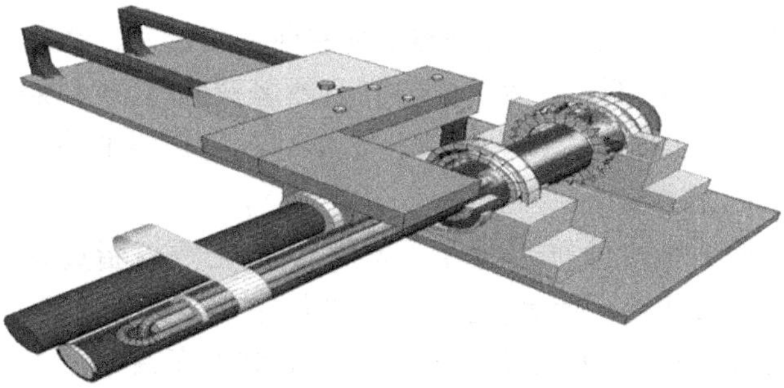

图9-24 400型金刚石砂带柔曲机三维装配视图

## 9.7　当前超硬材料涂附磨具的研制重点

### 9.7.1　高性能布基的研制

基体是涂附磨具磨料和黏结剂的承载体，是提供磨削或抛光加工的基础材料。目前国内生产的涂附磨具多以纯棉布为基材，采用品种单一的合成树脂黏结剂，显然落后于世界涂附磨具的发展趋势。随着涂附磨具朝高效、高速、重负载及专用精密方向发展，布基也经历了一个从普通棉布基到合成纤维的研制和使用过程，并逐步以人造纤维代替了传统的棉布。现在布基材的种类有棉、麻、人造纤维、合成纤维和聚酯纤维等。近十年来，在大面积强力磨削方面大力发展了人造棉和聚酯纤维布，特别是后者，它具有更好的抗拉强度和较低的伸长率（小于1.5%），耐热性、耐水性好，表面平整，经处理后经向断裂强度高（经向断裂强度大于3500 N/5 cm，最高经向断裂强度达5000 N/5 cm，纬向断裂强度大于600 N/5 cm），因此使用它作为砂带和其他涂附磨具基材是目前的一个趋势。聚酯布目前有100%短纤维聚酯布、65%短纤维聚酯纤维和35%棉混合三种。在精密磨削领域，轻型柔软基材和聚酯透明薄膜基材引人注目，特别是聚酯薄膜基材制成的砂带和其他涂附磨具，可用于加工精度要求高的曲轴抛光、磁头精加工及光纤头的表面抛光，这类产品以上述的美国3M公司的SMSD系列产品为代表。无纺布是将天然纤维、合成纤维分别或混合制成一种纤维网，再通过加热、加压或黏合的方法形成的宽幅大卷。它必须粘在布基或纸基上才能制成砂带或无纺布轮。无纺布表面弹性及抛光性能好，常用于金属表面研磨与抛光。我们在研制柔性磨盘的金刚石砂带中，选用的是纯棉布，感觉柔软性和强度都不够，但又难以找到性能好，又薄的聚酯薄膜材料。因此，有关部门应尽早投入研制，希望有适应各种类型的布基用于超硬材料涂附磨具的生产。

### 9.7.2　适合超硬材料涂附磨具用黏结剂的研制

黏结剂是起黏结磨料和基材的作用，使磨具具有一定的形状和强度。涂附磨具中的黏结剂一般由基材处理剂、底胶、复胶等构成。基材处理剂的作用主要是为了改善基材的物理力学性能，保证良好的涂胶植砂质量，赋予产品良好的使用性能。根据产品不同的使用要求，基材处理分非耐水处理和耐水处理，基材处理剂应与之相适应。底胶是将磨料黏结在基材上的涂层，起黏结和固定磨料的作用。复胶是在已固定的磨粒上再涂一层黏结剂，把磨料包围，从而进一步加强磨粒与基材的黏结强度，保证磨粒在磨削过程中能经受磨削力的挤压和冲击而不易脱落。

影响涂附磨具黏结强度的主要因素是黏结剂的种类和数量。涂附磨具所使用的黏结剂主要有动物胶和合成树脂等，例如皮胶、脲醛树脂、酚醛树脂、环氧树脂、醇酸树脂等。酚醛树脂黏结强度高，耐水、抗酸、耐候性好，尤其是水溶性酚醛树脂的使用，使之成为涂附磨具工业的最主要的黏结剂之一。

目前国内外对酚醛树脂改性研究进行了大量工作，酚醛树脂具有黏结强度高、耐热性好、价格低、原料来源广等优点。但是，它本身脆性大，在特殊情况下应用仍然显出黏结强度不够大，耐热性不够高的特性。为此，研究出各种高黏结强度、耐热性好、有一定韧性、耐磨、耐候性好的改性酚醛树脂，例如纳米材料改性、增韧改性、橡胶改性和耐热改性等等。纳米 $SiO_2$/酚醛树脂黏结剂在涂附磨具应用领域具有重要的意义。纳米 $SiO_2$ 与酚醛树脂基复合材料可成为生产涂附磨具的第二大主要材料——黏结剂,它的品质和特性直接影响到涂附磨具的磨削性能。发达国家制造涂附磨具所使用的黏结剂,专用性日趋细化,产品不同,使用的黏结剂也不相同。例如生产重负荷强力砂带使用的黏结剂就是专用配制的,它具有很高的黏度,耐冲击性强,耐热性好,稳定性好等。发达国家生产涂附磨具用的黏结剂,除其不同特性外,还有其共性,即混溶性要好。我国目前生产的涂附磨具所使用的黏结剂品种单一,适应性比较差,使用起来很不方便。例如酚醛树脂和丁苯、丁腈橡胶乳液的混溶性都比较差,给涂附磨具制造厂家的浆料配制带来很大的麻烦,直接影响到配方调整。所以必须研究各种添加剂才能改善酚醛树脂黏结剂的性能。我们在研制过程中,使用分散剂和柔软剂以提高金刚石磨粒分布的均匀性和砂带的柔软性。静电植砂只能用于200目以粗的金刚石磨粒,而恰恰抛光用的超硬材料砂带都是用较细网目的磨粒。像500目以细的超硬材料磨粒,目前只能手工操作,直接掺和到黏结剂中。所以,磨粒的均匀分布仍是个问题,需进一步攻关解决。国外用“点胶机”很好地解决了磨粒的均匀分布问题,并且节省贵重的金刚石原料。图9－25所示为美国3M公司超硬材料涂附磨具产品,上图为在金属基材上电镀的金刚石涂附磨具;下图为点胶机进行的树脂胶粘金刚石抛光用涂附磨具。

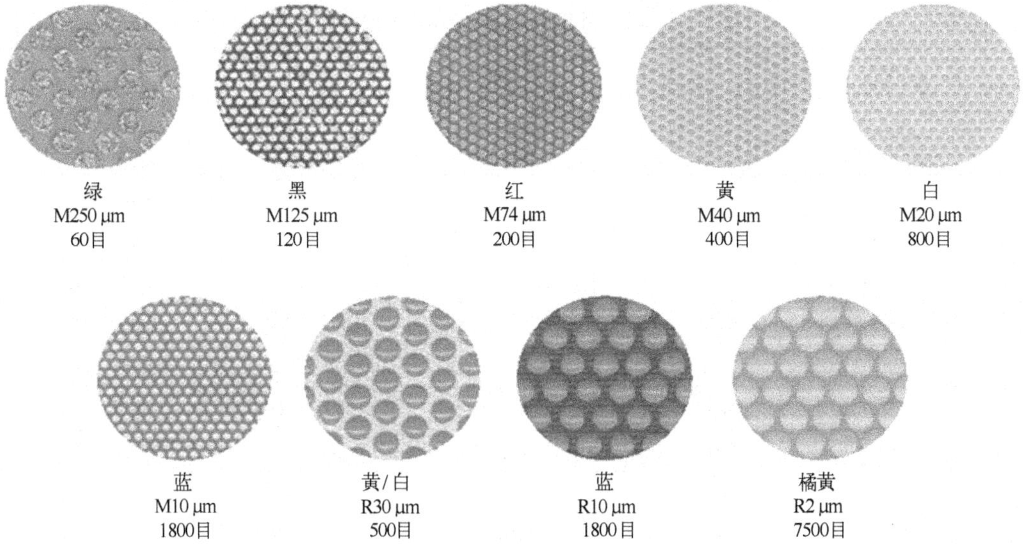


图9－25　美国3M公司超硬材料涂附磨具产品

M—Metal Plated; R—Resin Bond

### 9.7.3　涂附磨具用超硬材料和超硬涂附磨具国家标准的建立

涂附磨具用磨料与固结磨具磨料粒度系列不一样。涂附磨具磨料采用P系列标准,设P8～P220共20个粒度号和P240～P2500共10个微粉粒度号。其磨粒比固结磨粒F系列略粗,基本粒偏高,而且规定了控制的波动范围以利静电植砂。EFPA标准P系列微粉比F系列微粉偏粗。而超硬材料涂附磨具由于磨削机理上的差异,有它的特殊性,应该建立专门的国家标准。现行的人造金刚石和立方氮化硼国家标准有:

GB/T 6405—1994　人造金刚石或立方氮化硼　品种

GB/T 6406—1996　超硬磨料　金刚石或立方氮化硼颗粒尺寸

JB/T 7989—1997　超硬磨料　人造金刚石技术条件

JB/T 7990—1998　超硬磨料　人造金刚石微粉和立方氮化硼

JB/T 10055—1999　涂附磨具　砂布砂纸磨削性能试验方法

GB/T 6409. 1—1994　超硬磨具和锯——形状总览、标记

GB/T 6409. 2—1996　超硬磨料制品　金刚石或立方氮化硼磨具　形状和尺寸

还有若干超硬固结磨具的机械工业部标准，唯独没有国家超硬涂附磨具标准。

目前国内各厂家生产超硬固结磨具使用的超硬材料，其品种和颗粒尺寸采用现行的国家标准。金属结合剂超硬磨具专用金刚石磨料为 $MBD_4$、$MBD_6$、$MBD_8$ 和 $MBD_{10}$ 品种。树脂和陶瓷结合剂超硬磨具适用 RVD 品种。而超硬材料涂附磨具选用金刚石品种属于研磨类的可选 MBD 系列金刚石，抛光类的可选 RVD 品种。颗粒尺寸方面属于精磨、研磨类的可选粒度号：50/60，60/70，80/100，100/120，120/140，140/170，170/200，200/230/270，270/325，325/400；属于抛光类的可选微粉级的超硬磨料：

W40，W28，W20，W14，W10，W7，W5，W3. 5，W2. 5，W1. 5，W1. 0，W0. 5。表 9－4 所示为国内外磨料粒度基本尺寸范围比较。表 9－5 所示为微粉粒度尺寸。

**表 9－4　国内外磨料粒度基本尺寸范围比较**　（μm）

| 粒度号 | 中国 GB 2477—83 | 日本 JISR600—87 | 美国 ANSI(76) | 欧洲磨料协会 FEPA(84) | 国际 ISO(86) |
|---|---|---|---|---|---|
| 4 | 4750～5600 | | 4750～5600 | 4750～5600 | 4750～5600 |
| 5 | 4000～4750 | | 4000～4750 | 4000～4750 | 4000～4750 |
| 6 | 3350～4000 | | 3350～4000 | 3350～4000 | 3350～4000 |
| 7 | 2800～3350 | | 2800～3350 | 2800～3350 | 2800～3350 |
| 8 | 2350～2800 | 2350～2800 | 2350～2800 | 2350～2800 | 2350～2800 |
| 10 | 2000～2360 | 2000～2360 | 2000～2360 | 2000～2360 | 2000～2360 |
| 12 | 1700～2000 | 1700～2000 | 1700～2000 | 1700～2000 | 1700～2000 |
| 14 | 1400～1700 | 1400～1700 | 1400～1700 | 1400～1700 | 1400～1700 |
| 16 | 1180～1400 | 1180～1400 | 1180～1400 | 1180～1400 | 1180～1400 |
| 20 | 1000～1180 | 1000～1180 | 1000～1180 | 1000～1180 | 1000～1180 |
| 22 | 850～1000 | — | — | 850～1000 | 850～1000 |
| 24 | 710～850 | 710～850 | 710～850 | 710～850 | 710～850 |
| 30 | 600～710 | 600～710 | 600～710 | 600～710 | 600～710 |
| 36 | 500～600 | 500～600 | 500～600 | 500～600 | 500～600 |
| 40 | 425～500 | | | 425～500 | 425～500 |
| 46 | 355～425 | 355～425 | 355～425 | 355～425 | 355～425 |
| 54 | 300～355 | 300～355 | 300～355 | 300～355 | 300～355 |
| 60 | 250～300 | 250～300 | 250～300 | 250～300 | 250～300 |
| 70 | 212～250 | 212～250 | 212～250 | 212～250 | 212～250 |
| 80 | 180～212 | 180～212 | 180～212 | 180～212 | 180～212 |
| 90 | 150～180 | 180～212 | 180～212 | 180～212 | 180～212 |

续表 9-4

| 粒度号 | 中国 GB 2477—83 | 日本 JISR600—87 | 美国 ANSI(76) | 欧洲磨料协会 FEPA(84) | 国际 ISO(86) |
|---|---|---|---|---|---|
| 100 | 125 ~ 150 | 125 ~ 150 | 125 ~ 150 | 125 ~ 150 | 125 ~ 150 |
| 120 | 106 ~ 125 | 106 ~ 125 | 106 ~ 125 | 106 ~ 125 | 106 ~ 125 |
| 150 | 75 ~ 106 | 75 ~ 106 | 75 ~ 106 | 75 ~ 106 | 75 ~ 106 |
| 180 | 63 ~ 90 | 63 ~ 90 | 63 ~ 90 | 63 ~ 90 | 63 ~ 90 |
| 220 | 53 ~ 75 | 53 ~ 75 | 53 ~ 75 | 53 ~ 75 | 53 ~ 75 |
| 240 | 53 ~ 75 | — | 53 ~ 75 | | |

**表 9-5 微粉粒度尺寸参照表**

| 中国 GB 2477—83 | | 日本 JIS—1983 | | 美国 ANSI—1976 | | 欧洲 FEPA—1984 | |
|---|---|---|---|---|---|---|---|
| 粒度代号 | 粒度尺寸 /μm | 粒度代号 | 粒度尺寸 /μm | 粒度代号 | 粒度尺寸 /μm | 粒度代号 | 粒度尺寸 /μm |
| W63 | 50 ~ 63 | 240 | 60.0 ±40.0 | 240 | 50 ~ 53.4 | F230/53 | 53 ±3.0 |
| W50 | 40 ~ 50 | 280 | 52.0 ±3.0 | 280 | 40.5 ~ 44.0 | F240/45 | 44.5 ±2.0 |
| W40 | 28 ~ 40 | 320 | 46.0 ±2.0 | 320 | 32.5 ~ 36.0 | F280/37 | 36.5 ±1.5 |
| W28 | 20 ~ 28 | 360 | 40.0 ±2.0 | 360 | 25.8 ~ 28.8 | F320/29 | 29.2 ±1.5 |
| W20 | 14 ~ 20 | 400 | 34.0 ±2.0 | 400 | 20.6 ~ 23.6 | F360/23 | 22.8 ±1.5 |
| W14 | 7 ~ 10 | 500 | 28.0 ±2.0 | 500 | 16.7 ~ 19.7 | F400/17 | 17.3 ±1.0 |
| W10 | 5 ~ 7 | 600 | 24.0 ±1.5 | 600 | 13.0 ~ 16.0 | F500/13 | 12.8 ±1.0 |
| W7 | 3.5 ~ 5 | 700 | 21.0 ±1.3 | 800 | 9.8 ~ 12.3 | F600/9 | 9.3 ±1.0 |
| W5 | | 800 | 18.0 ±1.0 | 1000 | 6.8 ~ 9.3 | F800/7 | 6.5 ±1.0 |
| W3.5 | | 1000 | 15.5 ±1.0 | 1200 | 4.5 ~ 6.5 | F1000/5 | 4.5 ±0.8 |
| W2.5 | | 1200 | 13.0 ±1.0 | | | F1200/3 | 3.0 ±0.5 |
| W1.5 | | 1500 | 10.5 ±1.0 | | | | |
| W1.0 | | 2000 | 8.5 ±0.7 | | | | |
| 0.5 | | 2500 | 7.0 ±0.7 | | | | |
| | | 3000 | 5.7 ±0.5 | | | | |

### 9.7.4 大力开展超硬材料涂附磨具制造设备和生产工艺的研究

20 世纪 80 年代以来,我国花巨资从国外引进许多条先进的涂附磨具生产线和专业生产技术,使我国的涂附磨具生产的品种和质量都提高到一个新的水平。目前又有一些大企业将增资上亿元用于实施涂附磨具的技改项目,进一步引进最新设备制造涂附磨具高端产品,扩大品种和产量,以适应国内外市场需求。

由于超硬材料涂附磨具用途广泛,产品性能和规格的多样性,所以,制造设备应有其适用范围。例如,用于宝石、陶瓷、玻璃抛光的金刚石砂带和用于砂带磨床的超硬材料砂带,其品种和规格差别很大,应该有针对性地设计和研制各种制造设备,如上胶机、柔曲机、切条机和静电植砂机等。同时可以采用现代的CNC数控系统和各种自动扫描、线上测量和自动调控的质量控制系统，以保证高档超硬材料涂附磨具的尺寸精度和质量稳定。

### 9.7.5　大力推广超硬材料涂附磨具在各个加工领域的应用

目前国内涂附磨具产品存在的最大问题是不耐用，寿命短，因此，每年要大量进口高档涂附磨具，且数量逐年增多。1998年涂附磨具进口金额为2824万美元，到2005年，进口砂布4891万美元，进口砂纸5050万美元。而同年涂附磨具的出口金额只有5256万美元，这说明国内的高档涂附磨具潜存着巨大的商机。从近期国内发表的有关文章中得知，凡提到超硬材料涂附磨具，就认为价格昂贵，使得用户不敢问津。从磨粒原料上看，当然超硬材料要比普通磨粒贵100倍以上，但是，从高性能、高寿命、高性价比考虑，使用超硬材料涂附磨具才是高效率、高效益的工具。中国具有庞大的宝石加工业、陶瓷加工业、木材加工业、汽车工业、机械加工业等等，如中国广西梧州的人造宝石加工产量占世界产量的80%，中国也是世界最大的木材和家具加工基地。这么多的加工领域，就不信没有超硬材料涂附磨具的用武之地，关键在于宣传和推广。相信经过业内有识之士的努力，5～10年之内，中国的超硬材料涂附磨具一定会有飞跃的发展，不但在国内市场占有一席之地，超过超硬材料固结磨具而得到更多的应用，还要向国外市场扩展，向国际磨具大牌公司挑战。

# 10 超硬材料固结磨具

## 10.1 概述

所谓磨具,是用以磨削、研磨和抛光的工具,素有“工业牙齿”之美称。大部分的磨具是用磨料加上结合剂制成。它除在机械制造和其他金属加工工业中被广泛采用外,还用于粮食加工、造纸工业和陶瓷、玻璃、石材、塑料、橡胶、木材等非金属材料的加工。磨具在使用过程中,当磨粒磨钝时,由于磨粒自身部分碎裂或结合剂断裂,磨粒从磨具上局部或完全脱落,而磨具工作面上的磨料不断出现新的切削刃口,或不断露出新的锋利磨粒,使磨具在一定时间内能保持磨削性能。磨具的这种自锐性,是磨具不同于一般刀具的突出特点。磨具按基本形状和结构特征区分,有砂轮、磨头、油石、砂瓦(以上统称固结磨具)和涂附磨具五类。固结磨具按所用磨料的不同,可分为普通磨料固结磨具和超硬材料固结磨具。前者用刚玉和碳化硅等普通磨料,后者用金刚石和立方氮化硼等超硬材料制成。超硬材料制造的各种磨具的相继产生,为磨削和磨床的快速发展创造了条件,这正是本章阐述的内容。

超硬材料固结磨具是由结合剂将超硬材料固结成一定形状,并具有一定强度的磨具。一般由超硬材料、结合剂和气孔构成,这三部分常称为固结磨具三要素。超硬材料在磨具中起切削作用。结合剂是把松散的磨料固结成磨具的材料,有无机的和有机的两类。无机结合剂用陶瓷,有机结合剂用树脂,如酚醛树脂等。其中最常用的是陶瓷、树脂和金属结合剂。气孔在磨削时对磨屑起容屑和排屑作用,并可容纳冷却液,有助于磨削热量的散逸。表示超硬材料固结磨具特征的项目有:形状、尺寸、磨料、粒度、硬度和结合剂等。磨具硬度是指磨粒在外力作用下,从磨具表面脱落的难易程度,它反映了结合剂把持磨粒的强度。磨具的硬度主要取决于结合剂加入量的多少和磨具的密度,磨粒容易脱落的表示磨具硬度低;反之,表示硬度高。硬度的等级一般分为超软、软、中软、中、中硬、硬和超硬七大级,从这些等级中还可再细分出若干小级。由于金刚石和立方氮化硼的价格高,具有很好的耐磨性能,用它们制造的固结磨具与普通磨料固结磨具不同,除超硬材料层外,还有过渡层和基体。超硬材料层是起切削作用的部分,由超硬材料和结合剂组成。基体是在磨削中起支托作用的,由金属或陶瓷等材料组成。过渡层用于连接基体和超硬材料层,由结合剂构成,有时也可省去。常用的结合剂有树脂、金属、电镀金属和陶瓷等。固结磨具的制造工序有:分配料、混料、成形、热处理、加工和检查等。随结合剂不同,制造工艺也不尽一样。陶瓷结合剂磨具主要采用冷压法,将磨料和结合剂按配方的质量比例称量后,置于混料机内混合均匀,投入金属模具内,在压力机上成形出磨具毛坯。毛坯经干燥再装入窑内焙烧,烧结温度低于1000 ℃。再按规定尺寸形状精确加工,最后检查产品。树脂结合剂磨具一般是在室温条件下在压力机上成形,也有采用在加热条件下边加热边加压的热压工艺。成形后在硬化炉内硬化。以酚醛树脂为结合剂时,硬化温度为180 ~200 ℃。金属结合剂磨具的制造工艺有粉末冶金法和电镀法两种，主要用于超硬材料固结磨具。粉末冶金法以青铜等为结合剂，混料后采用热压或在室温条件下加压成形，然后烧结加工。电镀法以镍或镍钴合金等为电镀金属，按电镀工艺将磨料固结在基体上，制成磨具。

## 10.2　国内外超硬材料固结磨具发展态势及市场前景

20 世纪 70 年代，工业发达国家已经开始生产销售超硬材料固结磨具，在技术上不断革新和完善，规模逐渐扩大，并且进入高新技术领域的加工，如加工著名的 F1 赛车零件，生产航空，航天专业部件等。在军工和汽车加工等行业中，都需要大量的高端超硬材料固结磨具。目前，国外几家知名品牌的大公司，如美国 3M 公司、NORTON 公司、德国 WINTER 公司、德国 KREBS & RIEDEL 公司和法国 SAINT GOBAIN 公司等的超硬材料固结磨具高端产品占领中国 80% 以上市场，打开国内有关网页，上述公司的销售点和代销公司分布于全国几十个城市。有的公司收购和并购国有砂轮生产企业，直接在国内投资建厂，生产高端磨具。图 10 - 1 所示为法国圣戈班公司生产的超硬材料磨具，图 10 - 2 所示为美国 NORTON 公司生产的超硬材料固结磨具。

图 10 - 1　法国圣戈班(SAINT GOBAIN)公司超硬材料磨具

图 10 - 2　美国 NORTON 公司超硬材料固结磨具

金刚石和立方氮化硼(CBN)磨料因其高硬度和优良的耐磨性能，不仅在陶瓷、玻璃、石材、半导体等硬脆材料加工中有广泛应用，而且作为半永久性及超高速磨具在一般钢材的加工中发挥着日益突出的作用。它可在很长使用期间内不修整，非常适宜自动化、半自动化和多机台管理生产中稳定地高精度磨削。CBN 砂轮的超高速磨具在技术先进国家已得到广泛普及，如在日本工具制造厂的磨削加工车间，已难以见到普通磨料砂轮的使用。使用金刚石或 CBN 珩磨条的强力珩磨，利用 CBN 砂轮磨削或低速剃磨齿面，用 CBN 砂轮高速磨削螺纹等都是超硬材料固结磨具新应用的例子。

树脂结合剂超硬材料砂轮与陶瓷和金属结合剂砂轮相比，具有磨削力和磨削热小、自锐性好、磨削效率高等特点，被广泛用于硬质合金、陶瓷、玻璃等硬脆材料的磨削加工。目前，世界上大约有 60% 的磨料级金刚石用于生产树脂结合剂砂轮。在超硬材料固结磨具中树脂类磨具约占 60% ~70%。我国是世界上最大的树脂结合剂磨具生产国，但不是生产强国。目前大量生产的是中低档的树脂结合剂超硬材料磨具，高端产品还要努力攻关。据中国机床工具工业协会超硬材料分会统计2007年1～6月金刚石砂轮类制品出口3617 t，价值766万美元，而进口同类砂轮产品620 t，价值2765万美元，是砂轮出口单价的21倍还多。因此提高树脂结合剂磨具质量对经济的发展和提高行业的国际竞争力具有重要的意义。但是，由于树脂对金刚石的浸润性不好，更难以形成结合剂与金刚石之间的化学键结合，结合剂对金刚石的把持力主要还是机械嵌合力，所以树脂结合剂对金刚石的把持能力不是很强，如果要改善这种情况，我们应该致力于提高树脂结合剂对磨料的机械嵌合力。常用的树脂黏结材料主要有酚醛树脂(牌号为2123)和聚酰亚胺树脂。近年来，聚酰亚胺树脂性能的不断提高，为了逐步替代进口树脂结合剂金刚石磨具，有不少工厂选用进口树脂材料，这种树脂黏结材料比"2123"酚醛树脂有好的耐热性能，可长期在200℃下工作，机械强度也较高，因此其用量在逐年上升，但是，目前国产超硬材料固结磨具仍达不到进口高档磨具的水平。如将超硬材料固结磨具的制造技术与技术先进的国家做个比较，笼统地说，生产上的差距主要表现在：(1)生产规模小，生产装备普遍比较落后；(2)制造工艺技术水平一般化，技术含量不高，没有自己的特色；(3)产品品种单一，品质属中低档，且质量不稳定；(4)缺乏产品品质技术评估标准；(5)应用技术水平不高。

在高速和超高速磨削技术方面，近20年来在工业发达国家得到长足的发展及应用。随着高速磨削和超精密磨削技术的迅速发展，对砂轮提出了更高的要求，陶瓷和树脂结合剂的砂轮已不能满足生产的需要，金属结合剂超硬材料砂轮因其结合强度高、成形性好、使用寿命长等显著特性而在生产中得到了广泛的应用。为了充分发挥超硬磨料的作用，国外从20世纪90年代初开始用高温钎焊工艺开发一种新型砂轮。

烧结型金属结合剂砂轮多以青铜等金属作为结合剂，用高温烧结法制造，其结合强度高，成形性好，耐高温，导热性和耐磨性好，使用寿命长，可承受较大的负荷。因砂轮在烧结过程中不可避免地存在着收缩及变形，所以在使用前必须对砂轮进行整形，但砂轮修整比较困难。目前生产中常用的砂轮对滚整形方法，不仅在修整时费时费力，而且修整过程中金刚石颗粒的脱落较多，修整砂轮本身的消耗很大，整形精度较低。近年来，各国学者相继开展了应用特种加工方法修整金属结合剂金刚石砂轮的研究工作，主要有电解修整法、电火花修整法和复合修整法等。电解修整法速度快，但整形精度不高；电火花修整法整形精度高，既可整形又可修锐，但整形速度较慢；复合修整法有电解电火花复合修整法、机械化学复合修整法等，修整效果较好，但系统较复杂，因此烧结型金刚石砂轮的修整问题仍然需要进一步进行研究解决。目前，国内金属结合剂金刚石砂轮生产厂家接近200家，生产规模小，中低端产品多，质量不稳定，在国内的玻璃加工行业中仍不能完全取代进口高档金刚石砂轮。

桂林矿产地质研究院于2000年成立"创源金刚石公司"，依托研究院深厚的技术功底，高端起点，专门从事高档金属结合剂金刚石砂轮的研制和生产。经过几年的努力，该公司的产品在国内玻璃、宝石加工业中用于替代进口高档金刚石砂轮，磨削效率高，寿命长，性能稳定，性价比高，深受用户青睐，在国内市场中享有声誉，供不应求，还有部分产品出口，曾经受到意大利专家的好评。近年来，桂林矿产地质研究院科研人员还与高等院校协作，吸收研究生专门从事超硬材料砂轮用陶瓷结合剂材料组分的研究和试验，对结合剂性能开展有益的探索。图10－3和图10－4所示为桂林创源金刚石公司生产的金属结合剂、金刚石玻璃磨边轮产品。

图 10 - 3 金刚石圆弧轮

图 10 - 4 金刚石周齿轮

目前陶瓷结合剂超硬材料固结磨具主要应用于汽车及其相关产业，航空航天、机械加工行业，如机床工具、轴承、齿轮、PCD 刀具、PCBN 刀具磨削加工以及军工产业，用来进行精密、超精密磨削。当前的磨削技术的发展目标是高精度、高效率、高表面质量和自动化，为实现这个目标，磨削工艺向高速、深切、快速进给方向发展，所以，具有良好微破碎自锐性能和高耐磨损性能的超硬材料受到青睐。

预计我国汽车工业将有较大的发展，2007 年中国全年汽车产量已突破 888 万辆，2008 年国产汽车产销逾 930 万辆，2009 年有望超过 1000 万辆。中国将超越日本成为世界第二大汽车市场。一些国外大型汽车生产企业抢滩中国市场，甚至将生产基地转移到中国来。因此，不仅是汽车整车，而且包括汽车零部件的生产将会有一个大发展。针对轿车发动机、变速箱及传动系统零件高效率精密磨削，根据不同磨削用途要求，各种陶瓷结合剂超硬材料固结磨具，以及具有高磨削速度、高耐用度的超硬材料砂轮，将具有良好的市场前景。

由于世界制造业中心向我国转移，发展数控机床已得到国家相关部门的认可，国产数控磨床可望有较大的突破，预示着对高档超硬材料固结磨具，尤其是陶瓷结合剂 CBN 磨具的需求将进一步增大。目前的磨削技术，不仅对磨床设备提出了新的要求，而且对磨削工具也提出了更高的要求。为了提高精度、提高效率、降低成本，各磨料磨具厂商都在各方面做出努力，来适应和开发新产品，提高他们各自的竞争能力。结合我国目前的实际情况，应该进一步开发陶瓷结合剂的 CBN 砂轮和金刚石砂轮的应用。以生产特殊砂轮著名的德国 KREBS & RIEDEL 公司为例，其超硬磨料 - CBN/金刚石陶瓷砂轮近年来，每年以 20% 的速度特别是 2005 年以 40% 的速度增长，足以看出，磨料磨具的发展趋势是向超硬磨料 - CBN/金刚石陶瓷砂轮的方向发展。其原因是 CBN 磨料的热稳定性、不亲铁性、硬度高和耐磨性好，用其制作的砂轮，磨削效率高，加工表面质量好，特别是加工较硬的工件，将会有更广泛的应用。陶瓷结合剂 CBN 砂轮可按人为的需要进行修正，同时工作时不易发热，这是大批量、高精度生产必不可少的条件，也可按加工工件的要求，生产硬度不同的砂轮，来适应加工的需要，所以将会比树脂砂轮更广泛地得到应用。

对工作速度大于 100m/s 的高速 CBN 砂轮，在欧洲已用得较多了，特别是一些专用磨床，如 Junker 的曲轴和凸轮轴磨床用 KREBS & RIEDEL 的砂轮，工作速度达到 125 m/s，其特点是单位时间参加的磨粒多、效率高、表面的质量好，延长了砂轮的寿命。日本和欧洲最近开发一种 CFRP 复合材料的立方氮化硼砂轮，其弹性系数与密度的比率高，可以抑制砂轮在半径方向的延伸。日本以 CFRP 材料作基体制成直径为 380 mm 的 CBN 砂轮，可以实现 200m/s 的磨削，进给速度 2 m/s。日本在 400 m/s 的超高速磨床上，采用 CFRP 为基体，直径为

250 mm 的陶瓷结合剂 CBN 砂轮，已实现 300 m/s 的磨削试验。

据悉，由机械工业第六设计研究院设计的陶瓷和树脂磨具生产线装备工程项目于 2007 年在苏州远东砂轮有限公司投产成功，并顺利通过了验收。该工程是目前国际上技术水平和现代化程度较高的生产线装备工程，它开发了基于现场总线技术，以工控机和智能仪表通讯为平台的计算机窑炉群控技术、全自动生产转运系统的计算机控制隧道窑、国内首座大容积燃天然气高精度燃气树脂硬化炉等系列创新型技术。其主要工艺技术指标(窑炉温度均匀性、温度跟踪性和可调性、烧成质量、单位产品能耗、劳动条件、余热利用、水循环利用及烟气排放等)以及长期连续生产的安全可靠性均满足相关国家技术标准和规范要求。这将有利于陶瓷结合剂和树脂结合剂超硬材料固结磨具的规模化生产和高档产品质量的稳定。

## 10.3 金属结合剂超硬材料固结磨具

金属结合剂超硬材料固结磨具是以金刚石或立方氮化硼为磨料和以金属粉末为黏结剂制成的磨具。由于超硬材料硬度极高，导热性和耐磨性好，工作寿命长，故其磨具制品具有十分优异的磨削性能，成为玻璃、陶瓷、石材和金属加工的理想磨具。同时，随着现代社会对加工效率和产品品质的要求越来越高，金属结合剂超硬材料固结磨具正逐步取代普通磨具而进入一些传统磨削领域，如精密模具、精密轴承、量刃具制造业。

### 10.3.1 超硬材料固结磨具结构特征及标记

超硬材料固结磨具由金刚石或立方氮化硼磨料经结合剂黏结成工作层、过渡层和基体三部分组成。按照 GB/T 6409.1—1994 超硬材料固结模具国家标准规定，超硬材料固结磨具的特征包括：形状、尺寸、磨料牌号、磨粒层厚度、粒度、结合剂和浓度。其中，尺寸包括：直径($D$)、总厚度($T$)、孔径($H$)和磨料层深度($X$)。一些超硬材料磨具带有斜边或呈圆弧状则要标注斜面角度或圆弧半径。

10.3.1.1 标记

按照国家标准 GB/T 6409.1—1994(参照采用 ISO 6104—79)规定：磨具标记组成为：形状代号 + 基本尺寸 + 磨料代号 + 磨料粒度代号 + 结合剂代号 + 浓度代号(如图 10 - 5 所示)。其中，形状代号表示基体基本形状和磨削层断面形状以及二者间的位置关系；基本尺寸表示基体和磨削层的基本尺寸；磨料代号表示人造金刚石或立方氮化硼的品种代号；粒度代号表示磨料粗细的代号；结合剂代号表示结合剂类别的代号，树脂——B，金属——M，陶瓷——V；浓度代

图 10 - 5 磨具标记说明示例

号表示磨料层含磨料比率的代号,规定含磨料 0.88 $g/cm^3$ 的浓度代号为 100。

现举例说明金刚石与立方氮化硼(CBN)磨具的标识特征。

磨具标记示例 1:1A1 400×25×127×10CBN100/120B100　平形 CBN 砂轮

意义如下:

形状代号 1A1:平形砂轮

基本尺寸 400×25×127×10:直径×总厚度×孔径×磨削层深度(mm)

磨料代号 CBN:立方氮化硼

粒度代号 100/120:公称筛孔 150/125 μm

结合剂代号 B:树脂结合剂

浓度代号 100:磨料 0.88 $g/cm^3$

磨具标记示例 2:1A1/T2 200×25×75×5 MBD4 100/120 M 100 平形金刚石砂轮意义如下:

形状代号 1A1/T2:平形金刚石砂轮

基本尺寸 200×25×75×5:直径×总厚度×孔径×磨削层深度(mm)

磨料代号 MBD4:金刚石

粒度代号 100/120:公称筛孔 150/125μm

结合剂代号 M:金属结合剂

浓度代号 100:磨料 0.88 $g/cm^3$

10.3.1.2　浓度

所谓浓度是指超硬磨具 1 $cm^3$ 体积内所含超硬材料的克数,或%表示。磨料浓度不但影响加工效率和产品品质,而且关系成本水平,故应合理选择,以获得价格性能比最佳。一般考虑:

(1) 细粒度磨具用低浓度;

(2) 工作面宽及成形磨削用树脂结合剂磨具采用 50% ~100% 浓度,金属结合剂磨具采用 75% ~150% 浓度;

(3) 粗磨用较高浓度,半精磨与精磨用中等浓度,研磨抛光用低浓度;

(4) 要求高效磨削时,选较高浓度。

浓度代号如下:

| 代号 | 磨料含量($g/cm^3$) | 磨料浓度 |
|---|---|---|
| 25 | 0.22 | 25% |
| 50 | 0.44 | 50% |
| 75 | 0.66 | 75% |
| 100 | 0.88 | 100% |
| 150 | 1.32 | 150% |

10.3.1.3　各种粒度磨具的使用范围

12 ~16:荒磨、粗磨等;

20 ~36:磨钢锭、打磨铸件毛刺、切断钢坯、磨陶瓷和耐火材料等;

46 ~60:内圆、外圆、平面、无心磨和工具磨等;

60 ~80:内圆、外圆、平面、无心磨、工具磨等半精磨、精磨和成型磨;

100 ~ 240：精磨、精密磨、超精磨、珩磨、成型磨和工具刃磨等；

280 ~ W20：精磨、精密磨、超精磨削、珩磨和小螺距螺纹磨等；

W20 及其更细：精磨、超精磨、镜面磨、制造研磨膏，用于研磨和抛光等。

10.3.1.4 形状

不同形状砂轮适用于不同用途。平形超硬材料砂轮常用于平面和圆柱面的大面积磨削，杯形、碗形和碟形砂轮适用于刀具的刃磨，光学磨边砂轮和筒形砂轮适用于玻璃的磨削加工。按照 GB/T 6904—1994 国家标准规定列出各种磨具形状和代号，各生产厂家均按标准结构形状生产，但是，由于不同加工材质砂轮的形貌和规格差别很大，国家标准难以全部包括，各生产企业均要进行专门的磨具结构设计，并制定企业的标准和代号。选择几种典型图例列于表 10－1。

**表 10－1 超硬材料砂轮形状、代号、体积计算公式**

| 名称 | 形　状 | 代号 | 体积计算公式 |
|---|---|---|---|
| 平形砂轮 | 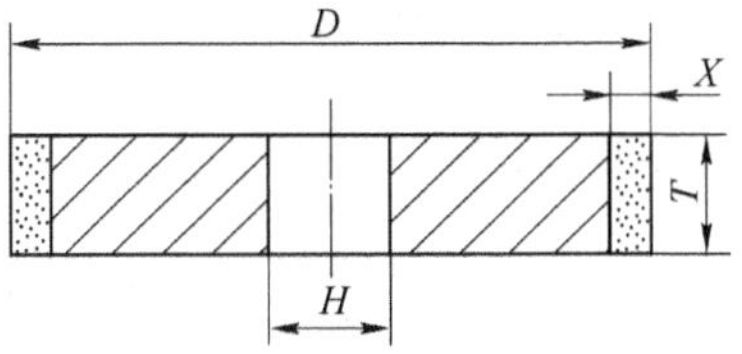 | 1A1 | $V=\frac{\pi}{4}[D^2-(D-2X)^2]T$<br>$V=\pi TX(D-X)$ |
| 杯形砂轮 | 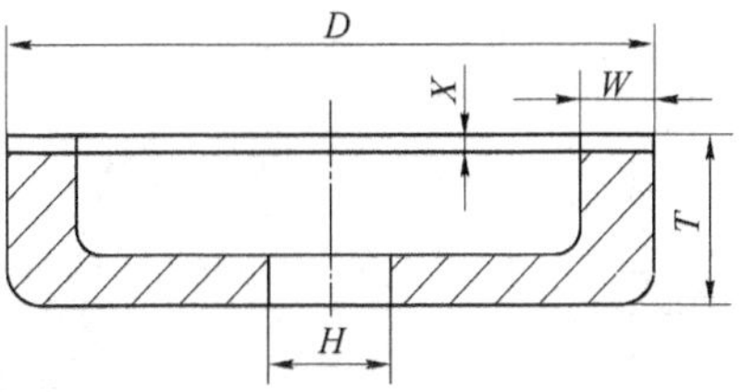 | 6A2 | $V=\pi XW(D-W)$ |
| 碗形砂轮 | 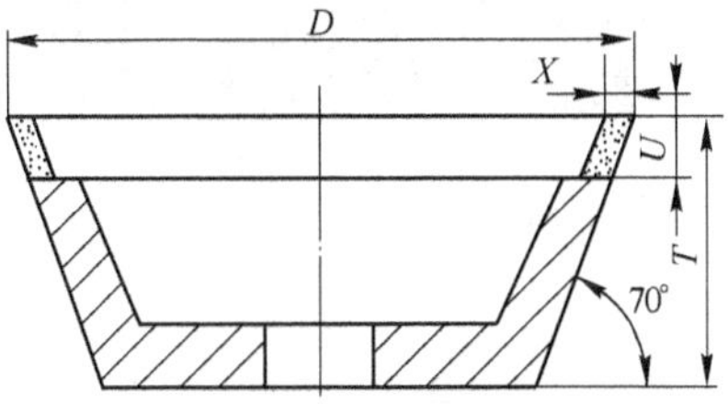 | 11V9 | $V=\pi XU(D-X-U/\tan 70°)$ |
| 碟形砂轮 | 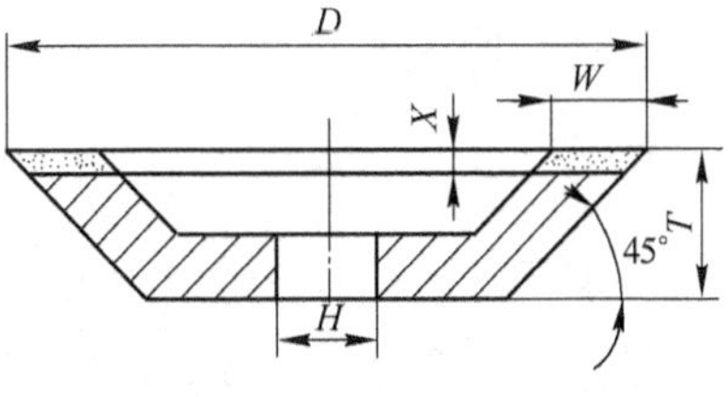 | 12V2 | $V=\pi UX(D-X-U/\tan 45°)$ |

## 10.3.2 新结构金属结合剂金刚石玻璃磨边砂轮

桂林矿产地质研究院创源金刚石公司经过多年努力，引进先进技术，不断改进创新，推出数款高档金刚石玻璃磨边砂轮，其中，较多地采用各种齿槽结构，有利排屑、冷却，防止烧损。图 10 - 6 ~ 图 10 - 8 为该院生产的磨轮产品，仅供参考。表 10 - 2 所示为玻璃磨边金刚石砂轮规格。

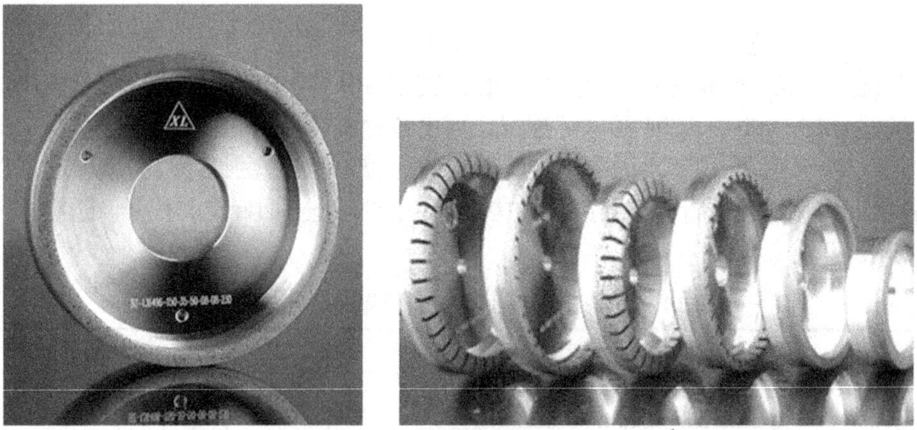

a　　b

图 10 - 6　直边机磨轮

a　　b

图 10 - 7　斜边机磨轮

a　　b

图 10 - 8　异形机磨轮

**表 10－2 玻璃磨边金刚石砂轮规格表**

| 机器类型 | | 直/双边机 | 直/双边机 | 直/双边机 | 双边机 | 直/双边机 | 斜边机 | 斜边机 | 斜边机 |
|---|---|---|---|---|---|---|---|---|---|
| 砂轮位置 | | 1号 | 2号 | 3号/(2号) | 4号/(3号) | 倒角 | 1号 | 2号 | 3号/(2号) |
| 粒度 | | 80号/100号/120号 | 140号/170号 | 200号/230号/270号 | 200号/230号/270号 | 230号/270号/320号 | 80号/100号/120号 | 140号/170号 | 200号/230号/270号 |
| 结合剂 | | 金属 | 金属 | 金属 | 金属 | 金属 | 金属 | 金属 | 金属 |
| 齿形 | 金刚石部分 D－W－X | | | | | | | | |
| 周齿 | 200－7－40 | √ | | | | | | | |
| 全齿 | 150－10－10 | √ | | | | | | | |
| | 150－15－10 | √ | | | | | | | |
| | 175－10－10 | √ | | | | | | | |
| | 175－15－8 | √ | | | | | | | |
| 全齿－V | 150－17－10－V 30° | √ | | | | | | | |
| 半齿 | 150－15－10 | √ | | | | | | | |
| | 175－15－8 | √ | | | | | | | |
| 内齿 | 150－8－10 | | √ | √ | | | | | |
| | 175－8－8 | | √ | √ | | | | | |
| | 175－8－10 | | √ | √ | | | | | |
| 无齿(高效) | 100－12－8 | | | | | √ | | | |
| | 125－12－8 | | | | | √ | | | |
| | 130－12－8 | | | √ | | √ | | | |
| | 150－12－8 | | | √ | √ | √ | | | |
| | 175－12－8 | | | √ | √ | √ | | | |
| 外齿 | 150－8－10 | | | | | | √ | √ | √ |
| | 185－8－10 | | | | | | √ | √ | √ |
| 内齿(异形机用－斜边) | 150－8－10 | | | | | | √ | √ | √ |
| 无齿(异形机无齿) | 100－10－6 | | | | | √ | | | |
| | 100－10－8 | | | | | √ | | | |
| | 125－8－8 | | | | | √ | | | |
| | 125－10－8 | | | | | √ | | | |
| | 130－5－10 | | | | | | √ | √ | √ |
| | 130－8－8 | √ | √ | √ | | √ | | | |
| | 130－10－8 | √ | √ | √ | | √ | | | |

续表 10－2

| 机器类型 | | 直/双边机 | 直/双边机 | 直/双边机 | 双边机 | 直/双边机 | 斜边机 | 斜边机 | 斜边机 |
|---|---|---|---|---|---|---|---|---|---|
| 无　齿（异形机无齿） | 150－6－8 | √ | √ | √ | | | | | |
| | 150－5－12 | | | | | | √ | √ | √ |
| | 150－8－8 | √ | √ | √ | | √ | | | √ |
| | 150－10－8 | √ | √ | √ | | √ | | | |
| | 150－8－10 | √ | √ | √ | | √ | | | |
| | 150－10－10 | √ | √ | √ | | √ | | | |
| | 175－8－8 | √ | √ | √ | | √ | | | |
| | 175－8－10 | √ | √ | √ | | √ | | | |
| | 175－10－10 | √ | √ | √ | | √ | | | |
| | 185－5－12 | | | | | | √ | √ | √ |

图 10－9～图 10－15 桂林创源金刚石公司产品规格和示意图。

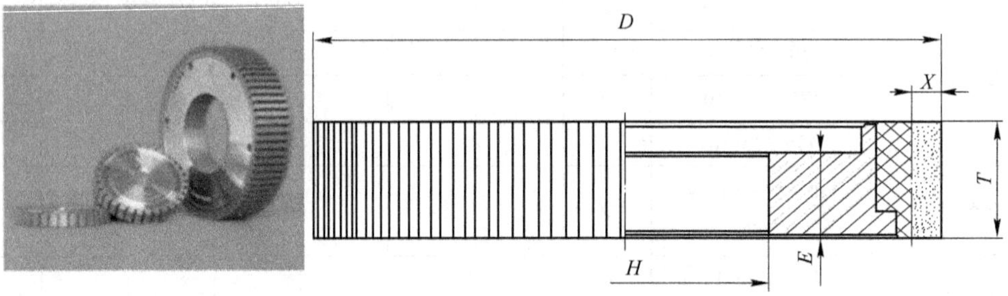


图 10－9　周齿平形金刚石磨轮

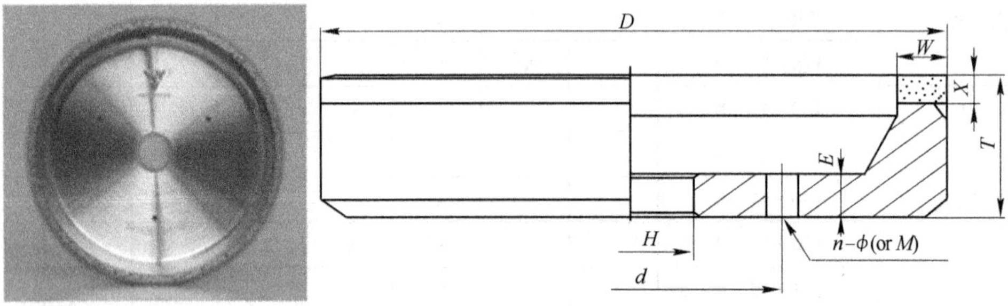


图 10－10　全齿杯形金刚石磨轮

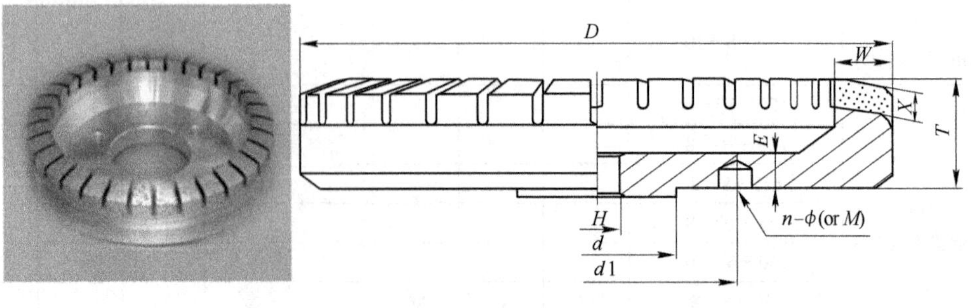


图 10－11　半齿杯形金刚石磨轮

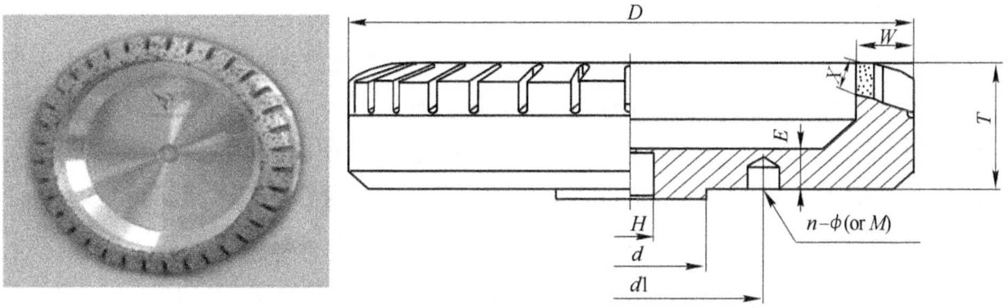


图 10 - 12 内齿直边杯形金刚石磨轮

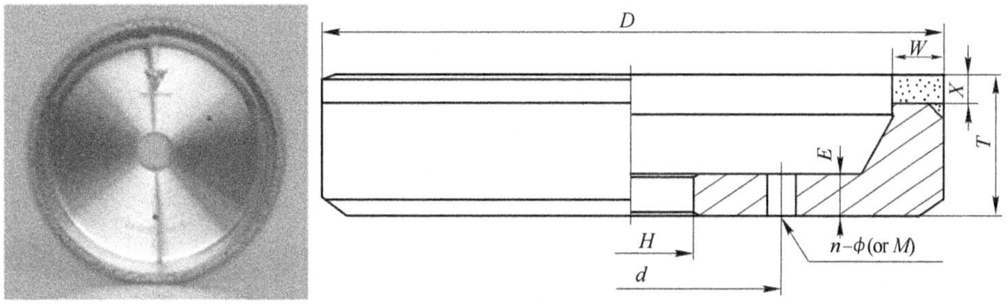


图 10 - 13 无齿斜边金刚石磨轮

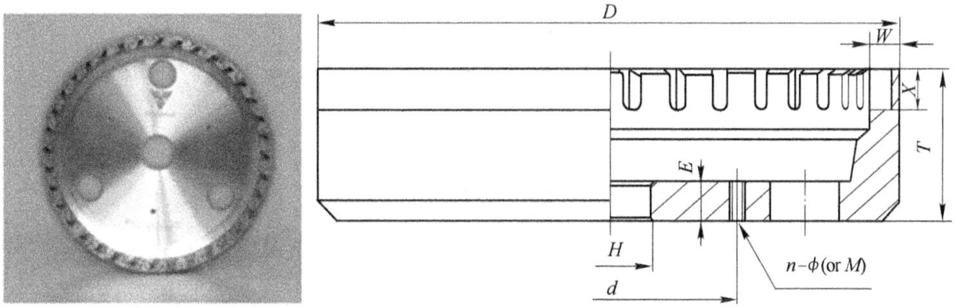


图 10 - 14 异形机用-斜边金刚石磨轮

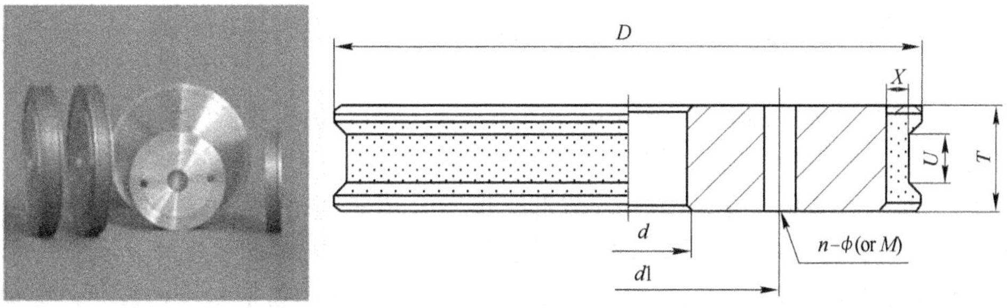


图 10 - 15 梯形轮

### 10.3.3　金属结合剂金刚石砂轮生产工艺流程

金属结合剂金刚石砂轮有三种生产工艺:冷压法、热压法和半热压法。冷压法生产效率高,密度低,适于制造低档产品。热压法类似于上述锯片刀头、钻头齿的热压烧结法,生产效率低,石墨模具消耗大,成本高。半热压法则是在粉末装入模具预压之后,带模具一起送到箱式炉内烧结后取出模具带热再一次压制成形。该方法既有较高的生产效率又能保证产品质量,为国内大多数厂家采用。其生产工艺流程如图 10-16 所示。

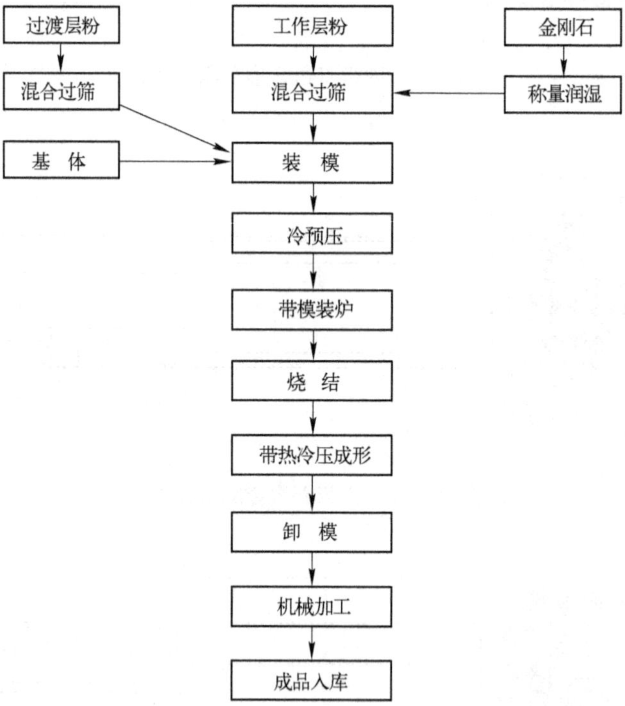


图 10-16　金属结合剂金刚石磨具半热压法生产工艺流程

### 10.3.4　模具设计

模具是生产金属结合剂超硬材料固结磨具的主要工装,其结构设计和加工质量对金刚石砂轮的成形质量和压制时的操作均有重要的作用。尤其是半热压法用的模具在结构上要比普通磨料磨具复杂,模具材料既要承受压应力,还要经受高温烧结的考验。

10.3.4.1　模具结构

模具由模框、压环、模芯和底板组成,各个零件的结构形状和数量则根据砂轮的类型和压制方法确定。各个零件的作用如下:

(1) 模框:是模具的外套,对其他零件起支撑作用,是关键零件,直接影响砂轮的压制质量。其厚度受材料自身强度的限制,根据不同材料的许用应力,通过强度计算或经验推算确定。壁太厚浪费材料,又不便搬运。模框高度根据砂轮高度和粉末松装密度等因素确定。大规格模框还要加装衬瓦。材料选用耐热合金钢或球墨铸铁。

(2) 压环:是工作层和过渡层粉的压制零件,有时由过渡层压环、工作层压环和总压环三件组成。直接承受和传递压力,要求有高的抗压强度、硬度和适当的韧性。其内外径尺寸由砂轮规格、工作层和过渡层厚度以及结构形状确定。

(3) 模芯:与模框构成容纳粉末的压制腔体,对基体起定位作用,要有高的耐磨性。

(4) 底板:支撑模具,放置基体,是压制粉末的底部,承受全部压力。

10.3.4.2　模具结构设计

模具结构要根据砂轮的用途和形状以及不同的基体和生产工艺方法来进行设计,其区别于普通磨料磨具的是要增加过渡层部分,因此模具结构和压制操作过程相对复杂。而且烧结温度比较高,一般要达到750~850℃,因此对材料的耐热和耐磨性都有严格的要求。如何保证产品的质量稳定,如何综合地进行成本比较等等诸多因素,都要设计者认真考虑。下面介绍两种用于半热压的带钢基体的平形砂轮模具和碗形砂轮模具示意图。

图10-17所示为带基体平形砂轮模具示意图,其成形操作过程:

第一步:先压过渡层,即模具组装之后,取出内压环4,倒入过渡层粉,再上内压环,送到压力机施压。压力不要大,压至砂轮成品厚度的1.3~1.5倍即可,如图所示,然后卸模具。

第二步:重新装模,取出外压环3,倒入工作层粉,刮平,装上外压环3,再送到压力机施压至内外压环平齐,然后取出内外压环,换成总压环8,取下垫铁,再施加压力至所要求的高度。或者不取出内外压环,直接压至所要求的高度。

图10-18所示为带基体碗形砂轮模具示意图,其成形操作过程:当压环压至所要求高度之后,卸模时,先翻过来,卸掉模芯2,再翻过来,垫上垫环,退下模框,即取出砂轮坯半成品。

带铝合金基体砂轮的模具,只要将钢基体换成石墨,待压制和烧结工序之后,模具完全冷却后,再卸模。砂轮胎体与铝合金基体连接部分采用紧配合加工,连接之后,对称加铆钉固定,再进行机加工和动平衡试验。

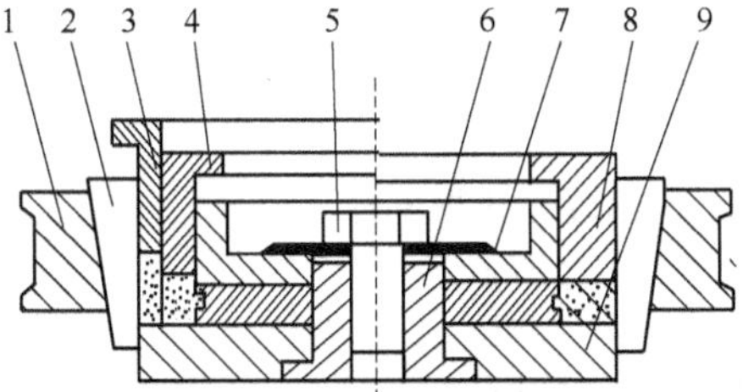


图10-17　平形砂轮模具图

1—模框; 2—瓦衬; 3—外压环; 4—内压环;
5—固定螺钉; 6—芯轴; 7—模芯;
8—总压环; 9—底板

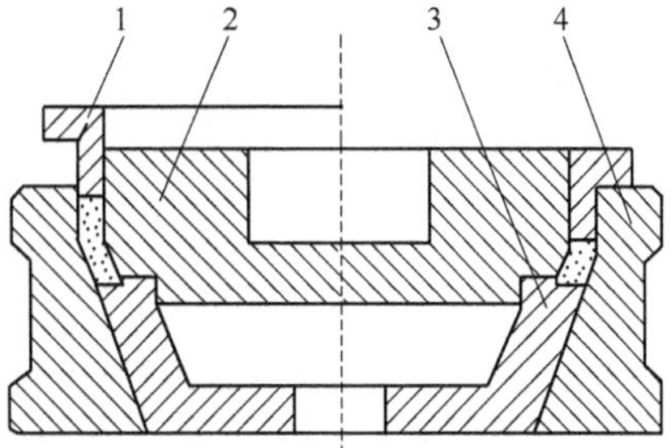


图10-18　碗形砂轮模具图

1—压环;2—模芯;3—基体;4—模

10.3.4.3　模具零件设计

A　模框设计

模框从材料力学考虑,实际上它是一个厚壁圆筒,也就是它的壁厚大于其平均直径的十分之一。因此,按厚壁圆筒的应力计算方法,根据所选材料的许用应力、波桑比和弹性模量以及砂轮的外径,再乘以安全系数即可求得模框的外径尺寸。

a　模框外径尺寸的确定

模具在压制过程中，对粉末胎体施加垂直压力，粉末压缩沿圆周向外膨胀，把压力传递给模框内壁，这叫“侧压力”。由于受到粉末之间的摩擦力和与内壁之间摩擦力的影响，侧压力总是小于施加的垂直压力。而侧压力对模框形成径向应力和切向应力，径向应力是压应力，越接近壁厚内径压应力越大；切向应力是拉应力，越接近壁厚内径表面，其值越大。根据有关资料提供的计算公式：

$$(\sigma_t)_{max} = (\sigma_t)_{r=r_0} = (r_1^2 + r_0^2/r_1^2 - r_0^2)p_0 \tag{10-1}$$

如果要求切向应力$(\sigma_t)_{max}$在材料的许用应力范围内，则

$$(r_1^2 + r_0^2/r_1^2 - r_0^2)p_0 \leqslant [\sigma] \tag{10-2}$$

则

$$r_1 \geqslant \sqrt{\frac{[\sigma] + [p_0]}{[\sigma] - [p_0]}} \times r_0 \tag{10-3}$$

式中　$r_0$——模框内半径（给定的砂轮外半径）；

$r_1$——模框外半径；

$[\sigma]$——材料许用应力；

$p_0$——侧压力；

$$p_0 = p/3(1 + \mu/1 - \mu)\theta\zeta_0 \tag{10-4}$$

$p$——垂直压力；

$\mu$——泊松比，青铜为0.35；

$\theta$——结合剂密度，取0.84～0.9；

$\zeta_0$——侧压系数0.54。

**例10－1**　一个直径为200 mm的青铜结合剂金刚石砂轮，其模框的材料为合金工具钢，许用应力值$[\sigma]$为612 MPa，压机的垂直压力为400 MPa，计算求得模框的外径是多少？

**解：**侧压力 $p_0 = 400/3 \times (1 + 0.35/1 - 0.35) \times 0.84 \times 0.54 = 125.6$ MPa

则模框外半径

$$r_1 = \sqrt{\frac{[\sigma] + [p_0]}{[\sigma] - [p_0]}} \times r_0 = 1.23 \times 100 = 123 \text{ mm}$$

则模框的外径为246 mm，壁厚为23 mm。

当然还乘以安全系数，钢材一般取1.5～2，而热处理材料可取2～3。

b　模框高度的确定

模框高度$H$由装粉高度$h_0$，底板厚度$h_1$，基体厚度$h_2$，预留高度$h_3$（取5～10 mm）四部分组成。

$$H = h_0 + h_1 + h_2 + h_3 \tag{10-5}$$

装粉高度$h_0$与粉末的松装密度有关，松装密度越小，装粉高度越高。提高粉末的松装密度可以降低模框的高度，不但节省材料，还可减少密度梯度，有利操作。$H_0$一般取胎体厚度的4～4.5倍。

c　模框材质的选择

选择优质合金工具钢或耐热合金钢可以达到制造精度高、变形小、使用寿命长的要求。

但是，由于半热法的带模烧结，则要求模框材料既要有高的强度和耐磨性，还要有足够的耐热性。否则使用几十次就报废，造成材料的严重浪费，成本提高。因此，有些公司成功地选择球墨铸铁作为模框材料，球墨铸铁刚性好，热膨胀系数小，不变形，耐磨，虽然使用寿命只相当耐热钢的一半，但制造成本却低很多，综合比较，择优选取。

B 压环设计

由于金刚石砂轮的工作层不留加工余量，因此，总压环的宽度就是砂轮的成型宽度尺寸。其中还要设计用于压制过渡层的内压环和用于压制工作层的外压环，尤其，外压环壁厚比较薄，一般 2 ~3 mm，与压环高度的长细比太大，易产生不稳定，在高压下会碎裂损坏，应选高强度材料。压环的高度与砂轮的结构形状和成形方法有关，与胎体粉末的松装密度有关，松装密度大，压缩距离短，则压环高度可以小，反之亦然。

$$h_4 = H - h - h_1 + h_3 \tag{10-6}$$

式中 $h_4$——压环高度；

$H$——模框高度；

$h$——压缩后的粉末胎体高度；

$h_1$——底板厚度；

$h_3$——预留高度 5 ~10 mm。

10.3.4.4 模芯设计

模芯的结构形状随砂轮的形状而确定，主要起导向、定心作用。中间穿轴套，用螺钉将基体与底板连接固定。模芯的外径与压环内径呈动配合关系，保持 0.02 ~0.03 mm 的间隙误差。模芯高度根据装粉高度和导向距离确定，作为平形砂轮的模芯高度应等于或稍低于压环高度。其他像碗形砂轮的模芯要伸入基体定位，其高度视基体结构而定。

### 10.3.5 金属结合剂胎体配方设计

目前以加工玻璃、陶瓷为主的金属结合剂金刚石砂轮多以青铜多元合金系配方为主。它在磨具使用性能和加工工艺性能方面均可达到满意的效果。因此，不同的配方设计仅是根据具体的加工材质、设备精度和产品档次进行针对性的配方设计和试验。经过反复的试验、改进和调整，最终达到磨削效率、工作寿命和价格的合理定位，这才算完成了某一砂轮产品的配方设计。结合剂中青铜的配比因用途而异，常在很大范围内变动，Cu 60% ~90% 和 Sn 10% ~30% 之间选取。在铜锡二元合金基础上，加入锌、银、镍、钴、铁和稀土元素，组成多元合金系配方。目的是在成本不变条件下，提高结合剂对金刚石的把持能力，提高磨削效率，增长工作寿命。以往在制造高档金刚石砂轮的配方中，常加入银元素，因为银对铜的过剩强化和固溶强化作用，使结合剂胎体的强度尤其是抗弯强度得到大幅度的提高。同时，银的导热性好，有利于散热，降低磨削温度。一般银的用量是 5% ~15%。最近，不少单位开展在配方中添加少量稀土元素的研究，有的还制成预合金粉。其目的一是替代价格昂贵的银；二是试图通过在烧结中添加活性元素与金刚石发生化学反应，生成碳化物，使结合剂与金刚石形成化学冶金结合，从而提高结合剂对金刚石的把持能力。常用青铜结合剂配方：

Cu 90%，Sn 10% 外加 $Fe_3O_4$ 5%； Cu 80%，Sn 10%，Ag 10%；

Cu 76%，Sn 14%，Ag 5.8%，Zn 4.2%； Cu 70%，Sn 25%，Ag 5%；

Cu 64%，Sn 16%，Ag 5%； Cu 64%，Sn 16%，Fe 20%。

金刚石砂轮胎体配方中的金刚石性能品质是砂轮质量的关键，要根据用途和产品档次认真选择。国产金刚石至少选择 $MBD_4$ 以上中等强度系列产品，对要求磨削效率高的高档砂轮则选择进口金刚石，如英国元素六（Element Six）公司的 SDA、SDAPLUS、SBD 系列产品，经济适用可选择 DSN 系列产品；美国 Diamond Innovalion 公司专用于磨削的 CSG 系列产品；韩国 ILJIN 公司的 IMD、IRD 系列产品。元素六公司新近推出 Prema Dia 系列的一种新型砂轮用金刚石单晶——PDA600S。PDA600S 是一种人造单晶金刚石，专门被设计用于磨削领域，其用途与天然单晶金刚石产品（如 PDA655）基本相同。

关于金刚石粒度和浓度的确定原则是：粗磨、高切除率的磨削，要求粗粒度和高浓度；而细粒度和低浓度则适用于精磨。

### 10.3.6　烧结工艺

半热压法烧结工艺与内热压法不同，它的模具在装入炉子之前，成形粉末经过预压，排出了含在粉末中的气体，粉末密度有所增大，一般采用 100 ~ 250 MPa 的压力，这样对烧结过程有利。而整个烧结过程没有施加压力，只是控制在不同时间段的升温、保温和冷却，即所谓“烧结工艺曲线”。根据粉末胎体配方和结构形状的大小，通过反复试验确定最佳的烧结温度和保温时间，烧结温度范围 700 ~ 800 ℃之间，烧结过程约 30 ~ 60 min。最后，取模热压的温度应保持在 500 ℃左右，也就是要冷却到烧结温度以下。若在烧结温度下压制，液相量较多易被挤出，不能保证胎体的预定密度；而低于 500℃时胎体塑性变化，压制较困难，需施加较大的压力。保压时间约为 1 ~ 5 min。烧结工艺曲线如图 10 - 19 所示。

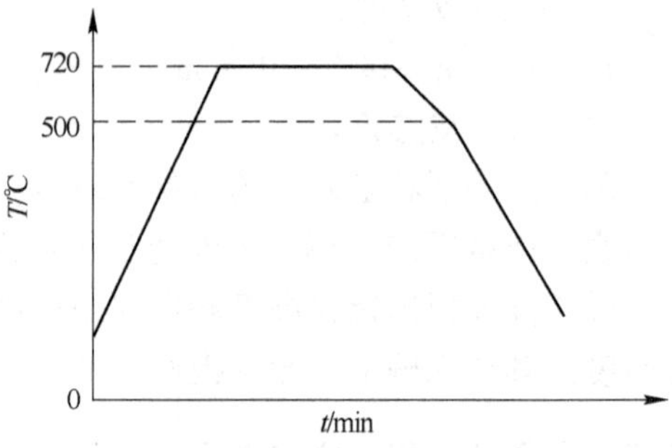


图 10 - 19　烧结工艺曲线图

### 10.3.7　提高金属结合剂金刚石砂轮磨削性能的研究方向

目前，我国树脂和陶瓷超硬材料砂轮的性能和产品质量与工业发达国家比较还有相当的差距，主要是结合剂的原料不过关，以至于每年要大量进口该类产品。相对而言，金属结合剂经过业界人士的多年探索，基本上接近国外的先进水平，加上选用进口适用的金刚石，掌握稳定的加工工艺，加工出来的金刚石砂轮产品，不论从外观或是性能指标均可与国外先进产品相媲美。我们应大胆创新，吸收先进技术，进一步提高产品性能和质量，在国内全面取代进口砂轮，并加入国际市场竞争。

#### 10.3.7.1　多气孔金刚石砂轮的研制应用

金属结合剂砂轮的缺点是胎体密度高，金刚石出刃小，磨削效率低，散热差，而且在使用之初和磨损后的修锐和整形十分困难。针对这一难点，国外有关专家提出一个创新思路，即研究开发多气孔金属结合剂金刚石砂轮。将多气孔陶瓷结合剂砂轮的孔隙结构用到金属结合剂砂轮中，以获得金刚石容易出刃和修锐整形方便的优点。由此，拓宽了金刚石砂轮技术的研究领域，使对金属结合剂金刚石砂轮的制造方法进一步发展了通电烧结、热等静压烧结、真空烧结等多种方法。并对其生产工艺、孔隙度控制和磨削性能进行大量的研究试验。乌克兰超硬材料学者发表文章指出，在含 Cu 52% ~58% 和 Sn 12% ~30% 的青铜结合剂中加入 20% ~30% 的发泡剂(尿素)，烧结温度保持在 700 ~760 ℃之间，生产出来的砂轮气孔率达到 20% ~25%，发泡剂越多，气孔率越大，容屑空间大，润滑-冷却效果越好，磨削区的温度降低许多。这不但提高了砂轮的使用性能，更解决了修锐和整形的难题。

10.3.7.2 金刚石有序排列和真空钎焊技术的应用

真空钎焊技术在超硬材料工具的应用，在国内已有多年的历史，市场上也有其产品出售，但用量不大，工作寿命短，使用范围受到限制。问题是目前只能解决砂轮的单层真空钎焊，而金刚石的有序排列还处于手工操作过程，生产效率低，无法投入大批量生产，金刚石多层钎焊和有序排列技术还处于研究之中。金刚石多层有序排列技术还可直接应用到金属结合剂砂轮的制造之中。总之，真空钎焊技术使结合剂对金刚石具有的高强把持能力，已经是众所周知，随着该项技术的进一步发展和完善，也将可能部分取代金属结合剂金刚石砂轮产品。

10.3.7.3 采用配有稀土元素的青铜结合剂预合金粉和金刚石表面金属化处理

有关研究表明，金刚石表面通过物理和化学方法镀覆某些强碳化物金属形成金属或合金薄膜。这层薄膜一方面与金刚石产生一定的金属碳化物，产生化学键结合；另一方面又能很好地被胎体所浸润，大大增强金刚石与金属结合剂间的结合力，从而提高包镶能力。这在其他超硬材料工具，如激光锯片、金刚石绳锯等方面得到应用，并获得良好效果。试验证明，预合金粉末具有流动性好、组织均匀、熔点低、易烧结、对金刚石具有良好的润湿和黏结性能等优点。因此，目前世界上大的超硬材料工具制造商，在切割天然石材、建筑材料的金刚石工具胎体中已经开始使用预合金粉末。在超细预合金粉末中，加入一定含量的稀土元素作为添加剂。稀土元素具有细化晶粒、净化材料表面和界面、吸附有害杂质，如氧和硫等作用。稀土元素的加入显著提高预合金粉末的烧结反应活性和烧结块的机械性能，如抗弯强度等，以及对金刚石的把持力，从而提高了所生产的金刚石工具的切割效率和使用寿命。因此，在金刚石砂轮的生产中采用超细预合金粉末和金刚石表面金属化处理将有助于产品性能的提升。

## 10.4 树脂结合剂超硬材料固结磨具

树脂结合剂超硬材料砂轮具有磨削力小、自锐性好、磨削效率高等特点，被广泛应用于硬质合金、钛合金的磨削。据估计，目前世界上约有 60% 磨料级金刚石用于制造树脂结合剂砂轮。而在我国超硬材料固结磨具中，树脂类磨具约占 60% ~70%。但是，由于树脂结合剂本身耐热性能差，在磨削过程中产生的磨削热，导致树脂的黏结性能下降，影响了砂轮的耐用度及磨削效率，尤其用于加工硬质合金，问题更为突出。因此，提高树脂结合剂固结磨具质量对经济的发展和提高行业的国际竞争力具有重要意义。随着机械工业的发展，尤其是近年来，汽车工业的飞速发展，树脂结合剂超硬材料砂轮的用量越来越大，许多厂家用的是 RVD 牌号的金刚石。该金刚石的晶体结构特点为颗粒形状不规则，表面光滑，多为针、片状。用它制造的树脂结合剂砂轮，在磨削过程中呈大块的破碎，时常有三分之二的磨粒在尚未充分发挥磨削作用之前而过早脱落，砂轮使用寿命短。因此影响国产树脂砂轮的使用，只好依靠进口树脂砂轮。

树脂结合剂是由作为黏结材料的树脂和填料组成，结合剂的优劣主要取决于所用黏结材料的性能。国内超硬材料固结磨具所用树脂主要有两大类：酚醛树脂（2123），改性酚醛树脂（如硼酚醛树脂、新酚树脂）；聚酰亚胺树脂，它是一种比酚醛树脂有更好的高温强度，且耐腐蚀、耐磨损的有机聚合物。近年来由于聚酰亚胺树脂性能的不断提高，已经有不少金刚石磨具厂商加以采用。为了逐步替代进口树脂结合剂金刚石磨具，有不少企业选用进口树脂材料和进口磨削用人造金刚石，如英国先进树脂公司的芳烷基树脂，牌号为XY1OK939P。这种树脂黏结材料比“2123”酚醛树脂有更好的耐热性能，可长期在200℃下工作，机械强度也较高。另外还有 De. Beers 公司的 CDA 系列金刚石。因此，聚酰亚胺树脂超硬材料砂轮的用量在逐年上升。

### 10.4.1　聚酰亚胺树脂结合剂金刚石砂轮

聚酰亚胺树脂合成需要的原材料、工艺流程、选择如下。

A　原材料

双马来酰亚胺：熔点为 158 ~ 165 ℃；酸度其 KOH 小于 12 mg/g；含水量小于 1.5%；颜色淡黄；相对分子质量为 54。

二氨基二苯甲烷：经过减压蒸馏提纯的黄色晶片；熔点为 86 ~ 91 ℃；相对分子质量为 198。

B　合成工艺流程

聚酰亚胺树脂合成工艺流程如图 10 - 20 所示。

C　金刚石的选择

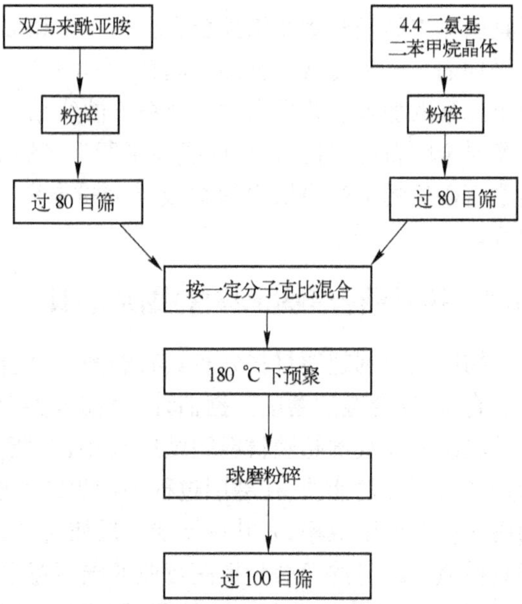

图 10 - 20　聚酰亚胺树脂合成工艺流程图

在制造砂轮过程中选择超硬材料时，不论是金刚石或立方氮化硼，不应该选用最差的所谓磨料级 RVD 金刚石和 CBN，而应该根据用途和档次选择相适应的磨料。对于中低档砂轮当然可以用 RVD 型金刚石，因为树脂对金刚石黏结能力差，不规则的磨粒形状有利于树脂的机械包镶。另外，树脂结合剂胎体的强度低，不耐磨，所以相应地配以低强度的金刚石，更具良好的自锐性，发挥磨削效率高的特点。对于高档砂轮应选择经表面金属化处理的金刚石和进口磨削用金刚石。树脂砂轮采用的金刚石粒度范围比较细，应用 50/60 以细至微粉级。金刚石浓度取 50% ~150%，粗磨用粗粒度、高浓度金刚石；精磨用细粒度、低浓度金刚石。我国也要像 GE 公司、DEBEERS 公司和元素六公司那样，尽快建立起一套专用于磨削的金刚石系列产品，这对于提高树脂砂轮产品是至关重要的。

D 聚酰亚胺树脂金刚石砂轮配方实例

实例1：

(1) 配方：

工作层：树脂粉采用上述双马来酰亚胺和二元胺以2:1摩尔质量比制成的预聚体($S_2$)，其配方(质量比)为：$S_2$33%(细于120目)，Cu粉66%(细于120目)，$MoS_2$1%(细于120目)，结合剂混合密度 $\gamma = 3.4$ g/cm$^3$，以适量液状石蜡为湿润剂。

过渡层：$S_2$ = 13%，Al = 87%，混合密度 $\gamma = 1.96$ g/cm$^3$，以适量液状石蜡为湿润剂，以硅油为脱模剂。

(2) 主要工艺参数：热压压力为20 MPa，热压温度为240 ℃，在烘箱中进行硬化处理，硬化处理温度为220 ℃，时间约为5 h。

实例2：配方：金刚石用RVD120/140，硬化处理温度230 ℃，硬化时间为4 h。

按体积分数表示：金刚石18.75%，聚酰亚胺51%，铜粉10%，CrO + ZnO(1 + 1) 23.25%，冰晶石9%，湿润剂5%。

### 10.4.2 树脂结合剂CBN砂轮

#### 10.4.2.1 树脂结合剂CBN砂轮独特优点

立方氮化硼(CBN)是硬度仅次于金刚石的又一种超硬材料，但它的热稳定性和对铁族金属的化学惰性优于金刚石。它适合对硬韧性黑色金属材料的磨削加工。图10－21所示为CBN单晶。

图10－22所示为国产树脂CBN砂轮。树脂结合剂CBN砂轮与金刚石砂轮相比有如下优点。

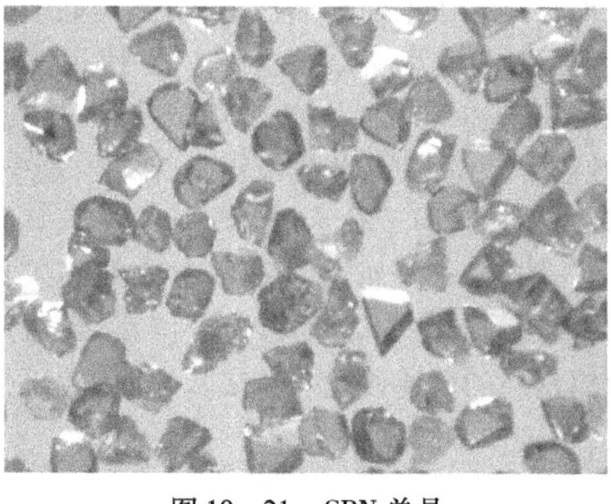

图10－21 CBN单晶

图10－22 国产树脂CBN砂轮

(1) 在1200 ℃高温下仍可保持硬度不变。

(2) 有一定的韧性，它不仅可用于磨削强硬的铸铁，还可适宜于磨削黑色金属。

(3) CBN与Fe元素的亲和力小，所以十分适宜于磨削黑色金属而能保持较高的耐用度。CBN砂轮硬度仅次于金刚石，相当于刚玉磨料硬度的2倍。其机械强度相当于碳化硅磨料的2倍多，而韧性比金刚石好，可以磨削各种高强度、高硬度的钢材与铸铁。其砂轮耐用度与磨削效率是各种磨削砂轮所不及的。利用CBN砂轮磨削WD615凸轮轴，每根依次磨削12个凸轮，磨削600根凸轮轴后仍保持较好的尺寸精度与表面质量。图10－23所示为 CBN 砂轮磨凸轮轴的情况。

图 10－23　CBN 砂轮磨凸轮轴

(4) CBN 砂轮的导热性和热稳定性好，可承受 1300～1500℃的高温，其热导率是刚玉的 45 倍，特别适用于磨削热敏性高的超硬高速钢和高强度合金钢等，而不产生磨削裂纹。

(5) CBN 化学惰性强、稳定性好，特别是在磨削优质工具钢、轴承钢、合金钢时，CBN 砂轮磨耗极小，其耐用度高于普通砂轮的约 1400 倍。

(6) CBN 砂轮磨削后的零件表面质量好，不产生磨削烧伤裂纹及龟裂等缺陷，并能提高零件的疲劳强度，可延长使用寿命 30%～50%，不需要频繁的修整砂轮。由烧结剂制成的 CBN 砂轮耐用度高于普通砂轮数 10 倍。

(7) CBN 砂轮适宜于高速或超高速磨削，其效率是普通砂轮的 150～200 倍。总之，虽然采用 CBN 砂轮磨削开始投资较大，但应用 CBN 砂轮磨削技术综合效益高。采用 CBN 砂轮粗精磨削凸轮轴的凸轮，可以保持凸轮轮廓曲线始终接近靠模凸轮曲线，并能提高凸轮磨削表面的质量和磨削效率。由于 CBN 砂轮的磨耗量极小，直径方向上一般不超过 10 mm，而磨削的凸轮数可相当于数片普通砂轮磨削的工件数量，因此可稳定地保证凸轮曲线始终在最佳状态。由于 CBN 砂轮的磨削温度较低，而且能够在表面形成压缩应力，提高了凸轮表面的接触疲劳强度。并且可使尺寸精度、形位公差和表面质量的 CPk 值在一个稳定数值上。CBN 砂轮具有较高的磨削效率，越来越多地应用于轴承、汽车、航空和工具制造业。图 10－24 所示为 CBN 砂轮装在工具磨床上的情况。CBN 砂轮易于修整，最适用于大量生产。其磨削性能和耐用度均超过与它价值相当的普通砂轮。总之，CBN 砂轮正在汽车制造业获得越来越广泛的应用。

图 10－24　CBN 砂轮装在工具磨床上

10.4.2.2　树脂结合剂 CBN 砂轮生产工艺

A　树脂结合剂 CBN 砂轮配方实例(如表 10－3、表 10－4 所示)

**表 10－3　树脂结合剂 CBN 砂轮配方实例**

| CBN 120/140～170/200 /% | 镀层增量 /% | 树脂 /% | TL 或 GDW29－280 号 /% | 气孔率 /% | 适用范围 |
|---|---|---|---|---|---|
| 25 | 0 | 45 | 30 | 0 | 小余量，小面积 |
| 25 | 15 | 44 | 26 | 2.5～3.5 | 有一定余量 |
| 25 | 25 | 44 | 26 | 2.5～3.5 | 大余量，大面积 |

表 10-4 与表 10-3 配合的过渡层配方

| GB280 号 | B | Cu | $Cr_2O_3$ | 气孔率/% | 密度/g · $cm^{-3}$ |
|---|---|---|---|---|---|
| 25/0.99 | 55/0.69 | 15/1.34 | 5/0.26 | 0 | 3.26 |
| 25/0.99 | 55/0.69 | 10/0.89 | 5/0.26 | 5 | 2.83 |
| 25/0.99 | 55/0.69 | 10/0.89 | 5/0.26 | 15 | 2.70 |

注:25/0.99,25 为所占质量分数,分母为质量 g。

B CBN 磨粒选择与浓度的选择

一般选择中等强度 CBN,强度太低,磨削力差,易发热,堵塞;高强度 CBN 反比中等强度 CBN 磨削消耗大。CBN 采用表面金属化处理,镀 Cu 或 Ni。

CBN 砂轮浓度的选择:浓度是 CBN 砂轮的重要特性之一,它对超高速磨削效率和加工成本影响很大。CBN 砂轮的浓度不能选得太低,否则磨削效率不高。高浓度可带来高的磨削比,但是,浓度过高,很多磨粒会过早脱落、造成浪费。CBN 砂轮浓度的选择主要是根据其结合剂的种类和磨料的粒度。目前,超高速高效磨削均采用较高浓度,树脂结合剂 CBN 砂轮的浓度一般选择 75% 以上。但是,CBN 砂轮浓度的选择也要考虑结合剂种类、磨料粒度和形状要求以及加工工序的具体情况和加工要求等因素。例如树脂结合剂磨具用于干刃磨的浓度范围为 75% ~100%;用于成型磨削的浓度为 100% ~200%。

C 生产工艺流程图

图 10-25 所示为树脂结合剂 CBN 砂轮生产工艺流程。

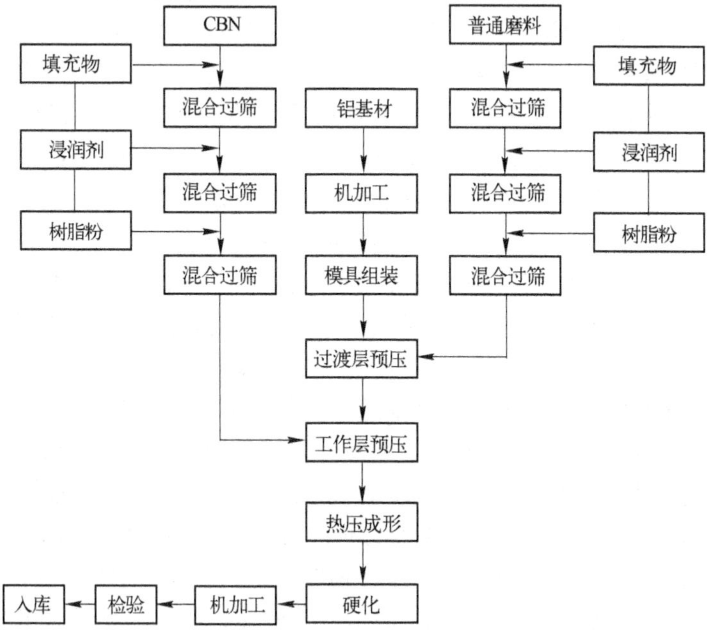


图 10-25 树脂结合剂 CBN 砂轮生产工艺流程图

## 10.5 陶瓷结合剂 CBN 固结磨具

立方氮化硼(CBN)的良好导热性,以及优于金刚石的耐热性和对铁族金属的化学惰性等优异性能大大拓展了 CBN 磨具的应用领域。它特别适用于加工超硬高速钢、耐热钢、不锈钢、超高强度钢、高温合金等难加工材料。陶瓷结合剂 CBN 磨具具有磨削能力强、磨削效率高、磨削温度低、使用寿命长、容易修整、磨削质量好等一系列优越性能,因而受到世界广泛关注,成为世界上磨削工具产品研究开发的热点。陶瓷结合剂 CBN 磨具磨削被认为是磨削加工技术领域中的一大技术进步,其应用范围已涉及汽车、航空、工具、刃具、模具、轴承、工程陶瓷等领域,并且不断扩大。从本质上来看,陶瓷 CBN 磨具是 CBN 磨料、辅助磨料(也称为填充料)、结合剂三类物质构成的复合材料。从微观结构上来看,是由晶体相(CBN 磨料、辅助磨料、结合剂中的微晶粒)、玻璃相(结合剂主相)和气孔组成。CBN 磨料颗粒之间由结合剂相作为桥梁而连接。因此,陶瓷结合剂性能的好坏直接关系到陶瓷 CBN 砂轮的使用效果。目前,国内的陶瓷 CBN 砂轮与国外相比在使用性能上尚存在较大差距,其中一个主要的原因在于结合剂的选择与制备工艺。因此,如何对陶瓷结合剂体系和配方进行正确选择以及结合剂性能的科学评价显得尤为重要。同时,对陶瓷 CBN 砂轮制备工艺的优化设计也应引起国内同行的高度关注。另一方面,陶瓷 CBN 砂轮从某种意义上是一种战略物资,目前国外对其关键技术仍严格控制扩散。因此,短期内很难引进,只能靠自主创新,这就更应引起国内同行的高度重视并开展有关的研究工作。

### 10.5.1　陶瓷结合剂组成及研究现状

实际上陶瓷结合剂就是玻璃结合剂。因此,陶瓷结合剂组成设计更多地应从玻璃工艺学的原理来考虑。国外 CBN 砂轮陶瓷结合剂所采用的玻璃体系主要为铅玻璃、硼玻璃和铝硼硅酸盐玻璃体系。铅玻璃体系的特点是熔点低,表面结合能小,容易浸润 CBN 表面。CBN 砂轮在磨削过程中产生的高温下,结合剂由于熔点低变为黏性而不是脆性,可以避免结合剂在磨削过程中脱落而污染工件。铅玻璃根据具体的玻璃组成又可分为 $PbO-ZnO-B_2O_3-SiO_2$、$PbO-ZnO-B_2O_3$、$PbO-B_2O_3-SO_2$ 和 $PbO-B_2O_3$ 四大类。铅玻璃结合剂对 CBN 的浸润性与使用的温度有关,一般使用温度不超过 550 ℃。实际上,这些铅玻璃属于结晶玻璃,它们可以在不同温度下析出不同的晶体,在一定程度上提高了玻璃结合剂的强度。由于铅玻璃本身的强度较低,即使部分结晶,其强度也不高。而且由于使用的主要原料氧化铅有毒,在高温下容易挥发,因此这类玻璃的使用受到限制。尤其是不利于环境保护和不符合国家的可持续发展战略,因而国外其他国家对铅玻璃体系研究甚少。目前,尚未看到有关铅玻璃作为 CBN 砂轮结合剂的文献报道。从与乌克兰学者的技术交流和相关资料发现,用铅玻璃作为结合剂的 CBN 砂轮的切削线速度不超过 50m/s,这并没有达到高速磨削的要求(切削线速度不小于 80m/s)。硼玻璃体系是国外使用较多的陶瓷结合剂体系。日本专利报道了一种硼玻璃,它是以 $Na_2O$、$B_2O_3$、$SiO_2$ 为基础,再加少量的 $Al_2O_3$ 和碱土金属氧化物,如 CaO、MgO、ZnO、BaO 组成。由于这种硼玻璃在烧结过程中容易析出方石英,在冷却过程中会发生方石英的马氏体转变造成较大的体积效应,因此,以硼玻璃作为结合剂烧制的 CBN 砂轮容易产生裂纹,导致砂轮强度大为降低。研究发现在硼玻璃中加入硼酸铝晶须可以抑制方石英的析出,同时可以起到晶须强化作用。由于硼酸铝晶须的热膨胀系数与 CBN 接近,因此不会产生裂纹等不良情况。英国 Jackson 等学者详细研究了陶瓷结合剂磨具的微观磨损行为。他们采用的结合剂属于铝硼硅酸盐玻璃,其中 $SiO_2$、$Al_2O_3$ 和 $B_2O_3$ 的总量约为 88%(质量分数),碱金属氧化物为 5.8%(质量分数),剩下的为碱土金属氧化物。Stainewiz 等学者对 $Li_2O-PbO-Al_2O_3-B_2O_3-SiO_2$ 和 $Na_2O-BaO-Al_2O_3-B_2O_3-SiO_2$ 等系统的结合剂进行了研究，通过研究结合剂的热膨胀系数、显微硬度、抗折强度以及磨料的润湿性能，指出显微硬度大于 4 GPa、抗折强度大于 60 MPa、线（膨）胀系数在 $(2.5\sim10)\times10^{-6}$ $K^{-1}$ 的玻璃基本可以作为超硬材料的结合剂。并指出含氧化钡的玻璃比较适合 CBN 磨具的制造。Yang 等用正交方法研究了 $Na_2O$、$Al_2O_3$、$B_2O_3$、CaO 等成分对陶瓷结合剂 CBN 砂轮强度的影响。结果表明，磨具试样的抗折强度随着 $Al_2O_3$、$B_2O_3$ 添加量的增加而增加，随 $Na_2O$、CaO 量的增加而降低。陶瓷 CBN 试样的抗折强度增加的原因归结于 $[AlO_4]$ 和 $[BO_4]$ 四面体的形成和烧结致密度的提高。陶瓷 CBN 试样的抗折强度随 $Na_2O$、CaO 量的增加而降低的原因在于减弱了玻璃网络的强度。但一定量的网络改变体是必须的，因为能够降低玻璃的黏度，有利于陶瓷 CBN 磨具的烧结和提高强度。目前国内用作 CBN 砂轮结合剂的体系基本分为四类：第一类为矿物成分 + 助熔剂，助熔剂包括低熔点玻璃（硼玻璃、钙玻璃）和低熔点矿物（锂辉石、硼砂等），这类结合剂由于采用天然矿物，虽然成本较低，但由于矿物成分因产地、批次发生变化，因此很难保证陶瓷结合剂的质量；第二类为铝硼硅酸盐玻璃，目前，国内这类玻璃结合剂的组成中含有较高的碱金属氧化物，虽然玻璃的软化点较低。但不利于 CBN 砂轮的高速磨削；第三类为低熔点的硼玻璃，这类玻璃结合剂的组成基本上与日本专利报道相同，存在的问题同样是方石英的析出影响强度的问题，研究表明这类结合剂无法用于超高速磨削的 CBN 砂轮；第四类为低熔点的可切削微晶玻璃，但该类体系的研究刚刚开始还不够深入，尤其在制作陶瓷 CBN 砂轮整体性能方面有待深入系统研究。总体上来讲，国内 CBN 砂轮结合剂的体系选择和配方确定基本上是沿用传统磨具的结合剂，或是照搬外国文献报道的有关组成配方。迄今为止，尚无评价陶瓷结合剂是否满足高速磨削 CBN 砂轮的具体标准。虽然国内文献报道的某些陶瓷结合剂可以满足 CBN 砂轮高速磨削（线速度不小于 80 m/s），但尚未查阅到系统的研究数据。表 10-5 所示为某公司陶瓷结合剂组成配比，供参考。

**表 10-5 陶瓷结合剂组成**

| 陶瓷结合剂 | 配方组成（摩尔分数）/% | | | | | | | | | | | | |
|---|---|---|---|---|---|---|---|---|---|---|---|---|---|
| | $SiO_2$ | $B_2O_3$ | $Al_2O_3$ | $Na_2O$ | $Li_2O$ | $K_2O$ | $P_2O_3$ | $TiO_2$ | CaO | $AlF_3$ | NaF | MgO | $Fe_2O_3$ |
| 1 号 | 65 | 20 | 4 | 5 | 3 | 2 | 1 | — | — | — | — | — | — |
| 2 号 | 60 | 10 | 6 | 10 | — | — | — | 6 | 3 | 3 | 2 | — | — |
| 3 号 | 65 | 15 | 11 | 3 | — | — | — | — | 3 | — | — | 2 | 1 |

### 10.5.2 结合剂组成设计原则

陶瓷结合剂的强度、高温流动性和润湿性都与玻璃的组成直接相关。由于陶瓷 CBN 砂轮高速磨削的特点，低熔点低强度的铅玻璃系列不能满足要求。应在硼玻璃的基础上进行成分的调整以适应低熔点高强度且不易腐蚀 CBN 磨粒的要求。合适的玻璃体系应为硼铝硅酸盐玻璃，碱金属氧化物以不超过 5%（质量分数）为宜。结合剂的原料除了应选择成分稳定的矿物原料如石英砂引入 $SiO_2$ 成分外，其他的原料应使用化学纯原料，这样能够保证结合剂性能的稳定性。在陶瓷结合剂组成设计中，必须考虑“硼-铝反常”现象，否则会造成结合剂性能的恶化。为保证选择合适的黏度和润湿性的结合剂，必须测定玻璃温度-黏度曲线和温度浸润角度曲线,进行科学的选择。考虑到 CBN 磨料的热稳定性,陶瓷 CBN 砂轮的烧结温度以不超过 900 ℃为宜。而降低 CBN 磨具烧结温度的关键因素就是陶瓷结合剂的耐火度。所以,陶瓷结合剂的熔点尽可能低,同时必须满足合适的高温流动性和润湿性。除了这些性能以外,另外一个不可忽视的性能指标就是陶瓷结合剂的热膨胀性能。为了避免陶瓷 CBN 磨具在制造和使用过程中由于陶瓷结合剂、CBN 磨粒和辅助磨料热膨胀系数失配引起的热应力造成裂纹和开裂,必须保证各相的膨胀系数匹配。因此,陶瓷结合剂组成配方设计必须预先计算其膨胀系数。膨胀系数的计算公式要选择合理,否则误差太大会影响到结果的正确性。但最终结合剂的膨胀系数的好坏应以测定烧结好的结合剂试样的数据为准。需要指出的是,结合剂的膨胀系数合适与否必须综合考虑平均膨胀系数和动态膨胀系数(膨胀系数随测试温度的变化曲线)。由于陶瓷 CBN 磨具是随温度逐步烧结而成的,因此,如果结合剂和 CBN 的膨胀系数随烧结温度的变化曲线相接近,将会更好地避免热应力的产生。在测定陶瓷结合剂的热膨胀系数时,升温速度尽可能与制造磨具时采用的升温速度一致。因为升温速度对膨胀系数的测定有一定的影响。

### 10.5.3　陶瓷结合剂 CBN 磨具配方设计

根据磨具的用途和档次,在确定 CBN 品质、粒度浓度的基础上,确定 CBN、结合剂和气孔之间的体积比例,而后进行具体计算。按照使用线速度和磨削比的要求,考虑磨具胎体的强度和硬度需要,一般结合剂含量在 15% ~30% 之间,比普通陶瓷磨具含量大。表 10 - 6 所示为某公司陶瓷 CBN 磨具配方,供参考。

**表 10 - 6　陶瓷 CBN 磨具配方**

| 磨具号 | 配方组成 | | | | |
|---|---|---|---|---|---|
| | CBN | | 玻璃结合剂 | | 气　孔 |
| | 粒径/μm | 比例/% | 配方号 | 比例/% | 比例/% |
| 1 | 155 | 50 | 1 号 | 15 | 35 |
| 2 | 60 | 45 | 1 号 | 25 | 30 |
| 3 | 43 | 45 | 1 号 | 20 | 35 |
| 4 | 60 | 45 | 1 号 | 15 | 40 |
| 5 | 60 | 45 | 2 号 | 20 | 35 |
| 6 | 155 | 45 | 2 号 | 30 | 25 |
| 7 | 60 | 45 | 2 号 | 15 | 40 |
| 8 | 43 | 40 | 2 号 | 20 | 40 |
| 9 | 60 | 45 | 3 号 | 20 | 35 |
| 10 | 43 | 45 | 3 号 | 15 | 40 |

### 10.5.4　陶瓷结合剂 CBN 磨具生产工艺

首先,陶瓷结合剂的配料要求精细,要求用高精度天平称量。粗粒度 CBN 采用湿法混料，W28 以细粒度 CBN 采用干法混料。冷压烧结工艺有两种方式：一种是大压力冷压成形，经整形、干燥后，无压烧结；另一种是小压力冷压后，带模进烧结机边压边烧结。烧结工艺对陶瓷 CBN 砂轮的性能和生产效率有重要影响。目前国内常用的烧结工艺为第一种传统的陶瓷生产工艺又称冷压工艺。冷压时的压力大，容易压碎 CBN 磨粒，并且在常压下烧结温度高，保温时间长，容易腐蚀 CBN 磨粒，且生成的磨具组织疏松。而对于先进的复合材料制备，更多采用第二种热压烧结工艺。热压烧结是指加温烧结的同时进行加压的一种烧结方式，可避免磨粒被压碎，有利于产品质量和生产效率的提高。由于烧结是带模进行，可以成形复杂的制品并降低废品率，从而更保证了磨具的形状和尺寸，并且气孔的分布比较均匀且气孔率可控。同时，热压烧结的驱动力增加，可以在更低的温度下完成烧结过程。这样做的好处可以最大程度减少 CBN 磨粒的氧化以及结合剂中的碱金属成分对 CBN 磨粒的化学腐蚀。通过调节工艺制度可以方便地控制气孔率的数量和大小。若气孔率达不到要求，可以添加适量的造孔剂。我们认为，热压烧结工艺有可能成为今后制造陶瓷 CBN 砂轮的重要方法，很有必要进一步深入地进行系统的工艺研究和试验。图 10－26 所示为两种生产工艺流程图。

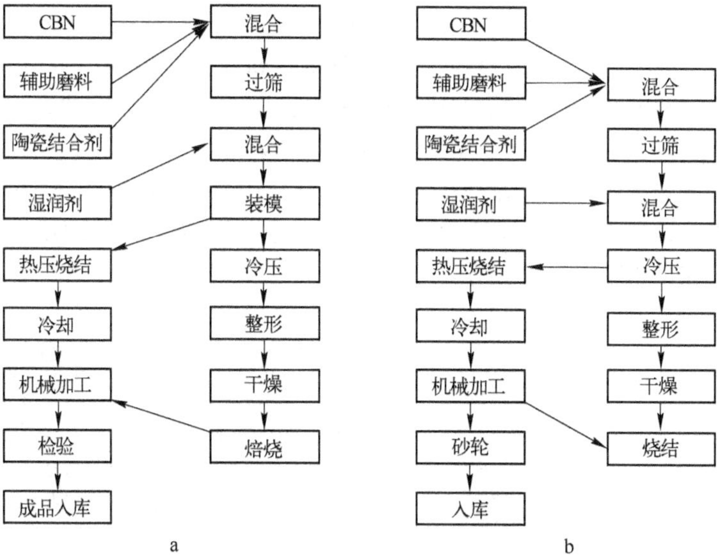


图 10－26　陶瓷 CBN 磨具两种生产工艺流程比较图

a—热压法；b—冷压法

### 10.5.5　高速磨削技术的发展和陶瓷结合剂超硬材料磨具的应用

在工业发达国家，对于大批量、高精度的磨削加工，其加工件硬度 HRC 大于 45 的，基本上都用陶瓷 CBN 砂轮磨削。陶瓷 CBN 砂轮被广泛地应用在汽车的主要零件加工上，如凸轮轴、曲轴、变速箱的齿轮轴和齿轮、轴承和刹车片等；也用在机床的精密加工件如导轨、丝杠和电机轴的磨削以及印刷机零件的磨削，其精度达到 0.3～0.50 μm。陶瓷 CBN 砂轮在轧钢辊轮的磨削加工和航空航天以及军工等领域均有广泛的应用。遗憾的是近几年我国汽车工业的高速发展，却大量使用着进口的陶瓷 CBN 砂轮。笔者认为，这不仅仅是技术差距上的原因。综观目前国内超硬材料工具行业的 CBN 砂轮产品，不论外观或内在质量，均有长足的进步，至少可以部分替代进口砂轮。不仅是在汽车工业、机械制造业，还有钢铁工业都应该有国产陶瓷 CBN 磨具的广阔市场。

日本在近 20 年来，应用 CBN 砂轮在高速磨削技术上发展迅速。在凸轮轴和曲轴磨床上的磨削速度从 1976 年的 40 m/s，发展到目前实用的 200 m/s。400 m/s 的超高速平面磨床也已经研制出来，该磨床主轴最高转速 30000 r/min，最大功率 22 kW，采用 $\phi$250 mm 的 CBN 砂轮。日本三菱重工推出 CA32 - U50A 型 CNC 超高速磨床，采用陶瓷结合 CBN 剂砂轮，磨削速度达到 200 m/s。

德国应用 CBN 砂轮在超高速磨床上加工齿轮，磨削速度 155 m/s，811 $mm^3/(mm \cdot s)$的切除率，实现了对 16MnCr5 钢齿轮的高效加工。Guhring Automation 公司于 1983 年制造了功率 60 kW，转速 10000 r/min，砂轮直径 400 mm 的强力磨床。

美国应用高速磨床十分普遍，主要采用 CBN 砂轮，可实现 160 m/s 磨削速度下，达到 75 $mm^3/(mm \cdot s)$的切除率，对高温合金进行高效磨削，加工后粗糙度达到 $Ra1 \sim 2$ μm，尺寸公差 ±13 μm。另外采用 $\phi$400 mm 陶瓷 CBN 砂轮，以 150 ~ 200 m/s 的磨削速度加工，可达到粗糙度 $Ra0.8$ μm，尺寸公差 ±2.5 ~ 5 μm。

我国有关高速磨削的研究发展也很快，近期在机床高速主轴系统采用悬浮轴承和动静压轴承的优化设计方面有所创新，有所突破。2000 年湖南大学即推出了最高线速度达 120 m/s 的数控凸轮轴磨床；东北大学研制成功最高速度达 250 m/s，额定功率 55 kW 的超高速试验磨床。高速磨削砂轮多采用 CBN 制造，故具有很好的耐磨性，还要求高的动平衡精度，高的刚度和良好的导热性。砂轮基体采用钢或铝合金，避免残余应力。目前有湖南宇环同心数控机床有限公司等多家企业生产各种高速 CBN 数控磨床，如，TKM120 CNC/CBN 全数控凸轮轴系列磨床（如图 10 - 27 所示），功率 50 kW。

图 10 - 27　湖南 TKM120 CNC/CBN 全数控凸轮轴型磨床

桂林矿产地质研究院于 2002 年购进一台中国台湾远山机械公司的 PCD/PCBN 工具磨床，配置的是陶瓷金刚石砂轮 $\phi$150 mm × 40 mm × 40 mm，用于磨削 PCD/PCBN 刀具和 PCD 木工刀具，图 10 - 28 所示为中国台湾 FC - 200D 型 PCD/PC 磨床。从图 10 - 29 到图 10 - 32 为国产陶瓷 CBN 砂轮产品。

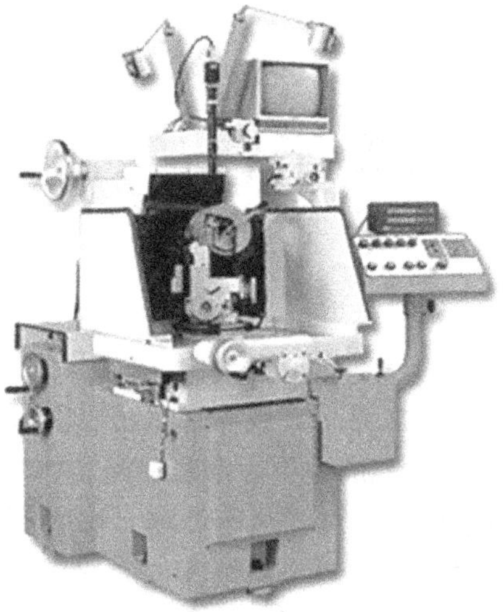

图 10－28 中国台湾 FC－200D 型 PCD/PC 磨床

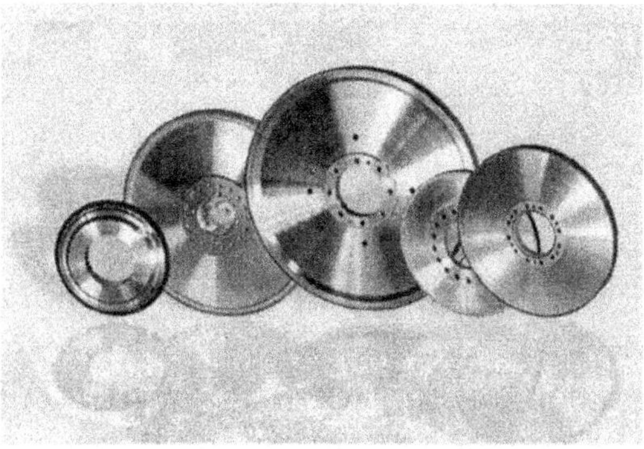

图 10－29 国产 CBN 砂轮

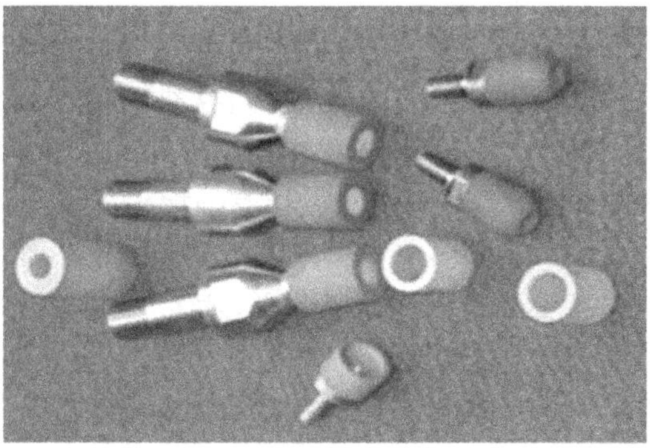

图 10－30 曲轴磨国产陶瓷 CBN 砂轮

图 10－31 内圆磨国产陶瓷 CBN 砂轮

图 10－32 凸轮轴磨国产陶瓷 CBN 砂轮

# 11 高温钎焊超硬材料工具

## 11.1 概述

超硬材料的高硬度和优良的物理力学性能，使得超硬材料工具成为加工各种坚硬材料不可缺少的有效工具。而影响超硬材料工具使用寿命及性能的主要因素之一是胎体对超硬材料的黏结性能（也就是胎体对超硬材料晶体的包镶能力）。由于金刚石与一般金属和合金之间具有很高的界面能，所以金刚石颗粒不能为一般低熔点合金所浸润，黏结性极差，在上述传统的制造技术中，金刚石颗粒仅靠胎体冷缩后产生的机械力镶嵌于胎体中，而没有形成牢固的化学键结合或冶金结合，导致金刚石颗粒在工作中易与胎体分离，大大降低了金刚石工具的寿命及性能水平。大部分孕镶式工具中，金刚石的利用率较低，大量昂贵的金刚石在工作中脱落于废屑之中。金刚石孕镶式工具是一种将金刚石颗粒和金属粉末（胎体材料）混合后烧结制成的特殊复合材料。金刚石颗粒在胎体中一般呈随机状态分布，工具工作时随着胎体的不断磨损，使得一层层的金刚石颗粒不断露出并作为微切削刃刻取岩石、碎裂和脱落，以接力的形式连续工作，循环往复以至消耗完毕。利用金刚石表面金属化技术赋予金刚石表面许多新的特性，如优良的导热导电性、热稳性好，并改善其原有的理化性能，提高其对金属或合金溶液的浸润性等。所谓金刚石表面金属化，是指利用电镀、粉末冶金、物理气相沉积、化学气相沉积、热喷镀等工艺及设备，在金刚石表面形成金属、合金、金属碳化物或它们的混合物层并与金刚石发生界面反应，使金刚石表层具有金属的特性。

金刚石表面预金属化并非最终目的，而仅是实现与胎体金属化学冶金结合的措施之一。镀覆后的金刚石在烧结成锯（钻）齿后，其折断面上暴露出的金刚石均失去了镀层，而脱落了金刚石的残留坑表面十分光滑，这种现象似乎说明了金刚石与胎体还未能达到化学包镶的水平。因而即使实现了金刚石的表面预金属化，传统的固相粉末冶金烧结法也不可能实现金刚石与胎体材料间的牢固结合。

钎焊是指待焊表面并不直接接触，而是通过两者毛细间隙中的中间液相使固液相间能更充分进行扩散而实现很好的原子结合，形成中间液相的填充材料称为钎料。高温钎焊是指钎焊温度超过 900 ℃而又不使用钎剂的钎焊方法（如真空钎焊、气体保护钎焊）。其原理是采用含有活性元素（如 Ti、Cr、W 等）的钎料在钎焊的过程中使活性元素与金刚石表面发生化学反应并形成一层碳化物，借助于这层碳化物的作用，金刚石、胎体（钎料）、基体三者就能通过钎焊实现牢固的化学冶金结合。高温钎焊超硬材料工具在如下方面显示无可比拟的优势。

（1）结合强度高，故磨料间的结合层厚度仅需保持在磨料高度的 20% ~30% 即足以牢固把持住磨料。

（2）磨料出露高，如此薄的结合层厚度意味着具有高达 70% ~80% 的磨料裸露高度，从而大大扩展了磨料间的容屑空间，不容易发生切屑堵塞而导致工具失效。

(3) 磨料本身的利用率高，工具的寿命大大提高。

(4) 其牢固的化学冶金结合适合高效磨削。

(5) 在节约资源和环境保护方面较传统工艺有着明显的优势，大大提高了绿色制造度。

20 世纪 80 年代末，人们开始探索钎焊技术用于金刚石工具制作。某些国家将钎焊温度超过 900 ℃而又不使用钎剂的钎焊方法（如真空钎焊、气体保护钎焊）称作高温钎焊。采用在金刚石表面镀覆某些过渡族元素如 Ti、Cr、W 等，并与其发生化学反应在表面形成碳化物。通过这层碳化物的作用，金刚石、结合剂、基体三者就能通过钎焊实现牢固的化学冶金结合，从而实现真正的金刚石表面金属化，这就是金刚石高温钎焊的原理。

传统的超硬材料工具在使用过程中金刚石或立方氮化硼单晶的工作间隙非常小且利用率不足三分之一，严重影响了工具的切削效率及寿命。高温钎焊技术可以实现金刚石或立方氮化硼单晶与胎体的化学冶金结合，从而大大提高两者之间的结合强度。与传统烧结技术和电镀技术相比，超硬材料工具的允许最大出刃值达到粒径的三分之二以上，在工具的功耗不增加或有所降低的条件下，工具的寿命提高 2 倍以上。所以大力研究开发高温钎焊技术在制造超硬材料工具中的应用，是解决当前超硬材料工具技术难题的关键，对促进我国超硬材料工具新产品开发有着重大的技术价值和经济效益。

作为具有卓越切削性能的新一代超硬材料工具，高温钎焊超硬材料工具有着十分广泛的应用范围。它的研究开发成功不仅可以提高国内超硬材料工具的研究水平，还可为国内超硬材料磨具行业带来新的技术经济增长点，而且可以拉动包括各种金属材料、各种结构与功能陶瓷材料、光学玻璃、半导体、石材、建材以至宝玉石等整个加工行业，国内外市场前景广阔。

目前，在国内外，用高温钎焊技术制造超硬材料工具已成为热点技术，桂林矿产地质研究院于 20 世纪 90 年代末，开始超硬材料高温钎焊技术的研究开发。首先，着重对钎料活性元素对超硬材料润湿性机理进行深入的研究探索，微观上利用高科技手段探测金刚石在金属胎体包镶中的形貌和出刃值；其次，研究金刚石有序排列实现产业化生产的具体方法；再次着重研究真空钎焊孕镶金刚石钻头的制造工艺方法。经过多年努力，购置了真空炉和检测仪器，包括引进日本 JEOL—JSM—6460—LV 型扫描电子显微镜和德国 Diainfpect. OSM 型超硬磨料图像自动分析系统等设备，并开展了多轮次的设计、试制和试验，取得了初步成果，期间还有研究生参与，以此作为研究生课题进行研究和试验。

## 11.2 国内外研究进展情况

国外从 20 世纪 80 年代末即开始该项目的研究探索，美国在 20 世纪 90 年代初就申请与高温钎焊技术有关的专利，随之奥地利、德国、瑞士等都有过该项技术成功的报道。

瑞士的 A. K. Chattopadhyay 等用火焰喷镀法（氧-乙炔焊枪）把钎料合金（72% Ni，14.4% Cr，3.5% Fe，3.5% Si，3.35% B，0.5% $O_2$）镀于工具钢基体上，把金刚石布排于焊料层面上，然后在 1080 ℃、氩气保护下感应钎焊 30 s 来实现金刚石与钢基体结合。钎料合金中的 Cr 作为一种强碳化物元素，在钎焊过程中向金刚石表面富集而实现金刚石的表面金属化。合金厚度为 80 μm 时金刚石（粒径为 250 ~ 212 μm）的出刃情况最佳。

Wiand 等美国专利上介绍的方法是将焊料（Ni - Cr）金属粉加有机黏结剂制成钎焊漆。

把包衣金刚石粘在工具钢基体上，然后涂附钎焊漆，再加热到一个适中的温度和保温一定的时间以排除挥发物质。在真空炉（真空度 $1.333\times10^{-2}$Pa）或干式氢气炉中加热到 1100 ℃左右，保温 1 h，钎焊的同时完成金刚石的表面金属化。

还有一些专利也同样采用了 Ni－Cr 合金钎料实现了钎焊，钎料中还包括 Fe、B 元素或者 Si、Mo 等。例如，在采用含有 Si 或者 Si 和 Ti 的 Ni－Cr 合金钎料在真空炉中实现钎焊，钎焊温度为 1126～1176 ℃。还有专利表明采用 Cu 基（含有 W、Fe、Cr、B、Si 等）钎料钎焊金刚石砂轮和采用 Ag－Mn－Zr 银基钎料来钎焊金刚石工具从而替代电镀工具。

德国的 A. Trenker 等在高温钎焊的过程中分别采用了镍基活性钎料和镍基钎料来实现金刚石与基体的结合。并对其与电镀工具作了对比，高温钎焊金刚石工具性能比电镀金刚石工具优异得多。钎焊工具（使用活性钎料和 PDA989、PDA665 金刚石）起始磨削性能是电镀工具（镍基钎料和 PDA665 金刚石）的 3.5 倍以上，其工具寿命也至少是电镀工具的 3 倍以上。钎焊工具具有较好磨削性能的重要原因是钎焊金刚石工具有较大的容屑空间，这样金刚石磨粒有较大的自由切削面并且磨粒之间有较多的空间，使切屑很容易地被排除。

国内有诸多单位先后开展对高温钎焊金刚石工具的研究开发，如南京航空航天大学、第四军医大学、西安交通大学、华侨大学等。

第四军医大学和西安交通大学在国内外钎焊金刚石研究的基础上，采用真空炉（真空度为 0.2Pa）内高温钎焊的方法，以 NiCr13P9 合金为钎料，配以少量 Cr 粉，在高温（950 ℃）加压（4.9MPa）的条件下进行钎焊，从而实现了金刚石与钢基体间的牢固结合。钎料均匀分布于砂轮表面，金刚石已被牢固钎焊，触摸砂轮表面，感觉相当锐利粗糙。钎料在金刚石磨粒间分布均匀，金刚石出刃高度高，其耐用度较电镀砂轮有了明显提高，工作后仅有少量金刚石脱落。

南京航空航天大学的肖冰等利用高频感应钎焊的方法，用 Ag－Cu 合金和 Cr 粉共同作中间层材料，在空气中感应钎焊 35 s，钎焊温度 780 ℃，实现了金刚石与钢基体间的牢固结合。姚正军等利用 Ar 气保护炉中感应钎焊的方法，用 Ni－Cr 合金粉末作钎料，真空感应钎焊 30 s，钎焊温度 1050 ℃，实现了金刚石与钢基体的牢固连接。利用扫描电镜和 X 射线能谱，结合 X 射线衍射结构分析，发现在钎焊过程 Cr 元素金刚石界面形成富 Cr 层，并与金刚石表面的 C 元素反应生成 $Cr_3C_2$ 和 $Cr_7C_3$，这是实现合金层与金刚石有较高结合强度的主要因素。磨削实验采用大切深缓进给重负荷进行，从砂轮磨削后的表面形貌来看，没有金刚石整颗脱落，金刚石磨粒属正常磨损，这说明金刚石有较高的把持强度，能够适合于高效磨削加工。

21 世纪初，苏州腾龙机械公司和南京航空航天大学合作成立苏州南航腾龙科技公司，专门生产钎焊金刚石工具产品推向市场，并不断增加品种，扩大应用范围，其金刚石磨轮、异形磨轮、磨碟、手提轮和金刚石串珠绳锯等许多钎焊工具均获得用户认可，占领了一定的市场份额。目前，在国内从事钎焊超硬材料工具生产的企业已经发展到 20 家以上，包括泉州华大超硬工具科技公司、厦门东南新石材工具公司、上海普奥金刚石制品公司、长葛市黄河电气有限公司和江阴市立新金刚石工具公司等等。在这些高温钎焊工具产品的销售使用过程中，异形磨轮产品显示出独特的优越性能，大有取代电镀制品的趋势。

1999 年中国台湾砂轮工业股份公司在意大利维罗纳石材展会上专门展出许多高温钎焊金刚石工具产品，引起轰动效应。欧洲不少大理石开采矿山订购他们的钎焊金刚石串珠绳锯，使用效果非常好，不但切割效率高，工作寿命达到普通电镀串珠绳锯 3 倍以上，断绳 5 ~8 次仍可使用。

## 11.3　高温钎焊超硬材料工具结构设计与分类

随着钎焊工具应用范围的不断扩大，其产品名目繁多，工具结构丰富多样。不同用途结构各异，目前可用于生产的都是单层超硬材料钎焊工具，因此，其外形结构设计即是基体的结构设计。只要留出金刚石镀层厚度，经过钎焊之后，就能达到所要求的外廓尺寸。下仅举手提异形磨轮的结构设计的例子作为参考。

### 11.3.1　手提异形磨轮结构设计

手提异形磨轮装在手提电机上，可以靠石材板边缘沿着板材边进行异形磨削，操作十分方便，其结构如图 11 -1 所示。磨轮中间有轴承，右端盖可贴靠在板材面上起支撑和定位作用。这样可以保证板材沿边磨削形状的一致性，并提高磨削效率。图 11 -2 所示为磨轮上的金刚石有序排列。图 11 -3 所示为手提磨轮基体零件图。

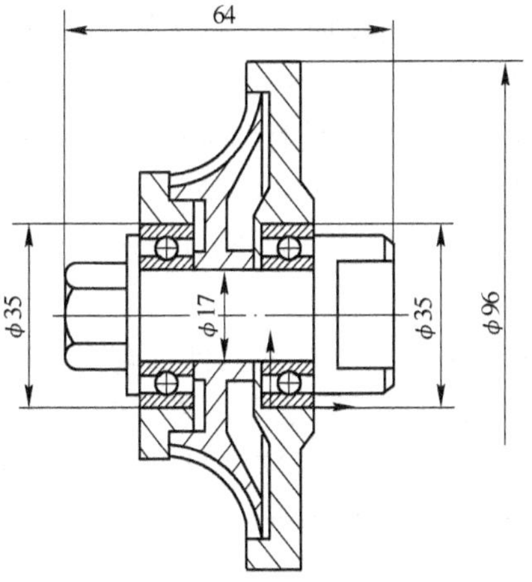


图 11 -1　手提异形磨轮结构图

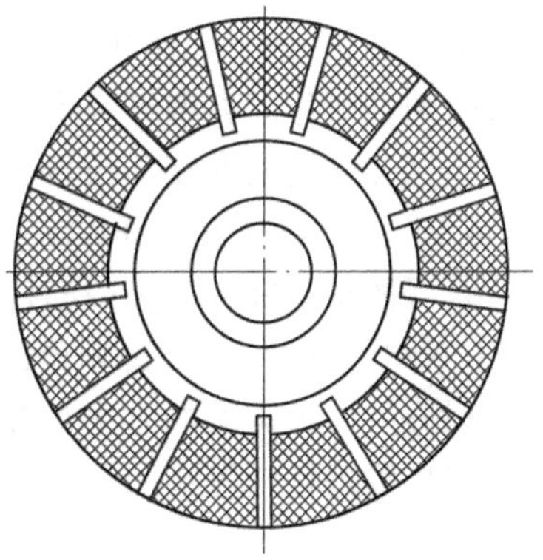

图 11 -2　手提磨轮金刚石有序排列

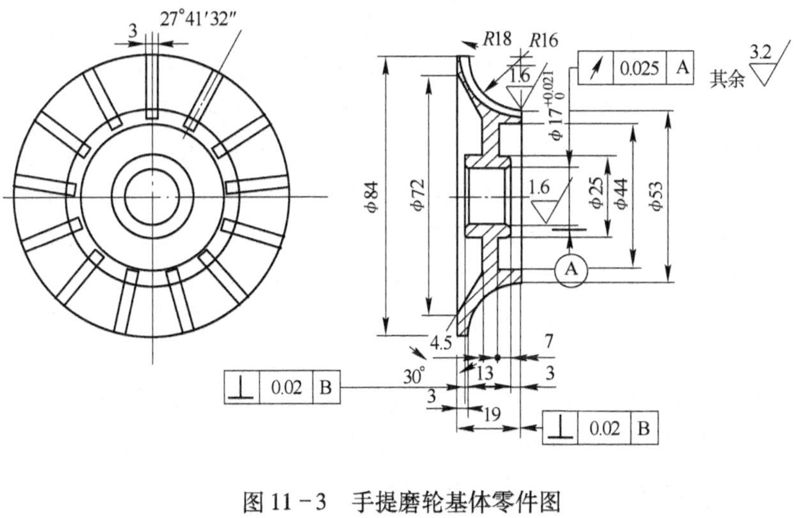


图 11 -3　手提磨轮基体零件图

### 11.3.2　钎焊的定义和分类

钎焊属于固相连接，钎焊时母材不熔化，采用比母材熔化温度低的钎料，加热温度采取低于母材固相线而高于钎料液相线的一种连接方法。当被连接的零件和钎料加热到钎料熔化，利用液态钎料在母材表面润湿和铺展与母材相互溶解和扩散，在母材间隙中润湿、毛细流动、填缝，与母材相互溶解和扩散而实现零件间的连接。

根据使用钎料的液相线温度不同，钎焊一般分为以下三种：

（1）软钎焊：钎料液相线温度低于450 ℃，通常使用钎剂。由于钎料熔点低，被钎焊件只需加热到较低的温度。软钎焊接头强度较低，尤其在较高温度下下降更加明显。

（2）硬钎焊：钎料液相线温度高于450 ℃，一般使用钎剂。硬钎焊的接头强度较高，有时可达到母材强度，因此可用于受力构件。

（3）高温钎焊：钎料液相线温度超过900 ℃而又不使用钎剂的钎焊方法（如真空钎焊、气体保护钎焊和真空高频感应钎焊）。

高温钎焊的特点是不使用钎剂。通常在软钎焊和硬钎焊时，为了去除母材和钎料表面上总存在的表面层（如氧化物、氮化物等），以及防止金属表面在加热时继续氧化，一般均使用钎剂。钎剂是靠化学途径去除表面氧化物的，同时它又能降低钎料的表面张力，使钎料能很好地润湿母材，有利于钎料和母材的良好结合。但大部分钎剂具有腐蚀性，容易使接头的强度和抗腐蚀性下降。高温钎焊不使用钎剂，为了防止金属表面氧化和使钎料润湿母材，重要的一环是保证气氛的纯度。根据气氛的不同，可分为还原气体（$H_2$、$N_2$、CO）钎焊、惰性气体（氩气或氦气）钎焊和真空钎焊。

也有人习惯于将钎料分为高温钎料、中温钎料和低温钎料。这种划分没有明确的分界温度，对于不同的母材金属，其划分的大致温度也有较大的差异，也存在更大的不确定性。钎料种类划分另一种常见的方法是按其组成的主体金属来命名，如软钎料可以分为铟基钎料、锡基钎料、铅基钎料等；硬钎料可分为铝基钎料、银基钎料、镍基钎料等。

### 11.3.3　金刚石和立方氮化硼的钎焊性

金刚石由于其高的界面能而使大多数纯金属对金刚石的浸润性都很差，虽然Al、Fe、Co和Ni在液态时能浸润金刚石，但在能浸润的温度下，它们对金刚石的侵蚀都很严重。至于像Ti、Zr、Cr、V等碳化物形成元素，虽然都能很好地浸润金刚石，但它们的熔化温度都大于1600 ℃，在这个温度下金刚石将会严重石墨化。从钎焊金刚石的角度出发，似乎找不到一种既能充分浸润而又不严重侵蚀金刚石的纯金属材料。因此，寻找适合的钎料是一个切实可行的途径。如寻找适当熔点的合金材料作为钎料，再考虑加入某些活化元素以改善对金刚石的浸润性和亲和性，或者直接寻找含有活性元素的合金钎料，使其在钎焊过程中所含活性元素先与金刚石反应生成碳化物，然后通过碳化物层的作用使钎料与金刚石形成化学冶金结合。

钎焊金刚石的另一个难点是金刚石的线［膨］胀系数低于大多数金属材料，为了防止在钎焊热应力作用下产生裂纹或断裂，应尽量选择与金刚石膨胀系数差异较小的金属元素。表11－1列出了部分金属材料的线［膨］胀系数。

表 11-1 金刚石与一些金属材料的线[膨]胀系数

| 材 料 | 线[膨]胀系数/$K^{-1}$ | 材 料 | 线[膨]胀系数/$K^{-1}$ |
|---|---|---|---|
| Ag | $19.68\times10^{-6}$ | Mn | $22\times10^{-6}$ |
| Cu | $16.5\times10^{-6}$ | Ti | $8.4\times10^{-6}$ |
| Al | $23.6\times10^{-6}$ | Cr | $6.2\times10^{-6}$ |
| Co | $14.2\times10^{-6}$ | Zr | $5.85\times10^{-6}$ |
| Sn | $21\times10^{-6}$ | Mo | $4.9\times10^{-6}$ |
| Ni | $12.6\times10^{-6}$ | W | $4.6\times10^{-6}$ |
| Au | $14.2\times10^{-6}$ | Si | $(2.8\sim4.2)\times10^{-6}$ |
| Pb | $29.1\times10^{-6}$ | B | $8.3\times10^{-6}$ |
| Fe | $11.7\times10^{-6}$ | 金刚石 | $(0.6\sim4.3)\times10^{-6}$ |

立方氮化硼的钎焊性比金刚石更差,要制造高温钎焊 CBN 工具难度更大。国外于 20 世纪 90 年代初开始研究试验钎焊 CBN 工具。首先在钎焊前对 CBN 进行镀膜处理,用化学气相沉积(CVD)方法在 CBN 磨粒表面沉积一层 TiC 膜,沉积温度 1000 ℃,沉积时间 90 min,然后采用 Ni-P 合金在 1040 ℃下进行真空感应钎焊,获得成功。但是,工艺复杂,成本高,至今未能投入工业化生产。在高温钎焊 CBN 前的 TiC 预镀膜时发现,原来无法浸润 CBN 的 Cr、Ni 合金钎料,这时却能获得较好的浸润效果。进一步试验发现,对 CBN 的浸润程度与钎焊合金的初始厚度、钎焊温度、钎焊时间和金属的流动性有关,严格地控制这些因素,可以取得较好的浸润效果。

### 11.3.4 高温钎焊超硬材料工具的分类

该项工具国家尚未制定产品国家标准,只好按使用行业部分分类。

(1) 石材行业用高温钎焊金刚石工具:1)高温钎焊小型圆锯片;2)高温钎焊金刚石磨轮和异形磨轮、磨碟;3)手提异形磨轮(中间带轴承,装在手提电机上);4)罗头铣;5)真空钎焊钻头;6)真空钎焊什锦锉刀;7)真空钎焊金刚石串珠绳锯。

(2) 固结磨具行业用高温钎焊超硬材料磨具:1)高温钎焊单层金刚石磨轮;2)高温钎焊多层金刚石磨轮;3)高温钎焊单层 CBN 磨轮;4)高温钎焊多层 CBN 磨轮。

(3) 地质勘探用高温钎焊金刚石表镶钻头和孕镶钻头。

(4) 医疗器械用高温钎焊各种牙医器具。图 11-4 所示为桂林矿产地质研究院下属“国家特种矿物材料工程中心”采用真空炉高温钎焊研制的各种单层金刚石钎焊工具,包括磨轮、磨碟、手提异形磨轮、罗头铣和精密整形盘等;图 11-5 所示为苏州南航腾龙科技公司采用真空高频感应方法生产的高温钎焊工具,包括金刚石串珠绳锯、手提异形磨轮、钻头等;图 11-6 所示为华大超硬材料工具科技公司采用真空高频感应方法生产的高温钎焊工具,包括小锯片、串珠、什锦磨头和手提异形轮等。

图 11－4　国家特种矿物材料工程中心的高温钎焊金刚石工具产品

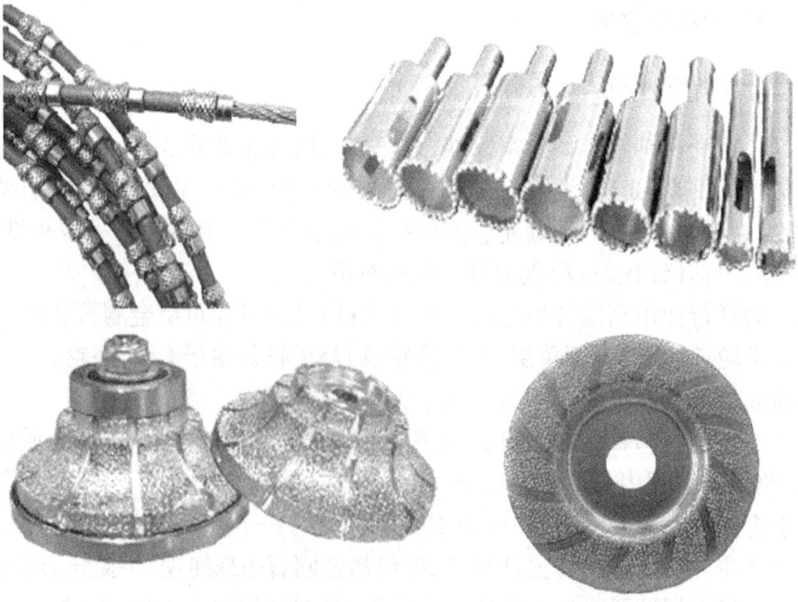

图 11－5　苏州南航腾龙科技公司的高温钎焊金刚石工具

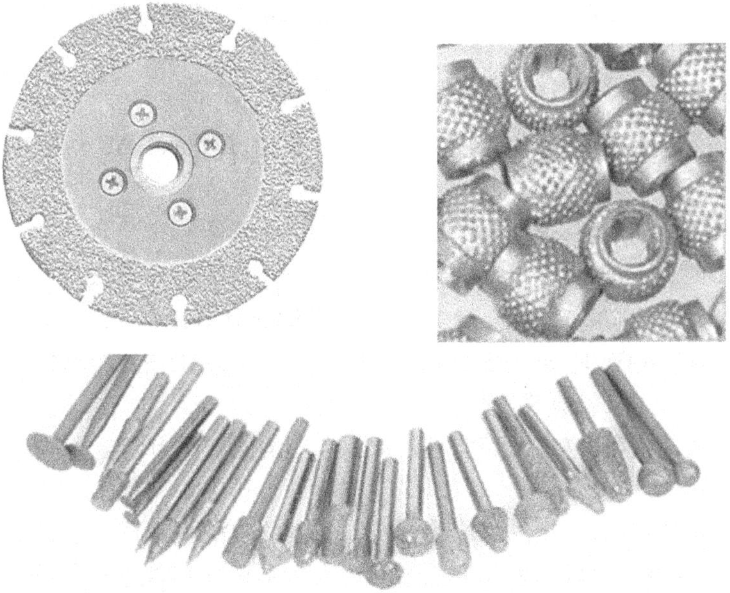

图 11－6　华大超硬材料工具科技公司的高温钎焊金刚石工具

## 11.4　钎料活性元素对金刚石的浸润机理

超硬材料工具中，超硬材料硬质点是切削元件，其无疑是最基本的组成部分。但胎体也是不可或缺的组成部分，其对金刚石能否充分、有效地发挥作用起决定性的作用。因而对胎体的配方和性能的研究、测试，已成为行业的重点技术之一。特别是胎体对金刚石的包镶能力，已成为当今研究的热门课题。

在“包镶”技术中，人们一直在探索实现“化学包镶”的可能性。因而，胎体中黏结剂对切削元件的“湿润”是最经常出现的一个术语。在研究开发新胎体材料及论述其优越性时，总要提及并示出其对金刚石具有小的湿润（接触）角。

“湿润”是出现于液体与固体接触表面的一种现象，因而金刚石工具只有在液相烧结时才有研究“湿润”的可能。也就是说，要想通过“湿润”来提高“包镶”能力，必须首先存在液相。

存在液相这是“湿润”的必要（先决）条件，但还不是充分条件，还必须要求液相物质与金刚石（碳）间有低的界面能。

具有强烈形成碳化物倾向性的金属在熔化时能使金刚石润湿，因而可采用含有活性元素（强碳化物形成元素）的合金或单活性元素金属作为金刚石工具的黏结剂。

文献指出，Ti、Zr、Ta、Nb 等强碳化物元素对氧十分活泼，在百万分之几的氧量时就会阻碍其对金刚石的润湿，因而只能在惰性气体或高真空下进行。通常瓶中的惰性气体并不纯，需用吸氧剂来进一步纯化。通常在空气中钎焊，真空度要求达 $1.33\times10^{-3}$ Pa。这些元素对碳的强活性，往往引导金刚石工具制造者把它们作为首选元素来加以应用。对于这些元素要求液相烧结（或钎焊）时的气氛条件比较苛刻这一点，并未引起足够的重视或不具备实施的现实条件。Ti 是常被提到的一个活性元素，由理论计算可得到在不同活度时的平衡氧势。对于含 Ti 的合金料，假设在 1200 K 时合金中只有 Ti 元素被氧化，且该合金为理想溶液，Ti 的活度（$a_{Ti}$）即等于其摩尔浓度。

平衡氧势：　$p_{O_2} = a_{Ti}^{-2} \times \exp(\Delta G/RT) \times 10^5$ Pa

式中，$T = 1200$ K；$R = 8.31441$ J/(mol · K)；$R \times T = 9977.3$ J/mol；$\Delta G = -202232 \times 4.186 = -846543$。

当 $a_{Ti} = 0.01$ 时，$p_{O_2} = 10^4 \times \exp(-84.84) \times 10^5 = 1.427 \times 10^{-28}$ Pa

当 $a_{Ti} = 0.1$ 时，$p_{O_2} = 10^2 \times \exp(-84.84) \times 10^5 = 1.427 \times 10^{-30}$ Pa

可见，$1.33 \times 10^{-3}$ Pa 的真空度，对于 Ti，不可能阻止其氧化。

对于 Ni，当 $a_{Ti} = 0.01$ 时，$p_{O_2} = 3.2 \times 10^{-3}$ Pa，在 $1.33 \times 10^{-3}$ Pa 真空度中，其是不会氧化的，但其对金刚石又不是“活性元素”。

人们总是期望简便而有效，因而能否以常规生产条件来作为“活性元素”选择的立足点是值得研讨的课题。

金刚石孕镶块的烧结，常规的工艺是在石墨模具的包围中进行。石墨是一种万能脱氧剂，其氧化曲线可与任何金属的氧化曲线相交。在合适的液相烧结（或钎焊）温度时，如果石墨（碳）与氧的化合反应能值低于所选活性元素与氧的化合反应能值，则就可保证该活性元素表面的“纯洁”，实现该元素对金刚石的润湿和形成化学键。

表 11－2 列出了某些元素的碳化、氧化反应能与碳的氧化反应能的对比。

**表 11－2　金属的碳化、氧化反应能与碳的氧化反应能比较**

| 元　素 | 碳化反应能/cal · mol$^{-1}$ | 氧化反应能/cal · mol$^{-1}$ | $C + O_2$/cal · mol$^{-1}$ | 温度/K |
|---|---|---|---|---|
| Ta（钽） | -34400 | -384700 | -95289 | 1000 |
| | -34300 | -365427 | -103677 | 1200 |
| Ca（钙） | -20240 | -255330 | -95289 | 1000 |
| | -21968 | -245866 | -103677 | 1200 |
| Th（钍） | -42400 | -260190 | -95289 | 1000 |
| | -41800 | -296231 | -103677 | 1200 |
| U（铀） | -23100 | -218000 | -95289 | 1000 |
| | -23400 | -210000 | -103677 | 1200 |
| Ce（铈） | -19700 | -210650 | -95289 | 1000 |
| | -18060 | -201080 | -103677 | 1200 |
| Zr（锆） | -41900 | -213810 | -95289 | 1000 |
| | -41460 | -205000 | -103677 | 1200 |
| Al（铝） | -44019 | -213542 | -95289 | 1000 |
| | -44019 | -204882 | -103677 | 1200 |
| Ti（钛） | -41404 | -202232 | -95289 | 1000 |
| | -40924 | -193712 | -103677 | 1200 |
| Si（硅） | -11132 | -165193 | -95289 | 1000 |
| | -10802 | -156533 | -103677 | 1200 |

续表 11-2

| 元 素 | 碳化反应能/cal·mol$^{-1}$ | 氧化反应能/cal·mol$^{-1}$ | $C+O_2$/cal·mol$^{-1}$ | 温度/K |
|---|---|---|---|---|
| V(钒) | -22600 | -170000 | -95289 | 1000 |
| | -22300 | -162820 | -103677 | 1200 |
| Mn(锰) | -3564 | -149431 | -95289 | 1000 |
| | -3616 | -142499 | -103677 | 1200 |
| Nb(铌) | -30700 | -156200 | -95289 | 1000 |
| | -30620 | -148804 | -103677 | 1200 |
| Cr(铬) | -17920 | -137230 | -95289 | 1000 |
| | -18228 | -128944 | -103677 | 1200 |
| | -18382 | -124801 | -107871 | 1300 |
| W(钨) | -8600 | -101900 | -95289 | 1000 |
| | -8560 | -98240 | -99439 | 1100 |
| | -8520 | -94580 | -103677 | 1200 |
| Mo(钼) | -6705 | -97500 | -95289 | 1000 |
| | -6705 | -95447 | -97344 | 1050 |
| | -6705 | -89342 | -103677 | 1200 |
| Co(钴) | +1870 | -78000 | -95289 | 1000 |
| | +1454 | -71240 | -103677 | 1200 |
| Fe(铁) | +458 | -47690 | -95289 | 1000 |
| | -0.8 | -46479 | -98496 | 1077.5 |
| | -134 | -46128 | -99439 | 1100 |
| | -726 | -44566 | -103677 | 1200 |
| Ni(镍) | +6410 | -35640 | -95289 | 1000 |
| | +6070 | -31566 | -103677 | 1200 |

注:1cal=4.1868 J。

由表 11-2 可见,在温度为 1200K (927 ℃)时,W、Mo、Fe 与 C(金刚石)的反应自由能均为负值,表明对金刚石具有“活性”。而这时,C(石墨)与氧结合形成 CO 气体的活性要大于这些元素形成金属氧化物的活性。这表明在用常规的热压烧结炉及装料、烧结工艺的条件下,在 927 ℃时能液化的含有 W、Mo、Fe 的黏结剂对金刚石有实现化学包镶的能力。

如何利用“活性元素”不仅是烧结技术中一直在探索的课题,也是金刚石钎焊技术中研究的项目。近年来在单层金刚石工具制作中已开始运用钎焊法,这一应用颇受业内人士的关注。“烧结”和“钎焊”从表面来看属于两个技术领域,但从本质来看,均属于“冶金”的范畴,“钎焊”与“液相烧结”似乎不存在什么本质上的区别。硬质合金的制作(WC 加 Co)属于粉末冶金的液相强化烧结,也可认为是钎焊过程,WC 是母材(固相),Co 是钎料(液相)。在金刚石工具制作中,若不考虑金刚石刀头与工具钢体间的连接,“钎焊”的作用是把金刚石(母材)加胎体材料(母材)与钎料(也属胎体材料)焊接在一起,达到化学冶金结合的目的。从粉末冶金的角度看,在结合过程中,母材是固相,是骨架材料,钎料是液相,是黏结材料。

金刚石(或石墨)的钎焊,可采用两种方法:一是金刚石先表面金属化,通过表面的金属碳化物层来实现钎料对其润湿,文献指出,进行表面金属化预处理是传统的方法,这种方法工艺复杂,费时耗资;二是直接采用活性钎料。从至今发表的有关钎焊单层金刚石工具的文章中看,均未采用金刚石表面预金属化,而是直接采用活性钎料或加活性金属。

目前,在制作单层金刚石钎焊工具时,一般都采用 Cr 作为“活性元素”。文献在论述用 Ni - Cr 合金钎料焊金刚石工具时指出,Ni - Cr 合金十分有效地润湿和黏结金刚石晶体。合金中的 Cr 优先地向金刚石表面偏析形成易被合金润湿的富 Cr 反应产物。

由表 11 - 2 可知,Cr 对金刚石有足够的活性,对氧又不是太敏感,对于金刚石工具,将是首选的活性元素。但表中的数据也表明,在氧充分的条件下,含 Cr 的黏结剂(钎料)在 1300 K 时都不能对金刚石实现化学包镶。C 的氧化线与 Cr 的氧化线相交于 1250 ℃(1523 K)处,这样高的烧结(钎焊)温度对于金刚石是有害的。至今,采用 Cr 作为“活性元素”的钎焊,均是在高真空或惰性气体介质环境中进行。能否在常规的制造条件下应用,未见分析报导。

由表 11 - 2 得知,在 1200 K 的温度时,Cr 的夺氧能力仅略大于 C。在加热腔中,若存在着含 Cr 的镍基合金和石墨(模具)两种固体,可以推测,腔中的氧将与这两种固体进行气-固反应。石墨作为一种纯物质与氧反应时,其活度 $a_C = 1$。能与氧发生反应的合金中的 Cr,活度将等于其在该合金中的摩尔浓度,假设 $a_{Cr} = 0.1$,可以算出在 1200K 时各自的平衡氧势:

对于石墨　　$p_{O_2} = \exp(-103677/9977.3) \times 10^5 = 3.07\ \text{Pa}$

对于 Cr　　$p_{O_2} = 10^2 \times \exp(-128944/9977.3) \times 10^5 = 24\ \text{Pa}$

在氧源被隔断的条件下,随着石墨和 Cr 的氧化,加热腔中的氧分压很快降低。当低于 24Pa 时,Cr 的氧化终止,石墨仍在氧化而使腔中氧分压继续减小,这时被氧化的 Cr 将被还原,Cr 的活性得到保持。若在合金中加少量比 Cr 更易氧化的另一活性元素,也可起到保护 Cr 活性的作用。这些措施的采用,有可能使 Cr 的活性在常规制造条件下得以发挥。

文献采用 Ni82CrBSi 片状钎料,在常规的真空热压烧结炉中,运用低真空(真空度为 $9 \times 10^3$ Pa)、石墨模装等技术措施,取得了好的金刚石包镶效果,用开刃法检测金刚石的最大出刃比达 72%(见图 11 - 7)。

文献表明,采用 Ni - Cr 合金粉末钎料,在高频感应焊机上直接进行金刚石钎焊,钎焊过程在空气中进行。对钎焊试样进行刻划花岗岩磨损实验,测定金刚石出刃高度的变化,如图 11 - 8 所示。由图可见,金刚石磨粒的(最大)出露高度可达磨粒本身高度的 72%。

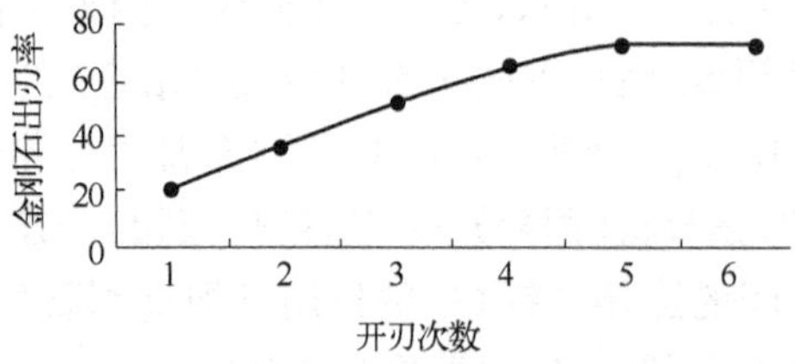


图 11 - 7　开刃次数与出刃值的关系

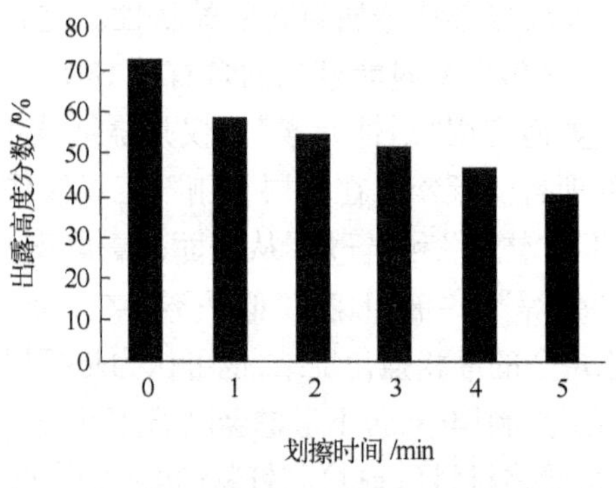


图 11 - 8　金刚石出露高度变化图

文献中采用激光烧结金刚石孕镶块，重点研究测试了两种成分的孕镶块：ПC12HBK－Co－金刚石，XTH－23－Co－金刚石。ПC12HBK 的组分为 ПГ－10H－01(65)和 WC(35)，XTH－23 是以 12X18H10T 不锈钢为基的合金粉。表 11－3 为它们的化学组分。

表 11－3 两种材料化学组分(质量分数) (%)

| 材 料 | Fe | Ni | C | Cr | Ti | B | Al | Si |
|---|---|---|---|---|---|---|---|---|
| ПГ－10H－01 | 3～7 | 其余 | 0.6～1 | 14～20 | | 2.8～4.2 | 0.8～1.2 | 4～4.5 |
| XTH－23 | 其余 | 6～8 | | 20～20.5 | 2.4～2.5 | 2.5～2.6 | | |

在空气中，激光照射金属、合金粉末的同时间接快速地加热了金刚石。当达到 Co 的熔化温度 1450 ℃(液相存在时间仅 $10^{-2}$ s)时，未观察到金刚石的明显损坏。液态钴很好地润湿了金刚石，这对于加强对金刚石的黏结是很重要的。ПC12HBK 和 XTH－23 有较低的熔点(分别为 1220 ℃和 1320 ℃)，也未观察到金刚石的损坏。

文献只是强调了润湿的作用，未强调表面金属化，甚至提到要抑制液态金属(钴)对金刚石的溶解而使金刚石的性能受损。试验研究表明，即使在空气中快速加热烧结金刚石孕镶块，并不会阻碍钴和表 11－3 中的两种钎料(含铬镍基合金和含铬铁基合金)对金刚石的良好润湿和包镶。

### 11.4.1 对钎料的基本要求

根据钎料在金刚石表面润湿及在界面形成化学冶金结合等钎焊机理的研究，以及钎焊金刚石工具对结合剂层性能的特殊要求，钎料的选择应遵循以下原则：

(1) 具有适当的熔点，钎焊的温度应低于金刚石开始石墨化的温度。

(2) 钎料对金刚石的钎焊是通过能与碳形成中间碳化物并且对它的浸润来实现的，因此钎料应含有强碳化物元素，但又不侵蚀金刚石。

(3) 对金刚石具有良好的润湿性能及填缝性。钎料应具有良好的润湿性能及填缝性能，应能在金刚石与胎体表面充分铺展并能充分填满钎缝间隙。通常液态钎料是靠毛细作用填充到钎缝间隙中去的，并且钎料对金刚石与胎体的润湿性的优劣将直接影响到钎料填缝的效果。此外，为保证钎料良好填缝，在钎料流入接头间隙之前就应处于完全熔化状态。因此，应将钎料的液相线看成是钎焊时可采用的最低温度，接头的整个截面必须加热到液相线温度或更高的温度。

(4) 钎料要有较好的力学性能和物理化学性能，如有足够的强度、高的抗冲击韧性、耐磨、耐蚀、耐热和抗氧化等综合性能。

(5) 金刚石的线膨胀系数低于大多数金属材料，极易在钎焊热应力的作用下产生裂纹而使其强度降低。因此，钎料的线[膨]胀系数与金刚石的差异越小越好。

(6) 能满足使用要求。钎料的形状(粉末、片状等)应符合制作工艺的要求。所得到钎焊接头应能满足使用要求，如力学性能(常温、高温或低温下的强度、塑性和冲击韧性等)和物理化学性能(如导电、导热、抗氧化和抗腐蚀等)方面的要求。另外，还应考虑钎料的经济性，在满足工艺性能和使用性能的前提下，应尽量少用或不用稀有金属和贵金属，从而降低生产成本。

### 11.4.2　钎料中合金元素及其作用

国内外对采用何种钎料钎焊金刚石工具进行了长时间的探索，我国目前已选择合理的钎焊料有如含活性元素的铜基钎料、银基钎料，Ni－Cr 合金粉，$NiCr_{13}P_9$ 合金等。这些合金钎料在适宜的钎焊温度下对金刚石都表现出良好的浸润性，并能在界面处形成化学冶金结合。

含有活性元素的 Ag 基和 Cu 基合金钎料虽然可直接用于金刚石的钎焊，但这些合金由于强度低、耐磨性差，特别是耐磨削高温性能差，一般适用于对强度、耐磨性和耐磨削性能要求不高的钎焊，如金刚石修整笔、玻璃刀、结构陶瓷、石墨和普通加工用砂轮等的钎焊连接，并不适用于作为重负荷高效磨削用高温钎焊金刚石工具的结合剂。按照前述对胎体的要求，最适合的选择是含活性元素的镍基合金钎料。各元素的作用分述如下：

(1) 镍(Ni)在钎焊中的作用。金属 Ni 是面心立方结构，有十分好的延展性、韧性和抗氧化性。钎焊时 Ni 对金刚石几乎不侵蚀，不与金刚石反应形成碳化物，但液态 Ni 可以牢固地附着在碳纤维表面，形成一层极薄均匀铺展 Ni 膜，且附着功较大，对金刚石表现出很大的黏结力和良好的浸润性能。由表 11－1 可知 Ni 的线[膨]胀系数比 Ag、Cu、Al、Co 小，比 Fe 略大，与金刚石的差异不很大。

(2) 铬(Cr)在钎焊中的作用。Cr 是金属碳化物的形成元素，钎焊时 Cr 向金刚石界面富集与金刚石表面的碳反应生成 $Cr_3C_2$、$Cr_7C_3$、$Cr_{23}C_6$ 等种类的碳化物，从而达到化学冶金结合，这是钎焊工具远远优于电镀工具的关键。另外，碳化物的形成对降低内界面张力，提高 Ni－Cr 合金溶液对金刚石的浸润起决定作用。Cr 还可以提高钎料的抗氧化能力。

(3) Si(硅)、B(硼)、P(磷)在钎料中的行为。Si、B、P 的主要功能是降低钎料熔点和提高钎料流动性和浸润性。

### 11.4.3　高温钎焊超硬材料工具的突出优势

高温钎焊工艺目的就是通过钎焊实现界面上的化学冶金结合，从根本上改善磨料、钎焊合金材料和基体三者之间的结合强度。其在如下方面显示出优异的性能：

(1) 结合强度高，故磨料间的结合层厚度仅需保持在磨料高度的 20%～30% 即足以牢固把持住磨料。

(2) 磨料出露高，如此薄的结合层厚度意味着具有高达 70%～80% 的磨料裸露高度，从而大大扩展了磨料间的容屑空间，不容易发生切屑堵塞而导致工具失效。

(3) 磨料本身的利用率高，工具的寿命大大提高。

(4) 其牢固的化学冶金结合适合高效磨削。

图 11－9 所示为利用桂林矿产地质研究院扫描电镜(SEM)拍摄的金刚石钎焊后其界面与钎料(活性元素)的冶金化学结合状态。图 11－10 所示为无钎料烧结之后金刚石界面与胎体的表面结合形貌。由此比较，可明显看出其结合强度的显著差异，足以证明高温钎焊超硬材料工具的突出优势。借助扫描电镜、X 射线能谱和 XRD 分别对金刚石、钎料、胎体三者界面进行形貌分析、定点成分分析和结构分析。结果表明，Ni－Cr 合金中的活性元素 Cr 在钎焊过程中向金刚石富集并与金刚石表面的 C 元素反应生成强碳化合物，在胎体界面上 Ni、Cr 原子与 Co 原子相互扩散形成牢固结合，从而三者在钎焊过程中相互之间实现了牢固的化学冶金结合。

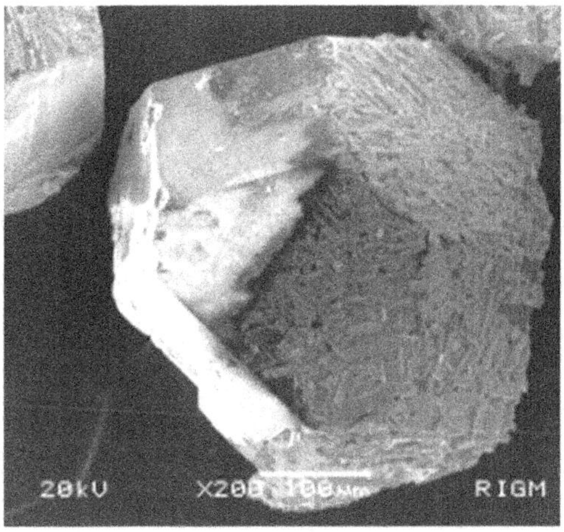


图 11-9 金刚石与钎料冶金化学结合形貌

图 11-10 金刚石与无钎料胎体结合形貌

## 11.5 目前常用的钎料种类与特点

国内外科学工作者进行了大量的高温钎焊单层金刚石的研究工作。按钎料可把其分为如下几类。

### 11.5.1 Ag 基钎料

11.5.1.1 Ag-Cu(-Cr)

武志斌等人采用添加有 Cr 的 Ag-Cu 合金作为钎料。方案一:如图 11-11 所示,砂轮基体为 45 钢;金刚石无镀膜,40~50 目;中间层材料为添加有 Cr 的 Ag-Cu 合金;在上海新兴机械厂制造的 GP30-CW7 型高频焊机上进行;钎焊温度 780 ℃左右;钎焊时间 35s。方案二:不加 Cr 粉,其余与方案一相同。

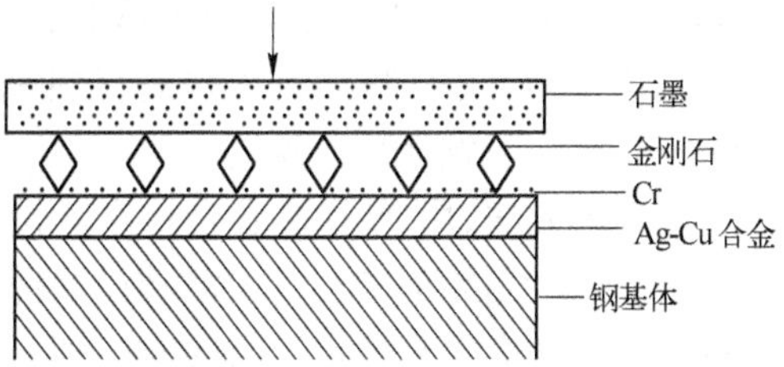


图 11-11 接头结构形式示意图

方案一钎焊结果发现,除边缘少量金刚石脱落外,其余金刚石被牢牢钎焊住。方案二结果发现金刚石颗粒全部脱落,没被钎焊住,说明仅用 Ag-Cu 合金作填充料而不加 Cr 等碳化物形成元素不可能形成接头。利用 SEM 和 X 射线能谱对方案一的金刚石与合金接头区垂直于界面方向的截面进行定点成分能谱分析可以看到,Cr 元素有明显的偏析,其中靠近金刚石处 Cr 元素有较高的浓度分布。Cr 元素从 Ag-Cu-Cr 合金中分离出并在金刚石结合界面偏析形成富 Cr 层,是因为 Cr 与 C 有较强的亲和力,可形成稳定的 Cr 的碳化物

$Cr_3C_2$。从而说明利用高温钎焊，选用 Ag - Cu 合金和 Cr 粉共同作中间材料可以确保合金层与金刚石之间能获得较高的结合强度。

11.5.1.2　Ag - Cu - Ti 合金

Fenglian Sun 等人采用 Ag - Cu - Ti 合金（其成分为92(72Ag - 28Cu) - 8Ti）为钎料，研究了金刚石与其钎焊性能，利用 XRD、EDX 和 SEM 进行分析，结果发现在合金和金刚石表面生成了一种新物质：TiC。在剪切力作用下，合金和金刚石在一些区域一起破裂，这是由于在合金和金刚石界面产生了化学冶金结合。

### 11.5.2　Ni 基钎料

11.5.2.1　Ni - Cr 合金

姚正军等人用银基钎料加 Cr 粉，在 780 ℃空气中感应钎焊 35 s 实现了金刚石与钢基体牢固连接。该工艺的优点是钎焊温度低，金刚石的热损伤小。缺点是银基钎料耐磨削高温性能差。因而尝试利用 Ar 气保护炉中钎焊的方法，采用 Ni - Cr 合金粉末作钎料钎焊金刚石磨粒。其优点是 Ni - Cr 合金本身强度高，钎焊后可获得的对磨料的把持力高；Ni - Cr 合金熔点高，耐磨削高温性能好。缺点是钎焊温度高（1030 ℃），容易造成金刚石的热损伤而使金刚石强度降低，为此特采用 Ar 气保护钎焊，尽量减小金刚石的热损伤和氧化。武志斌等人以 Ni - Cr 合金粉末做钎料，进行了一系列的钎焊单层金刚石砂轮的研究，实现了金刚石与钢基体间的化学冶金结合。利用扫描电镜、X 射线能谱和 X 射线衍射对结合界面的结构进行了分析，发现在钎焊过程中，Ni - Cr 合金中的 Cr 原子向金刚石界面扩散形成富 Cr 层并在金刚石表面形成 $Cr_7C_3$。姚正军等人发现利用 Ar 气保护炉中钎焊的方法，用 Ni - Cr 合金粉末作钎料，适当控制钎焊温度、保温时间和冷却速度，实现了金刚石与钢基体的牢固连接。利用扫描电镜和 X 射线能谱，结合 X 射线衍射结构分析，发现在钎焊过程中 Ni - Cr 合金中的 Cr 元素分离出来，在金刚石界面形成富 Cr 层，并与金刚石表面的 C 元素反应生成 $Cr_3C_2$ 和 $Cr_7C_3$，这是实现合金层与金刚石有较高结合强度的主要因素。Ni - Cr 合金与钢基体间存在明显的相互扩散，已形成冶金结合。界面处的 C、Fe 和 Cr 的浓度较高，形成 $(Fe_xCr_y)C$ 类型的碳化物，这是实现 Ni - Cr 合金层与钢基体有较高结合强度的主要因素。另外，合金中还含有 B 和 Si，其作用是降低钎料熔点和提高钎料流动性和浸润性。重负荷磨削实验表明金刚石为正常磨损，没有整颗金刚石脱落。

另外，肖冰等人用真空感应钎焊方法，用 Ni - Cr 合金片作钎料，实现了金刚石与钢基体间的牢固连接。利用扫描电镜和 X 射线能谱，结合 X 射线衍射结构分析，发现 Ni - Cr 合金中的 Cr 原子与金刚石表面的碳原子反应生成稳定连续的 CrC 和 $Cr_3C_2$ 膜，在与钢基体结合界面上生成 $(Fe_xCr_y)C$，这是实现合金层与金刚石及钢基体之间都有较高结合强度的主要因素。最后通过磨削实验验证了金刚石确有较高把持强度。卢金斌等人用 Ni - Cr 合金钎料，适当控制钎焊温度、保温时间和冷却速度，实现了金刚石与钢基体的高强度连接。并用深腐蚀的方法处理钎焊后的试样，用扫描电镜、X 射线能谱仪，结合 X 射线衍射结构分析，对金刚石与钎料界面微区结构进行了分析。结果发现，在钎焊过程中，钎料会在金刚石界面形成富铬层并与金刚石表面的 C 元素反应生成 $Cr_7C_3$ 和 $Cr_3C_2$，其中 $Cr_7C_3$ 呈笋状生长，$Cr_3C_2$ 呈片状生长。Ni - Cr 合金与金刚石的冶金结合，是实现金刚石和钢基体有高结合强度的主要因素。最后通过磨削对比实验验证了金刚石与钎料有较高的结合强度。

11.5.2.2 Ni－Cr－B

T. Ymazaki 等人用 Ni－B－Cr 基合金为钎料对金刚石进行了焊接，不过 Shengfang Huang 等人发现以 Ni－12Cr－4Fe－3Si－2.5B（质量分数，%）为钎料时，促进了金刚石的石墨化，从而减弱了金刚石与基体材料的结合力。

### 11.5.3 Cu 基钎料

11.5.3.1 Cu－Ti－Sn

Wenchung Li 等人采用 Cu－10Sn－15Ti 合金为钎料，在真空条件下，钎焊温度 925 ℃左右，钎焊时间 5 min。结果发现在金刚石与合金的界面上，在金刚石[100]和[110]面的相同方向上生成了一层 TiC 的纳米晶，TiC 层的厚度大约在 500～600 nm，在金刚石与 TiC 的界面上，沿金刚石[100]方向上的格子数量远大于垂直于[100]方向上的格子数量，即 TiC 层沿[100]面生长。另外，一层 TiC 在[110]面上，沿[110]方向柱状晶的 TiC 厚度大约在 40～60nm。另外，Shengfang Huang 等人发现在激光条件下进行钎焊会有离散的 TiC 晶粒分布在界面上，并且只有在真空条件下才会在金刚石和结合剂的界面上有 Ti 和 Sn 的隔离分布。

11.5.3.2 Cu－Sn－Ni－Ti

孟卫如等人发现，应用真空钎焊技术，分别采用含有强碳化物形成元素 Cr、Ti 的 $BNi_2$、$BNi_7$ 及自制的 Cu－Sn－Ni－Ti 钎料试制了单层金刚石圆锯片，在一定的钎焊温度、时间及真空度下，金刚石与钎料及基体之间均可形成化学冶金结合，但结合的状况及锯切性能随钎料的不同而改变。试验证实自制的 Cu－Sn－Ni－Ti 钎料钎焊温度低，焊接时金刚石的热损伤小，钎料与金刚石有很好的润湿性。不仅基体对金刚石有较高的把持力，而且钎料与所切割的石材有很好的适应性。自制钎料制成的锯片，具有较好的锋利度和切割寿命，与普通烧结锯片相比，锋利度提高 1 倍而寿命保持相当。金刚石的磨损与钎料的磨损同步，使金刚石在切割过程中始终能够保持较大的出刃，同时钎料金属与金刚石、基体之间形成了钎焊连接，基体对金刚石有很高的把持力，有效地提高了金刚石的利用率。

## 11.6 国内有关高温钎焊超硬材料工具研制生产情况

国内有关高温钎焊超硬材料工具研制生产情况见表 11－4。

**表 11－4 国内有关高温钎焊超硬材料工具研制生产情况**

| 金刚石 | 钎焊料 | 钎焊设备 | 钎焊工艺 | 钎焊产品 | 研制单位 |
|---|---|---|---|---|---|
| 16/20～300/400 人造/天然金刚石 | Cu－Sn－Ti；Cu－Cr；Ni－Cr－P；Ni－Cr－Ag；Cu－Ag－Ti | 高真空，惰性气体或大气中（钎焊熔剂保护） | 钎焊温度高于钎料温度，50～100℃，时间尽可缩短 | 磨轮、磨头、什锦锉、串珠、线锯等 | 北京粉末冶金研究所 |
| SDA100＋40/50 | Ni－Cr－Si 合金 | 高温真空炉 | | 串珠、锯片、磨轮 | 中国台湾砂轮公司 |
| 100～200μm | | | | CMP 修整器 | |
| 40/50 | Ag－Cu 合金＋Cr 粉 | GP30—CWT 高频焊机 | 780℃、30 s | 开槽砂轮、磨轮、磨头、串珠、锯片等 | 南京航空航天大学 |
| SMD40/50，50/60 | Ni－Cr 合金 | VOQ2—80 真空淬火炉 | ＜1100℃ | | |
| | | SP—25 高频感应炉氩气保护 | 1050℃ | | |

续表 11－4

| 金刚石 | 钎焊料 | 钎焊设备 | 钎焊工艺 | 钎焊产品 | 研制单位 |
| --- | --- | --- | --- | --- | --- |
| 镀 Ti 金刚石 | Ag－Cu－Ni | 真空高频感应钎焊机 | 790℃，20s，保温 20min | 金刚石磨片 | 哈尔滨理工大学 |
| 镀 Ni 金刚石 | Ag－Cu－Cr | | 800℃，18s，保温 25min | | |
| 无镀膜金刚石 | Ag－Cu－Ti | | 940℃，12s，保温 25min，二次钎焊，二级加热 | | |
| SMD40/50 复合镀 Ti－Ni | BNi76CrP | SP－25 手提高频感应加热仪 | 680～720℃，12～18s | 钎焊实验 | 燕山大学 |
| 70/80 | NiCr13P6＋Cr 粉 | HVS—40 真空工业炉 | 950℃，保温 30min，真空度 $2\times10^{-1}$Pa | 牙科单层金刚石砂轮 | 第四军医大学<br>西安交大 |
| ISD1600，30/40 | Ni－Cr 合金 | GP—15 高频感应焊机 | 950℃，14s | 钎焊实验 | 华侨大学 |
| YSD700，40/50<br>YSD700，50/60 | Cu－Sn－Ni－Ti<br>Ni－Cr－Si－B<br>Ni－Cr－P<br>Cu62Mn38 | 真空辐射加热炉 | 900℃，保温 10min，真空度 $1.3\times10^{-1}$Pa；1050℃、950℃、900℃真空度 $10^{-2}$Pa | $\phi$125mm 干切锯片 | 西安交大<br>西安理工 |
| ISD1600，1750<br>30/40，40/50 | Ni－Cr | 真空炉 | 1120℃，10min，真空度 $1.3\times10^{-3}$Pa | 钎焊实验 | 北京科技大学<br>武汉万邦公司 |
| 30/40～50/60 | Ni－Cr | 高温真空钎焊炉 | 1010～1000℃，10min，真空度 $10^{-2}$Pa | 磨轮、锯片、玻璃钻头、装饰用钻头 | 黄河电气公司<br>长沙矿山研究院 |
| 30/40～50/60 | Ni－Cr | 高温真空钎焊炉 | 1000～1010℃，10min，真空度 $10^{-2}$Pa | 切割铸铁锯片装饰钻头 | 成都惠利公司<br>长沙矿山研究院 |
| 30/40～50/60 | Ni－Cr 合金 | 高频感应 | 1050℃ | 磨轮、锯片、绳锯 | 苏州南航腾龙科技公司 |

## 11.7 高温钎焊工具生产工艺

目前国内生产高温钎焊超硬材料工具主要采用两种生产工艺方法：一种是超硬材料磨粒在基体上有序排列之后送到真空电阻炉中，按设计的加热工艺，在设定的钎焊时间、温度和必要的真空度条件下进行钎焊；另一种是在氩气保护下（或在真空中）进行高频感应钎焊制作单层钎焊超硬材料工具。经试验检测表明，在真空电阻炉中钎焊的金刚石钎料界面上有两层结构，内层产物是 $CrC_2$，外层产物是 CrCa；高频钎焊的金刚石钎料界面上仅有单层产物 $CrC_2$。这两种工艺生产的工具，其界面结构虽有差别，但都存在化学冶金结合，保证金刚石和钎料层之间具有较高的结合强度。所以两种方法都是可行的，所生产的产品均具备卓越的性能，但是各有利弊。真空电阻炉法生产时间长，一次约一个小时左右，且设备投资大，但性能易于控制，质量稳定；高频感应钎焊法，生产效率高，投资少，但性能难以控制。

根据上述的设想，主要原材料的选择和工艺参数设计仅举几例供参考。

（1）真空电阻炉法生产金刚石工具：

金刚石:SMD25～SMD30,表面金属化金属(第一层)为W,第二层为Ni或Co。

胎体粉:Ni、Co、Fe、Cu、W(与Ni基钎料有好或较好互溶性的金属)在用粉状钎料时用,也可加WC。

钎料:1)B－Ni76CrP(比重7.94,粉状),焊接温度925 ℃,其用量为刀头总体积的25%左右;2)B－$Ni_{66}$MnSiCu(0.5 mm左右厚的带),焊接温度1010～1095 ℃,使用温度1035 ℃左右,使成液相的钎料量约为总钎料量的25%左右,也可选Ni－Cr－Si－B等成分的钎料带。

(2) 真空电阻炉法用Cr－Ni合金生产单层CBN砂轮:

1) 45号钢砂轮基体。

2) 钎料:Cr－Ni合金粉末,其主要成分为Ni 70%,Cr 10%,Si 3.5%,B 2%,Fe 2%。

3) CBN磨粒: 70/80。

4) 工艺: 真空度不大于0.01Pa, 钎焊温度1050 ℃, 保温时间4 min。

(3) 真空电阻炉法用Ag－Cu－Ti合金生产单层CBN砂轮:

1) 45号钢砂轮基体。

2) 钎料: Ag－Cu－Ti合金粉末,其主要成分为Ag 67%,Cu 20%,Ti 12%。熔点900 ℃。

3) CBN磨粒:70/80。

4) 工艺: 真空度不大于0.01 Pa, 钎焊温度不大于1000 ℃, 保温时间4 min。

(4) 真空高频感应法用Cr－Ni合金生产单层金刚石砂轮:

1) 45号钢砂轮基体。

2) 钎料:Cr－Ni合金粉末,其主要成分为Ni72%,Cr10%,Si3%,B2.5%,熔点1000 ℃。

3) 金刚石:80/100。

4) 工艺:真空度不大于0.01 Pa,钎焊温度不大于1030 ℃,时间40 s。

图11－12所示为利用真空电阻炉进行超硬材料高温钎焊的生产工艺流程。

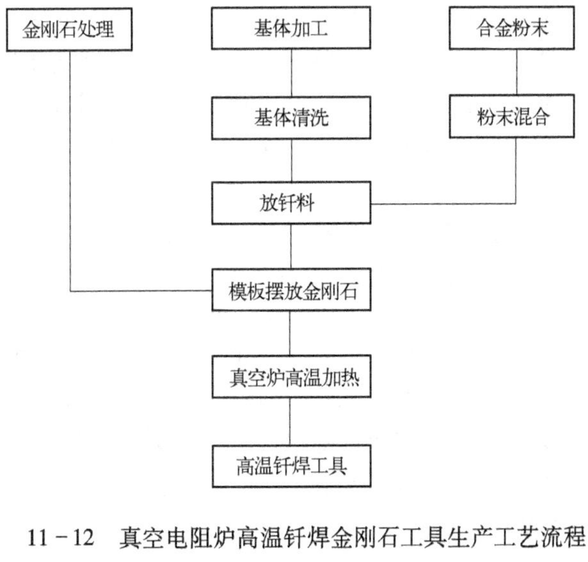


11－12　真空电阻炉高温钎焊金刚石工具生产工艺流程

## 11.8　超硬材料磨粒的有序排列问题

高温钎焊超硬材料工具的应用成功有赖于其磨粒的有序排列，两者密不可分。以往超硬材料磨粒在胎体中的分布都是随机的，磨粒之间的间隔不均，不能发挥每一颗磨粒的磨削作用，造成原料的浪费，还影响磨削效率。试验表明，高温钎料工具只要用原来1/5～2/5的超硬材料磨粒即可达到其他烧结或电镀工具同样的工作寿命。因此，在高温钎焊工具制造过程中的采用合理和高效的磨粒有序排列工序一直是超硬材料工具行业努力追求的目标。在工具钎焊过程中，首先按照加工条件的要求，优化设计出工具的最佳形貌，然后根据优化结果采用模板法等各种方法进行有序排布磨料，就有可能使钎焊工具的磨削性能达到更高水平。在模板上加工出孔径比金刚石磨粒直径略大、深度为金刚石高度70%的有规律排布的钻孔，按孔排布好金刚石（或CBN），合金钎料熔化后的厚度约为金刚石高度的30%。这种利用模板法进行的钎焊工艺不仅可以保证磨粒的有序排列，而且还可保证金刚石有70%的出露高度。目前国内各生产厂家基本上均采用这种模板法。只是该方法还不够完善，生产效率低，如何进一步提高产业化水平还有待行业志士的共同努力。

韩国“二和金刚石工业株式会社”于2004年研制成功ARIX金刚石自动排列系统（automatic array system）并申请了国际专利。该装置用于生产金刚石刀头，使得锯片的锯切效率提高30%，寿命提高一倍。

韩国SHINHAN公司应用磨粒有序排列技术于石材工业制造锯切金刚石工具的同时，还成功地应用于精加工领域，由于化学机械抛光（CMP）修整器和金刚石划线工具应用的增长，促进了精密加工工业的发展。公司期望在50亿美元的市场份额中，五年内从目前的2%提高到10%，这种增长中的绝大部分是由ARIX自动排列系统技术扩大后所制造的刀头而取得的。

### 11.8.1　磨粒的有序排列方法

#### 11.8.1.1　模板法

目前比较通用的方法，首先将钎料加少许有机黏结剂（易于挥发），压制成薄片。其次，将模板摆放在钎料薄片上面，金刚石撒落到模板，进入钻孔，每个钻孔放入一颗金刚石，多余的金刚石扫开。再用平板将金刚石压入钎料层。其三，将带金刚石的钎料薄片贴到基体上，即可送到真空炉进行加热钎焊。根据工具的形貌特点，必要时要加装石墨模套，以防止加热时钎料熔化流失。

模板材料选择：高频感应钎焊法可选陶瓷材料；真空炉法可选不锈钢薄板。根据工具的性能特点和金刚石粒度对模板钻孔的直径、孔距和排列进行优化设计，经电脑CAD绘图，送入激光钻孔机进行打孔，图11－13所示为模板法示意图。

该方法也可用于锯片多层刀头的金刚石有序排列的生产。只是生产效率比较低，不能适应大批量的产业化生产。图11－14所示为桂林矿产地质研究院工程中心试制的七层有序排列金刚石激光焊锯片刀头。四川惠利金刚石工具公司已经研制出金刚石排布机在市场上出售。它是利用真空将金刚石吸到模板的孔内，再移放到粉末压片上，由于压片面上涂胶，金刚石即可有序地粘到压片面上。

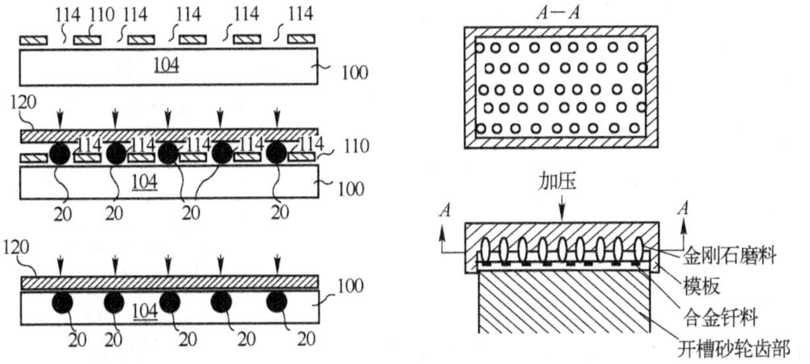


图 11－13 模板法示意图

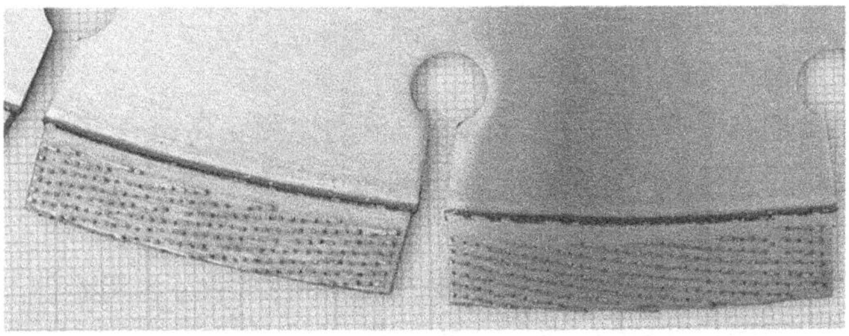

图 11－14 七层有序排列金刚石激光焊锯片刀头

11.8.1.2 点胶法

据报道，瑞士 G. Burkhard 博士提出的一项专利技术即是将微计量装置与静电散布磨料组合的有序排列磨料新方法。该装置如图 11－15 所示，黏结剂由储料罐经毛细管输送到微计量装置中，再经喷嘴挤压到工件上，微计量输送喷嘴可作平移运动，工件可旋转运动，粘胶滴大小由喷嘴尺寸控制，胶滴数量由脉冲器调节，金刚石磨料经输送带并依靠静电作用粘牢在工件胶滴上，调节上述各参数，即可获得不同密度与不同排布方式的金刚石有序排列。

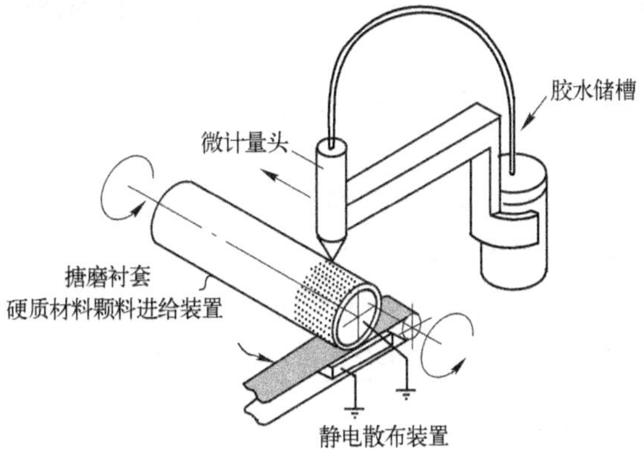


图 11－15 点胶和静电结合布料装置

由此可知，该方法就是将点胶机与静电植砂装置相互配合的一套设备，这两种设备国内均有生产，尤其是国产高性能自动点胶机有很多产品可供选择。笔者相信，通过业内热心此项技术人员的努力，经过不断的改进，国内产品完全可以用于超硬材料工具的有序排列生产。图 11 - 16 所示为东莞市天豪自动设备公司生产的 TH - 2004C 型自动点胶机。其性能特点如下：

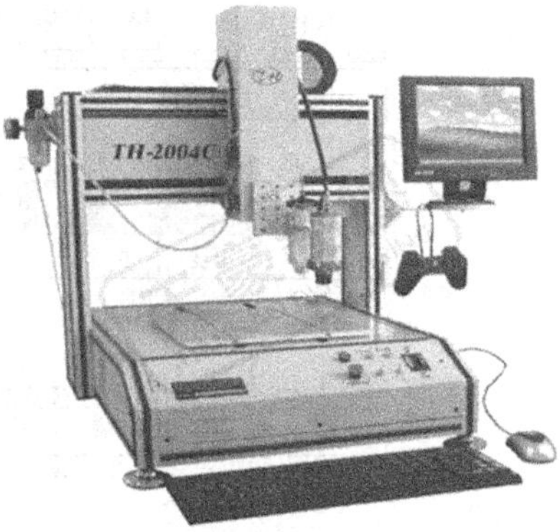


图 11 - 16　TH - 2004C 型点胶机

(1) 可在三维空间内进行打点、划线及任意不规则形状的点/涂/封胶；

(2) 国际先进的 CCD(摄像技术)辅助编程，定位精准，直观快捷；

(3) 软件接口采用人机对话窗口，操作方便；

(4) 能将 CAD 图或 G 代码直接转换为控制程序；

(5) 无限量存储程序档案，调用方便；

(6) 工作记录查询功能提供产量统计；

(7) 计算机同步控制手臂位移与出胶动作，自动化程度高；

(8) 真空回吸瞬间锁住胶水，不拉丝，无滴漏；

(9) 支持中英文双接口；

(10) 可根据客户工艺需求设计特色胶嘴、大容量储料桶等专用附件。

图 11 - 17 所示为深圳市世椿自动化设备公司生产的 SEC - 300D 型自动点胶机，其性能特点：

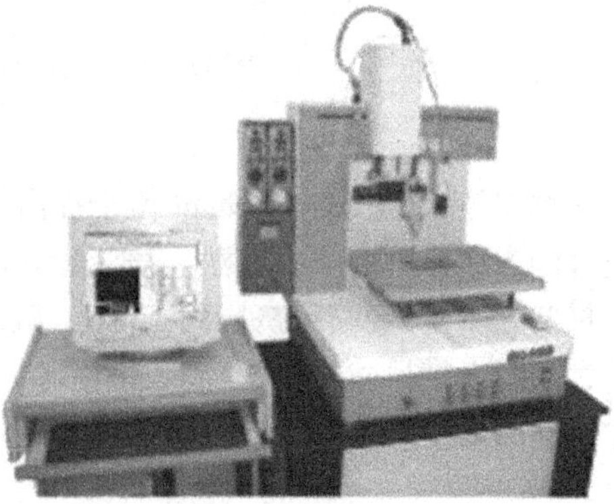

图 11 - 17　SEC - 300D 型点胶机

(1) Windows 中英文操作系统，AUTOCAD 图形路径导入功能使编程更容易；

(2) 精确的 CCD 影像视觉教导实现快速编程；

(3) MARKER 点自动对位校准(选项)；

(4) 可选择装配多个点胶针头；

(5) 一种产品点涂多种胶可一次完成；

(6) 可与各种胶枪和储胶桶连接；

(7) 实现点、三维直线、圆、圆弧等不规则路径连续涂胶；

(8) 自动加热装置及双料盘自动进出功能(选项)；

(9) 可根据你的点胶工艺需要，设计最适用的机型。

SEC - 300D 型自动点胶机的技术参数如表 11 - 5 所示。

**表 11 - 5　SEC - 300D 型自动点胶机的技术参数**

| | | | |
|---|---|---|---|
| 工作范围 *X*/*Y*/*Z* | 300 mm × 300 mm × 80 mm | 传动方式 | 步进马达/滚珠丝杆 |
| 最大速度 | 300 mm/s | 电　源 | AC220V 50 ~ 60Hz 1.2 kW |
| 解释度 | 0.01 | 机器尺寸 | 620 mm × 780 mm × 700 mm |
| 重复精度 | ±0.025 | 质　量 | 约 85 kg |
| 操作系统 | Windows2000 | 工作环境 | 湿度：20% ~ 90%　温度：10 ~ 40 ℃ |

图 11－18 所示为郑州市中原区锐意机电公司生产的交流静电植砂机，其主要技术参数：

工作辊有效宽度：根据客户要求设计制造；
工作辊实际宽度：根据客户要求设计制造；
输砂皮带速度范围：无级调速；
落砂辊转速范围：无级调速；
余砂回收皮带速度范围：8 m/min；
砂箱电加热功率：3×1.0 kW；
磨料类型：刚玉、碳化硅、金刚石等；
磨料粒度：<0.408(－36 目)；
静电植砂方式：高压交流静电植砂；
交流静电场电压：3 万～6 万 V 无级可调；
交流静电场频率范围：3～30 Hz 无级可调；
低频特种变压器功率：1.5 kW；
低频特种变压器控制方式：专用变频电源；
专用变频电源功率：5.5 kW；
专用变频电源输入电压：三相 380V；
专用变频电源输出频率范围：3～50 Hz 无级可调；
上、下极板材质：纯铝；
上、下极板尺寸：根据客户要求设计制造；
上、下极板间距范围：40～80 mm 可调。

图 11－18　交流静电植砂机

11.8.1.3　激光法

借鉴激光快速成形技术的 SLS 法，采用 CAD 数据处理软件程序进行切片处理，激光器在计算机控制下对预先随机排布在砂轮表面结合剂层上的磨粒按照给定的形貌要求进行扫描，有效控制激光强度、脉冲周期和光斑直径，保证一定的焊接温度和时间，这样，被激光扫描到的磨粒就会按照形貌要求有序地钎焊到砂轮基体上，在去掉未被激光扫描到的磨粒后就得到了磨粒有序排布的单层钎焊砂轮。

借鉴熔融堆积 FDM 法或三维打印 3DP 法，采用喷头在计算机控制下将磨粒和黏结剂的混合物按照砂轮形貌要求喷洒在基底上，或采用静电植砂法将磨料吸附在已涂胶的基底上，烘干后将钎料粉均匀布置于磨粒间再进行钎焊。采用静电植砂法，由于静电作用使磨粒尖端朝上，因此切削性能强，等高性好。虽然单层高温钎焊超硬材料工具目前在制造工艺上还不完善，国内外许多学者正在积极进行研究，但其卓越的磨削性能已引起国内外业界工程技术人员的高度重视，今后逐步替代传统工具将是必然趋势。

### 11.8.2　磨粒有序排列方法的应用

11.8.2.1　在金刚石串珠钎焊绳锯上的应用

目前，国内凡是生产高温钎焊工具的厂家均能生产金刚石串珠钎焊绳锯。并且开始从单层钎焊向双层方向发展，已经有产品面市，若试用成功，将在花岗岩等硬岩石材开采领域对烧结型串珠绳锯提出严重的挑战。苏州南航腾龙科技公司的高温钎焊倒锥型金刚石串珠绳锯具有独特的性能(如图 11 - 5 所示),除了切割效率高之外,由于接触面积小,功耗低,串珠表面磨粒有磨耗等的性能,可延长工作寿命。

11.8.2.2　高温钎焊超硬材料固结磨具的应用

金刚石砂轮,尤其是 CBN 砂轮应用范围广泛,批量大,其工艺流程比烧结法简单,性能卓越,尤其是异形砂轮,只要能解决磨粒有序排列的产业化问题,更可逐步取代现有的烧结法砂轮。

11.8.2.3　圆锯片刀头和地质钻头的应用

A　金刚石锯片多层刀头的应用

将胎体粉末加适量黏结剂,按略小于刀头规格压成薄片。用模板法或点胶法排列金刚石。再将 3 ~7 层薄片组合冷压成刀头压坯,装入石墨模具,送入电阻炉,即可烧结成多层有序排列的金刚石刀头。该锯片提高切割效率 30% 以上,在同等工作寿命情况下节省金刚石用量 50% 以上,如图 11 - 14 所示。

B　地质钻头多层钻齿的应用

制作方法同上,只是形状和排列方向不同而已。该钻头不仅钻进效率高,制造成本低,还是解决钻探界长期困惑的"打滑地层"问题的有效途径。

11.8.2.4　在半导体工业中的应用

随着信息产业和太阳能产业的高速发展,半导体晶片和器件的加工日益发达。半导体单晶硅片的切割与加工,研磨与化学机械抛光或平坦化(CMP)为金刚石工具提供了很大的高利润市场,推动高温钎焊金刚石工具技术的快速发展。日本 ASAHI(旭日)金刚石工业公司在研发金刚石化学机械抛光垫修整器(Diamond CMP Pad Conditioner)过程中,为改善批量生产中修整器性能的一致性,达到恒定的抛光率,采用规则均布金刚石技术(Regular diamond placement with constant pitch),并开发了三种类型 CMP 修整器。其中,CMP—NE0—UP 型修整器独特之处是金刚石规则分布,每粒金刚石由 Ni 单独包裹,排除金刚石脱落的可能性。桂林矿产地质研究院材料工程中心的科研人员曾经试制过类似的修整器并送到日本有关部门试验检测,效果良好,如图 11 - 4 所示。

## 11.9　高温钎焊超硬材料工具的进一步发展

### 11.9.1　低熔点钎料的研制和应用

目前,按上述钎料选择原则很难找到十分理想的超硬材料工具用钎料。从钎焊金刚石的角度出发,很难找到一种既能充分浸润而又不严重侵蚀金刚石的纯金属材料。当前常用的 Ni - Cr 合金钎料,由于钎焊温度比较高,常对金刚石造成严重侵蚀。因此,寻找适当低熔点的合金材料作为钎料,再考虑加入某些活化元素以改善对金刚石的浸润性和亲和性,或者直接寻找含有活性元素的合金钎料是一个切实可行的途径。为了使"湿润"技术能实用于孕镶金刚石工具的制作中,钎料可作为胎体材料或其一个组分。已有含有活性(易形成碳化物)元素的铜锡合金可以应用,但铜基合金(即使不是主导组分)不可能满足各种"基"烧结胎体的性能要求,因而还应研究开发添加有"降温元素"的低熔点钴基、铁基及其他金属基的价格不贵的合金钎料。

### 11.9.2 研制专用的自动点胶有序排列设备

这是提高钎焊工具产业化,提高生产效率的关键设备。韩国有 ARIX 金刚石自动排列系统用于生产金刚石刀头,我们也应该尽早研制出自己的自动点胶有序排列设备用于钎焊工具生产。

### 11.9.3 研制多层或孕镶高温钎焊超硬材料工具

高温钎焊单层金刚石工具的确具有卓越的磨削性能,但金刚石表面金属化的实现方式、表面金属与钎料的匹配与选择、气体介质的选择等等关键技术还有待进一步成熟和优化。并且,高温钎焊单层金刚石工具其实质是表镶形式,这就使得工具的寿命受到极大的限制,因而如何将高温钎焊应用于最主要类型的多层或孕镶超硬材料工具制作并实现产业化,值得进一步的研究探索。那将进一步拓宽高温钎焊超硬材料工具的应用范围,大面积地取代传统工具,并将超硬材料工具的制造水平提高到一个新的高度。

# 12 晶体加工用金刚石工具简介

## 12.1 概述

我国半导体产业有着巨大的发展潜力和广阔的市场。近年来,我国的半导体产业迅猛发展,据有关专家介绍,2005 年中国半导体市场增长了 32%,市场规模达到 408 亿美元。随着市场对新技术的需求不断增长,2008 年中国电子制造市场的总价值飙升至 3730 亿美元,而仅我国的消费电子、计算机和通信这三个行业,就消耗总值达 640 亿美元的集成电路。根据有关部门粗略估计,到 2010 年全球 IC 市场和太阳能市场的总值将达到 6000 亿美元以上。现在,半导体材料的消耗量是反映一个国家的 IC 制造业的规模和工艺水平的指标之一,我国政府高度重视,还制定专门政策大力扶持,这两个行业的前景广阔。据一份采集时间截止到 2008 年 3 月的《中国多晶硅详细产能规模》报告,共有涉及全国 16 个省市的 33 个多晶硅投资项目,总投资额在 1000 亿元以上,目前大部分尚在建设当中。国内最大的多晶硅生产商有洛阳中硅、四川新光、四川峨眉和河南讯天宇等。另有调查显示,我国集成电路(IC)市场仅次于美国和日本,占全球市场 4%,每年成长 24%,远高于世界平均的 10%,预计到 2010 年,我国将成为世界上仅次于美国的第二大市场。正因为如此,很多外资企业,诸如诺基亚、英特尔、飞利浦、三星、日立等国际大公司已经纷纷进驻中国,抢占商机,并开始与我国一些厂商进行合作建厂。现在我国已有多家 200 mm 晶圆厂和 300 mm 晶圆厂,预计短期内还将大量增加。我国台湾的晶圆代工产业拥有全球 76% 的市场占有率,其晶圆制造技术在全球也是领先,因此,我们相信,让有实力的晶圆厂商来大陆投资建厂,掌握未来商机,对海峡两岸的经济发展都将产生巨大的推动作用。专家预言,2000 ~ 2015 年将是电子材料的时代,电子材料将成为各种数字化器材的核心。因此,加工电子材料的主要工具之一——金刚石工具前景看好,商机无限。

随着我国工业现代化进程的发展,硬脆材料在各个领域的应用日益广泛。由于硬脆材料具有许多金属材料难以比拟的优良特性,因此其应用范围已由建筑、石材、工艺品制造业等领域逐渐扩展到微电子、光电子、航空航天、半导体等工业领域。所谓硬脆材料,是指那些具有高硬度、大脆性、高耐磨性、高电阻率、不导磁等性能的材料,通常为非导电体或半导体。生活中常见的硅晶体、石英晶体、各种石材、宝石、玻璃、硬质合金、陶瓷、稀土磁性材料等都属于硬脆材料之列。因为电子信息产业是国民经济发展的龙头,而集成电路则是电子信息产业的核心和基础,对国家的经济发展有着重要的战略意义。由于集成电路(IC)的发展又离不开基础材料硅片,全球 90% 以上的 IC 都要采用硅片。新一代 IC 制造将采用大直径(300 mm 以上)硅片,片厚也减小到 100 ~ 200 nm。硅片直径的增大和芯片厚度的减小,给半导体加工制造技术带来了新的挑战。硅晶体切片处于整个工艺流程的较前端,是 IC 芯片制造中的一道重要工艺,对基片加工的质量和成本有着重要影响,而切片质量的好坏势必直接影响到后续各道工序的加工。硅晶体切片技术要求有高的出品率,尽可能窄的切缝宽度,好的面型精度和细的表面粗糙度。其实,从开始晶棒头尾的切割、晶圆片的切割到磨边、倒角、背面减薄、CMP 化学机械抛光与划片等一整套硅芯片加工过程中,多次使用高档金刚石工具进行加工,它是最主要的加工工具。这些工具包括以下几种:

(1) 外圆或内圆切割锯片,外圆锯片用于切割晶棒的头部和尾部,使两端平整;内圆切片用于小直径的晶圆片切割。

(2) 杯形砂轮、槽形砂轮、薄形砂轮等,用于磨削晶体棒外圆、磨端面、倒角、磨晶片背面减薄等各种磨削工序及晶棒的定向平面加工。图 12-1 所示为金刚石砂轮对晶棒的磨圆加工,图 12-2 所示为磨盘对晶棒的定向平面加工。

(3) 金刚石线锯,包括自由磨料和固结磨料线锯,用于大直径的晶圆片多线切割,加工质量好,成材率高,晶面平整。

(4) CMP 修整器,用于晶面的化学机械抛光。

(5) 划片用超薄切割片,用于芯片贴膜结后,封装前的划片工序。

图 12-1 金刚石砂轮对晶棒的磨圆加工

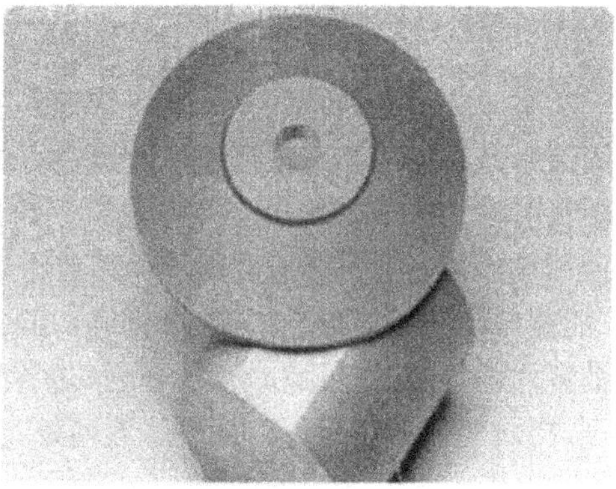

图 12-2 磨盘对晶棒的定向平面加工

目前,在半导体硅片和光电晶体基片的精密加工技术和加工设备及工具方面,日本、德国、美国等发达国家处于领先水平,并垄断了国际市场。中国台湾发展很快,有超越日本的趋势,2007 年跃居全球最大半导体设备采购市场。我国起步较晚,技术水平较低,主要是引进设备和工具,所以要加强科研投入,急起直追,赶上世界发展步伐。最近悉知,世界最大单晶硅生产基地及国内最大硅片加工中心落户上海,项目总投资 21 亿元。另外,湖南大学研制成功 XQ300A 型高精度数控多线切割机,打破了过去日本、瑞士等国外设备长期垄断国内市场的局面。郑州磨料磨具磨削研究所研发了用于晶体加工的树脂与陶瓷结合剂超薄切割砂轮和减薄用金刚石砂轮。桂林矿产地质研究院于 2006 年开展真空钎焊,金刚石有序排列 CMP 修整器的研制。

## 12.2 金刚石内圆切片

内圆切片仍然是当前切割单晶硅和其他脆性材料的主要工具。加工晶圆最大直径不大于 $\phi$200 mm,刀片厚度 0.3 mm,刃口厚度 0.1 ~ 0.15 mm。依靠外沿圆周分布的螺钉孔与机床上的回转头固定并绷紧。回转头高速旋转,晶体棒作径内移动,即可切割成晶圆片。晶棒直径必须小于锯片内径的一半。该产品国内生产厂家颇多,均采用电镀方法制造,符合《电镀金刚石内圆切割锯片》(GB 8066—1987),产品规格统一,从 $\phi$220 mm × 83 mm × 0.1 mm 到 $\phi$550 mm × 184 mm × 0.15 mm。但它不能满足硅晶片向大直径发展的要求,且加工质量不佳,生产效率低,国产内圆切割锯片产品如图 12 - 3 所示。

图 12 - 3 国产内圆切割锯片产品

## 12.3 金刚石线锯

金刚石线锯是近十几年来获得快速发展的一种硬脆材料切割技术,包括自由磨料线锯和固结磨料线锯两类。根据锯丝的运动方式和机床结构,又可分为往复式和单向(环形)线锯。目前在光电子工业中使用最为广泛的是往复式多线锯(如图 12 - 4 所示)。金刚石线锯使用高硬度的金刚石作为磨料,其典型磨粒尺寸为数十个微米,同时具备线锯切割的特点,能够对硬脆材料进行精密、窄锯缝切割,且可实现成形加工。随着在大尺寸半导体和光电池薄片切割中的应用和发展,金刚石线锯逐渐显现出一系列无可比拟的优点:加工表面损伤小、挠曲变形小,切片薄、片厚一致性好,能切割大尺寸硅锭,省材料、效益高、产量大、效率高等。

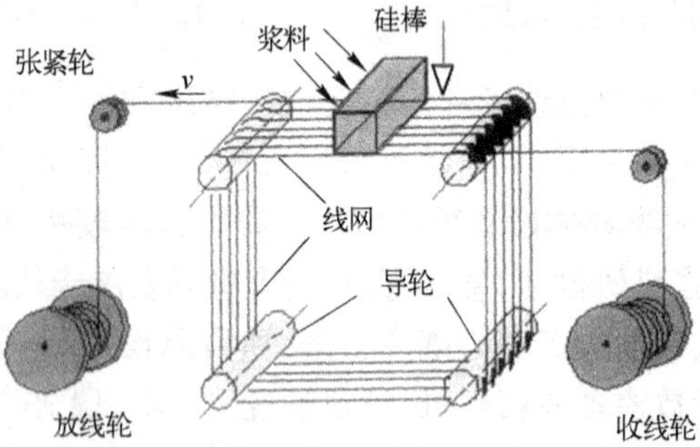


图 12 - 4 往复式自由磨料多线锯示意图

### 12.3.1 往复式自由磨料线锯

目前常用于硅晶体的线锯切片技术的是往复式自由磨料线锯。往复式自由磨料线锯切片技术的基本原理是利用一根金属锯丝(直径 150 ~ 300 μm),通过一定的缠绕方式,缠绕在两个线轴上,形成相互平行的网状加工部分,可以实现多片切割。加工过程中,两个线轴分别完成放线和收线操作。锯丝往复运转,硅晶体垂直于锯丝进给,通过一定的施加方式将带有磨料(金刚石或碳化硅)的浆液(研磨液)施加到切割区域。通过锯丝、磨料及硅晶体之间的三体磨损，实现材料的锯切加工，如图 12－4 所示。研究与实际应用表明，往复式自由磨料线锯切片技术在加工大尺寸硅片方面与内圆切片技术相比具有较大优势，可切割大尺寸硅晶体，可同时进行多片切割，出品率高，切片表面质量较高，很少产生崩片现象等。由于锯切作用基于锯丝、磨料及硅晶体之间的三体磨粒磨损原理，磨粒必然作用于锯丝，从而降低了锯丝的使用寿命。随着多线切割技术的成熟和不断发展，其高精度、高效率、低损耗的优点使其应用范围从单纯的半导体单晶硅加工扩大到太阳能多晶硅、石英晶体、宝石、玻璃及压电陶瓷加工行业。多线切割机床属于大型精密数控机床，其加工精度高、控制系统复杂、制造难度大，国际上仅有少数几家大型机械制造公司掌握数控多线切割机床技术，如瑞士 MEYER BURGER 公司、HCT 公司、日本 TAKATORI 公司、NTC 公司等。由于技术垄断，数控多线切割机床的国际市场也被这几家公司所垄断。我国半导体制造业起步较晚，数控多线切割机床市场完全被上述几家公司所垄断，如瑞士 MEYER BURGER 公司和日本 TAKATORI 公司，基本上垄断了国内数控多线切割机床市场。由于市场需求量巨大，多线切割机床产品呈现供不应求的状况。

国内已有多家企业着手开发数控多线切割机床产品，如中日合资的上海日进机床有限公司、湖南宇晶机器实业有限公司和兰州瑞德集团（原兰新集团）都相继研制了数控多线切割机床样机或产品。湖南大学和湖南宇晶机器实业有限公司研制的 XQ120A 和 XQ300A 数控多线切割机床产品分别于 2006 年和 2007 年推向国内外市场，这是我国第一代具有自主知识产权的多线切割机床。

### 12.3.2 往复式固结磨料线锯

把金刚石磨料固结在锯丝上，配合与自由磨料线锯类似的机床，就形成了往复式固结磨料线锯。往复式固结磨料线锯切割不仅具有自由磨料线锯切片所有的优点，基于固结在锯丝上的磨料与工件材料之间的二体磨损原理，磨粒不会作用于锯丝，提高了使用寿命。国外有人利用电镀金刚石线锯对硅晶棒、陶瓷等材料进行了切片实验，非常有效。研究结论表明，固结磨料线锯切片技术可用于大尺寸硅晶体切片，且切片质量较高。鉴于这种情况，固结磨料金刚石线锯切割是针对上述问题所提出的新的加工方法，被认为是最有前途的切割方法之一。随着在大尺寸半导体和光电池薄片切割中的应用和发展，固结磨料金刚石线锯逐渐显现出一系列无可比拟的优点：加工表面损伤小、挠曲变形小，切片薄、片厚一致性好，能切割大尺寸硅锭，省材料、效益好、产量大、效率高等。固结磨料金刚石线锯作为下一代 IC 切割工具受到了人们的重视。

在固结磨料金刚石线锯切割技术中，固结磨料金刚石线锯的制备，即金刚石固结技术则是该项关键技术的基础和前提。在这种线锯的制造中，现有的几种金刚石磨粒固结方法存在着生产成本高、生产周期长等种种不足，而电化学沉积（即电镀）方式具有制程成本低、线径小、耗材率低、耐热性和耐磨性良好等优势，对其电镀工艺的完善优化和制造成本的有效控制将是未来研究的热点和趋势。

#### 12.3.2.1 国产金刚石固结磨料线锯

目前沈阳科晶设备制造有限公司已经向市场推出最新产品高耐磨性连续复合金刚石切割锯丝，并已申报国家发明专利。该产品可与进口产品相媲美，甚至可完全替代进口产品。作为手动、单线、多线切割机的配套切割耗材，该产品可取代光线加磨料的切割工艺，并可对各类人工晶体、陶瓷、石英玻璃及特种金属等材料进行精密切割，图 12－5 所示为往复式自由磨料多线锯。

产品型号：DMD－WR。

技术性能：

（1）母线材质：不锈钢；

（2）金刚石粒度：20～40 μm；

（3）抗拉强度：1600MPa；

（4）线规格：φ0.3 mm×60 m，

φ0.28 mm×60 m。

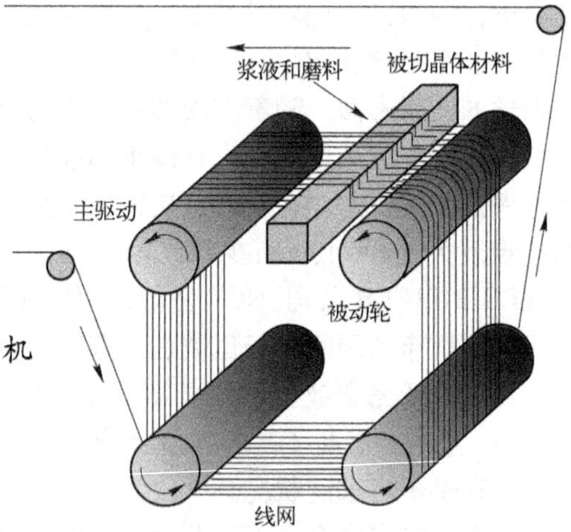

图 12－5　往复式自由磨料多线锯示意图

12.3.2.2　STX－602 型台式金刚石线切割机

沈阳科晶设备制造有限公司还向市场推出往复式线切割机，两种线锯均可使用。

性能特点：可用于切割各种金属、非金属复合材料，不同硬度晶体、陶瓷，特别是适用于脆性晶体的加工。载料板可进行两维调整，可保证切割时晶向精度。专用卡具的水平、倾斜、旋转精度都达到5。可采用金属光线与磨料浆液配合进行切割。用金刚石线进行切割，加工质量会更好，STX－602 型金刚石线切割机如图 12－6 所示。

图 12－6　STX－602 型金刚石线切割机

技术参数：

（1）采用 30～64 m 长国产及进口的 0.25～0.45 mm 直径金刚石微线往复式切割，线长可调；

（2）采用步进电机驱动自动进刀，切割速度根据不同的材料无限可调，可以改善切割质量，提高金刚石微线的使用寿命；

（3）本机装有两维可调载样台，可方便地调整晶体切割晶向；

（4）本机适用于切割不同硬度晶体、陶瓷材料，特别适用于切割高价值易破碎的晶体，如 ZnO、BTO、YAG、BBO 等，切片成功率可多达 99% 以上。

12.3.2.3　固结式绞合线锯

为了进一步提高金刚石电沉积线锯的切割效率，延长其使用寿命，日本的石川宪一等人研究开发出一种芯线为绞合线的新型金刚石线锯，如图 12－7 所示。芯线采用由两根极细琴钢丝捻成的绞合线，在其表面电沉积金刚石磨粒。该新型金刚石电沉积绞合线锯，由于芯线采用了绞合线，线锯截面积较传统线锯减小，断裂载荷下降，但断面极惯性矩大约减小了 2/3，断裂扭转角增大了近 2 倍。绞合线锯的切割效率最大可达传统线锯的 2 倍左右，从几何学上研究其加工机理得知，绞合线的效果主要是容屑槽促进了加工液的流入。从绞合线锯加工的硅片表面粗糙度和崩边的观点进行了探讨，发现绞合线锯尽管切割效率高，表面粗糙度和崩边与传统线锯相比并无差异，不失为一种有益的尝试。

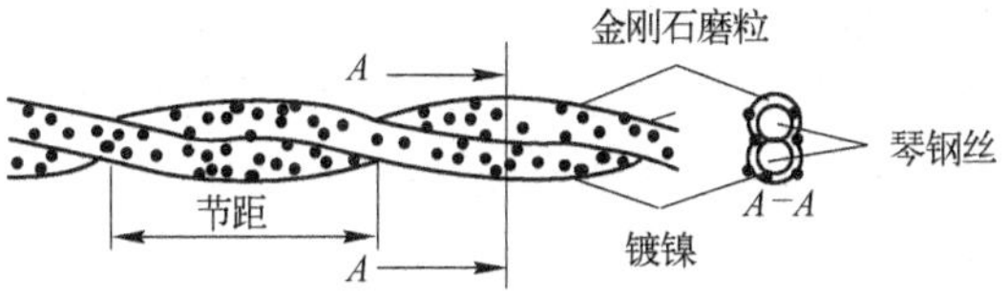


图 12－7　绞合线锯示意图

### 12.3.3　环形式固结磨料线锯

传统金刚石线锯的运动方式多为往复式，由于机械惯性作用，锯切速度较低（约 2～3 m/s），难以充分发挥金刚石磨粒的优越性能。为解决上述问题，国内有人研制了一种新型锯切工具——环形电镀金刚石线锯。该锯采用电镀工艺将金刚石磨料固定在环形钢丝基体上，由于环形锯丝无惯性力，因此可实现高速锯切。锯切速度高达 15 m/s 以上，可充分发挥金刚石磨料的优越性能，且设备结构简单，切割过程振动小、噪音低；环形电镀金刚石线锯可实现窄缝切割，大大提高出材率，尤其适用于切割陶瓷、玉石、单晶硅等贵重硬脆材料及各向异性的复合材料，在数控机床上使用可实现二维曲面的切割加工。

在整个晶片加工工序中，切割加工占有很重要的地位，切割表面粗糙度及其他质量指标影响成品率，切割费用在整个加工成本中占有很大比例。所以为了提高切割效率，降低成本，有人提出在环形线锯切割过程中，采用超声纵振动的加工工艺的实验研究，目的是研究环形锯丝切割表面质量，研究加工参数与表面粗糙度的关系，分析影响切割表面粗糙度的因素，为降低表面粗糙度，确定合适的工艺参数。图 12－8 所示为金刚石固结线锯图，线径 $\phi$0.5 mm，金刚石 140/180。

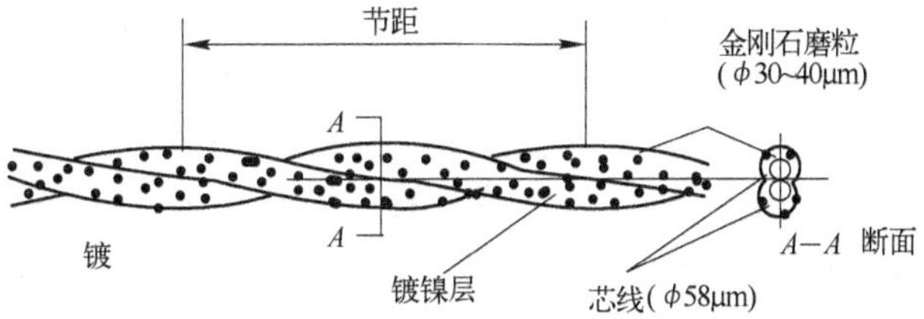


图 12－8　金刚石固结线锯图

## 12.4　CMP 金刚石修整器

在电子制造行业，随着产品性能的不断提高，对表面质量的要求越来越高，硅片作为集成电路芯片的基础材料，其表面粗糙度和表面平整度成为影响集成电路刻蚀线宽的重要因素之一。化学机械抛光（Chemical Mechanical Polishing，简称 CMP）是目前广泛采用的并且是几乎唯一的全局平面化技术。CMP 是机械削磨和化学腐蚀的组合技术，其工艺是将待抛光工件在一定的压力下及抛光液的存在下相对于抛光垫作旋转运动，借助抛光液中磨粒的机械磨削及化学氧化剂的腐蚀作用来完成对工件表面的材料去除，并获得光洁表面，如图 12－9 所示。

修整器的性能要求十分严格,首先金刚石不能脱落,否则会划伤晶圆表面;其次,金刚石分布要均匀,金刚石尖端必须朝上,出刃高度一致。因此,采用真空钎焊和金刚石有序排列的制作方法比较适合。桂林矿产地质研究院于 2006 年开展 CMP 修整器的研制工作,样品曾经送到日本有关单位测试和使用,一些性能还达不到要求,需进一步改进。图 12－10 所示为桂林矿产地质研究院 CMP 修整器样品,尺寸规格为 $\phi$101.6 mm×36 mm,内孔直径 $\phi$6 mm,厚度 5 mm,金刚石粒度 80/100,排列间距 0.386 mm×0.386 mm。

图 12－9　正在进行晶片的 CMP 加工

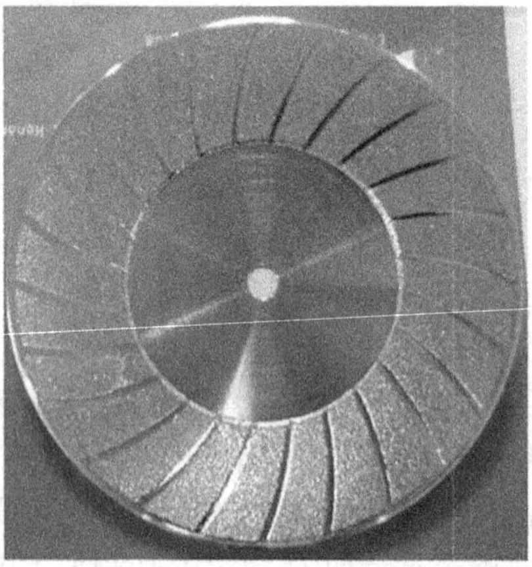

图 12－10　桂林矿产地质研究院研制的 CMP 修整器

日本 ASAHI(旭日)金刚石工业公司在研发金刚石化学机械抛光垫修整器过程中,为改善批量生产中修整器性能一致性,并达到恒定的抛光率,采用规则均布金刚石技术,新开发三种类型 CMP 修整器。

(1) CMP－CS 型修整器:金刚石用 Ni、Cr 胎体材料强力地化学结合把持,以防止金刚石脱落。金刚石在胎体材料上的分布具有重复性,故其性能非常稳定。

(2) CMP－NEO－UP 型修整器:该修整器的特点是金刚石规则均布(regular pattern)。每颗金刚石由 Ni 基胎体单独专门把持与固定,使金刚石的脱落减少到最低程度。

(3) CMP－NEO－U 型修整器,该修整器具有下列特点:金刚石规则均布;金刚石出露高度可控;金刚石刃端定向排列一致;每颗金刚石由 Ni 基胎体单独专门把持与固定。

CMP－NEO－U 型修整器在生产中与 GMP－M 型修整器对比使用表明:CMP－NEO－U 型修整器抛光性能更为恒定一致,其使用寿命为 CMP－M 修整器的两倍,使用中不产生任何划痕,一直到工具寿命终了,金刚石有效工作率达 80%;而 CMP－M 型修整器金刚石有效工作率仅为 10%。

## 12.5　划片用切割片

在晶体加工后半制程中,待晶圆背面减薄后,贴膜,然后使用高精密超薄金刚石切割片进行划片加工。切割片可以是有轮毂或无轮毂,制作方法有电镀、真空钎焊和冷压烧结几种。一般规格尺寸是 $\phi$55～58 mm,厚度 0.03～0.1 mm,切割片工作转速 30000～50000 r/min,移动速度 80～100 mm/s。目前国内大部分使用我国台湾和日本等生产的切割片。图 12－11 所示为上海某公司划片用金刚石切割片,外径 $\phi$56 mm,内径 $\phi$19.05 mm。另一种国产超薄金刚石切割片用于集成电路工业划片加工,具有刚性强,强度高,寿命长,切片厚度在

20～100μm,可随意控制,切割精度高,成本低的特点。其特征是:采用化学镀与电镀法相结合交替使用,在一金属底衬上将合金与金刚石均匀混合形成一超薄金刚石切割片毛坯环,然后经过机械及加热方法分离出此金刚石切割片毛坯环,再经冲压整型制成此超薄金刚石切割片。切割片规格(单位,mm):

外径:52,56,76,101,114;内径:31,75,40,50.8;厚度:0.1,0.15,0.18,0.2,0.25,0.5。图12－12所示为划片切割片在加工,图12－13所示为划好线的晶圆片。

图12－11 划片用切割片

图12－12 划片切割片在加工

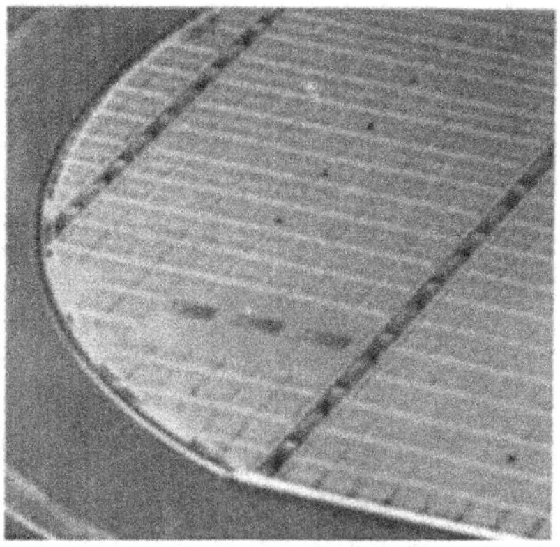

图12－13 划好线的晶圆片

国产划片机产品很多,有手动,也有全自动精密划片机。其中有沈阳仪器科学研究院生产的ZSH518型系列划片机,如图12－14所示,其技术性能:

驱动方式: *X*轴为伺服电机;*Y*轴为步进电机

行程: *X*轴为370 mm *Y*轴为210 mm

切割速度:0.1～400 mm/s,分辨率0.0002 mm

开槽宽度:刀厚+10 μm 单步步进精度0.003 mm

开槽深度:0～5 mm 累积步进精度0.005/210 mm

步进设定范围:0.001～204 mm

驱动方式:*Z*轴为步进电机;*θ*轴为伺服电机

行程:30 mm 转角范围:0°～360°

主轴转速:3000～40000 r/min 定位系统分离视场显微镜+CCD

主轴功率:500～1000 W

压缩空气 :0.5 MPa 300 L/min

外形尺寸(长×宽×高):950 mm×1000 mm×1670 mm

图12－14 ZSH518型划片机

# 参考文献


[1] 吕智,郑超. 激光焊接超薄金刚石工程钻头研制报告[R],2004.
[2] 吕智,郑超. 高性能激光焊接金刚石圆锯片研制报告,[R], 2004.
[3] 吕智,等. 高性能烧结金刚石绳锯研制报告[R], 2004.
[4] 吕智,郑超. 金刚石木工刀具的开发研究报告,[R],2003.
[5] 谢志刚,等. 高性能金刚石预制品合金化金属胎体材料研制报告[R], 2007.
[6] 吕智,郑超. 中国金刚石绳锯创新之路[C]. 2006 中国超硬材料行业技术发展论坛论文,2006.
[7] 吕智,宋京新. 玻璃加工用金刚石磨轮研制报告[R], 2002.
[8] 吕智,章兼植. 发展我国超硬材料工具产业的战略思考[C]. 第四届国际超硬材料及制品研讨会论文集. 2003.
[9] 吕智,林峰. 数控机床用新型刀具材料立方氮化硼/硬质合金复合体合成技术研究报告[R], 2007.
[10] 吕智,等. 汽车零部件加工用陶瓷结合剂 CBN 砂轮研制报告[R], 2005.
[11] 吕智,等. CBN 砂轮陶瓷结合剂的研究进展[J]. 金刚石与磨料磨具工程,2003.
[12] 吕智,等. 汽车凸轮轴磨削用 CBN 陶瓷结合剂的研究[R]. 国家特种矿物材料研究工程中心,2006.
[13] 吕智,等. 我国超硬材料制品发展动态及对策[J]. 矿产与地质,1999.
[14] 吕智,唐存印. 金刚石绳锯技术的发展和未来[J]. 超硬材料工程,2004.
[15] 郑超. 我国金刚石木工刀具发展评述[J]. 金刚石与磨料磨具工程,2003.
[16] 郑超. 我国激光焊接金刚石薄壁工程钻头发展评述[J]. 超硬材料工程, 2006.
[17] 郑超. 推荐一种锯片刀头仿形砂带磨弧机[J]. 超硬材料工程,2005.
[18] 王秦生. 超硬材料及制品[M]. 郑州:郑州大学出版社,2006.
[19] 唐霞辉. 激光焊接金刚石工具[M]. 武汉:华中科技大学出版社, 2004.
[20] 万隆,等. 超硬材料与工具[M]. 北京:化学工业出版社,2006.
[21] 张绍和. 金刚石钻头设计与制造[M]. 北京:中国地质大学出版社,2001.
[22] 郭庚辰. 液相烧结粉末冶金材料[M]. 北京:化学工业出版社,2002.
[23] 陶玉芳. 井式氢气保护金刚石锯片烧结电阻炉[J]. 工业加热,2000. 1.
[24] 李耕. 金刚石工具制造热压模石墨材料性能[J]. 炭材料科学与工艺, 2005.
[25] 王秦生. 金刚石锯片使用性能影响因素系统分析[J]. 金刚石与磨料磨具工程, 2005. 5.
[26] 黄漫. 造粒粉末在金刚石工具中的应用[J]. 金刚石与磨料磨具工程,2001.
[27] 姜荣超. 激光焊接锯片过渡层配方的选择与研究[J]. 金刚石与磨料磨具工程, 2003,3.
[28] 李立波. 激光焊接金刚石工具过渡层预合金粉末研究[J]. 金刚石与磨料磨具工程,2005,4.
[29] 张绍和. 金刚石锯片锋利性试验研究[J]. 粉末冶金技术,2006,4.
[30] 大直径金刚石锯片激光焊接探讨[J/OL]. 中国锯工业网, 2006,11.
[31] 李森. 高效长寿命花岗岩专用锯片的研制[J]. 金刚石与磨料磨具工程, 2004,1.
[32] 张延昭. 热压烧结工艺在烧结小锯片生产中的应用[J]. 金刚石与磨料磨具工程, 2005,6.
[33] 罗锡裕. 金刚石工具预合金代钴粉末研究及应用[J]. 金刚石与磨料磨具工程, 2006,2.
[34] 赵万林. 谈激光焊接金刚石锯片的现状及发展[J]. 金刚石与磨料磨具工程, 2004,2.
[35] 夏锦华. 金刚石锯片激光焊接接头成分、组织和性能[J]. 中国有色金属学报,1999,7.
[36] 吕长利. 激光焊接金刚石锯片[J]. 工业金刚石, 2003. 4.
[37] 胡焕校. 金刚石圆锯片的优化设计[J]. 中南工业大学学报, 1999,4.
[38] 周斌. 国产绳锯开发现状及发展前景[J]. 石材, 2001,6.
[39] 齐荞. 钎焊型金刚石绳锯串珠[J]. 工业金刚石, 2003,(6):23 ~24.
[40] 高涛. 金刚石表面处理的应用和发展[J]. 金刚石与磨料磨具工程,2004,3.

[41] 赖特. 应用金刚石绳锯开采与加工天然石材的环保与成本优势[J]. 石材, 2004,5.
[42] Fritz Bickeil. 金刚石绳锯——一种重新被发现的技术[J]. 金刚石与磨料磨具工程,2004,3.
[43] 唐存印. 金刚石绳锯加工石材过程和分析. [J] 石材, 2005,5.
[44] 王明智. 金刚石镀覆工艺与使用效果的关系[J]. 金刚石与磨料磨具工程,2003,1.
[45] Davis P R. Falcon600-wired for success in granite slabbing[J]. IDR, 1997,2.
[46] Dr. James. Brazed Mini Diamond Wire[J]. IDR,1998,2.
[47] Russ P. Diamond wire solves cutting challenge[J] IDR, 1997.2.
[48] Brazed beads with a diamond grid for wire sawing[J]. IDR 1998,4.
[49] Butler-Smith P W. A single bead test for assessing diamond wire. Performance[J]. IDR, 1999,2.
[50] 磨料磨具基本知识(一)、(二)、(三)[EB/OL]. 研磨人生—网易博客,2007,6.
[51] 赵新立. 涂附磨具的选择与使用[J]. 磨料磨具通讯, 2003,3.
[52] 谢国如. 砂带磨削及其应用研究[J]. 精密制造与自动化, 2004,4.
[53] 张鸿雁. 砂带无心磨的新进展[J]. 磨料磨具通讯,2002,6.
[54] 王俊杰. 国产砂带及涂附磨具现状与国际发展动态[J]. 磨料磨具通讯,2007,7.
[55] 超高速磨削的发展及关键技术[OL]. 中国机电企业网,2007,8.
[56] 苏宏华. 金属结合剂金刚石砂轮制造技术新发展[J]. 金刚石与磨料磨具工程,2003,8.
[57] 日本专利. 李合庆,译. 高效磨削用陶瓷结合剂 CBN 砂轮制造[P] 磨料磨具通讯, 2005,7.
[58] 华勇. 金刚石砂轮树脂结合剂的性能分析[J]. 金刚石与磨料磨具工程, 2004,10.
[59] 贾英伦,译. 多气孔金刚石砂轮[J]. 磨料磨具通讯, 2003,5.
[60] 李合庆,译. 金刚石砂轮的最新应用[J]. 磨料磨具通讯, 2007.1.
[61] 张书森. 改进聚酰亚胺金刚石砂轮磨削性能的研究. 金刚石与磨料磨具工程,2003,8.
[62] GB/T 2484—2006 固结磨具一般要求[S]. 北京:中国标准出版社,2006.
[63] 苏州砂轮厂. 聚酰亚胺树脂金刚石砂轮的试制[R]. 蔡柏林供稿.
[64] 徐景贤. 金刚石、立方氮化硼砂轮模具与基体设计[J]. 磨料磨具通讯,1991.
[65] 高越友. 磨稀土永磁材料树脂金刚石砂轮研制[J]. 金刚石与磨料磨具工程,2004,3.
[66] 我国涂附磨具发展和今后几年前景预测[EB/OL]. 中国涂附磨具网,2007 .
[67] 日本专利. 李合庆,译. 超硬磨料陶瓷结合剂砂轮的制法[P]. 磨料磨具通讯,2006,8.
[68] 3M Flexible Diamond Belts Improved performance and longer life[EB/OL].
[69] 3M™ Flexible Diamond Abrasives[EB/OL]. solutions. 3m. com. 2007.
[70] Norton Diamond and CBN Products[EB/OL] www. nortonabrasives. com. 2007.
[71] Новикова Н В. ИНСТРУМЕНТЫ ИЗ СВЕРХТВЕРДЫХ МАТЕРИАЛОВ [J]. Киев, 2001.
[72] 李志宏,等. 2006 中国磨料磨具工业年鉴[M]. 超硬材料分会,2006.
[73] 德国飞羽公司在武汉举办金刚石制品生产技术研讨会资料[R]. 2004.
[74] 美国 MK Diamond Products. inc 公司网站资料[EB/OL] www. MKdiamond. com. 2007.
[75] Diamant Boart 公司网站资料[EB/OL]. www. DiamantBoart. com. 2007.
[76] 意大利 MARINI 公司网站资料[EB/OL]. www. marinigg. it. 2007.
[77] 美国 DBD 工业公司网站资料[EB/OL]. www. dbdindustries. com. 2007.
[78] 意大利 ARGR 公司网站资料[EB/OL]. www. argrafabes. com. 2007.
[79] 德国 DR. FRITSCH 公司网站资料[EB/OL]. www. Dr - Fritsch. de. 2007.
[80] 美国 Pacific abrasive 公司网站资料[EB/OL]. www. pacific Abrasive. mht. 2007.
[81] Wright D N, et al. SEGMENT WEAR ON DIAMOND IMPREGNATED MINING BITS[J]. IDR, 2005,1: 251.
[82] Rowlands D. Single diamond cutting of rock[R]. Stone, De Beers: 29 ~ 32.

[83] 李世忠. 岩石在外力作用下的破碎机理与金刚石钻进原理//超硬材料科学技术：上卷[M]. 北京：中国建材工业出版社,1998:343.

[84] 孙家枢. 金属的磨损[M]. 北京：冶金工业出版社,1992.

[85] 方洪渊. 简明钎焊工手册[M]. 北京：机械工业出版社, 2000.

[86] Tsuji M. 来华技术讲座[R]. G. E 公司, 1995:16、25、9.

[87] Raymand R, Burgess, et al. Circular Sawing Granite with Diamond Saw Blades[C]. 日本工业金刚石协会30周年会议, 1978:6 ~ 7.

[88] 王小军,等. 锯切少林红石材工艺参数探讨[J]. 金刚石磨料磨具工程,1998,3:11 ~ 13.

[89] Collin W D. Some aspects of blade and machine stability when sawing concrete[R]. DIMOND INFORMATION L34, DE BEERS: 11.

[90] Ertingsheusen W. Wear processes in sawing hard stone[J]. IDR, 1985,(5):254.

[91] Bailey M W, et al. Sawing in the stone and civil engineering industries[J]. IDR, 1979:59.

[92] 屠厚泽. 岩石的几种破碎机理超硬材料科学与技术：上卷[M]. 北京：中国建材工业出版社,1998.

[93] Busch D M, et al. The sawing of concrete and reinforced concrete with diamond saw blades[R]. DIAMOND INFORMATION L30, DE BEERS: 3 ~ 4.

[94] Baochang Liu, et al. Trajectory and Mechanism of Diamond Wire Sawing[J]. Intertech,2003.

[95] 温诗铸. 摩擦学原理[M]. 北京：清华大学出版社,1990.

[96] Кардыш В Г. ОБОРУДОВАНИЕ для поискового бурения. 1986:123.

[97] КАРДЫШ В Г, и др. ТЕХНИК N ТЕХНОЛОГИЯ БУРЕНИЯ[M]. геолого-разведочных скважин за рубежом,1989:243.

[98] Hallez C P. Sawing marble with diamond wire[R]. Stone, De Beers: 25.

[99] Spotts M F. 机械零件设计[M]. 陆传,等译. 南宁：广西人民出版社. 1985.

[100] 岳文选. 钢丝绳弯曲应力的计算方法[J]. 福州大学学报(自然科学版),1990,18(4)75 ~ 78.

[101] 杨叔子,等. 钢丝绳断丝定量检测原理与技术[M]. 北京：国防工业出版社, 1995.

[102] 周玉海,吕智,章兼植,等. 钎焊技术在金刚石工具中的应用[J]. 工具技术,2004.

[103] 武志斌,肖冰,等. Ni - Cr 合金真空钎焊金刚石砂轮的研究[J]. 机械科学与技术(西安), 2001.

[104] 姜荣超. 金刚石均匀分布有序排列是改善金刚石工具性能的有效途径[J]. 石材,2006.

[105] 姜荣超. 技术创新在金刚石制品业中的重大作用[J]. 超硬材料工程,2005.

[106] Inasaki I, Howes T D. Abrasive machining in the future[J]. Annals of the CIRP,1993,42(2):723 ~ 731.

[107] Chattopadhyay K, et al. Induction brazing of diamond with Ni-Cr hard-facing alloy under argon atmosphere[J]. Journal of Materials Science, 1991,(26):5093 ~ 5100.

[108] 周玉梅. 高温钎焊金刚石孕镶薄壁钻头的试验研究. 广州：广东工业大学,2004.

[109] 傅玉灿,肖冰,徐鸿钧,等. 超硬磨料砂轮的演变与发展——介绍国外新型的单层钎焊超硬磨料砂轮[J]. 金刚石与磨料磨具工程,1993,111(3):14 ~ 19.

[110] 武志斌,肖冰. 金刚石与金属基体钎焊机理的研究[J]. 工具技术,2000.

[111] 姜荣超,等. 半导体工业硅材加工用金刚石工具的发展[J]. 金刚石与磨料磨具工程,2008.

[112] 戴瑜兴,等. 数控多线切割技术及发展趋势[J]. 电子工业设备,2007,(154).

[113] 邵虞. 世界半导体发展大趋势[J]. 中国电机,2006.

[114] 陈超. 固着磨料线锯研究[R]. 桂林：国家特种矿物材料研究工程中心,2008.

[115] 周玉梅,章兼植. 高温钎焊金刚石工具的研究进展[D]. 广州：广东工业大学, 2004.

# 后 记

经过近两年的潜心思考、热烈争论和孜孜不倦的伏案工作，终于在北京奥运会到来前夕脱稿了。心潮澎湃，百感交集。桂林矿产地质研究院从1969年开始研究人造金刚石地质取芯钻头，从此与超硬材料及工具结下了不解之缘。历经几代人的耕耘努力，在四十年里，完成了一项又一项科研课题，硕果累累，成绩斐然，在全国地质勘探系统和超硬材料行业影响颇深。从最先研制成功用粉末冶金方法制造金刚石地质取芯钻头开始，总是站在行业最前列，攻克难关，努力攀登，为我国超硬材料工业的大发展作出应有的贡献，获得了国家科技进步一等奖。21世纪到来，新一代的学科带头人，继承老一辈的光荣传统和创新精神，带领年轻人，不畏艰难，脚踏实地，为中国的超硬材料工具行业再创辉煌。本院1997年开始研究的金刚石串珠绳锯技术，如今已经在全国开花结果，成功地替代进口产品，应用于石材矿山开采，为我国的石材矿山开采现代化作出卓越的贡献。并与其他项目一起获得2008年广西科学技术进步一等奖。在此，对仍在职并对上述各项工作做出贡献的郭桦、谢志刚、王智慧、罗文来、宋京新和唐正兴等同志表示感谢。

在本书介绍的十种工具中，桂林矿产地质研究院均对其开展不同程度的研究和生产，作者十分重视第一线科技人员和工人的意见，集思广益，力求对工具的阐述要有一定的深度和广度，基本上反映当代超硬材料工具的技术水平。我们希望将有关超硬材料工具的最新信息介绍给读者，但由于信息量和能力有限，必有疏漏。

当今，科学技术发展迅速，就在我们撰稿期间，在超硬材料工具领域又有许多新的技术突破和发展。回顾书中写过的内容，总觉得粗糙和不足，就当是抛砖引玉，能够引出更加优秀的图书，为超硬材料工具的发展服务。